江苏省高等学校重点教材（编号：2021-2-058）

首批国家级一流本科课程配套教材

普通高校本科计算机专业特色教材·算法与程序设计

数据结构原理与应用
（第2版）

徐　慧　周建美　丁　红　主　编
朱玲玲　王皓晨　副主编

清华大学出版社
北京

内 容 简 介

本书在选材与编排上,秉持"五可"原则——"可读""可学""可用""可研""可练"。全书共9章,在保留第1版的8章经典内容——绪论、线性表、栈和队列、数组和矩阵、树和二叉树、图、查找与排序的基础上,新增第9章"分布与并发数据结构",以紧跟技术发展趋势。全书有118个算法、80余道应用与示例、300余道练习题、83个微课视频。应用案例涉及数据结构在工程计算、大数据、操作系统、大数据及人工智能等各方面的应用。练习题题型包括填空题、简答题、应用题、算法设计题、上机练习题、AI开放题等,满足学生原理理解、知识应用、模仿与创新、算法训练、实践应用、素养提高等多方面需求。每章小结给出全章知识结构图以及相关算法与应用汇总。微课视频总时长约700分钟,覆盖前8章内容。

本书将经典理论与前沿技术结合,内容编排新颖,图文并茂,配套资料齐全(包含微课、源码、实践教程与学习指导等)。原理叙述直达要义、算法步骤与伪码一一对应、应用示例广泛且富有启发性。

本书不仅适合作为高等学校计算机及相关专业"数据结构"课程的教材,也非常适合从事计算机软件开发与应用的工程技术人员作为参考书籍。

版权所有,侵权必究。举报: 010-62782989,beiqinquan@tup.tsinghua.edu.cn。

图书在版编目(CIP)数据

数据结构原理与应用/徐慧,周建美,丁红主编. -- 2版. -- 北京:清华大学出版社,2025.3. --(普通高校本科计算机专业特色教材). -- ISBN 978-7-302-68462-6

Ⅰ. TP311.12

中国国家版本馆CIP数据核字第20257MX714号

责任编辑:袁勤勇 杨 枫
封面设计:傅瑞学
责任校对:李建庄
责任印制:丛怀宇

出版发行:清华大学出版社
网 址:https://www.tup.com.cn,https://www.wqxuetang.com
地 址:北京清华大学学研大厦A座 邮 编:100084
社 总 机:010-83470000 邮 购:010-62786544
投稿与读者服务:010-62776969,c-service@tup.tsinghua.edu.cn
质量反馈:010-62772015,zhiliang@tup.tsinghua.edu.cn
课件下载:https://www.tup.com.cn,010-83470236

印 装 者:涿州汇美亿浓印刷有限公司
经 销:全国新华书店
开 本:185mm×260mm 印 张:22.25 字 数:514千字
版 次:2021年9月第1版 2025年3月第2版 印 次:2025年3月第1次印刷
定 价:68.00元

产品编号:108138-01

普通高校本科计算机专业 **特色** 教材

前言

PREFACE

"好雨知时节,当春乃发生。"借着国家一流课程的春风,我们于2021年出版了《数据结构原理与应用》。其后,分别于2022年、2023年出版了其配套教材《数据结构原理与应用实践教程》《数据结构原理与应用学习和实验指导》。这3本教材问世后,被多所学校使用,收获了来自教师和学生等多方面对使用效果良好的反馈。

本次教材改版的目的在于:一是紧跟科技进步的步伐,更新教学内容,使之更加贴近当前技术发展的实际需求;二是融入现代信息技术和教育理念,丰富学习资源和方式,提高教材的实用性和可操作性;三是贯彻落实新时代人才培养要求,强化立德树人,为培养适应未来挑战的计算机专业人才提供有力的支撑。改版后的教材继续秉承"可读""可学""可教""可研""可练"的宗旨,新增以下特色。

1. 应用导向,贴近实际。 本书每一章都增加了数据结构的应用内容,提高了教材中"应用"内容的比重。应用示例的选取涵盖了当代新技术,如大数据处理、人工智能、云计算与分布式系统、网络安全等,使读者能够更好地理解数据结构在现实世界中的应用价值。

2. 融入前沿技术,拓宽视野。 新增的第9章"分布与并发数据结构"介绍了分布式数据结构和并发数据结构,这是数据结构领域的新发展。通过学习这部分内容,读者可以了解当前计算机科学的前沿技术,拓宽知识视野。

3. 微课资源,方便自学。 为书中每一个知识点制作了微课,学生通过扫描二维码即可实现自学。这一举措使得学习更加便捷,有助于提高学生的学习兴趣和自主学习能力。

4. AI辅助教学,创新教育手段。 本次改版增加了基于大语言模型的"AI辅助题",将人工智能技术引入教学中。这种新型的教学方式有助于激发学生的学习兴趣,改进教学效果。

5. 融入思政元素,落实立德树人要求。 新增的"思政思考题"涵盖了人生观、世界观、社会主义核心价值观、职业素养培养等方面,旨在落实新时代人才培养要求，培养德才兼备的计算机专业人才。

"宝剑锋从磨砺出，梅花香自苦寒来。"本次改版，是时代新要求、技术变革背景之下对计算机科学教育的又一次探索，是对教材内容的精心打磨和对教育质量的执着追求。工作中，团队精诚合作，不辞辛劳。其中，周建美和朱玲玲负责第3章、第4章和第6章，丁红负责第7章，其余章节主要由徐慧完成。王皓晨参加了教学实践并协助徐慧的工作。教材出版后，期待同行对教材提出宝贵意见，欢迎读者对本书中出现的瑕疵和纰漏批评指正。让我们携手并进，共同为我国计算机教育事业的繁荣发展和人才培养水平的不断提升贡献力量。

编 者

2024 年 12 月

目 录

普通高校本科计算机专业 特色 教材

第1章 绪论 …………………… 1
1.1 课程属性与术语 ……… 1
  1.1.1 数据结构是程序的
       重要组成部分 …… 1
  1.1.2 数据结构是提升
       编程能力的必备 … 2
  1.1.3 数据结构与术语 … 2
  1.1.4 数据结构决定
       算法 …………… 4
1.2 数据结构的研究内容 … 4
  1.2.1 逻辑结构 ………… 5
  1.2.2 存储结构/物理
       结构 …………… 6
  1.2.3 逻辑结构与物理
       结构的关系 ……… 7
  1.2.4 非数值计算问题 … 8
  1.2.5 数据结构与程序
       设计的关系 …… 10
1.3 抽象数据类型 ………… 11
  1.3.1 抽象数据类型的
       定义 …………… 11
  1.3.2 抽象数据类型的
       实现 …………… 12
1.4 算法与算法分析 ……… 13
  1.4.1 算法的概念 …… 13
  1.4.2 算法描述 ……… 13
  1.4.3 算法性能分析 … 15

1.5 数据结构的重要性与
   应用 …………………… 20
  1.5.1 数据结构的重
       要性 …………… 20
  1.5.2 数据结构的应用
       实例 …………… 23
1.6 小结 …………………… 24
习题1 ……………………… 25

第2章 线性表 ………………… 29
2.1 线性表的定义 ………… 29
  2.1.1 线性表的逻辑
       特性 …………… 29
  2.1.2 线性表的抽象数据
       类型 …………… 30
2.2 顺序表 ………………… 32
  2.2.1 顺序表的定义 … 32
  2.2.2 顺序表的存储
       设计 …………… 33
  2.2.3 顺序表的操作及
       实现 …………… 34
  2.2.4 顺序表应用举例 … 40
2.3 链表 …………………… 42
  2.3.1 单链表的定义及
       特性 …………… 42
  2.3.2 单链表的存储
       设计 …………… 43

2.3.3 单链表的操作及实现 …… 44
2.3.4 其他形式的链表 ………… 52
2.3.5 链表应用举例 …………… 56
2.4 顺序表与链表的比较 ………… 60
  2.4.1 空间性能比较 …………… 60
  2.4.2 时间性能比较 …………… 60
  2.4.3 环境性能比较 …………… 60
2.5 线性表在大数据处理中的
  应用 …………………………… 61
  2.5.1 日志处理 ………………… 61
  2.5.2 数据预处理与数据清洗 … 61
  2.5.3 数据缓存 ………………… 62
  2.5.4 数据索引 ………………… 62
2.6 小结 …………………………… 63
习题 2 ……………………………… 64

第 3 章 栈和队列 ………………… 69
3.1 栈 ……………………………… 69
  3.1.1 栈的定义和特点 ………… 69
  3.1.2 顺序栈 …………………… 71
  3.1.3 链栈 ……………………… 75
  3.1.4 顺序栈和链栈的比较 …… 78
  3.1.5 栈的应用 ………………… 78
3.2 队列 …………………………… 85
  3.2.1 队列的定义和特点 ……… 85
  3.2.2 循环队列 ………………… 86
  3.2.3 链队 ……………………… 90
  3.2.4 循环队列与链队列的
      比较 ……………………… 94
  3.2.5 队列的应用 ……………… 94
3.3 栈与队列在操作系统中的
  高级应用 ……………………… 96
  3.3.1 进程调用栈和系统调
      用栈 ……………………… 96
  3.3.2 进程调度 ………………… 96
  3.3.3 内存管理 ………………… 97
  3.3.4 并发控制 ………………… 98
3.4 小结 …………………………… 99

习题 3 ……………………………… 99

第 4 章 数组和矩阵 ……………… 103
4.1 多维数组 ……………………… 103
  4.1.1 数组的定义 ……………… 103
  4.1.2 数组的顺序存储 ………… 105
4.2 特殊矩阵 ……………………… 107
  4.2.1 对称矩阵 ………………… 107
  4.2.2 三角矩阵 ………………… 108
  4.2.3 对角矩阵 ………………… 109
4.3 稀疏矩阵 ……………………… 110
  4.3.1 三元组表顺序存储 ……… 110
  4.3.2 带行指针向量的链式
      存储 ……………………… 113
  4.3.3 十字链表 ………………… 116
4.4 数组与矩阵在工程计算中的
  应用 …………………………… 116
  4.4.1 结构工程中的力学分析 … 117
  4.4.2 信号处理 ………………… 117
  4.4.3 图像处理 ………………… 118
  4.4.4 控制系统设计 …………… 119
  4.4.5 电子电路仿真与设计 …… 119
  4.4.6 天气预报与气候建模 …… 120
  4.4.7 金融工程与风险管理 …… 121
4.5 小结 …………………………… 121
习题 4 ……………………………… 122

第 5 章 树和二叉树 ……………… 125
5.1 树 ……………………………… 126
  5.1.1 树的定义与表示 ………… 126
  5.1.2 树的术语 ………………… 127
  5.1.3 树的抽象数据类型 ……… 128
  5.1.4 树的存储设计 …………… 129
  5.1.5 树和森林的遍历 ………… 132
5.2 二叉树的定义与特性 ………… 133
  5.2.1 二叉树的定义 …………… 133
  5.2.2 特殊二叉树 ……………… 134
  5.2.3 二叉树的性质 …………… 135

5.2.4 二叉树的抽象数据类型 … 137
5.3 二叉树的存储结构 ………… 138
5.4 二叉树操作 ………………… 140
　　5.4.1 二叉树遍历 …………… 140
　　5.4.2 根据遍历序列确定二叉树 …………………… 148
　　5.4.3 先、中、后序遍历的非递归算法 ……………… 150
　　5.4.4 二叉树的其他操作 …… 155
5.5 线索二叉树 ………………… 158
　　5.5.1 线索二叉树的定义 …… 158
　　5.5.2 线索二叉树的建立 …… 159
　　5.5.3 线索二叉树的遍历 …… 161
5.6 树和森林与二叉树的相互转换 ……………………… 164
　　5.6.1 树与二叉树相互转换 … 164
　　5.6.2 森林与二叉树相互转换 … 166
5.7 最优二叉树及其应用 ……… 167
　　5.7.1 基本概念 ……………… 167
　　5.7.2 构造最优二叉树 ……… 168
　　5.7.3 哈夫曼编码 …………… 173
5.8 树结构在机器学习中的应用举例 …………………… 176
　　5.8.1 决策树及其应用 ……… 176
　　5.8.2 随机森林及其应用 …… 179
　　5.8.3 自然语言处理 ………… 180
5.9 小结 ………………………… 181
习题 5 …………………………… 182

第 6 章 图 ……………………… 187
6.1 图的定义及相关术语 ……… 187
　　6.1.1 图的定义 ……………… 187
　　6.1.2 图的术语 ……………… 188
　　6.1.3 图的抽象数据类型 …… 191
6.2 图的存储及操作 …………… 193
　　6.2.1 邻接矩阵表示法及操作举例 …………………… 193
　　6.2.2 邻接表表示法及操作举例 …………………… 197
　　6.2.3 十字链表表示法及操作举例 …………………… 200
　　6.2.4 邻接多重表表示法及操作举例 ……………… 202
6.3 图的遍历及应用 …………… 204
　　6.3.1 深度优先遍历 ………… 204
　　6.3.2 广度优先遍历 ………… 207
　　6.3.3 遍历应用举例 ………… 210
6.4 图的应用 …………………… 213
　　6.4.1 最小生成树 …………… 213
　　6.4.2 最短路径 ……………… 219
　　6.4.3 AOV 网与拓扑排序 …… 225
　　6.4.4 AOE 网与关键路径 …… 230
6.5 图结构在现代技术中的应用举例 …………………… 234
　　6.5.1 社交网络分析 ………… 234
　　6.5.2 交通规划 ……………… 236
　　6.5.3 互联网链接分析 ……… 236
6.6 小结 ………………………… 237
习题 6 …………………………… 238

第 7 章 查找 …………………… 243
7.1 查找的基本概念 …………… 243
　　7.1.1 术语 …………………… 243
　　7.1.2 查找性能 ……………… 244
7.2 线性表查找技术 …………… 245
　　7.2.1 顺序查找 ……………… 245
　　7.2.2 折半查找 ……………… 246
　　7.2.3 串的模式匹配 ………… 248
7.3 树表查找 …………………… 254
　　7.3.1 二叉排序树 …………… 254
　　7.3.2 平衡二叉树 …………… 261
7.4 散列查找 …………………… 265
　　7.4.1 散列函数的构造方法 … 266
　　7.4.2 处理冲突的方法 ……… 268
　　7.4.3 散列表的查找 ………… 270
7.5 查找算法在搜索技术中的

应用 …………………… 272
　7.5.1　文档检索 …………………… 273
　7.5.2　数据库查询 ………………… 273
　7.5.3　字符串匹配 ………………… 274
　7.5.4　Web 搜索引擎 ……………… 274
　7.5.5　地理信息系统 ……………… 275
7.6　小结 ……………………………… 276
习题 7 ………………………………… 277

第 8 章　排序 …………………………… 279

8.1　排序的基本概念 …………………… 279
　8.1.1　排序的定义 …………………… 279
　8.1.2　内排序与外排序 ……………… 280
　8.1.3　排序性能 ……………………… 281
　8.1.4　内部排序方法的分类 ………… 281
　8.1.5　待排序记录的存储方式……… 282
8.2　插入排序 …………………………… 282
　8.2.1　直接插入排序 ………………… 283
　8.2.2　折半插入排序 ………………… 285
　8.2.3　希尔排序 ……………………… 286
8.3　交换排序 …………………………… 288
　8.3.1　冒泡排序 ……………………… 288
　8.3.2　快速排序 ……………………… 290
8.4　选择排序 …………………………… 294
　8.4.1　简单选择排序 ………………… 295
　8.4.2　树形选择排序 ………………… 296
　8.4.3　堆排序 ………………………… 298
8.5　归并排序 …………………………… 303
8.6　基数排序 …………………………… 306
　8.6.1　分配排序 ……………………… 306
　8.6.2　多关键码排序 ………………… 306
　8.6.3　基数排序详解 ………………… 308

8.7　各种排序方法的比较 ……… 310
　8.7.1　性能比较 …………………… 310
　8.7.2　方法选用 …………………… 311
8.8　排序技术应用举例 ………… 312
　8.8.1　数据库管理系统 …………… 313
　8.8.2　电子商务 …………………… 313
　8.8.3　生物信息学 ………………… 314
　8.8.4　文件系统 …………………… 314
　8.8.5　操作系统调度 ……………… 315
8.9　小结 ………………………………… 316
习题 8 ………………………………… 316

第 9 章　分布与并发数据结构…… 319

9.1　分布式数据结构 ……………… 319
　9.1.1　分布式系统基本概念…… 319
　9.1.2　分布式数据结构及其
　　　　应用 ………………………… 323
9.2　并发数据结构 ………………… 328
　9.2.1　并发系统基本概念 ……… 328
　9.2.2　并发数据结构及其应用… 331
9.3　分布与并发数据结构应用
　　案例 …………………………… 333
　9.3.1　大规模分布式存储系统… 333
　9.3.2　分布式文件系统 ………… 335
　9.3.3　区块链技术中的分布式
　　　　数据结构 …………………… 338
9.4　小结 ………………………………… 341
习题 9 ………………………………… 341

附录　术语表………………………… 342

参考文献……………………………… 346

第 1 章 绪 论

数据结构是程序的重要组成部分,对算法起着决定性的作用。计算机的系统软件和应用软件都要用到各种类型的数据结构。要编写出有效使用计算机和充分发挥计算机性能的程序,必须学习和掌握好数据结构的有关知识。"数据结构"是计算机类专业的专业基础课和核心课,它是后续专业课(如操作系统、编译原理、数据库管理系统、软件工程、人工智能等)的学习基础。

通过学习"数据结构"课程,可以培养计算思维能力,提升用计算机解决问题的分析能力、方案设计能力与编程实现技能。学习中所需的耐心、细致、钻研与合作精神利于培养学生的科研能力和职业素养。

本章主要知识点

- 数据结构术语与概念。
- 抽象数据类型。
- 算法与算法分析。

本章教学目标

- 掌握术语与概念。
- 了解数据结构课程属性与研究内容。
- 帮助学生建立学习目标。

1.1 课程属性与术语

1.1.1 数据结构是程序的重要组成部分

20世纪60年代初,"数据结构"有关内容分散于"操作系统""编译原理"等课程中。1968年,"数据结构"作为一门独立的课程被列入美国一些大学计算机科学相关专业的教学计划。同年,著名的计算机科学家、图灵奖[①]的获得者唐纳德·克努思(Donald Knuth)教授出版了《计算机程序设计艺术》第一卷《基本算法》[②],书中第一次较系统地阐述"数据结构"的基本内容。20世纪80年代初,数据结构的基础研究日臻成熟,形成一门完整的学科。

图灵奖获得者尼可莱·沃思(Niklaus Wirth)[③]给出了一个著名公式:

$$程序 = 数据结构 + 算法$$

由此可见,数据结构是程序的重要组成部分。

1.1.2 数据结构是提升编程能力的必备

程序员被粗分为10个层级:第1层,菜鸟;第2层,大虾;第3层,牛人;第4层,大牛;第5层,专家;第6层,学者;第7层,大师;第8层,科学家;第9层,大科学家;第10层,大哲。

经过大一的学习,学生们基本上达到"菜鸟"[④]级别。如果进阶第2层大虾[⑤]级,必须掌握常用的各种数据结构算法,掌握 STL 的基本实现和使用方法。如果进阶第3层牛人[⑥]级,需要更深入地学习更多的数据结构与算法。

由此可见,数据结构知识是程序设计的基础,是提升编程能力的必备。那何谓"数据结构"呢?

1.1.3 数据结构与术语

微课视频

先从"结构"说起。结构是指组成整体的各部分的搭配和安排,图 1-1 为房屋、桥梁、飞机的结构示意图。每当评价物体性能时,都会提到结构对物体性能的影响,例如地震或

---

① 图灵奖,以图灵(Alan Mathison Turing,1912—1954)的名字命名。国际计算机学会(ACM)为纪念图灵对计算机科学的贡献,从1966年起设立图灵奖,它被誉为计算机界的诺贝尔奖。到目前为止,中国只有一人获此奖项,他就是姚期智。

② 唐纳德·克努思(Donald Knuth,生于1938年),算法和程序设计技术的先驱者,计算机排版系统 LaTeX 和 METAFONT 的发明者。其所著的描述基本算法与数据结构的巨作《计算机程序设计艺术》被《美国科学家》杂志列为20世纪最重要的12本物理科学类专著之一,与爱因斯坦的《相对论》等经典比肩而立。他于1974年获图灵奖。

③ 尼可莱·沃思(Niklaus Wirth,生于1934年),他的一篇文章 *Program Development by Stepwise Refinement* 被视为软件工程中的经典之作。他的一本书的书名 *Algorithms + Data Structures = Programs* 是计算机科学界的名句。他发明了 Pascal(1968)、Modula 2(1976)和 Euler 等编程语言,他于1971年提出结构化程序设计,于1984年获图灵奖。

④ 菜鸟:基本上懂计算机的基本操作,了解计算机专业的一些基础知识,掌握一门基本的编程语言(如 C/C++、Java、JavaScript、Python、PHP 等)。

⑤ 大虾:熟练掌握某一编程语言(以 C/C++ 编程语言为例),掌握 C 标准库和常用的各种数据结构算法,掌握 STL 的基本实现和使用方法;掌握多线程编程基础知识;掌握一种开发环境;熟悉各种操作系统的 API,搞网络编程的须熟练掌握 Socket 编程;学习一些面向对象的设计知识和设计模式等;掌握一些测试、软件工程和质量控制的基本知识。一般经过本科阶段的学习可达到"大虾"水平。

⑥ 牛人:以熟练掌握 C++ 编程语言为例,除了学一些基础性的 C++ 书籍(如 *C++ Primer*、*Effective C++* 等)之外,更重要的是了解 C++ 编译器的原理和实现机制;了解操作系统中的内部机制(如内存管理、进程和线程的管理机制),了解处理器的基础知识和代码优化的方法;此外还要深入地学习更多的数据结构与算法,掌握更深入的测试和调试知识以及质量管理和控制方法,对各种设计方法有更好的理解等。

其他灾害后,房屋、桥梁损毁程度一定与其结构有关。结构对物体的抗损性、稳定性等性能起着决定性作用。

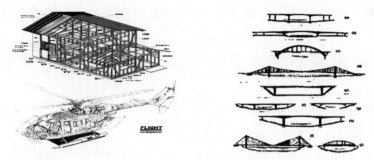

图 1-1 结构示意图

数据结构(data structure)是指互相之间存在着一种或多种关系的数据元素的集合。对比"结构"的概念,显然"数据元素"是结构的"部件",数据元素之间的关系为"部件之间的安排与搭配"。数据结构对程序的性能有着决定性影响。

数据元素(data element)通常对应一个实体,某些情况下也称为记录(record)等。

例如,一群学生的数据存于一张二维表中(见图 1-2),其中的每一行表示一个学生的信息,即对应一个实体,为一个数据元素。一个数据元素由若干数据项(data item)组成,一个数据项表示一个实体属性,如学生信息表中的学号、姓名、性别等,某些情况下也称为属性、字段。

学号	姓名	性别	出生日期	专业名称	班级名称
191305001	赵好好	女	1998/05/06	软件工程	软工191
191305002	钱多多	男	1998/04/05	软件工程	软工191
191305031	孙平平	男	1998/02/10	软件工程	软工192
191405032	李悠悠	女	1999/06/06	软件工程	人智191
191401032	张深深	男	1999/07/08	人工智能	人智191
191501001	王天天	男	1998/11/11	网络工程	网络191
19150510	周萌萌	女	1999/08/22	网络工程	网络192
……					

图 1-2 数据对象、数据元素和数据项之间的包含关系

描述客观事物的数和字符的集合统称为**数据**(data)。在数据结构研究领域内,**数据元素**[①]是数据的基本单位,数据项是组成数据元素的有独立含义的、不可分割的最小单位。性质相同的数据元素的集合称为**数据对象**(data object)。

数据对象、数据元素和数据项之间的包含关系如图 1-2 所示。

如果用一个二元组表示数据结构,数据结构的形式定义为

---

① "数据元素"在本书中简称为"元素"。

$$Data\_Structure = (D, R)$$

其中，D 是数据元素的有限集，R 是 D 上关系的有限集。

【例 1-1】 一维数组 A_1 和二维数组 A_2 的数据结构的二元组表示如表 1-1 所示。

表 1-1 数据结构二元组表示示例

数据结构	研究对象	数据元素集合	数据元素关系 R
一维数组	$A_1 = [a_1\ a_2\ a_3\ a_4\ a_5\ a_6]$	$D = \{a_1, a_2, a_3, a_4, a_5, a_6\}$	$R = \{(a_i, a_{i+1}) \mid i = 1, 2, 3, 4, 5\}$
二维数组	$A_2 = \begin{bmatrix} a_{11} & a_{12} & a_{13} \\ a_{21} & a_{22} & a_{23} \end{bmatrix}$	$D = \{a_{11}, a_{12}, a_{13}, a_{21}, a_{22}, a_{23}\}$	$R = \{\text{ROW}, \text{COL}\}$ 包括行关系 ROW 和列关系 COL ROW $= \{(a_{i,j}, a_{i,j+1}) \mid i = 1, 2; j = 1, 2\}$ COL $= \{(a_{i,j}, a_{i+1,j}) \mid i = 1; j = 1, 2, 3\}$

1.1.4 数据结构决定算法

程序与数据的关系如图 1-3 所示。

程序是用于解决某一问题的指令集合（即算法）。用计算机解决问题是按照指令序列对该数据进行加工，把源数据变成结果数据。此过程如同食材经厨师烹饪后得到一个美味佳肴一样。厨师为了得到预期的佳肴，需要根据食材特性设计烹饪方法。此处，食材决定了可用的烹饪方法，烹饪方法依赖于食材。在用程序求解问题中，输入数据就是程序的食材，输出数据就是最后的菜肴成品。

因此，在程序设计中，**数据结构决定算法，算法依赖于数据结构**。程序、数据结构与算法三者之间的关系如图 1-4 所示。

图 1-3 程序与数据的关系　　　　图 1-4 程序、数据结构与算法的关系

1.2 数据结构的研究内容

数据结构[①]研究描述现实世界实体的数学模型（非数值计算）及其在计算机中的表示和操作实现。这句话包含了以下 3 方面的内容：

- 描述现实世界实体的数学模型，即研究对象的逻辑结构；

---

① 对于数据结构概念，至今尚未有一个大家公认的定义来描述它，它在不同上下文中有不同的语义。但对于其含义，基本共识是包含逻辑结构和存储结构两条线。

- 现实世界实体在计算机中的表示,即实体的存储结构/物理结构;
- 操作的表示与实现,即算法的设计与实现。

下面分别介绍数据结构研究内容中涉及的逻辑结构、物理结构和非数值计算问题域3方面的内容。

从不同的视角看,数据结构分为逻辑结构和存储结构/物理结构。

1.2.1 逻辑结构

逻辑结构(logic structure)是从具体问题域中抽象出的数学模型,从逻辑上描述数据元素之间的关系。元素之间不同的逻辑关系形成不同的逻辑结构。

典型的逻辑结构有集合、线性、树和图。如果用一个圈表示一个数据元素,则数据元素之间的逻辑关系如图 1-5 所示。

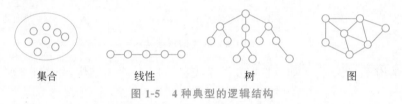

图 1-5　4 种典型的逻辑结构

1. 集合结构

在集合结构中,数据元素属于同一个集合,除此之外,没有其他关系。

2. 线性结构

在线性结构中,数据元素属于同一个集合,且数据元素之间存在着一对一的线性关系。线性结构是最常见的一种结构,如字符串、数组等均属于线性结构。

3. 树结构

在树结构中,数据元素属于同一个集合,且数据元素之间存在着一对多的关系。除一个特殊结点(称为根)无前驱外,其余结点都有唯一前驱和 0 至多个后继。其形状很像一棵倒挂的树,故称为树结构。树结构具有明显的层次性。根为第 1 层,根的孩子为第 2 层,根的孩子的孩子为第 3 层,以此类推。那些具有层次结构的事物可抽象为树结构,如书的目录、单位的从上到下的组织机构等。

4. 图结构

在图结构中,数据元素属于同一个集合,且数据元素之间存在着多对多的关系。图中任何一个数据元素可以有 0 至多个前驱元素,也可以有 0 至多个后继元素。图结构能表示的关系最广泛,许多实际问题可以抽象为图结构,如网络结构、网页链接结构、校园景点图等。

集合、树和图统称为非线性结构。

数据的逻辑结构是从具体问题抽象出来的数学模型,是面向问题的,反映了数据元素之间的关系。相同的数据对象在不同的问题域中可以抽象为不同的逻辑结构。

【应用 1-1】　为一群学生建立逻辑结构,每个学生用属性(学号、姓名、性别、出生日期、专业、班级)表示。

【解】

逻辑结构1：集合。学生具有相同属性，他们之间没有任何关系。

逻辑结构2：线性结构。如果按某一顺序排列，就是一个线性表。

逻辑结构3：树结构。如果按所属专业、班级组织，可表示为一棵树，如图1-6所示。

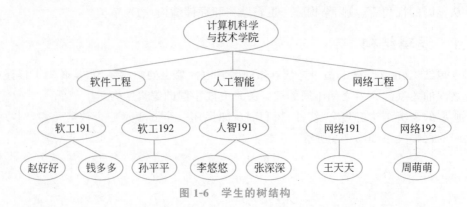

图1-6 学生的树结构

逻辑结构4：图结构。如果按朋友关系表示，则为一个图结构，如图1-7所示。

图1-7 学生的图结构

好的逻辑结构满足两点：①正确地反映问题域内数据元素之间的关系；②有利于问题的求解。

1.2.2 存储结构/物理结构

存储[①]结构/物理结构(storage structure/physical structure)是数据及其逻辑结构在计算机中的表示。将数据对象存储到计算机内存中时，不仅存储数据元素，还需要存储数据元素之间的逻辑关系。

典型的存储结构/物理结构有顺序存储结构和链式存储结构。

1. 顺序存储结构

顺序存储用一组连续的存储单元依次存储数据元素及其关系。数据元素之间的逻辑关系由存储单元地址间的关系映射。存储示意图如图1-8所示。

对于顺序存储来说，因为每个元素长度相同，知道首元素的位置，就可以通过位序计算出其他元素的位置，所以可以通过下标访问数据元素，如同数组中通过下标访问数组元素一样。事实上，几乎所有的高级语言数组的实现都采用了顺序存储方式。

---

① 除特殊说明，数据存储指数据在内存中的存储，数据在外存上的存储称为文件。

图 1-8 顺序存储示意图

连续的内存空间须一次性申请,之后不能在原空间基础上延扩。因此,如果采用顺序存储方式,则需要预先估算所需的存储空间。申请少了,不够用;申请多了,会造成浪费。

2. 链式存储结构

链式存储采用不连续的存储空间存储数据元素及其关系。一般一个结点对应一个数据元素,数据元素之间的关系由指针表示。存储示意图如图 1-9 所示。

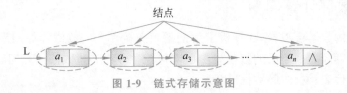

图 1-9 链式存储示意图

链式存储是按结点申请存储空间,n 个结点就申请 n 次,系统分配 n 次。因此,所有数据元素的存储空间可能是连续的,一般是不连续的。理论上,内存没有用完,链表可以无限延扩。链式存储需要额外的空间存储指针,以存储数据元素之间的逻辑关系。因此链式存储的存储密度低于顺序存储。当无法预估存储空间大小时,优先使用链式存储。

除了顺序存储方法和链式存储方法外,为了问题求解方便,还有其他的存储方法。例如为查找方便,可以采用索引存储方法或散列存储方法等。合格的存储方式需要满足两点要求:①存储数据元素;②存储元素的逻辑关系。好的存储方式有利于算法设计且兼顾算法性能。

1.2.3 逻辑结构与物理结构的关系

数据的逻辑结构是面向问题的,是从具体问题中抽象出来的数学模型。数据的存储结构是面向计算机的,是数据及其逻辑关系在计算机中的存储。同一种逻辑结构可以采用不同的存储结构。

【应用 1-2】 有一组整数{11,22,33,44,55,66},设计其存储结构。

【解】

方法一:采用顺序存储,存于数组 int A[6],如图 1-10(a)所示。

方法二:采用链式存储,存于单链表 L 中,如图 1-10(b)所示。

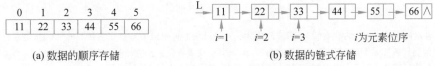

(a) 数据的顺序存储　　　　　　　　(b) 数据的链式存储

图 1-10 线性表的两种不同存储方式

不仅线性表可以采用不同的存储结构,任何一种逻辑结构都可以。每一种存储方式各有优缺点。在复杂的结构(如树和图)中,还有顺序存储与链式存储相结合的存储设计。

不同存储结构解决问题的算法不同,其中最利于问题求解和获得最佳性能算法的存储结构是最适合的存储结构。

【应用 1-3】 有一组整数{11,22,33,44,55,66},给出按位序访问元素的方法。

【解】 如果采用顺序存储,如图 1-10(a)所示,则可以直接访问,如访问 3 号元素,即 A[2](下标从 0 开始,下标为 2 的元素为第 3 个元素)。

如果采用链式存储,如图 1-10(b)所示,也访问 3 号元素,则需要从首元开始,按指针方向,依次数到 3。

显然,在这个问题中,顺序存储结构优于链式存储结构。

1.2.4 非数值计算问题

微课视频

从抽象后的数学模型看,计算机求解问题可分为两类:数值计算问题和非数值计算问题。数值计算问题抽象后的数学模型通常是数学方程。非数值计算问题抽象后的数学模型通常是线性表、树、图等数据结构。

数值计算问题包括用多元一次方程组求解百钱买百鸡的问题[①]、用二阶偏微分方程进行天气预报的问题、用常微分方程预测人口增长的问题等。

非数值计算问题无法用数学方程建立数学模型,如下列 4 种问题。

1. 学籍管理问题

设将学生的基本信息存储于如图 1-2 所示的二维表中。当学生入学时,录入或导入数据到数据表;当学生学籍信息发生改变时,修改相关信息;当需要了解某学生信息时,可从中查询。这些问题的解决都没有对应的数学方程。

2. 八数码问题[②]

已知八数码的初态和终态,如图 1-11(a)所示。如何移动数码把初态变成终态?图 1-11(b)为其中一个解。

八数码问题属人机博弈的一个问题,是典型的非数值计算问题。

3. 最短路径问题

设在某城市的 n 个小区之间铺设煤气管道,由于地理环境等不同因素使各条管线铺设所需投资不同,如图 1-12(a)所示。如何建设一条连通各小区的煤气管道使投资成本最低?该问题是一个非数值计算问题。图 1-12(b)为其一个解。

4. 教学计划编制问题

一个教学计划中包含许多课程,有些课程之间必须按规定的先后次序进行,表 1-2 给出了软件工程专业方向的一些课程,图 1-13 所示为课程之间的次序关系。教学计划的编

---

① 百鸡问题出自中国古代数学著作《张邱建算经》(约公元 5 世纪成书),是原书卷下第 38 题,也是全书的最后一题。该问题导致三元不定方程组,其重要之处在于开创"一问多答"的先例。

② 八数码问题也称为九宫问题。在 3×3 的棋盘中,摆有 8 个棋子,每个棋子上有 1~8 的某一数字,不同棋子上标的数字不相同。棋盘上还有一个空格,与空格相邻的棋子可以移到空格中。要求解决的问题是:给出一个初始状态和一个目标状态,找出一种从初始状态转变成目标状态的移动棋子步数最少的移动步骤。八数码问题一般使用搜索法来解。搜索法有广度优先搜索法、深度优先搜索法、A* 算法等。

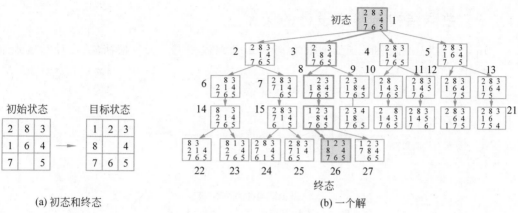

(a) 初态和终态 (b) 一个解

图 1-11 八数码问题

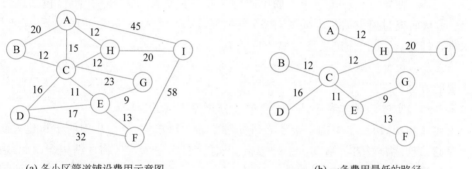

(a) 各小区管道铺设费用示意图 (b) 一条费用最低的路径

图 1-12 煤气管道铺设的数学模型

制必须满足这些约束条件。

表 1-2 软件工程专业的一些课程

编号	课程名	先修课
C_1	高等数学	无
C_2	计算机导论	无
C_3	离散数学	C_1
C_4	程序设计	C_1, C_2
C_5	数据结构	C_3, C_4
C_6	计算机原理	C_2, C_4
C_7	数据库原理	C_4, C_5, C_6

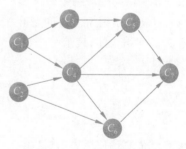

图 1-13 课程之间的次序关系

问题 1～4 都是非数值计算问题,这些问题的求解不能通过数学方程式来获取。大家熟悉的迷宫问题、汉诺塔问题也是非数值计算问题。**数据结构主要研究的是非数值计算问题**。

微课视频

1.2.5 数据结构与程序设计的关系

用计算机解决问题时,从问题的机外表示到编程实现一般包括抽象、设计与实现 3 步,如图 1-14 所示。

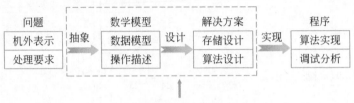

图 1-14 计算机求解问题的一般步骤

第一步:抽象。从现实问题中抽出问题的特征而忽略非本质的细节,包括两方面的内容:①从研究对象中抽象出数据对象、数据元素以及数据元素之间的关系;②对处理要求进行抽象,给出操作定义及边界条件。

第二步:设计。这包括①设计数据元素及其关系在计算机中的存储方法;②设计操作实现的方法。

第三步:实现。通过编程、调试、测试及分析解决问题。

上述 3 步中,第一步中的①指建立研究对象的逻辑结构;第二步中的①指建立研究对象的存储结构/物理结构;第二步中的②指算法的设计,它依赖于物理结构。因此,数据结构是用计算机解决问题时所需的基础知识,对程序设计有指导作用。下面通过例子具体说明这 3 步。

【应用 1-4】 求一组学生中的身高最高者。

【解】

第一步:从问题域抽象数学模型和操作定义。

(1) 建立数学模型。与问题相关的学生属性有学生个体标识(可用学号标识)和身高。定义下列结构体,表示一个数据元素。

```
struct stu {
    int xh;                //学号
    float height;          //身高
}
```

求身高最高的同学,即需要找出 height 的最大值。对于该问题,将数据组织成**线性表**最方便求解。因此,可以用线性表表示这组学生。

(2) 操作定义。求身高最高者,即从 n 个学生的身高 height 中找出 height 最大者并记录对应学生的学号。

第二步:设计。

(1) 存储设计。采用**顺序存储**最方便求一组值中的最大值。因此,用一维数组 student[n]存储学生信息,如表 1-3 所示。

表 1-3　学生信息存储示例

xh	1703001	1703002	1703005	1703006	…
height	176	180	175	182.5	…

（2）算法设计，即求 $\max(student[i].height), i=0,1,2,\cdots$。

【算法思想】　采用打擂的方式求最大值。先设一个值为最大值（擂主），其余的值与它比较，比它大则设为新的擂主。比完所有值，最后的擂主为最大值。

算法描述与算法步骤如算法 1.1 所示。

算法 1.1　【算法描述】　　　　　　　　　　　　【算法步骤】

```
1   int maxHeight(stu student[], int n)    //查找身高最高者
2   {
3       int MaxH=1;                         //1.设第 1 个学生身高最高
4       for(int i=2; i<=n; i++)             //2.依次把第 2 个至第 n 个学生的身高
                                            //与最高身高值进行比较
5       {
6           if(student[i-1].height>         //2.1 如果大于当前最高身高值
                student[MaxH-1].height)
7               MaxH=i;                     //2.2 该学生为身高最高者
8       }
9       return student[MaxH-1].xh;          //3.返回身高最高学生的学号
10  }
```

1.3　抽象数据类型

1.3.1　抽象数据类型的定义

抽象数据类型（abstract data type，ADT）是一个数据逻辑结构及定义在该结构上的一组操作的总称。抽象数据类型可表示成一个三元组，即（D，R，P），其中 D 为数据元素集合，R 为数据元素关系的集合，P 表示操作定义。操作的定义根据需要可简可繁。抽象数据类型的定义格式如下：

```
ADT   抽象数据类型名 {
    数据对象：
        数据元素的定义
    数据关系：
        数据元素之间的关系描述
    基本操作：
        基本操作定义
} ADT   抽象数据类型名
```

一个操作的定义通常包括操作名、参数列表、初始条件、操作功能、操作结果等,格式如下:

```
操作名(参数表)
    初始条件
    操作功能
    操作结果
    ...
```

数据元素、数据元素之间的关系和操作是 ADT 的三要素。

在高级程序设计语言中设有数据类型(data type),它是一个值的集合和定义在这个集合上的一组操作的总称。例如,C 语言中的整型(int),其取值是机器所能表示的最小负整数和最大正整数之间的任何一个数,操作有算术运算(+、-、*、/、%)、关系运算(<、<=、>、>=、==、!=)和逻辑运算(&&、||、!)。尽管每种语言和不同的处理器对整型的实现可能不一样,但对程序员来说只要定义相同,使用起来就是一样的。

数据类型属于一种抽象数据类型。抽象数据类型比数据类型范畴更广,它不仅包含数据模型,还包含模型上的运算。因此,它将数据抽象和过程抽象结合为一体,更好地反映某数据对象的静态和动态特性。本书后面介绍具体的数据结构(如线性表、栈、队列、树、图等)时,都将首先给出该结构的 ADT。

抽象数据类型的特征是使用和实现相分离,实现封装和信息隐藏。由此,在进行抽象数据类型设计时,是把类型的定义与其实现分离。运用抽象数据类型描述数据结构有助于在设计一个软件系统时,不必首先考虑其中包含的数据对象以及操作在不同处理器中的表示和实现细节,而把它们留在模块内部解决,使软件设计在更高层次上进行分析和设计。

1.3.2 抽象数据类型的实现

抽象数据类型独立于具体实现,将数据和操作封装在一起,其概念与面向对象方法的思想是一致的。因此,可以用面向对象程序设计语言(如 C++、Java 等)中类的声明表示抽象数据类型,用类的实现来实现抽象数据类型。其中,类的实现即相当于数据结构的存储结构及其存储结构上实现的数据操作。

抽象数据类型和类的概念实际上反映了程序或软件设计的两层抽象,即概念层和实现层,如图 1-15 所示。ADT 相当于概念层上的问题描述,类相当于实现层上的问题描述。

图 1-15 抽象数据类型的不同视图

1.4 算法与算法分析

1.4.1 算法的概念

算法(algorithm)[①]是对特定问题求解步骤的一种描述,是指令的有限序列。其中每一条指令表示一个或多个操作。算法具有以下 5 个特性。

- 有穷性[②]。一个算法必须在有穷步之后结束,即必须在有限时间内完成。
- 确定性。算法的每一步必须有确切的定义,无二义性。算法的执行对应着相同的输入时仅有唯一的一条路径。
- 可行性。算法中的每一步都可以通过已经实现的基本运算的有限次执行得以实现。
- 输入。一个算法具有零个或多个输入,这些输入取自特定的数据对象集合。
- 输出。一个算法具有一个或多个输出,这些输出与输入之间存在某种特定的关系。

求解一个问题的算法通常有多种,如同条条大路通罗马。算法的优劣从以下几方面来考量。

- 正确性。在合理的数据输入下,能够在有限的运行时间内得到正确的结果。
- 可读性。算法应当思路清晰、层次分明、简单明了、易读易懂。
- 健壮性。当输入数据非法时,能适当地做出正确反应或进行相应处理,而不产生莫名其妙的结果。
- 高效性。有较高的时间效率并能有效使用存储空间。

1.4.2 算法描述

算法是解决问题的步骤,算法描述用于给出算法步骤。常用的描述算法的方法有自然语言、流程图、程序设计语言和伪代码等,它们各有优缺点,可适用于不同场合。下面以求 $1\sim n$ 的自然数的和(即求 $1+2+3+\cdots+n$)为例呈现各种算法描述方法并分析各自特点。

1. 自然语言描述

Step 1. 和赋初值 0,加数取 1。

Step 2. 当加数小于或等于 n 时,重复下列操作:

  2.1 和与加数相加,形成新的和值;

  2.2 加数增 1。

Step 3. 输出和。

---

① 算法的中文名称出自约公元前 1 世纪的《周髀算经》,勾股定理即出自该书;算法英文名称来自波斯数学家阿勒·霍瓦里松(Al Khowarizmi)在公元 825 年左右写的一本影响深远的《代数对话录》。科技殿堂里陈列着两颗熠熠生辉的宝石:一颗是微积分,另一颗就是算法。微积分以及在微积分基础上建立起来的数学分析体系成就了现代科学,而算法则成就了现代世界(David Berlinski,2000)。

② 算法的有穷性不是纯数学的,而是指在实际应用中是合理的、可接受的。

用自然语言描述算法,其最大的优点是无须专门学习语言,读写方便,容易理解。缺点是容易出现二义性,并且算法描述比较冗长。

2. 流程图描述

求 1~n 的自然数的和的流程图如图 1-16 所示。

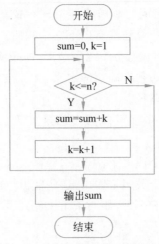

图 1-16 求自然数和算法的流程图

流程图的优点是直观易懂。缺点是严密性不如程序设计语言,灵活性不如自然语言。它适用于小问题或问题中某个局部求解方法的表述。

3. 程序设计语言

求 1~n 的自然数的和的程序如下。

```
0   int sum(int n)                        //求 n 个自然数的和
1   {  int sum=0;                         //累计和初值,为 0
2      int k=1;
3      while(k<=n)
4         sum=sum+k++;                    //累加
5      return sum;                        //返回和
6   }
```

用程序设计语言描述的算法的优点是能由计算机直接执行。缺点包括如下几点。①抽象。算法设计者为了使其能够直接在计算机上运行,进行算法描述时会拘泥于程序语法上的具体细节,从而掩盖算法的逻辑性。②要求算法设计者掌握程序设计语言及其编程技巧。③解决数据的输入输出问题。

4. 伪码描述

伪代码(简称为伪码)介于自然语言和程序设计语言之间,以编程语言的形式指明算法职能。它包含赋值语句并具有程序的主要结构,容易以任何一种编程语言(Pascal、C、Java 等)实现。伪码算法描述通常带有标号,以方便理解工作步骤和算法分析。操作指令可以结合自然语言来设计,至于算法中自然语言的成分有多少,取决于算法的抽象级别。抽象级别低的伪码自然语言多一些,抽象级别高的伪码程序设计语言的语句多一些。

下面给出"求 $1\sim n$ 的自然数的和"算法的两种伪码描述。

不同抽象级别的伪码如下所示。

伪码描述一	伪码描述二
输入：自然数 n	输入：自然数 n
输出：$1\sim n$ 连续的 n 个自然数的和	输出：$1\sim n$ 连续的 n 个自然数的和
1. sum←0, k←1;	1. sum←0, k←1;
2. 循环直到 k>n	2. while k≤n do
2.1 sum←sum+k;	3. sum←sum+k;
2.2 k←k+1;	4. k←k+1;
3. return sum;	5. end
	6. return sum;

伪码具有下列优点。
- 伪码不依赖于某特定语言，是便于理解的代码。
- 伪码的主要目标是解释程序的每一行应该做什么，基于伪码更容易构建源代码。
- 伪码可以充当程序与算法或流程图之间的桥梁，通过它可以很容易地理解一个开发人员的程序。

类语言是一种伪码，它采用某程序设计语言的基本语法（如 C++），以函数的形式描述算法。为方便算法描述，可以不受该语言语法的严格约束，如变量无须声明即可直接使用、用 a←→b 表示两个变量值互换等。因此，相比于程序，伪码使算法描述简明清晰，既不拘泥于完全遵守（C++）语言的语法规则和实现细节，又容易转换为 C++ 程序。

"求 $1\sim n$ 的自然数的和"类 C++ 语言算法描述如下。

```
0   int sum(n)
1   {
2       sum=0;          //无须声明即可直接使用
3       k=1;
4       while(k<=n)
5           {sum+=k; k++;}
6       return sum;
7   }
```

本书的算法综合考虑了对计算机相关专业学生的专业要求、算法到程序转变容易程度及学习基础等原因，采用类 C++ 伪码描述方式。

1.4.3 算法性能分析

算法性能分析指算法的复杂性分析[①]，包括两方面内容：**时间性能**和**空间性能**。采用

微课视频

---

① 算法的时间复杂度分析最初因克努思在其经典著作《计算机程序设计艺术》中使用而流行，大 O 记号也是克努思在这本书中提倡的。

的分析工具是渐近复杂度(asymptotic complexity)中的算符 O[①]。

1. 度量工具 O

定义 1-1　如果存在两个正的常数 c 和 n_0，对于任意 $n \geqslant n_0$，都有
$$f(n) \leqslant c \times g(n)$$
则称 $f(n)$ 的渐近上界是 $g(n)$，记作 $f(n)=O(g(n))$，称为大 O 记号。

该定义表明函数 $f(n)$ 和 $g(n)$ 具有相同的增长趋势，并且 $f(n)$ 的增长至多趋同于函数 $g(n)$ 的增长(如图 1-17 所示)。

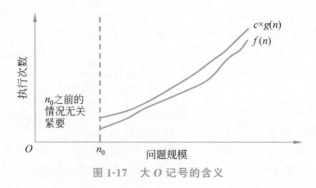

图 1-17　大 O 记号的含义

定理 1-1　若 $A(n)=a_m n^m + a_{m-1} n^{m-1} + \cdots + a_1 n + a_0$ 是一个 m 次多项式，则 $A(n)=O(n^m)$。

根据定理 1-1，若 $T(n)=2.7n^3 + 3.8n^2 + 5.3$，则 $T(n)=O(n^3)$。

定理 1-1 说明，在计算任何算法的渐近复杂度时，可以忽略所有低次幂项和最高次幂的系数，这样能够简化算法分析，并且使注意力集中在最重要的增长率上。

常见的渐进复杂度包括常量阶 $O(1)$、线性阶 $O(n)$、平方阶 $O(n^2)$、对数阶 $O(\log_2 n)$ 和指数阶 $O(2^n)$。

由图 1-18 可知，增长率大小关系为 $O(1) < O(\log_2 n) < O(n) < O(n\log_2 n) < O(n^2) < O(n^3) < O(2^n)$。

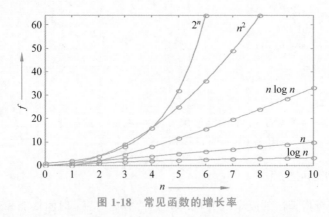

图 1-18　常见函数的增长率

[①] O 是渐近上界。算法分析中还有其他符号，如 Ω 符号是渐近下界，Θ 符号是渐近确界。

2. 算法效率度量方法

算法效能分析方法分为**事后统计法**和**事前分析估算法**。事后统计法是在算法实现后,通过运行程序测算其时间和空间开销。该方法的缺点是:①编写程序实现算法将花费较多的时间和精力;②所得实验结果依赖于计算机软、硬件等环境因素,有时容易掩盖算法本身的优劣。通常采用事前分析估算法,即不实现算法,就算法策略本身进行效能分析。通过计算算法的渐近复杂度来衡量算法的效率。

3. 算法的时间复杂度

算法的时间复杂度(time complexity)用于度量算法的时间性能。与算法执行时间相关的因素包括:①算法选用的策略,即解决问题的方法。②问题的规模,指处理的数据量。③选用的程序设计语言。一般而言,编程语言级别越高,执行效率就越低。④编译程序所产生的机器代码质量。相同程序结构下,编译后的目标代码量越多,算法所需的时间相应也越多。⑤机器执行指令的速度。相同代码情况下,机器越快,算法执行时间越短。

撇开与算法实现的计算机软、硬件相关的因素③~⑤,采用事前分析方法时,只需要考虑因素①和②,可以认为一个特定算法"运行工作量"的大小只依赖于问题的规模。

一个算法所耗费的时间=算法中每条语句的执行时间之和,而每条语句的执行时间=语句的执行次数(即频度)×语句执行一次所需时间。算法转换为程序后,每条语句执行一次所需的时间取决于机器的指令性能、速度以及编译所产生的代码质量等难以确定的因素。若要独立于机器的软、硬件系统来分析算法的时间耗费,则可设每条语句执行一次所需的时间均是单位时间。一个算法的时间耗费就是该算法中所有语句的频度之和,它是问题规模 n 的函数,记为 $T(n)$。

以"求 $1\sim n$ 的自然数的和"类 C++ 语言算法描述为例,各语句执行次数如图1-19所示。总的语句频度为 $T(n)=1+1+n+1+n+n+1=3n+4$。

	算法描述	语句频度分析
0	int sum(n)	
1	{	
2	sum=0;	
3	k=1;	
4	while(k<=n)	
5	{	
6	sum+=k;	
7	k++;	
8	}	
9	return sum;	
10	}	

语句编号	2	3	4	6	7	9
执行次数	1	1	n+1	n	n	1

图1-19 各语句执行次数

$T(n)$ 的渐近上界称为算法的时间复杂度,它表示算法所需时间随问题规模 n 的增长趋势。对于上述"求 $1\sim n$ 的自然数的和"的算法,$T(n)=3n+4=O(n)$,即算法的时间复杂度为 $O(n)$,为线性阶。

因输入的不确定性,算法语句频度有的可以直接计算出来,有的不可以。不同的算法策略有不同的分析方法。下面通过示例介绍最常用到的 4 种分析方法。

（1）**直接计算**。直接计算指可以由算法描述直接计算出整个算法的语句频度，如上例中"求 n 个自然数的和"。下面再举两例，一个为常量阶，另一个为平方阶。

【例 1-2】 下列算法为符号函数，分析其时间复杂度。

```
0   int Judge(int x)              //符号函数。大于 0、小于 0 或等于 0，分
1   {                             //别返回 1、-1 或 0
2       if(x>0)                   //1.大于 0
3           flag=1;               //标志为 1
4       else if(x<0)              //2.小于 0
5           flag=-1;              //标志为-1
6       else                      //3.等于 0
7           flag=0;               //标志为 0
8       return flag;              //4.返回标志
9   }
```

【解】 该算法与问题规模无关，记为 $T(n)=O(1)$，为常量阶[①]。

【例 1-3】 语句序列如下，分析其时间复杂度。

```
0   for(j=1;j<=n;++j)
1       for(k=1;k<=n;++k)
2           {++x; s+=x;}
```

【解】 语句 0、1、2 的频度分别为 $n+1$、$n(n+1)$ 和 $2 \times n \times n$，由定理 1-1 可知，仅分析语句 2 的增长率即可，算法的时间复杂度为 $T(n)=2n^2=O(n^2)$，为平方阶。

（2）**通过方程求解**。通过方程求解指语句的频度不能直接计算出来，但通过分析算法执行中须满足的条件（如循环条件）得到与频度计算相关的方程，通过求解方程可得相关语句的频度。

【例 1-4】 语句序列如下，分析其时间复杂度。

```
0   i=1;
1   while(i<=n)
2       i=i*2;
```

【解】 在该语句序列中，循环变量在循环体中发生了改变，循环次数不能直接计算出来。

设循环次数为 $f(n)$，则 $i=2^{f(n)}$，由循环条件可知 $2^{f(n)} \leq n$，则有 $f(n) \leq \log_2 n$，根据渐近上界定义可知 $O(f(n))=O(\log_2 n)$，因此，该语句序列的时间复杂度为 $O(\log_2 n)$，为对数阶。

（3）**等概率分析**。有的算法其语句的执行频度与处理的数据序列有关。如果能够穷尽所有可能，则可以<u>在假设每一种情况发生的概率相同的条件下进行分析</u>，这称为等概率

---

① 只要 $T(n)$ 不是问题规模 n 的函数，而是一个常数，其时间复杂度均为 $O(1)$。

条件下的分析。

【例 1-5】 下列算法是在一维数组 a[n] 中查找值为 k 的元素。如找到,返回其下标;未找到,返回 −1。

```
0   int find_e(int a[], int n, int k)
1   {
2       for(i=0;i<n,i++)
3           if(a[i]==k)              //找到
4               return i;
5       return -1;                   //未找到
6   }
```

【解】 该算法查找的思路是从首元素开始顺序查找。

算法中频度最高且为主要操作的是语句 3"数据比较",但该语句的执行次数取决于找哪个元素。如果找的是第 1 个元素,需要比较 1 次;如果要找的是第 i 个元素,则需要比较 i 次。设第 i 个元素被找到的概率为 p_i,找到需比较的次数为 c_i。如果每个元素被找到的概率 p_i 相同,即 $p_i=1/n$,则平均比较次数为

$$f(n)=\sum_{i=1}^{n}p_i c_i=\frac{1}{n}\sum_{i=1}^{n}i=\frac{n+1}{2}$$

由此可得,顺序查找的时间复杂度为 $O(n)$。

(4) 最坏情况分析。等概率方法只能用于可穷尽所有情况的场景,当无法穷尽所有可能的情况时,需要选用最坏情况来分析。

【例 1-6】 设有交换标志的冒泡排序算法描述如下,分析其时间复杂度。

```
0    void sort(int a [], int n)                        //冒泡排序
1    {
2      for(i=1, exchange=true; exchange &&i<n;i++)      //至多 n-1 趟
3      {
4        exchange=false;                                //每一趟交换标志初值为 false
5        for(j=0; j<n-i; j++)                           //从第一个数开始相邻两数两两比较
6          if(a[j]>a[j+1])                              //如果相邻数为逆序
7          {
8            a[j]←→a[j+1];                              //两两互换
9            exchange=true;                             //设置交换标志为 true
10         }
11     }
12   }
```

【解】 最好情况是初始序列为正序,只需要一趟两两比较,共比较 $n-1$ 次,无数据交换。时间复杂度为 $O(n)$。

最坏情况是初始序列为逆序,需要进行 $n-1$ 趟,第 i 趟需要比较 $n-i$ 次,发生 $n-i$ 次数据互换。因此,语句的频率 $T(n)\leqslant k\cdot(n-1+n-2+\cdots+2+1)=k\cdot\dfrac{n\cdot(n-1)}{2}$,冒泡排序的时间复杂度为 $O(n^2)$。一般认为,冒泡排序的性能为 $O(n^2)$。

上面通过示例介绍了常见的几种算法分析方法,但这些并不是全部,实际中会有更复

杂的情况（如递归程序），需要具体问题具体分析。

4. 算法的空间复杂度

算法的空间复杂度（space complexity）用于度量算法的空间性能，即算法运行时对内存的需求情况。与算法运行所需空间相关的因素有以下3个：①程序本身所需空间；②输入数据所需空间；③辅助存储所需空间。

程序本身所需空间是有限的，输入数据取决于问题本身，与算法无关。因此，算法所需空间性能分析只考虑第③点。

算法空间复杂度是指算法的执行过程中需要的辅助空间数量随问题规模增长的增长趋势，记为 $S(n)=O(f(n))$。

若额外空间相对于输入数据量来说是常数，则称此算法为原地工作。例如上述冒泡排序，只需要一个数据元素大小的空间用于数据元素互换，因此是原地工作，空间复杂度为 $O(1)$。

【例 1-7】 分析下列递归算法的空间复杂度。

```
0    void PrintN(int n)      //输出 n 个自然数
1    { if(n)
2        { PrintN(n-1);
3          cout<<n; }
4      return;
5    }
```

【解】 递归程序每一次递归需要保留断点和中间结果，所需总的额外空间与递归次数成正比。上述算法实现 $1\sim n$ 的自然数的输出，共递归 n 次，因此空间复杂度为 $O(n)$。

如果所需额外空间依赖于特定的输入，则除特别指明外，均按最坏情况来分析。

1.5 数据结构的重要性与应用

数据结构是计算机科学广阔领域里的一个核心概念。它不仅是计算机科学教育的基石，更是软件工程和系统架构的坚实基础。数据结构以其独特的方式，支撑着算法的设计和优化，促进了技术与应用的深度融合，并在不断演进的技术浪潮中展现出其重要性。

1.5.1 数据结构的重要性

1. 计算机科学的基础

正如建筑需要坚固的基础，数据结构为计算机科学提供了必要的支撑。数据结构定义了在计算机内存中组织、存储和处理数据的方式，算法的设计与实现也与数据结构的选择密切相关。不同的数据结构为不同种类的数据提供相应适合的存储模型。例如，数组适合快速随机访问，链表适合频繁的插入和删除操作。选择合适的数据结构是实现高效信息管理的前提。

计算机系统的各层面，如操作系统、数据库管理系统、网络通信协议等，都依赖于高效的数据结构来支撑其功能。例如,操作系统的内存管理和文件系统设计、数据库的索引机制等,都是数据结构理论的具体应用。良好的数据结构设计能够显著提升算法的执行效率,降低资源消耗,是优化系统性能的关键。

现代编程语言的设计与实现深深植根于数据结构的概念之上。无论是基本的数据类型还是复杂的类与对象,都是数据结构思想的具体体现。掌握数据结构有助于深入理解编程语言的底层工作原理,增强编程能力。

在计算机科学的教育体系中,"数据结构"通常被作为一门核心课程。它不仅教授如何处理数据,更重要的是培养分析问题、设计解决方案的能力。通过学习数据结构,学生能够为后续的算法设计、软件工程等专业课程打下坚实的基础。

2. 抽象思维的培养

学习数据结构不仅是掌握编程技巧的过程,更是培养抽象思维能力的重要途径。

抽象思维的培养始于理解复杂性。数据结构要求学习者从复杂问题场景中识别关键元素及其相互关系,将现实世界中的各种数据组织模式简化为线性、层次或网络结构。这一过程本身就是一种高度的抽象,它训练人们如何从现象中抽象出本质。

模式识别与归纳是抽象思维的核心。在设计和分析数据结构时,学习者需要识别问题中的重复模式,并归纳出通用解决方案。这不仅锻炼了学习者识别和应用模式的能力,也加深了对抽象概念的理解。

逻辑推理与规划是数据结构学习中的另一个关键方面。它要求学习者通过定义数据结构来有效表示问题状态,并设计操作这些数据的算法。这种逻辑规划能力帮助学习者在面对新问题时能够有序地思考并制定解决方案,是抽象思维的重要组成部分。

数据结构的设计还鼓励采用模块化和分层的思想。这种方法将复杂系统分解为可管理的部分,要求开发者在关注每个部分的内部逻辑的同时,考虑它们之间的接口和交互方式。这种思维方式促进了抽象层次的提升,体现了系统性思维和抽象思维的深度。

数据结构的学习不仅让学习者掌握了具体的编程技巧,更重要的是训练了如何从具体问题中抽象出模型,如何用简洁而高效的方式表达复杂概念。这种能力是提升抽象思维能力的关键,尤其是在设计复杂软件系统时,能够帮助开发者快速定位问题核心,并设计出高效的解决方案。

3. 算法设计与优化的支撑

数据结构是算法设计的基石,为算法提供了必要的支持和优化空间。

数据结构是算法实现的载体。在算法设计过程中,开发者需要根据数据的存储方式和访问模式,选择或设计合适的数据结构,以确保算法能够高效且准确地执行。例如,在实现排序算法时,是否采用原地排序策略,往往取决于所用数组的特性。

算法的性能在很大程度上依赖于其操作的数据结构。不同的数据结构对基本操作如查找、插入、删除等有着不同的时间复杂度和空间复杂度。例如,有序数组在查找操作上表现出色,但在插入和删除时效率较低;而链表在插入和删除操作上较为高效,但需要更多的存储空间;在处理大规模数据搜索和排序时,散列表能够实现接近常数时间的查找效率,而红黑树则在维持数据有序性的同时,提供了高效的插入和删除操作。选择合适的数据结构,是提升算法效率的首要步骤。没有合适的数据结构,即使是最精巧的算法也难以发挥其最大效能。深入学习并掌握数据结构是实现算法优化的前提。

数据结构的创新也是算法创新的重要源泉。历史上，许多高效的算法都是基于对现有数据结构的新理解和改进而产生的。B树和红黑树的发明，就是通过优化数据结构来大幅提升数据库索引和平衡查找树的性能的典型例子。

数据结构不仅为算法提供了操作的平台，更是优化算法性能、简化算法设计、促进算法创新的关键。

4. 软件工程与系统架构的基石

在软件开发和系统设计领域，数据结构的选择对系统架构和性能具有深远的影响。

良好的数据结构决策能够简化模块间的交互，提高系统的可维护性和扩展性，实现模块化和低耦合系统架构。例如，在数据库系统设计中，选择合适的索引结构，如 B 树或 B+ 树，对提升查询性能至关重要；而在缓存机制的实现中，采用队列或 LRU（最近最少使用）缓存淘汰策略，可以高效地管理内存资源。通过定义清晰的数据接口和操作，不同模块能够独立设计和测试，从而增强代码的复用性和可维护性。

在软件开发的早期阶段，数据结构帮助开发者将业务需求转换为数据模型，如 E-R 图在数据库设计中的应用，确保软件设计能够贴合实际需求。这种需求分析和系统建模的能力，是构建有效软件解决方案的基础。

数据结构的正确性直接影响软件的整体质量。良好的数据结构设计不仅易于测试和调试，有助于发现和修复潜在错误，而且保证了软件的稳定性和可靠性。数据结构的不变性原则和边界条件处理，在软件测试中也是重要的考量因素。在软件的长期维护和版本迭代过程中，数据结构的灵活性和一致性极为重要。合理设计的数据结构能够支持新功能的无缝集成，使系统在面对变化时更加健壮和灵活。

数据结构作为编程的基本构件和软件工程方法论的内在组成部分，影响着软件的结构设计、性能表现、可维护性以及未来扩展的潜力，是构建高质量、可扩展、易维护软件系统的基石。

5. 适应技术发展趋势与挑战

数据结构是新兴技术的底层支撑，数据结构的改良与创新是技术创新的催化剂。在人工智能、大数据、区块链、物联网等技术快速发展的背景下，对数据处理的效率和智能化提出了更高的要求。这些技术的核心在于如何高效地存储、检索、分析海量数据，而这一切都依赖于高效的数据结构作为基础。例如，深度学习框架中的计算图结构、图数据库中的图数据结构等，都是应对数据爆炸增长和技术挑战的关键工具；布隆过滤器、倒排索引、稀疏矩阵等结构，在处理大量数据时提供了高效的解决方案；稀疏矩阵数据结构在机器学习中的应用提高了大规模数据集上的计算效率；区块链的账本结构是确保数据不可篡改的基础；谷歌的 PageRank 算法利用图数据结构来衡量网页的重要性，推动了搜索引擎技术的革新。

数据结构作为一种通用语言，为不同技术领域间的沟通提供了共同的基础，这种通用性使得技术方案能够跨领域迁移和整合，增强了不同领域间的协同效应。在复杂的应用系统中，数据的集成是一个常见挑战。高效的数据结构设计能够简化这一过程，支持异构数据的统一管理和操作。

数据结构帮助专家在非计算机科学领域应用计算技术,解决实际问题,促进科技与社会各领域的深度融合,成为促进跨学科融合与创新的关键。数据结构是跨学科融合的桥梁。

1.5.2 数据结构的应用实例

数据结构在众多领域和应用场景中扮演着关键角色,无论是传统应用与技术,还是现代技术与应用,如操作系统、数据库管理、编译系统、图形处理、机器学习、人工智能等。

1. 大数据处理

在大数据的存储、索引、查询中均可见数据结构的作用。①分布式存储与处理。在分布式文件系统,如 Hadoop HDFS 中,数据被切分成块并分布在不同的结点上。散列表或一致性散列在此过程中被用于快速定位数据块的位置。同时,图数据结构用于表示结点间的关系,支持数据的高效传输和实现负载均衡。②索引与查询优化。B 树、B+ 树、LSM 树等索引结构在大数据存储系统中广泛应用,它们加速了数据库和搜索引擎中的数据检索速度。③流处理。Apache Kafka 和 Flink 等系统使用队列和环形缓冲区等数据结构暂存和传输实时事件数据,确保了数据处理的低延迟和高吞吐量。④MapReduce。在 MapReduce 作业中,输入数据被分割成多个键值对集合,然后通过映射、排序、分区、归约等步骤进行处理。⑤图计算。在社交网络分析、推荐系统、网页排名等领域,图数据结构和高级图算法(如 PageRank、最短路径算法)用于处理复杂的数据关系和模式挖掘。⑥位图索引。在处理大规模数据集的布尔查询时,位图索引通过使用位数组来表示数据的存在与否,可以极大节省空间并加速查询。

通过这些数据结构的应用,大数据处理得以在有限的资源下实现高效、可靠的分析和处理,满足了从商业智能到科学研究等多领域的需求。

2. 人工智能

人工智能的发展与数据结构的运用密切相关,它们支撑着 AI 算法的效率、模型的训练、推理过程以及决策制定。①神经网络与深度学习。深度学习模型中的神经网络层通过权重矩阵相互连接,激活函数的输出以矩阵形式存储,便于执行高效的矩阵运算。前向传播和反向传播过程可以抽象为计算图,其中结点代表操作(如加法、乘法),边代表数据流动,计算图简化了模型构建、训练和优化的复杂性。②机器学习算法。决策树使用树状结构表示特征选择和决策路径,适用于分类和回归任务,如信用评级和疾病诊断。在近邻搜索中,K-D 树和 Ball Tree 等数据结构加快了最近邻点的查找速度,广泛应用于推荐系统和计算机视觉。③图数据处理。社交网络分析使用图数据结构来表示用户间的关系,支持社区检测和影响力分析。知识图谱以图的形式存储实体和关系,在问答系统和语义搜索中支持复杂查询和推理。④自然语言处理。词嵌入技术(如 Word2Vec)将词汇映射到向量空间,使用向量表示单词或句子。⑤优化与搜索算法。在 A* 搜索和 Dijkstra 算法中,优先队列用于维护待探索结点的有序集合,高效地寻找最短路径或最优解。遗传算法使用种群表示解的集合,通过交叉和变异操作模拟自然选择过程。

通过这些数据结构的巧妙应用,人工智能领域得以处理从简单分类到自然语言理解再到复杂决策等复杂问题,推动了 AI 技术的快速发展和广泛应用。

3. 云计算与分布式系统

云计算与分布式系统的核心在于数据的高效传输和存储,其中更离不开采用合适的数据结构。①分布式存储系统。分布式散列表(如 Amazon DynamoDB),用于分散存储和定位数据,实现负载均衡和故障容错。一致性散列在分布式缓存系统(如 Memcached、Redis Cluster)中分配键值对,最小化结点变化对数据分布的影响。②负载均衡。使用队列或列表结构跟踪服务器状态,根据轮询、最少连接等策略分配请求,确保系统整体性能和稳定性。③分布式文件系统。在 Google 的 GFS 等系统中,B 树和 B+树用于索引文件位置,支持快速查找和范围查询。④消息队列与事件驱动系统。Apache Kafka 和 RabbitMQ 等使用队列结构缓存和顺序处理消息,支持异步通信和系统组件解耦。⑤服务发现与配置管理。使用图或树结构存储服务实例信息,支持动态服务发现和路由选择。

通过这些数据结构的应用,云计算与分布式系统能够有效地管理大规模数据,提供高可用服务,支持弹性伸缩,并保证数据的一致性和完整性,满足互联网和企业级应用的严苛需求。

4. 网络安全

网络安全领域中,数据结构的正确选用不仅提升了数据处理的效率,也是构建安全防护机制、检测潜在威胁和响应安全事件的基石。①防火墙与访问控制。防火墙使用有序列表,如链表或二叉搜索树存储过滤规则,高效检查并决定允许或拒绝网络数据包的进出。②入侵检测系统(IDS)与入侵防御系统(IPS)。利用字符串匹配算法和数据结构,如 Trie 树、后缀树,快速识别已知攻击模式;用图结构表示实体间的关联关系,结合图算法发现攻击链和异常行为。③日志分析与事件关联。日志数据按时间顺序存储,使用时间序列数据结构,如排序数组或链表,便于追踪和分析事件序列。④数据加密与密钥管理。散列表用于快速查找和验证数据完整性,如存储和验证数字签名、密码散列。特定数据结构,如字典或映射表,存储密钥与加密信息,确保安全访问。⑤网络流量分析与异常检测。队列和优先队列处理实时网络数据流,结合滑动窗口统计、决定分析方法检测流量异常。⑥身份与访问管理。使用树或图结构表达访问控制列表(ACL)、基于角色的访问控制(RBAC)等复杂的权限关系,控制用户对资源的访问。

通过这些数据结构的应用,网络安全系统能够高效处理大量数据,及时发现潜在威胁,增强防护措施,快速响应攻击,保护网络环境的安全。

1.6 小结

1. 本章知识要点

本章知识要点如图 1-20 所示。

第1章 绪论

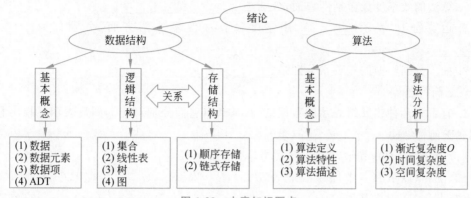

图1-20 本章知识要点

2. 本章示例与应用

本章示例与应用如图1-21所示。

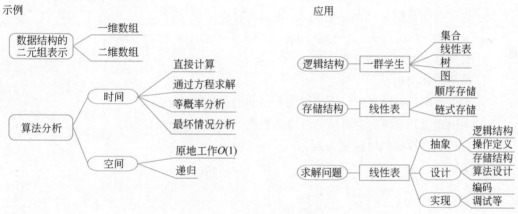

图1-21 本章示例与应用

习题1

一、填空题

1. 数据的基本单位是_____,通常对应现实世界的一个实体。
2. 逻辑结构是根据_____来划分的,典型的逻辑结构有_____、_____、_____和_____。
3. 存储结构指_____,两种基本的存储结构是_____和_____。无论哪种存储结构,都要存储两方面的内容:_____和_____。
4. 好的算法有4方面的要求,即_____、_____、_____和_____。
5. 算法有5个特性,分别是_____、_____、_____、_____和_____。
6. 算法的描述方法有_____、_____、_____和_____4种,类语言描述属于其中的_____。

7. 算法的效率度量包括两方面,分别是_____和_____。

8. 运算符 O 表示_____,用它度量算法效率的两方面,分别称为_____和_____。

9. 抽象数据类型的三要素分别是_____、_____和_____。

二、简答题

1. 有下列几种二元组表示的数据结构,试画出它们分别对应的图形表示并指出它们分别属于何种结构。

(1) $A=(D,R)$,其中,$D=\{a_1,a_2,a_3,a_4\}$,$R=\{\}$。

(2) $B=(D,R)$,其中,$D=\{a,b,c,d,e\}$,$R=\{(a,b),(b,c),(c,d),(d,e)\}$。

(3) $C=(D,R)$,其中,$D=\{a,b,c,d,e,f,g\}$,$R=\{(d,b),(d,g),(b,a),(b,c),(g,e),(e,f)\}$。

(4) $K=(D,R)$,其中,$D=\{1,2,3,4,5,6\}$,$R=\{<1,2>,<2,3>,<2,4>,<3,4>,<3,5>,<3,6>,<4,5>,<4,6>\}$。

2. 将下列函数按它们在 $n\to\infty$ 时从小到大排序。

n,$n-n^3+7n^5$,$n\log n$,$2^{n/2}$,n^3,$\log n$,$n^{1/2}$,$n^{1/2}+\log n$,$(3/2)^n$,$n!$,$n^2+\log n$

3. 当为某一问题选择数据结构时,应从哪些方面进行考虑?

4. 程序是算法吗?

5. 举例说明:一种逻辑结构可以选择不同的存储结构。

6. 举例说明:不同的逻辑结构可以选择同一种存储结构。

7. 分析下列算法的时间复杂度。

(1)
```
void fun(int n)
{ x=0;y=0
  for(i=0; i<n; i++)
    for(j=0; j<n; j++)
      for(k=0; k<n; k++)
        x=x+y;
}
```

(2)
```
x=1;
for(i=1;i<=n; i++)
  for(j=1; j<=i;j++)
    x++;
```

(3)
```
i=1; k=0;
while(i<=n)
{ k=k+2*i;
  i++;
}
```

(4)
```
void fun(int n)
{ y=0;
  while(y*y<=n)
    y++;
}
```

三、算法设计题

1. 求一组整型数组 A[n] 中的最大值和最小值。给出求解问题性能尽可能好的算法类语言描述。

2. 有 N 枚硬币,其中至多有一枚假币,假币偏轻。设用一架天平找出假币。分别给出 $N=6$ 和 $N=7$ 的算法的流程图描述,说明算法的时间复杂度和空间复杂度。

3. 假定一维整型数组 a[n] 中的每个元素均在[0,200]区间内,编写算法,分别统计落在[0,20]、[21,50]、[51,80]、[81,130]、[131,200]等各区间的元素个数。给出算法描述并分析算法的时间复杂度。

4. 求多项式 $f(x)$ 的算法可根据下列两个公式之一来设计。

(1) $f(x)=a_n x^n + a_{n-1} x^{n-1} + \cdots + a_1 x + a_0$；

(2) $f(x)=a_0 + (a_1 + (a_2 + \cdots + a_{m-1} + a_m x) x \cdots x) x$，$n$ 层括号。

分析两种算法的时间复杂度。

四、上机练习题

1. 常见算法时间函数的增长趋势分析。编写程序，对于集合 $\{2^4, 2^6, 2^7, 2^8\}$ 中的每个整数，输出 $\log_2 n$、$\sqrt{n}$、$n\log_2 n$、n^2、n^3、2^n、$n!$ 的值。

2. 设计一个时间性能尽可能好的算法，求 $1!+2!+3!+\cdots+n!$，说明算法的时间复杂度。

3. 试编写一个函数计算 $n! \times 2^n$ 的值，结果存于数组 $a[N]$ 的第 n 个数组元素中，$0 \leqslant n \leqslant N$。若计算过程中出现第 k 项 $k! \times 2^k$ 超出计算机表示范围，则按出错处理。给出下列 3 种方式的出错处理并记录处理结果。

(1) 用 exit(1) 语句；

(2) 用 return 0 和 return 1 区别正常和非正常返回；

(3) 在函数参数表中设置一个引用型变量来区别正常或非正常返回。

试讨论 3 种方法各自的优缺点。

五、AI 辅助题

基于大模型等 AI 工具求解下列各题。

1. 什么是知识图谱？图数据结构如何在知识图谱中发挥作用？举例说明其在 AI 中的应用场景。

2. 在深度学习模型中，神经网络权重的存储通常采用哪种数据结构？请解释该结构如何帮助优化模型训练过程。

3. 讨论在人工智能应用中，如何利用 AI 技术来优化数据结构的设计、分析和应用。请给出一个具体的案例。

4. 借助 AI，得到本章内容的思维导图。

六、思政思考题

1. 在数据结构绪论的学习中，如何运用唯物辩证法的观点理解数据结构与算法的关系？

2. 数据结构的发展是如何反映科学技术的进步的？你从中获得怎样的启示？

3. 抽象数据类型的设计原则体现了哪些科学方法论？

4. 算法的伦理问题是什么？在设计和分析算法时，应该考虑哪些伦理因素？

第 2 章 线 性 表

线性表是最简单、最基本、最常用的一种线性结构。数组、字符串、二维表均是线性表。

线性表可以采用顺序存储结构,也可以采用链式存储结构,它们分别具有不同特性,适用于不同场合。

本章讨论的问题有一定的普遍性,是本课程学习的重点和核心;本章讨论问题的方法有示范和引领作用,是其他后续章节的重要基础。

本章主要知识点

- 线性表的结构特性。
- 线性表的顺序存储实现。
- 线性表的链式存储实现。

本章教学目标

- 掌握线性表的结构特性与操作特性。
- 能够根据问题选择合理的存储结构。
- 能够熟练操作线性表。

2.1 线性表的定义

2.1.1 线性表的逻辑特性

线性表(linear list)是由零个或多个具有相同类型的数据元素的有限序列组成的线性结构。非空线性表可表示为

$$L=(a_1,a_2,\cdots,a_i,\cdots,a_n) \qquad (2\text{-}1)$$

其中,a_i 为线性表的第 i 个数据元素①;n 为线性表数据元素的个数,称为线性表的长度。n 等于 0 时,为空表。

---

① 在线性表定义中,只要是非空表,每个数据元素有且仅有一个确定的位置。

5个数据元素组成的线性表,其逻辑关系如图 2-1 所示。

图 2-1　线性表示意图

线性表的第一个元素(称为首元素或首元)没有前驱(predecessor),最后一个元素(称为尾元素或尾元)没有后继(successor),其余元素有唯一前驱和唯一后继。

一维数组从位序关系(即数组下标)上看,第一个元素没有前驱,最后一个元素没有后继,其余任何一个元素有唯一前驱和唯一后继,如图 2-2(a)所示。因此,一维数组是线性表。如果数组元素类型为字符型,就是字符串,如图 2-2(b)所示。因此,字符串是线性表。对于二维表,如果把反映每一个实体的一行数据作为一个数据元素,如图 2-2(c)所示,则二维表也是线性表。因此,线性表是最常见且被普遍使用的逻辑结构。

```
       int A[5]
   ┌────┬────┬────┬────┬────┐
   │A[0]│A[1]│A[2]│A[3]│A[4]│              char S[5]= "good"
   └────┴────┴────┴────┴────┘

         (a) 一维数组                            (b) 字符串
```

XH	XM	XB	CJ
1001	John	M	87
1002	Mary	F	78
2003	Alice	F	90
3001	Herry	M	80

(c) 二维数组

图 2-2　线性表示例①

2.1.2　线性表的抽象数据类型

线性表的抽象数据类型 List 定义如下。

```
ADT List {
数据对象：D={a_i|a_i∈ElementSet, i=1, 2, …, n, n≥0},其中,n 为表长;n=0 时,为空表。
数据关系：R={(a_{i-1}, a_i) | a_{i-1}, a_i∈D, i=2, …, n}
基本操作：
    InitList(&L)                    //初始化线性表
        操作功能：创建一个空的线性表 L。
        操作输出：创建成功,返回 true;不成功,退出。
    CreateList(&L,n)                //创建表的 n 个元素
        操作功能：在线性表 L 中创建 n 个数据元素。
```

---

① 表中 XH 表示学号、XM 表示姓名、XB 表示性别(其中 M 表示"女"和 F 表示"男")、CJ 表示成绩。

操作输出：创建成功，返回 true；不成功，返回 false。
```
DestroyList(&L)                    //销毁线性表
```
　　操作功能：释放线性表 L 所占的存储空间。
　　操作输出：无。
```
GetElem_i(L,i,&e)                  //按位序查找
```
　　操作功能：获取线性表 L 第 i 个数据元素值 e。
　　操作输出：找到，返回 true；未找到，返回 false。
```
LocateElem_e(L,e)                  //按值查找
```
　　操作功能：在线性表 L 中查找值为 e 的元素。
　　操作输出：找到，返回该元素的位序；未找到，返回 0。
```
InsertElem_i(&L,i,e)               //按位序插入元素
```
　　操作功能：在线性表 L 的第 i 个位置处插入一个值为 e 的新元素。
　　操作输出：插入成功，返回 true；不成功，返回 false。
```
DeleteElem_i(&L,i)                 //按位序删除元素
```
　　操作功能：删除线性表 L 的第 i 个元素。
　　操作输出：删除成功，返回 true；不成功，返回 false。
```
PutElem_i(&L,i,e)                  //按位序修改元素值
```
　　操作功能：把线性表 L 的第 i 个数据元素的值修改为 e。
　　操作输出：修改成功，返回 true；不成功，返回 false。
```
ClearList(&L)                      //清空表
```
　　操作功能：把 L 变成空表。
　　操作输出：无。
```
ListLength(L)                      //测表长
```
　　操作功能：求线性表 L 的长度。
　　操作输出：表长。
```
ListEmpty(L)                       //测表空
```
　　操作功能：判断线性表 L 是否为空表。
　　操作输出：空表，返回 true；非空表，返回 false。
```
ListFull(L)                        //测表满
```
　　操作功能：判断线性表 L 是否为满表。
　　操作输出：满表，返回 true；非满表，返回 false。
```
DispList(L)                        //遍历[①]输出表
```
　　操作功能：按位置的先后次序输出线性表 L 中的各元素。
　　操作输出：无。
}ADT List

　　抽象数据类型中的基本操作通常为最小操作子集。其他操作可以由该操作集中的操作实现，例如：

```
PriorElem_e(L,e,&pre_e)            //按值求前驱元素
```
　　操作功能：在线性表 L 中查找值为 e 的元素的前驱元素 pre_e。
　　操作输出：找到，返回 true；未找到，返回 false。
```
NextElem_e(L,e,&next_e)            //按值求后继元素
```
　　操作功能：在线性表 L 中查找值为 e 的元素的后继元素 next_e。
　　操作输出：找到，返回 true；未找到，返回 false。
```
AppendElem(&L,e)                   //添加元素
```
　　操作功能：在线性表 L 的表尾插入值为 e 的新元素。

---

① 依某种次序使结构中的数据元素被访问且仅被访问一次称为遍历(traverse)。不同的结构，其遍历方法不同。

操作输出：插入成功,返回 true;不成功,返回 false。
DeleteElem_e(&L,e)   //按值删除元素
操作功能：删除线性表 L 中值为 e 的元素。
操作输出：删除成功,返回 true;不成功,返回 false。

【例 2-1】 用 ADT List 中已定义的基本操作实现按值求前驱元素的操作。

PriorElem_e(L,e,&pre_e)

【解】【算法思想】 用 LocateElem_e(L,e)查找值为 e 的元素的位序 k。当 k 大于 1 时,则前驱元素为第 $k-1$ 个元素,用 GetElem_i(L,i,&e)获取前驱元素;否则,前驱元素不存在。算法描述与算法步骤如算法 2.1 所示。

算法 2.1 【算法描述】   【算法步骤】

```
0   bool PriorElem_e(L,e,&pre_e)        //查找值为 e 的元素的前驱元素 pre_e
1   {
2       k=LocateElem_e(L,e);            //1.获取值为 e 的元素的位序
3       if(k>1)                         //2.找到,且有前驱元素
4       {
5           GetElem_i(L,k-1,pre_e);     //2.1 按位序查找前驱元素
6           return true;                //2.2 返回 true
7       }
8       else                            //3.未找到
9           return false;               //返回 false
10  }
```

根据问题域中操作的使用情况,频繁使用的可以放到 ADT 的基本操作集中。在具体的系统中,没有意义的操作需要删除,如链式存储的测表满操作 ListFull。因此,**抽象数据类型中(如 ADT List)的基本操作集不是固定和一成不变的**。

2.2 顺序表

微课视频

2.2.1 顺序表的定义

采用顺序存储结构的线性表称为顺序表(sequential list),即用一组连续的内存空间依次存放线性表的各元素,如图 2-3 所示。顺序表用数据元素物理位置上的相邻表示数据元素逻辑上的相邻,因此不需要额外存储逻辑关系。

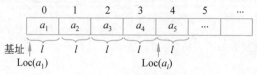

图 2-3 顺序表示意图

顺序表具有如下特性。

1. 随机性

在顺序表中,因每个数据元素的长度 l 相同,由顺序存储的基址(即首元素的存储地址)$Loc(a_1)$可知表中任何一个其他元素的存储位置,如第 i 个元素的存储地址 $Loc(a_i)$ 为

$$Loc(a_i) = Loc(a_1) + (i-1) \times l$$

因此,可以根据位序访问表中任何一个数据元素,如同数组中用数组下标访问数组元素一样。这种无须查找按位序可访问任意一个元素的特性被称为随机访问(random access)特性。

2. 连续性

在顺序表中,数据元素必须依次存储在连续的内存空间中。因此,当在表中插入或删除元素时,需要将插入或删除点后的元素后移或前移。

插入操作如图 2-4 所示。当在第 i 个位置插入一个数据元素 e 时,需要将 $a_n \sim a_i$ 共 $n-i+1$ 个数据元素依次后移一个位序,把第 i 个位置让出来,才能插入新元素 e,表长增 1。

删除操作如图 2-5 所示。当删除第 i 个元素时,需要将 $a_{i+1} \sim a_n$ 共 $n-i$ 个元素依次前移一个位序,表示去掉一个元素,表长减 1。

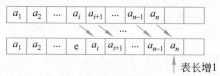
图 2-4 在顺序表第 i 个位置插入元素

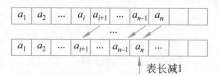
图 2-5 从顺序表中删除第 i 个元素

3. 有限性

连续的内存空间在申请之后不能在原基础上延扩。因此,顺序表的可用空间是有限的。当进行新元素插入时,需要考虑是否有剩余可用空间,表满则不能插入新元素。

2.2.2 顺序表的存储设计

连续内存空间申请方式有两种:①静态申请,类似数组定义;②动态申请,用 new 申请。

考虑到连续内存空间可用容量有限,内存的访问是基于"基址+偏移量"①。设置 3 个属性(基址 elem、容量 size 和表长 length)表示顺序表,存储示意图如图 2-6 所示,存储结构定义如下。

微课视频

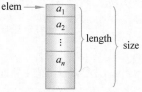

图 2-6 顺序表存储示意图

---

① 连续内存空间的起始地址称为基址,其他元素的地址为"基址+偏移量"。第 1 个元素偏移量为 0,第 2 个元素偏移量为 $1 \times$ 元素长度,第 i 个偏移量为 $(i-1) \times$ 元素长度。因此,顺序表中的访问称为"基于基址的访问"。这也可以侧面理解为什么数组的下标从 0 开始。

方式一：静态申请[①]

```
template<class DT>
struct SqList                    //顺序表类型名
{ DT elem[size];                 //elem为基址, size为表容量
  int length;                    //表长, 即表中数据元素个数
};
```

方式二：动态申请[②]

```
template<class DT>
struct SqList                    //顺序表类型名
{ DT * elem;                     //基址
  int size;                      //表容量
  int length;                    //表长, 即表中数据元素个数
};
```

本书采用方式二。在上述存储定义中，利用模板机制表示广泛意义上的数据类型（DT）。在实际问题中，DT 可能是原子型（如 int、float、char 等），也可能是复合类型。

根据上述定义，介绍如下几个语句的含义。

SqList<DT>L 声明一个元素类型为 DT 的顺序表变量 L。

L.elem[i−1] 表示顺序表 L 的第 i 个元素。

L.length 表示顺序表 L 的表长。当 L.length==0 时，为空表，不能删除元素。

L.size 表示顺序表 L 的表容量。当 L.length==L.size 时，为表满，不能插入新元素。

2.2.3 顺序表的操作及实现

微课视频

根据 ADT List 中的基本操作定义设置操作参数类型和返回值后，顺序表的基本操作对应的函数定义及功能说明如表 2-1 所示。

表 2-1 顺序表的基本操作对应的函数定义及功能说明

序号	函数定义	功能说明
1	//初始化顺序表 bool InitList(SqList<DT> &L,int m)	创建一个容量为 m 的空顺序表 L；创建成功，返回 true；不成功，退出
2	//创建顺序表 bool CreateList(SqList<DT> &L,int n)	创建顺序表的 n 个元素。创建成功，返回 true；不成功，返回 false
3	//销毁顺序表 void DestroyList(SqList<DT> &L)	释放顺序表 L 所占内存空间
4	//按位序查找 bool GetElem_i(SqList<DT> L,int i,DT &e)	若 0<i≤表长，获取顺序表 L 的第 i 个元素的值 e 并返回 true；否则，返回 false

---

① 静态申请对应静态存储分配，指在编译时为变量分配内存，并且一经分配就始终占有固定的存储单元，直到该变量退出应用。

② 动态申请对应动态存储分配，指在程序运行期执行申请内存命令后进行的分配，不需要时用相应的命令释放。

续表

序号	函数定义	功能说明
5	//按值查找 int LocateElem_e(SqList<DT> L,DT e)	若顺序表 L 中有值为 e 的元素,返回该元素的序号;不存在,返回 0
6	//按位序插入新元素 bool InsertElem_i(SqList<DT> &L,int i,DT e)	在顺序表 L 的第 i 个位置插入一个值为 e 的元素。插入成功,返回 true;不成功,返回 false
7	//按位序删除元素 bool DeleteELem_i(SqList<DT> &L,int i)	删除顺序表 L 的第 i 个数据元素。删除成功,返回 true;不成功,返回 false
8	//按位序修改元素值 bool PutElem_i(SqList<DT> &L,int i,DT e)	把线性表 L 的第 i 个数据元素的值修改为 e。修改成功,返回 true;否则,返回 false
9	//清空顺序表 void ClearList(SqList<DT> &L)	把顺序表 L 变成空表
10	//测表长 int ListLength(SqList<DT> L)	求顺序表 L 的长度,即表中元素个数
11	//测表空 bool ListEmpty(SqList<DT> L)	判断顺序表 L 是否为空表。空表,返回 true;非空表,返回 false
12	//测表满 bool ListFull(SqList<DT> L)	判断顺序表 L 是否表满。满表,返回 true;非满表,返回 false
13	//遍历输出表 void DispList(SqList<DT> L)	遍历输出顺序表 L 中各元素

下面逐一介绍各操作的算法设计。

1. 初始化顺序表

【算法思想】 初始化顺序表是指创建一个空的顺序表。首先,申请一组连续的内存空间,用来存放线性表。申请到的内存空间首址为顺序表的基址;申请的容量为表容量。新表为空表,表长设为 0。

算法描述与算法步骤如算法 2.2 所示。

算法 2.2 【算法描述】   【算法步骤】

```
0   template<class DT>
1   bool InitList(SqList<DT>&L, int m)     //创建容量为 m 的空顺序表
2   {
3     L.elem=new DT[m];                    //1.申请一组连续的内存空间
4     if(!L.elem) exit(1);                 //申请失败,退出
5     L.length=0;                          //2.申请成功,为表属性赋值
6     L.size=m;
7     return true;                         //3.返回 true
8   }
```

2. 创建顺序表

【算法思想】 依次创建表的 n 个数据元素,表长为 n。

算法描述与算法步骤如算法 2.3 所示。

算法 2.3　【算法描述】　　　　　　　　　　　【算法步骤】

```
0  template<class DT>
1  bool CreateList(SqList<DT>&L, int n)    //创建 n 个数据元素
2  { if(n>L.size)                          //1.n 大于表容量,不能创建
3      return false;
4    for(i=1; i<=n; i++)                   //2.依次输入 n 个数据
5      cin>>L.elem[i-1];                   //元素值
6    L.length=n;                           //3.表长为 n
7    return true;
8  }
```

3. 销毁顺序表

【算法思想】　销毁顺序表,即释放顺序表所占内存。对应 new 申请内存空间命令,用 delete 释放顺序表 L 所占内存空间;置表长为 0,表容量为 0。

算法描述与算法步骤如算法 2.4 所示。

算法 2.4　【算法描述】　　　　　　　　　　　【算法步骤】

```
0  template<class DT>
1  void DestroyList(SqList<DT>&L)          //销毁顺序表
2  {
3    delete []L.elem;                      //1.释放顺序表占用的内存空间
4    L.length=0;                           //2.为表属性赋值
5    L.size=0;
6  }
```

4. 按位序查找

【算法思想】　顺序表 L 的第 i 个数据元素为 L.elem$[i-1]$,当 i 取值合理时,即 $0<i \leqslant$ L.length,获取该元素值给 e。

算法描述与算法步骤如算法 2.5 所示。

算法 2.5　【算法描述】　　　　　　　　　　　【算法步骤】

```
0  template<class DT>
1  bool GetElem_i(SqList<DT>L, int i, DT &e)  //获取第 i 个元素值 e
2  {
3    if(i<1||i>L.length)                   //1.i 不合理,元素不
4      return false;                       //存在,返回 false
5    e=L.elem[i-1];                        //2.获取第 i 个元素值
6    return true;                          //3.查找成功,返回 true
7  }
```

【算法分析】　顺序表可按位序访问数据元素,算法的时间复杂度为 $O(1)$。

5. 按值查找

【算法思想】　从表首到表尾顺序把元素值与 e 比较。发现第一个相等的为找到,返

回该元素在表中的位序；没有相等的表示未找到，返回 0。

算法描述与算法步骤如算法 2.6 所示。

算法 2.6 　【算法描述】　　　　　　　　　　　　【算法步骤】

```
0  template<class DT>
1  int LocateElem_e(SqList<DT>L,DT e)      //在顺序表 L 中查找值为 e 的元素
2  {
3    for(i=0;i<L.length;i++)               //1.从首元开始依次与 e 比较
4      if(L.elem[i]==e)                    //2.找到则停止比较,返回该元
5        return i+1;                       //素在顺序表中的序号
6    return 0;                             //3.未找到,返回 0
7  }
```

【算法分析】　等概率条件下，找到的平均比较次数为 $(n+1)/2$，算法的时间复杂度为 $O(n)$（具体分析见例 1-5）。

6. 按位序插入元素

【算法思想】　表满，不能插入；如果 $i<1$ 或 $i>$L.length$+1$，插入位置 i 不合理，不能插入；否则，把 $a_n \sim a_i$ 共 $n-i+1$ 个数据元素依次后移一个位序，给第 i 个元素赋值，表长增 1。

微课视频

算法描述与算法步骤如算法 2.7 所示。

算法 2.7 　【算法描述】　　　　　　　　　　　　【算法步骤】

```
0  template<class DT>
1  bool InsertElem_i(SqList<DT> &L,int i,DT e)   //在顺序表 L 的第 i 个位置插入
                                                 //值为 e 的新元素
2  {
3    if(L.length>=L.size)                        //1.表满
4      return false;                             //不能插入,返回 false
5    if(i<1||i>L.length+1)                       //2.插入位置不合理
6      return false;                             //不能插入,返回 false
7    for(j=L.length;j>=i;j--)                    //3.a_n~a_i 依次后移
8      L.elem[j]=L.elem[j-1];
9    L.elem[i-1]=e;                              //4.第 i 个元素赋值 e
10   L.length++;                                 //5.表长增 1
11   return true;                                //6.插入成功,返回 true
12 }
```

【算法分析】　该算法的时间主要花在元素的移动上。在第 i 个位置插入元素，需要移动的元素个数为 $n-i+1$。可能的插入位置为 $1 \sim n+1$，即首元前（$i=1$ 时）至尾元后（$i=n+1$ 时）共 $n+1$ 个可能位置。设在第 i 个位置上插入元素的概率为 p_i，在长度为 n 的线性表中插入一个元素所需移动元素次数的期望值（平均次数）为

$$E_{in} = \sum_{i=1}^{n+1} p_i(n-i+1) \tag{2-2}$$

等概率条件下,即设每一个位置上插入的概率一样,$p_i=1/(n+1)$,则

$$E_{in}=\frac{1}{n+1}\sum_{i=1}^{n+1}(n-i+1)=\frac{n}{2} \qquad (2-3)$$

因此,如果在顺序表上执行插入操作,等概率情况下,平均要移动表中一半的元素,算法的时间复杂度为 $O(n)$。

7. 按位序删除元素

【算法思想】 空表,不能删除;如果 $i<1$ 或 $i>$length,删除位置不合理,不能删除;否则,$a_{i+1}\sim a_n$ 共 $n-i$ 个元素,依次前移一个位序,表长减 1。

算法描述与算法步骤如算法 2.8 所示。

算法 2.8 【算法描述】   【算法步骤】

```
0   template<class DT>
1   bool DeleteELem_i(SqList<DT>&L,int i)    //删除顺序表 L 的第 i 个元素
2   {
3     if(L.length==0)                        //1.表空,不能删除
4       return false;                        //返回 false
5     if(i<1||i>L.length)                    //2.删除位置不合理
6       return false;                        //不能删除,返回 false
7     for(j=i;j<L.length;j++)                //3.a_i~a_n 依次前移一个位序
8       L.elem[j-1]=L.elem[j];
9     L.length--;                            //4.表长减 1
10    return true;                           //5.删除成功,返回 true
11  }
```

【算法分析】 该算法的时间与按位序插入算法一样,也是主要花在元素移动上。不同的是元素前移且删除第 i 个元素,需要移动的元素个数为 $n-i$ 个,可能删除的位置为 $1\sim n$,共 n 个。

假设 q_i 是删除第 i 个元素的概率,等概率条件下,即设每个元素被删除的概率一样,则 $q_i=\frac{1}{n}$。在长度为 n 的线性表中删除一个元素所需移动元素次数的期望值(平均次数)为

$$E_{in}=\sum_{i=1}^{n}q_i(n-i)=\frac{1}{n}\sum_{i=1}^{n}(n-i)=\frac{n-1}{2} \qquad (2-4)$$

因此,等概率情况下,在顺序表上删除第 i 个元素,平均要移动表中约一半的元素,算法的时间复杂度为 $O(n)$。

8. 按位序修改元素值

【算法思想】 如果 $0<i\leqslant$表长,通过重新赋值 $L.elem[i-1]=e$ 即可。

按位序修改元素的算法描述与算法步骤如算法 2.9 所示。

算法 2.9 【算法描述】   【算法步骤】

```
0   template<class DT>
1   bool PutElem_i(SqList<DT>&L,int i,DT e)  //修改顺序表 L 第 i 个元素值
```

```
2   {
3       if(i<1||i>L.length)              //1.i 不合理,不能修改
4           return false;                //返回 false
5       L.elem[i-1]=e;                   //2.修改第 i 个元素值
6       return true;                     //3.修改成功,返回 true
7   }
```

【算法分析】 顺序表可以按位序找到元素。因此,该操作的时间复杂度为 $O(1)$。

9. 清空顺序表
【算法思想】 置 L.length 为 0 即可。
【算法描述】 略。

10. 测表长
【算法思想】 返回 L.length 的值。
【算法描述】 略。

11. 测表空
【算法思想】 当 L.length==0 时,为表空,返回 true;否则,返回 false。
【算法描述】 略。

12. 测表满
【算法思想】 当 L.length==L.size 时,为表满,返回 true;否则,返回 false。
【算法描述】 略。

13. 遍历输出表
【算法思想】 访问线性表中每一个元素且每个元素仅被访问一次称为遍历。遍历输出即输出各元素。

算法描述与算法步骤如算法 2.10 所示。

算法 2.10　【算法描述】　　　　　　　　　　　　　　　【算法步骤】

```
0   template<class DT>
1   void DispList(SqList<DT> L)          //依次输出顺序表各元素
2   {
3       for(i=0;i<L.length; i++)         //从首元素开始直至最后一个元素
4           cout<<L.elem[i];             //依次输出各元素
5       return;
6   }
```

【算法分析】 因为依次访问表中所有元素,所以算法的渐近时间复杂度显然为 $O(n)$。

顺序表的基本操作实现对顺序表的增、删、改、查、建与毁。利用这些基本操作,还可以解决更复杂的问题。

【应用 2-1】 分别用两个顺序表表示集合 A 与 B,设集合元素类型为整型。设计算法,用基本操作实现两个集合的并:$A = A \cup B$。

【解】 设用顺序表 La、Lb 分别表示集合 A、B。求两个集合的并集,即扩大线性表 La,将存在于线性表 Lb 中而不存在于线性表 La 中的数据元素加入线性表 La 中。

【算法思想】 用"按位序查找操作"依次获取 Lb 中的每一个元素 e；对每一个 e，用"按值查找操作"在 La 中查找，如果没有，将其添加到 La 中。

算法描述与算法步骤如算法 2.11 所示。

算法 2.11　【算法描述】　　　　　　　　　　【算法步骤】

```
0   void union(SqList<int>&La,SqList<int>Lb)   //用顺序表 La、Lb 分别存储集合 A、B
1   {
2       for(i=1;i<=Lb.length;i++)              //对 Lb 的每一个元素
3       {
4           GetElem_i(Lb,i,e);                 //1.获取元素值 e
5           if(!LocateElem_e(La,e))            //2.La 中无值为 e 的元素
6               { k=La.length+1;               //e 插入 La 的表尾
7                 InsertElem_i(La,k,e);
8               }
9       }
10  }
```

微课视频

2.2.4　顺序表应用举例

顺序表具有随机性、连续性和有限性，对顺序表的操作一定要充分利用第一特性，满足第二、第三特性。

【应用 2-2】 设数据元素类型为整型，设计顺序表逆置算法。

【解】 线性表逆置，即把元素的顺序由 $(a_1,a_2,\cdots,a_{n-1},a_n)$ 变成 $(a_n,a_{n-1},\cdots,a_2,a_1)$。最简单的方法就是把正数第 i 个位置上的元素与倒数第 i 个位置上的元素互换，即 $a_1 \leftrightarrow a_n, a_2 \leftrightarrow a_{n-1}, \cdots, a_{\lfloor n/2 \rfloor} \leftrightarrow a_{n-\lfloor n/2 \rfloor+1}$，如图 2-7 所示。

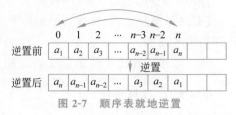

图 2-7　顺序表就地逆置

【算法思想】 i 从 0 开始至 $\lfloor n/2 \rfloor - 1$，$L.elem[i] \leftrightarrow L.elem[L.length-i-1]$。

算法描述与算法步骤如算法 2.12 所示。

算法 2.12　【算法描述】　　　　　　　　　　【算法步骤】

```
0   void ReverseSqList(Sqlist<int>&L)       //顺序表逆置,DT 为数据
1   {                                        //元素类型
2       if(L.length==0 or L.length==1)       //1.空表或长度为 1
3           return;                          //无须操作
4       for(i=0; i<L.length/2; i++)          //2.首、尾对应位置上的
5           L.elem[i]←→L.elem[L.length-i-1]; //元素互换
6       return
7   }
```

【算法分析】 发生元素互换的次数为 $\lfloor L.length/2 \rfloor$。因此，算法的渐近时间复杂度

为 $O(n)$。元素互换需要一个元素的辅助空间,渐近空间复杂度为 $O(1)$。

【算法讨论】 如果借助另一个顺序表 L2,把原表中数据从尾部开始逆序依次取出,从头部开始顺序存入 L2 中,最后销毁原表,也可以实现顺序表逆置,如图 2-8 所示。分析该算法的时间和空间性能。

【应用 2-3】 两个一元多项式如下,求它们的和。

$$f_a(x)=a_0+a_1x+a_2x^2+a_3x^3+\cdots+a_mx^m$$
$$f_b(x)=b_0+b_1x+b_2x^2+b_3x^3+\cdots+b_nx^n$$

【解】【算法思想】 多项式求和,是同幂项的系数相加。设和多项式为 $f_c(x)$,则 $f_c(x)=c_0+c_1x+c_2x^2+c_3x^3+\cdots+c_ix^i+\cdots$,其中 c_i 为系数。

当 $i\leqslant m$ 且 $i\leqslant n$ 时,$c_i=a_i+b_i$。

当 $m>n$ 且 $i>n$ 时,$c_i=a_i$。

当 $m<n$ 且 $i>m$ 时,$c_i=b_i$。

【存储设计】 根据指数幂为连续的自然数,可以用顺序表存储系数,系数的存储位序映射幂指数(如图 2-9 所示)。

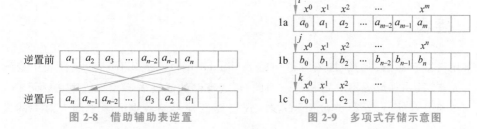

图 2-8 借助辅助表逆置　　　　　图 2-9 多项式存储示意图

【算法设计】 设顺序表 la、lb、lc 分别表示多项式 $f_a(x)$、$f_b(x)$、$f_c(x)$。求和多项式 f_c 的各项,分以下 3 种情况。

case 1：i<=m && i<=n,lc.elem[i]=la.elem[i]+lb.elem[i]。

case 2：m>n && i>n,lc.elem[i]=la.elem[i]。

case 3：m<n && i>m,lc.elem[i]=lb.elem[i]。

算法描述与算法步骤如算法 2.13 所示。

算法 2.13 　【算法描述】　　　　　　　　　　　　【算法步骤】

```
0   void PolyAdd(SqList<float>la,              //求 lc=la+lb
        SqList<float>lb, SqList<float>&lc)
1   {
2       i=0;                                    //1.设置处理起始位置
3       while(i<la.length && i<lb.length)       //2.两个多项式均未处理完
4       {
5           lc.elem[i]=la.elem[i]+lb.elem[i];   //对应位序上的值相加
6           i++;                                //处理下一项
7       }
8       if(la.length>lb.length)                 //3.lb 处理完
9       {
10          while(i<la.length)                  //lc 取 la 剩余的对应位
```

```
11          {                                    //上的元素
12              lc.elem[i]=la.elem[i];
13              i++;
14          }
15      }
16      else                                     //4.la 处理完
17      {while(i<lb.length)                      //lc 取 lb 剩余的对应位
18          {lc.elem[i]=lb.elem[i];              //上的元素
19              i++;
20          }
21      }
22  }
```

【算法分析】 算法中求和的次数取决于两个多项式的高幂值。因此算法的渐近时间复杂度为$O(\max(m,n))$。

【算法讨论】 如果多项式为稀疏多项式,如 $f(x)=1+10x^{50}+5x^{200}$,该算法适用吗?从时间性能、空间性能两方面进行考虑。

2.3 链表

采用链式存储结构的线性表统称为**链表**(linked list)。链式存储的线性表中逻辑上相邻的元素,其物理位置不一定相邻。因此,链式存储的线性表不能用位序映射元素之间的相邻关系。存储时,除存储数据元素外,还需要额外存储数据元素之间一对一的逻辑关系。

微课视频

2.3.1 单链表的定义及特性

用链表存储的线性表如果每个结点只有一个指针域,则称为**单链表**(single linked list)。链表结点由两部分组成(数据域和指针域),其结构如图 2-10 所示。数据域用来存储数据元素,指针域指向后继元素结点。

图 2-10 结点结构示意图

线性表 $L=(a_1,a_2,a_3,\cdots,a_n)$,其单链表存储示意图如图 2-11 所示。

图 2-11 单链表存储示意图

线性表的最后一个结点没有后继,因此指针域为空指针。指向首元结点的指针称为**头指针**(head pointer),用于标识整个链表。空表时,头指针为空指针,即 L=NULL。需要注意的是,单链表用后继指针把所有元素连接在一起。一般情况下,单链表不存储线性表中元素的位序信息。

通常为操作方便,会在首元结点前多设置一个不存储数据元素的结点,被称为头结点(head node)。有头结点的单链表,其头指针指向头结点。只有头结点的单链表为空表,如图 2-12 所示。

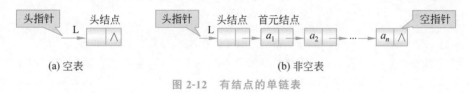

图 2-12 有结点的单链表

单链表具有如下特性。

1. 顺序性

对单链表的访问只能顺序访问(sequential access),即只能从头指针开始,并且根据指针信息依次找到后继数据元素。例如,访问单链表的第 3 个元素 a_3,需要从头指针开始,依次后移并计数,数到第 3 号元素。如果要知道单链表的长度,必须从头指针开始,依次后移数结点个数,直到数完所有结点。

2. 独立性

单链表中各结点的存储位置是相对独立的,彼此之间没有约束关系,结点之间的联系由指针指向确定。通过改变指针可以改变结点的排列顺序。例如在单链表中,插入或删除元素时,不需要移动元素,只需要改变指针指向即可。

在单链表中插入元素,如图 2-13 所示。设 p 指向插入点的前驱,s 为要插入的结点,插入操作为:①s 的后继指向 p 的后继;②p 的后继指向 s。

从单链表中删除元素,如图 2-14 所示。设 q 指向被删除结点,p 指向被删除结点的前驱,删除 q 的操作为:①p 的后继指向删除结点 q 的后继;②释放 q 结点所占内存空间。

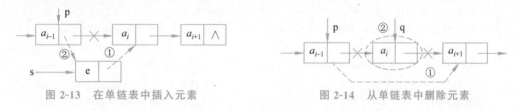

图 2-13 在单链表中插入元素　　　　图 2-14 从单链表中删除元素

3. 可扩性

理论上,只要内存没有用完,单链表就可以增扩新的结点。一般认为单链表容量不受限。

2.3.2 单链表的存储设计

单链表的结点包括数据域和指针域两部分,存储定义如下:

```
template<class DT>
  struct LNode                    //结点类型名
  { DT data;                      //数据域,存储数据元素
    LNode * next;                 //指针域,指向后继结点
  };
```

标识单链表的是指向单链表的头结点或首元结点的头指针。根据定义，下面介绍部分语句的含义。

```
LNode<DT> * L;              //声明一个数据元素类型为 DT 的单链表变量 L
p=L->next;                  //p 指向 L 的后继结点
p->data;                    //p 所指结点的数据元素值
p->next;                    //p 所指结点的指针域的值，即其后继结点位置
p=p->next;                  //p 指针后移
```

微课视频

2.3.3 单链表的操作及实现

根据 ADT List 中的基本操作定义，考虑到单链表的特殊之处，去掉"测表满"操作。设置操作参数类型和返回值后，单链表的基本操作函数定义如表 2-2 所示。

表 2-2 单链表的基本操作函数定义

序号	函数定义	功能说明
1	//初始化单链表 bool InitList(LNode<DT> * &L)	创建空的单链表 L；创建成功，返回 true；不成功，退出
2	//创建单链表 bool CreateList(LNode<DT> * &L,int n)	创建单链表 L 的 n 个结点。创建成功返回 true；不成功，返回 false
3	//销毁单链表 void DestroyList(LNode<DT> * &L)	释放单链表 L 所占内存空间
4	//按位序查找 bool GetElem_i(LNode<DT> * L,int i,DT &e)	若 i 合理，则获取单链表 L 的第 i 个元素的值给 e 并返回 true；否则，返回 false
5	//按值查找 int LocateElem_e(LNode<DT> * L,DT e)	若单链表 L 中有值为 e 的元素，则返回该元素的序号；不存在，返回 0
6	//按位序插入新元素 bool InsertElem_i(LNode<DT> * &L,int i,DT e)	在单链表 L 的第 i 个位置插入一个值为 e 的元素。插入成功，返回 true；不成功，返回 false
7	//按位序删除元素 bool DeleteELem_i(LNode<DT> * &L,int i)	删除单链表 L 的第 i 个数据元素。删除成功，返回 true；不成功，返回 false
8	//按位序修改元素值 bool PutElem_i(LNode<DT> * &L,int i,DT e)	把单链表 L 第 i 个数据元素的值修改为 e。修改成功，返回 true；不成功，返回 false
9	//清空单链表 void ClearList(LNode<DT> * &L)	把单链表 L 变成空表
10	//测表长 int ListLength(LNode<DT> * L)	求单链表 L 的长度，即表中元素个数
11	//测表空 bool ListEmpty(LNode<DT> * L)	判断单链表 L 是否为空表。空表，返回 true；非空表，返回 false
12	//遍历输出表 void DispList(LNode<DT> * L)	遍历输出单链表 L 的各元素

下面以带头结点的单链表为例，陈述各操作的算法设计。

1. 初始化单链表

【算法思想】 创建仅有头结点的单链表。

算法描述与算法步骤如算法 2.14 所示。

算法 2.14　【算法描述】　　　　　　　　　　　　【算法步骤】

```
0  template<class DT>
1  bool InitList(LNode<DT> * &L)          //单链表初始化
2  {
3    L=new LNode<DT>;                      //1.创建头结点
4    if(!L) exit(1);                       //2.创建失败,退出
5    L->next=NULL;                         //3.创建成功,指针为空
6    return true;                          //返回 true
7  }
```

2. 创建单链表

创建单链表的 n 个结点有两种方法：尾插法和头插法。

（1）尾插法。每次在表尾插入新结点，如图 2-15 所示。

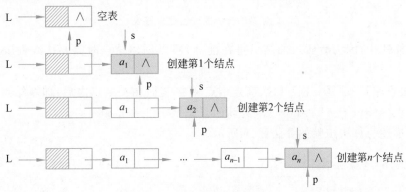

图 2-15　尾插法创建单链表

【算法思想】　设置表尾指针 p，初值指向头结点；每次新建结点 s，链在 p 之后（s->next=p->next;p->next=s;），将 s 设为新的表尾（p=s）。

算法描述与算法步骤如算法 2.15 所示。

算法 2.15　【算法描述】　　　　　　　　　　　　【算法步骤】

```
0  template<class DT>
1  bool CreateList(LNode<DT> * &L,int n)   //尾插法创建单链表 L 的 n 个元素
2  {
3    p=L;                                   //1.工作指针指向尾结点
4    for(i=1;i<=n;i++)                      //2.按正序创建各结点
5    {
6      s=new LNode<DT>;                     //2.1 新建元素结点
7      if(!s)                               //2.2 创建失败
8        return false;                      //返回 false
9      cin>>s->data;                        //2.3 输入新建元素值
10     s->next=p->next;                     //2.4 新结点链在表尾
11     p->next=s;
```

```
12           p=s;                              //2.5 表尾移至新结点处
13       }
14       return true;                          //3.创建成功返回 true
15   }
```

(2) 头插法。每次在头结点之后插入新结点,如图 2-16 所示。

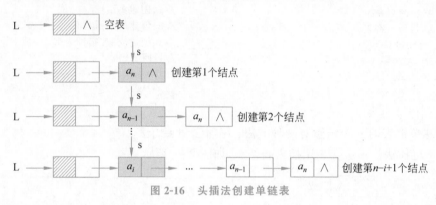

图 2-16 头插法创建单链表

在头插法中,因为后插入的结点排在前面,所以创建结点时需要按线性表逆序进行创建。

【算法思想】 重复 n 次:每次新建结点 s,将其插在头结点之后;即新结点 s 后继指向首元结点(s->next＝L->next),s 为新的首元结点(L->next＝s)。

算法描述与算法步骤如算法 2.16 所示。

算法 2.16 【算法描述】   【算法步骤】

```
0    template<class DT>
1    bool CreateList(LNode<DT> * &L, int n)    //头插法创建单链表的 n
2    {                                         //个结点
3      for(i=1;i<=n;i++)                       //1.按逆序创建各结点
4      {
5        s=new LNode<DT>;                      //1.1 新建元素结点
6        if(!s)                                //1.2 创建失败
7          return false;                       //返回 false
8        cin>>s->data;                         //1.3 输入新建元素值
9        s->next=L->next;                      //1.4 新结点插在头结点
10       L->next=s;                            //之后
11     }
12     return true;                            //2.创建成功,返回 true
13   }
```

3. 销毁单链表

单链表的结点是一个个创建而成的,因此销毁时需要逐个进行。

【算法思想】 从头结点开始依次释放结点所占内存。

算法描述与算法步骤如算法 2.17 所示。

算法 2.17　【算法描述】　　　　　　　　　　　【算法步骤】

```
0  template<class DT>                    //销毁单链表 L
1  void DestroyList(LNode<DT> * &L)
2  {
3    while(L)                            //1.表非空,依次释放各结点所
4      {                                 //占内存
5        p=L;                            //1.1 从头结点开始
6        L=L->next;                      //1.2 头指针后移
7        delete p;                       //1.3 释放首结点所占内存
8      }
9    L=NULL;                             //2.头指针置空,表示表不存在
10 }
```

【算法分析】　因为逐个处理各结点,因此算法的渐近时间复杂度为 $O(n)$。

4. 按位序查找

微课视频

【算法思想】　单链表不存储位序信息,要找到第 i 号元素,只能通过从头开始,依次数结点,如图 2-17 所示。如果能数到第 i 个,则找到;否则,表示 i 过小(小于 1)或过大(大于结点总数),该元素不存在。

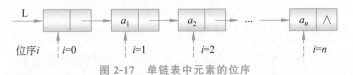

图 2-17　单链表中元素的位序

算法描述与算法步骤如算法 2.18 所示。

算法 2.18　【算法描述】　　　　　　　　　　　【算法步骤】

```
0  template<class DT>
1  bool GetElem_i(LNode<DT> * L, int i, DT &e)  //获取第 i 个元素的值 e,找到,
2  {                                            //返回 true,未找到,返回 false
3    p=L->next;                                 //1.初始化:从首元结点开始
4    j=1;                                       //计数器 j,初值为 1
5    while(p && j<i)                            //2.当 p 非空且未到第 i 个结点时
6      {
7        p=p->next;                             //2.1 工作指针后移
8        j++;                                   //2.2 计数器增 1
9      }
10   if(!p||j>i)                                //3.判断是否找到
11     return false;                            //3.1 未找到,返回 false
12   else                                       //3.2 找到
13     { e=p->data;                             //获取第 i 个结点的值
14       return true;                           //返回 true
15     }
16 }
```

【算法分析】　该算法的时间主要花在移动指针定位上,实际移动的次数取决于位序

i。$i=1$,移动 0 次;第 i 个结点移动 $i-1$ 次。共有 n 个可能被找到的元素,等概率条件下,找到的平均查找次数为 $(1+2+\cdots+n-1)/n=(n-1)/2$,算法的时间复杂度为 $O(n)$。找不到时,指针须移动 n 次,时间复杂度为 $O(n)$。

【算法讨论】

(1) 上述算法中,工作指针 p 初值指向首元结点,计数器 j 初值为 1。工作指针 p 初值是否可以指向头结点?如果可以,计数器 j 初值应设为多少?

(2) 按位序 i 查找,如果 i 小于 1 或大于表长,为不合理值。单链表中没有表长属性,那算法中是如何对 i 的合理性进行判断的?在哪些语句中实现?

(3) 未找到条件为!p||j>i,具体指什么?

5. 按值查找

【算法思想】 采用顺序查找方法。与顺序表的顺序查找不一样的地方在于,顺序表通过位序遍历表,单链表通过指针移动遍历表,如图 2-18 所示。

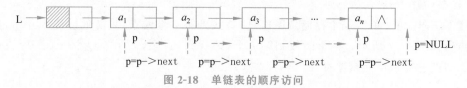

图 2-18 单链表的顺序访问

算法描述与算法步骤如算法 2.19 所示。

算法 2.19 【算法描述】   【算法步骤】

```
0   template<class DT>
1   int LocateElem_e(LNode<DT> * L,DT e)    //按值查找,返回位序
2   {                                        //1.初始化:工作指针 p
3     p=L->next;                             //从首元结点开始
4     j=1;                                   //计数器 j,初值为 1
5     while(p && p->data!=e)                 //2.顺序比较元素值,不
6     {                                      //相等且未比完
7       p=p->next;                           //2.1 指针后移
8       j++;                                 //2.2 位序增 1
9     }
10    if(p==NULL)                            //3.判断是否找到
11      return 0;                            //3.1 未找到返回 0
12    else                                   //3.2 找到
13      return j;                            //返回位序
14  }
```

【算法分析】 按值查找与按位序查找都是顺序查找,因此算法性能一样。等概率条件下,找到的平均查找次数为 $(n+1)/2$,算法的时间复杂度为 $O(n)$。找不到的时间复杂度为 $O(n)$。

6. 按位序插入新元素

【算法思想】 定位到插入点的前驱 p;定位成功,创建一个新结点 s,插到 p 之后;定

位不成功,表示 i 不合理,不能插入。可能的插入位置是首元之前至尾元之后,因此可能的定位点是头结点至尾结点。插入前后单链表的变化如图 2-19 所示。

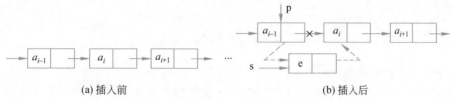

(a)插入前　　　　　　　　　　　　　(b)插入后

图 2-19　单链表在第 i 个结点处插入新结点

算法描述与算法步骤如算法 2.20 所示。

算法 2.20　【算法描述】　　　　　　　　　　【算法步骤】

```
0   template<class DT>
1   bool InsertElem_i(LNode<DT> * &L,int i,DT e)   //在位序 i 上插入新元素 e
2   {
3      p=L;                                         //1.初始化:工作指针 p 指向
4      j=0;                                         //头结点,计数器为 0
5      while(p && j<i-1)                            //2.定位到插入点的前驱,
6      {p=p->next;j++;}                             //即第 i-1 个结点处
7      if(!p||j>i-1)                                //3.判断定位是否成功
8         return false;                             //3.1 定位失败,不能插入
9      else                                         //3.2 定位成功
10     {
11        s=new LNode<DT>;                          //3.2.1 新建结点 s
12        if(!s)
13           return false;                          //创建失败,不能插入,退出
14        s->data=e;                                //3.2.2 赋值
15        s->next=p->next;                          //3.2.3 s 插到 p 之后
16        p->next=s;
17        return true;                              //3.2.4 插入成功,返回 true
18     }
19  }
```

【算法分析】　算法的主要时间用在指针移动定位上。实际移动次数与插入位置 i 有关。插在表首,移动 0 次;插在第 i 个位置,移动 $i-1$ 次;共有 $n+1$ 个可能插入的位置。等概率条件下,平均移动次数为 $(0+1+2+\cdots+n)/(n+1)=n/2$,算法的时间复杂度为 $O(n)$。

【算法讨论】　单链表与顺序表中按位序插入新元素的时间复杂度均为 $O(n)$。单链表中时间用在定位上;顺序表中时间用到元素移动上。什么情况下各自更优呢?

7. 按位序删除元素

【算法思想】　定位到删除点的前驱 p,如果定位成功,把 p 的后继指向其后继的后继,即把 p 的后继(被删除点)从链表中摘除,释放该结点所占内存空间;如果定位不成功,不能删除。可能的删除位置是 1~表长,因此可能的定位点是头结点至尾结点的前一个结点。删除前后的单链表的变化如图 2-20 所示。

算法描述与算法步骤如算法 2.21 所示。

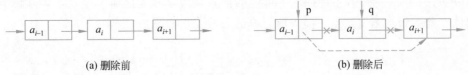

(a) 删除前　　　　　　　　　　　　　　(b) 删除后

图 2-20　单链表删除第 i 个结点

算法 2.21　【算法描述】　　　　　　　　　　　　　【算法步骤】

```
0   template<class DT>
1   bool DeleteELem_i(LNode<DT> * &L,int i)   //删除单链表的第 i 个数据元素
2   {
3     p=L;                                    //1.初始化：从头结点
4     j=0;                                    //开始,计数器为 0
5     while(p->next && j<i-1)                 //2.定位到删除点的前驱
6     {p=p->next;j++;}
7     if(!p->next||j>i-1)                     //3.判断定位是否成功
8         return false;                       //3.1 定位失败,不能删除
9     else                                    //3.2 定位成功
10    {
11      q=p->next;                            //3.2.1 取被删除点 q
12      p->next=q->next;                      //3.2.2 从链表中摘除 q
13      delete q;                             //3.2.3 释放 q 所占内存空间
14      return true;                          //3.2.4 删除成功,返回 true
15    }
16  }
```

【算法分析】　算法时间主要用在移动指针定位上,实际移动次数与删除位置 i 有关。删除第 i 个元素需要移动 $i-1$ 次；共有 n 个可能被删除的元素。等概率条件下,平均移动次数为 $(0+1+2+\cdots+n-1)/n=(n-1)/2$,算法的时间复杂度为 $O(n)$。

【算法讨论】　按位序插入结点和删除结点均须先定位到插入点或删除点的前驱,为什么二者的循环条件不同(如表 2-3 所示)？可以写成一样的吗？

表 2-3　插入和删除操作对比

操作名	循环条件	判断定位成功
插入元素	while(p && j<i-1)	if(!p||j>i-1)
删除元素	while(p->next && j<i-1)	if(!p->next||j>i-1)

8. 按位序修改元素值

【算法思想】　如果 $0<i\leqslant$ 表长,定位到第 i 个结点 p 处,修改 p->data。单链表中没有表长属性,只能通过结点是否有后继或当前结点是否为空判断是否结束扫描。

算法描述与算法步骤如算法 2.22 所示。

算法 2.22　【算法描述】　　　　　　　　　　　【算法步骤】

```
0  template<class DT>
1  bool PutElem_i(LNode<DT> * &L, int i, DT e)    //修改链表第 i 个元素值
2  {
3    p=L->next;                                    //1.工作变量初始化,从首元
4    j=1;                                          //结点开始
5    while(p && j<i)                               //2.定位到第 i 个结点
6      {p=p->next;
7       j++;}
8    if(!p||j>i)                                   //3.定位失败
9        return false;                             //返回 false
10   p->data=e;                                    //4.定位成功,修改元素值
11   return true;                                  //返回 true
12 }
```

【算法分析】　算法时间主要用在指针移动定位上。等概率条件下,平均移动次数等于顺序查找的平均比较次数$(n-1)/2$。因此,操作的时间复杂度为$O(n)$。

【算法讨论】　同样是修改线性表的第 i 个数据元素的值,为什么顺序表的操作时间复杂度为$O(1)$,而链表的操作时间复杂度为$O(n)$呢?

9. 清空单链表

【算法思想】　释放除头结点之外的所有结点所占内存。

【算法描述】　参考销毁单链表的算法。

10. 测表长

【算法思想】　从头结点开始,通过指针移动数结点个数,直至表尾。

算法描述与算法步骤如算法 2.23 所示。

算法 2.23　【算法描述】　　　　　　　　　　　【算法步骤】

```
0  template<class DT>
1  int ListLength(LNode<DT> * L)                   //求表长
2  {
3    p=L;                                          //1.初始化,工作指针从头开始
4    len=0;                                        //计数器初值为 0
5    while(p->next)                                //2.有后继结点
6      {len++; p=p->next;}                         //表长增 1,指针后移
7    return len;                                   //3.返回表长
8  }
```

【算法分析】　遍历表,数结点个数,算法的渐近时间复杂度为$O(n)$。

11. 测表空

【算法思想】　只有头结点的单链表为空表。因此,当满足 L->next==NULL 时,为空表,返回 true;否则,返回 false。

【算法描述】　略。

12. 遍历输出表

【算法思想】 从头结点开始，通过指针后移依次输出各数据元素。

算法描述与算法步骤如算法 2.24 所示。

算法 2.24 　【算法描述】　　　　　　　　　　【算法步骤】

```
0  template<class DT>
1  void DispList(LNode<DT> * L)       //单链表遍历输出
2  {
3    p=L->next;                      //1.从首元结点开始
4    while(p)                        //2.只要是结点非空,循环
5    {
6      cout<<p->data;                //2.1输出数据元素
7      p=p->next;                    //2.2指针后移
8    }
9  }
```

【算法分析】 遍历表，算法的时间复杂度为 $O(n)$。

【算法讨论】 关于测表长与遍历输出，同样是遍历表，工作指针初始化及循环判断条件写法不一样，如表 2-4 所示。可以互换吗？

表 2-4　遍历操作方法对比

操 作 名	工作指针初始化	循 环 条 件
测表长	p=L;	while(p->next)
遍历输出	p=L->next;	while(p)

微课视频

2.3.4　其他形式的链表

1. 循环链表

在单链表中，如果将尾结点的指针域由空指针改为指向头结点或首元结点（无头结点时），整个单链表就形成一个环。这种**头尾相接的单链表**称为**单循环链表**，简称为**循环链表**（circular linked list）。有头结点的循环链表如图 2-21 所示。其中，图 2-21(a) 为空循环链表，此时 L->next==L。

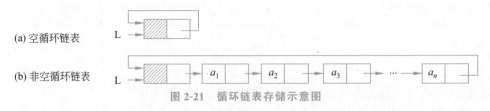

(a) 空循环链表

(b) 非空循环链表

图 2-21　循环链表存储示意图

循环链表基本操作的实现与单链表类似，不同之处在于定位时循环操作的结束条件。例如单链表从头开始遍历，循环结束条件是 p=NULL；而循环链表遍历，循环结束条件是 p=L。循环单链表没有明显的尾端，很可能会使循环链表的正常操作进入死循环，因

此需要格外注意。

在单链表中,结点的查找只能从头结点开始依次往后进行;而在**循环链表中**,从任何一个结点出发均可访问表中其他结点。因此,循环单链表的头指针可以设在表的任何位置处,都不影响其数据元素的可访问性。当头指针设在头结点处时,访问首元结点的时间是 $O(1)$,访问尾元结点的时间是 $O(n)$。如果把链表指针设在表尾处,即为**尾指针**(rear pointer),如图 2-22 所示,此时 L 指向尾结点,L->next->next 指向首元结点,即访问首元结点和尾元结点的时间都是 $O(1)$。因此,当需要频繁在首、尾操作时,把链表指针设在表尾要好于设在表头。

图 2-22 带尾指针的循环链表

2. 双向链表

单链表和循环链表均具有单向性,要寻找结点的前驱必须要遍历整个表,平均时间性能为 $O(n)$。为克服这种单向性,可在结点中增加一个指针域,指向直接前驱。结点结构如图 2-23 所示。具有这种结点结构的链表称为双向链表,简称为双链表(double linked list)。

图 2-23 双链表结点结构示意图

双链表结点的定义如下:

```
template<class DT>
struct DLNode
{ DT data;                    //数据域
  DLNode * prior;             //前驱指针
  DLNode * next;              //后继指针
}
```

与单链表类似,双链表一般由头指针唯一确定,具有头结点的空双链表和非空双链表如图 2-24(a)和图 2-24(b)所示。

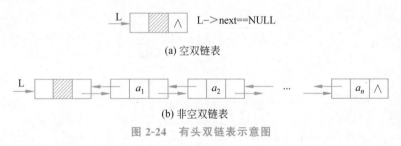

(a) 空双链表

(b) 非空双链表

图 2-24 有头双链表示意图

如果将头结点和尾结点链接起来,则构成双向循环链表,如图 2-25(a)(空双向循环链表)和图 2-25(b)(非空双向循环链表)所示。

双链表具有下列特性。

- **双向性**。从任一结点出发,可以往前驱、后继两个方向进行查找操作。对于某结点 p,访问其前驱(p->prior)和后继(p->next)的时间均为 $O(1)$。如果是双向循环链

(a) 空双向循环链表

(b) 非空双向循环链表

图 2-25 双向循环链表示意图

表,从任一结点往前或往后均可遍历访问表中任何一点。

- **对称性**。设 p 指向双向循环链表中的某一结点,双向循环链表的对称性表现为:p 的前驱的后继与 p 的后继的前驱指向同一结点 p,即

p->prior->next=p->next->prior=p

在双链表中,测表长、按值查找、遍历等操作的实现与单链表的操作相比,除循环结束条件有所差异外,操作基本相同。但元素插入和删除操作有很大不同:①定位。在双链表中,前驱位置和后继位置都可直接获取,因此定位在插入或删除点前、中、后都可以;②改变链接。在双链表中需要同时修改 4 个(插入操作)或 2 个(删除操作)指针。

(1) 插入。设在 p 结点前插入一个新结点 s,则需要修改 4 个指针,如图 2-26 所示。

① s->prior=p->prior;
② p->prior->next=s;
③ s->next=p;
④ p->prior=s;

其中,语句①、②、③顺序可以任意。

(2) 删除。设删除 p 所指结点,则需要修改 2 个指针,如图 2-27 所示。

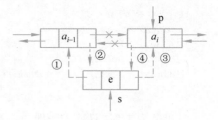

图 2-26 双链表插入结点

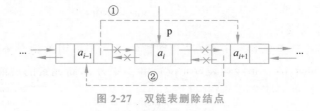

图 2-27 双链表删除结点

① p->prior->next=p->next;
② p->next->prior=p->prior;
③ delete p;

其中,语句①、②顺序可以任意。

3. 静态链表

静态链表(static linked list)指用顺序存储模拟的链表。如图 2-28 所示,静态链表的

每个数据元素由两个域组成：数据域 data 和指针域 next(也称为游标)。数据域存储数据元素，指针域存放该元素后继元素在数组中的下标，类型为整型。静态链表的存储结构定义如下：

图 2-28 静态链表(未用状态)

```
template<class DT>
const int MaxSize=100;          //数组容量
struct SLNode                   //元素结点类型
{ DT data;                      //数据域
  int next;                     //指针域
} SList[MaxSize];               //静态数组类型
```

在静态链表中，可以用 0 单元模拟头结点，其 next 域存放首元素的下标。为了在插入时快速找到可用空闲单元，通常把空闲单元也组成一个链并设指针 avail 指向首个空闲单元。

图 2-29(a)是空表时空闲单元组成的链表 avail→0→1→2→3→4→5→6→7→−1(−1 表示结束)，所有单元均可用；图 2-29(b)是某一时刻的静态链表，其中含有 4 个数据元素 0→2(a_1)→4(a_2)→1(a_3)→5(a_4)→−1，空链为 avail→3→6→7→−1。

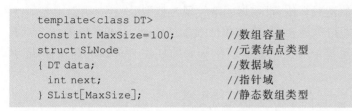

(a) 空表　　　　(b) 某状态　　　　(c) 表首插入元素 e　　　　(d) 删除 a_3

图 2-29　静态链表

在顺序表中插入或删除元素时需要移动其他元素，而在链表中不需要。因此，静态链表中也不需要，只需要修改 next 的值即可。

若在表头插入元素 e，则一是把 avail 所指的第一个可用单元 3 分配给新元素，avail 指向下一个可用单元 6；二是线性表首元位置由 2 变为 3，新元素的后继为原来的首元下标 2。插入后的静态链表如图 2-29(c)所示。此时，空链为 avail→6→7→−1，线性表为 0→3(e)→2(a_1)→4(a_2)→1(a_3)→5(a_4)→−1。

若删除元素 a_3，则一是回收 a_3 所在 1 号单元，可用空间链为 avail→1→6→7→−1；二是把 a_3 前驱元素 a_2 的后继值改为原 a_3 的后继值 5。此步的操作为：①获取 a_3 的单元号 1；②遍历静态链表的 next，找到 1 所在单元号 4，此元素为 a_3 的前驱元素；③修改 4 号单元的 next 值为 a_3 的 next。终态如图 2-29(d)所示。

单链表具有结点的相对独立性，插入和删除操作不需要移动数据元素，但它实现时需要语言支持指针数据类型。当不具备此条件时，可以用静态链表。

微课视频

2.3.5 链表应用举例

链表具有访问顺序性、结点独立性、容量可扩性等特性,对链表的操作必须满足第一特性,充分利用第二、三特性。

【应用 2-4】 设计单链表的逆置算法,设数据元素类型为整型。

【解】 所谓单链表逆置,即把单链表 L1 变成单链表 L2(见图 2-30)。链表的结点具有相对独立性,因此可以通过重排结点实现逆置。单链表的创建有头插法和尾插法,其中,头插法以逆序进行创建。

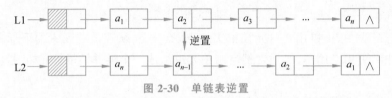

图 2-30 单链表逆置

【算法思想】 用头插法重建单链表。首先把头结点从 L1 中摘除,作为逆置后的表的头结点;然后扫描原表,依次摘除各结点,以头插法插到逆置后的表中。

算法描述与算法步骤如算法 2.25 所示。

算法 2.25　【算法描述】　　　　　　　　　　【算法步骤】

0	void ReverseLinkList(LNode<int> * &L)	//单链表逆置
1	{	
2	p=L->next;	//1.原表置为空表
3	L->next=NULL;	//头指针为 L
4	while(p)	//2.顺序处理各结点
5	{	
6	q=p;	//2.1 q 指向当前结点
7	p=p->next;	//2.2 p 指向下一个待处理结点
8	q->next=L->next;	//2.3 将 q 插入头结点 L 之后
9	L->next=q;	
10	}	
11	}	

【算法讨论】 对于单链表逆置,可以像顺序表逆置方法那样,通过首、尾对应位置上的元素互换实现吗?

【应用 2-5】 一元稀疏多项式求和。

例如,有 $A(x)=7+3x^2+9x^8+5x^{100}$ 和 $B(x)=8x+22x^2-9x^8$,求 $A(x)=A(x)+B(x)$。

稀疏多项式的特点是各项的幂指数非连续,且缺项很多。此时,如果采用顺序存储方法,以系数的位序映射幂指数,则如 $A(x)$ 的表示如图 2-31 所示,将因大量的 0 项造成存储空间的极大浪费。

一般情况下,一元 n 次多项式可写成

$$f_n(x)=p_1x^{e_1}+p_2x^{e_2}+p_3x^{e_3}+\cdots+p_mx^{e_m}$$

0	1	2	3	4	5	6	7	8	9	10	…	99	100
7	0	3	0	0	0	0	0	9	0	0	…	0	5

图 2-31 稀疏多项式 $A(x)$ 的顺序存储

其中,p_i 为系数,e_i 为幂指数,且满足 $0 \leqslant e_1 < e_2 < \cdots < e_m$。多项式的每一项可表示为(系数 p,指数幂 e),一个多项式可以看成由 m 个这样的数据元素组成的且按幂有序排列的线性表,即 $((p_1,e_1),(p_2,e_2),\cdots,(p_m,e_m))$。

coef	exp	next

图 2-32 一元多项式链表结点结构

由于非零项的个数预先无法确定,因此较宜采用链式存储。结点结构如图 2-32 所示,定义如下:

```
struct PloyNode
{ float coef;            //系数域,存储非零项的系数
  int exp;               //指数域,存储非零项的指数
  PloyNode * next;       //指针域,指向下一个结点
}
```

多项式 $A(x)=7+3x^2+9x^8+5x^{100}$ 和 $B(x)=8x+22x^2-9x^8$ 的链式存储分别如图 2-33(a)和图 2-33(b)所示。

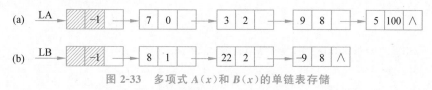

图 2-33 多项式 $A(x)$ 和 $B(x)$ 的单链表存储

【算法思想】 一元多项式求和是相同幂的项系数求和,且系数和为零的项不计入和多项式中。根据该原则,扫描两个多项式,处理各多项式项。求解过程如下。

Step 1. 设置工作指针 pa、pb,分别指向两个多项式的头结点。qa、qb 分别为 pa、pb 的后继,是当前被处理的结点,如图 2-34 所示。

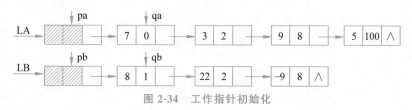

图 2-34 工作指针初始化

Step 2. 只要 qa、qb 均不为空,比较 qa->exp 和 qb->exp。

2.1 如果 qa->exp<qb->exp,指针 pa、qa 后移,如图 2-35 所示。

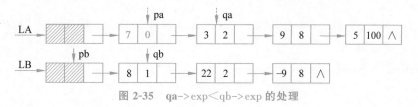

图 2-35 qa->exp<qb->exp 的处理

2.2 如果 qa->exp＞qb->exp,将结点 qb 插到 pa 之后,pa、qb 分别后移,如图 2-36 所示。

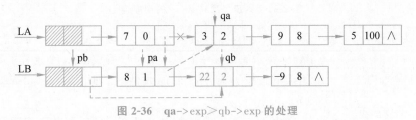

图 2-36　qa->exp＞qb->exp 的处理

2.3 如果 qa->exp==qb->exp,计算 sum=qa->coef＋qb->coef。

2.3.1 如果 sum≠0,修改 qa 结点系数域为 sum,pa、qa 后移,删除 qb 结点,qb 后移,如图 2-37 所示。

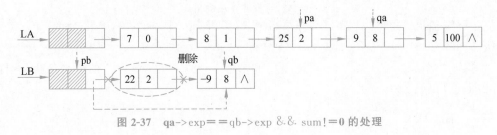

图 2-37　qa->exp==qb->exp && sum!=0 的处理

2.3.2 如果 sum==0,删除 qa、qb 结点,qa、qb 后移,如图 2-38 所示。

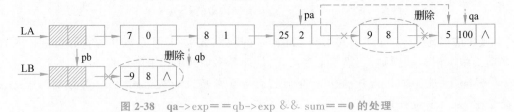

图 2-38　qa->exp==qb->exp && sum==0 的处理

Step 3. 有一表为空的处理。

3.1 如果 qa 不空,qb 空,删除链表 LB 的头结点,算法结束,如图 2-39 所示。

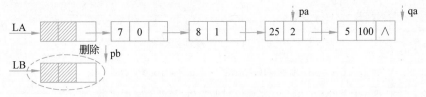

图 2-39　qa 不空,qb 空的处理

3.2 如果 qa 空,qb 不空,将 qb 为头的链表接在 qa 之后,删除链表 LB 的头结点,算法结束。

算法描述与算法步骤如算法 2.26 所示。

算法 2.26　【算法描述】　　　　　　　　　　　【算法步骤】

```
0   void PolyAdd(PloyNode * &LA,
                 PloyNode * &LB)          //求多项式和：LA=LA+LB
1   {
2     pa=LA;qa=pa->next;                   //1.工作指针初始化
3     pb=LB;qb=pb->next;
4     while(qa!=NULL && qb!=NULL)          //2.两表均不空,比较指数幂的大小
5     {
6       if(qa->exp<qb->exp)                //2.1 qa->exp<qb->exp
7       { pa=qa;qa=qa->next; }             //pa、qa 后移
8       else if(qa->exp>qb->exp)           //2.2 qa->exp>qb->exp
9       { pb->next=qb->next;               //2.2.1 qb 链接到 pa 后
10        qb->next=qa;
11        pa->next=qb;
12        pa=qb;                           //2.2.2 pa、qb 后移
13        qb=pb->next;
14      }
15      else                               //2.3 a->exp==qb->exp
16      {
17        sum=qa->coef+qb->coef;           //计算系数和 sum
18        if(sum!=0)                       //2.3.1 系数和不为 0
19        {
20          qa->coef=sum;                  //2.3.1.1 qa->coef←sum
21          pa=qa; qa=qa->next;            //2.3.1.2 pa、qa 后移
22          pb->next=qb->next;
23          delete qb;                     //2.3.1.3 删除 qb
24          qb=pb->next;                   //2.3.1.4 qb 后移
25        }
26        else                             //2.3.2 系数和为 0
27        {
28          pa->next=qa->next;
29          delete qa;                     //2.3.2.1 删除 qa
30          qa=pa->next;                   //2.3.2.2 qa 后移
31          pb->next=qb->next;
32          delete qb;                     //2.3.2.3 删除 qb
33          qb=pb->next;                   //2.3.2.4 qb 后移
34        }
35      }
36    }                                    //while 结束
37    if(qb!=NULL)                         //3.qa 空,qb 不空
38      pa->next=qb;                       //3.1 qb 链到 qa 之后
39    delete pb;                           //3.2 删除 LB 头结点
40    LB= NULL;
41  }
```

【算法分析】　求多项式的和需要把两个多项式遍历一次,依次处理各结点。如果两个多项式分别有 m 和 n 项,算法的渐近时间复杂度为 $O(m+n)$。

【算法讨论】 求多项式的和实质是按幂进行有序表的合并,据此考虑两个有序单链表的合并算法。

2.4 顺序表与链表的比较

顺序存储与链式存储各有优缺点。在实际应用中,不能笼统地说哪种存储结构更好,需要从多方面综合考虑。

2.4.1 空间性能比较

1. 存储空间容量

顺序表的容量一次申请,其后不能延扩。申请少了,不够用;申请多了,造成浪费。而链表空间,只要内存空间允许,就可以延扩。基于此,当线性表长度变化较大而难以预估存储规模时,宜采用链表形式。

2. 存储密度

存储密度(storage density)是指数据元素本身占用的存储量和整个结点结构占用的存储量之比,即

$$存储密度 = \frac{数据元素本身占用的存储量}{整个结点结构占用的存储量} \tag{2-5}$$

顺序表用物理位置相邻表示逻辑上的相邻,除存储数据元素外,不需要额外存储其他信息,存储密度为 1。链表除存储数据元素外,还要额外设置指针域,用来存储数据元素的逻辑关系,存储密度小于 1。

基于此,当线性表的长度变化不大而易于事先确定其大小时,采用顺序存储方式更节省空间。

2.4.2 时间性能比较

1. 存取元素的效率

按位序访问元素时,顺序表具有随机存取的特性,存取效率高,可以在 $O(1)$ 时间内直接存取任何元素。链表只能顺序存取,时间复杂度为 $O(n)$,存取效率低。

基于此,当线性表主要操作与位序有关,且很少进行插入和删除时,宜采用顺序表。

2. 插入和删除操作的效率

顺序表和链表的插入和删除操作的时间复杂度均为 $O(n)$。前者时间花在元素移动上,后者时间花在指针定位上。当每个结点的信息量较大时,移动元素的时间开销会相当可观。

基于此,对于频繁进行插入或删除操作的线性表宜采用链表。

2.4.3 环境性能比较

顺序表易实现,任何高级语言都有数组类型,使用面广。链表的实现需要编程支持指针类型,否则只能用静态链表。

2.5 线性表在大数据处理中的应用

在大数据处理的复杂世界里,线性表以其基础数据结构的特性及其简单和灵活性,不仅能够保证数据处理的效率,还能简化系统设计,降低维护成本。

2.5.1 日志处理

日志(log)是系统指定对象的某些操作及其操作结果按时间有序的集合。它通常由日志记录组成,每条记录描述了一次单独的系统事件。在计算机系统中,日志记录着服务器、工作站、防火墙和应用软件等IT资源中特定事件的相关活动中必要的、有价值的信息,这对系统监控、查询、报表和安全审计是十分重要的。在软件开发中,日志是对软件执行时所发生事件的一种追踪方式,帮助开发人员了解软件运行情况,并通过区分事件的重要性(等级或严重性)来确定事件的记录方式。

在日志数据的处理中,线性表是一个基本的数据结构。①日志收集与缓存。线性表,尤其是动态数组或链表,作为日志数据的临时存储结构,能够快速接收和暂存来自不同源头的日志条目,为持续增长的日志数据流提供了高效的解决方案。②日志解析与处理。线性表在此环节中存储解析后的日志字段,为进一步分析或数据转发提供了便利。链表的顺序性保证了字段顺序的保持,而数组的固定性则适用于存储格式统一的日志条目。③日志聚合与统计。线性表在此环节中暂存摘要信息,如错误类型计数或时间窗口内的日志计数,为初步分析提供了有力支持。④小规模数据分析。对于需要快速响应的实时分析,线性表提供了快速查询、排序或搜索的能力,满足了即时分析的需求。⑤链表与日志缓冲。链表的动态性使其成为实时日志收集系统中理想的缓冲结构,有效平衡了内存使用和处理效率。

通过这些应用,线性表不仅提高了日志数据的管理效率,也简化了系统设计,降低了维护成本。

2.5.2 数据预处理与数据清洗

数据预处理,也称为数据准备或数据整理,是指在数据分析之前对数据进行的一系列操作,目的是将原始数据转换成适合分析的格式。数据清洗是数据预处理的一个子集,专注于提高数据质量,确保数据的准确性和一致性。"数据预处理与数据清洗"是数据分析和数据科学流程中的关键步骤,它们确保数据集的质量、一致性和适用性,为后续的分析、建模和决策提供支持。

线性表在大数据预处理与清洗中发挥着辅助和支持的作用,尤其是在局部处理和简单操作环节中。①数据收集与暂存。线性表作为原始数据的临时存储结构,简化了数据收集过程,为后续清洗和分析提供了便利。②缺失值处理。线性表记录缺失值位置或作为候选替代值列表,通过遍历和填充操作,有效处理数据集中的缺失值问题。③异常值检测与处理。线性表存储的阈值和统计量,为快速识别异常值提供了依据,并通过快速访问和修改接口进行标记或替换。④数据转换。线性表存储的转换规则或映射表,使得数据类型的转换和标准化变得简单易行。⑤数据分割与采样。线性表组织和管理数据子集,为数据的分割或随机采样提供了有效手段。⑥数据分片与并行处理。线性表的线性结构便于数据的分割和重组,实现了数据的高效分发与收集,特别是在 MapReduce 等并行计算模型中。⑦数据质量评估。线性表存储的数据质量评估结果,帮助分析师了解数据集的健康状况,并指导数据清洗的方向。⑧数据备份。线性表存储的备份数据索引或位置,确保了原始数据的可恢复性,增强了数据的安全性。⑨数据轮询。线性表实现的轮询策略,为数据采样提供了一种简单而有效的手段,确保了样本的代表性。

线性表的这些应用体现了它们在简化数据处理流程、提升数据操作灵活性以及保障数据安全性方面的重要价值,是数据科学和大数据处理不可或缺的工具。

2.5.3 数据缓存

数据缓存(data caching)是一种将数据暂存于快速访问的存储介质中的做法,目的是减少对慢速存储介质(如硬盘或网络数据源)的访问次数,从而提高数据检索速度和系统性能。

线性表常被用于大数据系统的数据缓存。①存储结构。线性表可以作为实现缓存的基础结构。例如,可以使用数组来存储缓存中的元素,以便快速访问最近或频繁使用的数据。②LRU 缓存策略。LRU(least recently used)缓存淘汰策略经常使用链表来实现。在 LRU 策略中,链表的头部通常存放最近访问的数据,而尾部存放最久未访问的数据。当缓存满时,位于链表尾部的数据会被替换。③快速插入和删除。链表由于其结构特性,允许在 $O(1)$ 时间复杂度内进行插入和删除操作,这在缓存中非常有用,尤其是在需要频繁更新缓存内容的场景中。④数据流处理。在线性表的帮助下,大数据系统可以高效地处理数据流。数据流可以暂存在线性表结构中,然后按顺序进行处理。⑤批量数据处理。在处理批量数据时,线性表可以用来组织和缓存这些数据,从而实现快速的批量插入和查询。⑥数据分片。在分布式大数据系统中,线性表可以用来组织数据分片,每个分片可以独立处理,然后结果可以合并。⑦简化并行计算。在 MapReduce 等并行计算模型中,线性表可以用来简化数据的分发和收集过程,每个计算结点可以独立地处理分配给它们的数据片段。⑧数据预加载。线性表可以用于实现数据预加载机制,预先加载可能需要访问的数据到缓存中,以减少访问延迟。

尽管线性表在大数据系统中的数据缓存中有其优势,但在面对大规模数据和高并发访问时,可能需要结合更高级的数据结构和缓存算法,以满足大数据环境的性能要求。

2.5.4 数据索引

数据索引是数据库和文件系统中用于提高数据检索速度的一种数据结构。它类似于书籍的目录,可以快速定位到数据存储的具体位置,而无须扫描整个数据集。索引通常包含指向数据存储位置的指针和相关数据的键值,这些键值可以是数值、字符串或其他可比较的数据类型。

在线性表(包括数组和链表)的帮助下,数据索引变得更加直接和高效。①简单索引。在数据量不大或数据更新不频繁的情况下,线性表可以作为简单的索引结构。②顺序存储。数组提供了顺序存储数据的方式,可以通过索引号快速访问元素,类似于基于数组的数据库索引。③倒排索引。在文本处理或信息检索系统中,线性表可以用来实现倒排索引,其中每个关键词对应一个包含文档 ID 的列表。④辅助排序。在构建更复杂的索引结构之前,线性表可以作为辅助结构来存储临时数据或辅助排序。⑤内存缓存。线性表可以作为内存中的数据缓存,快速访问频繁查询的数据项。⑥分块处理。在处理大型文件或数据集时,线性表可以帮助管理数据分块,每个块可以独立索引和访问。⑦日志索引。在日志文件管理中,线性表可以作为索引来快速定位日志记录的位置。

这些作用共同构成了数据索引的坚实基础,无论是对于小型数据集的直接索引,还是作为复杂索引结构的辅助工具,线性表都显示了其高效性和实用性。

2.6 小结

1. 本章知识要点

本章知识要点如图 2-40 所示。

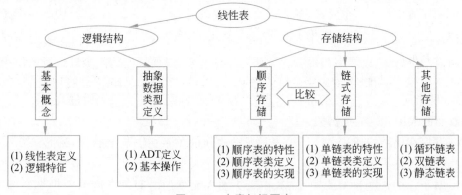

图 2-40 本章知识要点

2. 本章相关算法

本章相关算法与应用如图 2-41 所示。

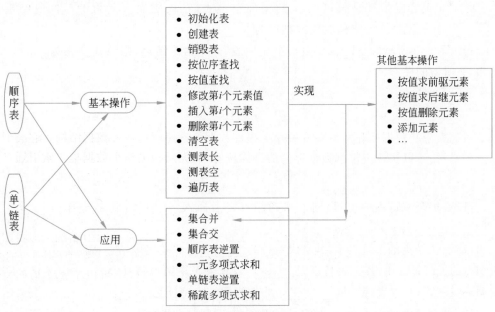

图 2-41 本章相关算法与应用

习题 2

一、填空题

1. 顺序表是用_____内存空间存储的线性表。顺序表的元素必须在内存中_____存放,顺序表具有_____访问特性。

2. 链表是用_____存储空间存储的线性表,链表中的元素在内存中一般是_____存放的。链表的访问只能_____访问。

3. 一个顺序表的第一个元素的存储地址是 100,每个元素的长度为 2,则第 6 个元素的存储地址是_____。

4. 顺序表中有 100 个元素,插入一个元素平均移动_____个元素,删除一个元素平均移动_____个元素。如果删除第 50 个元素,须移动位序为_____的元素,共_____个元素。

5. 在单链表中,每个结点包含两个域:_____和_____。双向链表中有两个指针域,分别指向_____结点和_____结点;头指针是_____。通过改变_____就可以改变链表中元素的逻辑关系。

6. 顺序存储结构通过_____表示元素之间的关系;链式存储结构通过_____表示元素之间有关系。

7. 对于一个长度为 n 的顺序表,在表头插入元素的时间复杂度为_____,在表尾插入元素的时间复杂度为_____。

8. 对于一个长度为 n 的单链表,在表头插入元素的时间复杂度为_____,在表尾插入元素的时间复杂度为_____。

9. 对于设置尾指针且长度为 n 的循环单链表,在表头插入元素的时间复杂度为_____,在表尾插入元素的时间复杂度为_____。

10. 图 2-42 所示静态链表存储一个线性表,a[0] 为头结点,则该线性表为_____,删除 42 所做的操作是_____。

	0	1	2	3	4	5	6	7	8
data		60		42	38		74	25	
next	4	3		6	7		−1	1	

图 2-42 静态链表

11. 在循环双链表中,如果向 p 所指结点之后插入一个新结点 s,操作是_____、_____、_____和_____。

12. 有头结点的单链表 L,其空表特征是_____,非空表尾结点特征是_____;有头结点的循环链表 L,其空表特征是_____,非空表尾结点特征是_____;有头结点的循环双链表,其空表特征是_____,非空表尾结点特征是_____。

13. 两个长度分别为 m 和 n 的有序表合并,时间复杂度为_____。

二、简答题

1. 描述 3 个概念(头指针、头结点和首元结点)的区别,并给予图示。
2. 在单链表和双链表中,能否从当前结点出发访问任何一个结点,为什么?
3. 对于有头结点的单链表,分别写出下列定位成功时的语句序列。
   (1) 定位到第 i 个结点 a_i;
   (2) 定位到第 i 个结点的前驱 a_{i-1};
   (3) 定位到尾结点;
   (4) 定位到尾结点的前驱(即倒数第 2 个结点)。
4. 已知 L 是有头结点的单链表,且 p 结点既不是首元结点,也不是尾元结点,试写出实现下列功能的语句序列。
   (1) 在 p 结点后插入 s 结点;
   (2) 在 p 结点前插入 s 结点;
   (3) 在表首插入 s 结点;
   (4) 在表尾插入 s 结点。
5. 请描述下列关于单链表的操作步骤:
   (1) 删除一个数据元素;
   (2) 插入一个数据元素。
6. 在线性表的 3 种链式结构(单链表、双链表和循环单链表)中,若未知链表头结点的地址,仅已知 p 指针指向结点,能否删除结点 p? 为什么?
7. 根据顺序表、链表各自的特点,为下列应用选择合适的存储结构并陈述选择的理由:
   (1) 通讯录管理;
   (2) 软工 241 班学习成绩管理;
   (3) 两个有序表的原地合并。
8. 以顺序表和单链表为例,说明相同的逻辑结构可以采用不同的存储结构,且带来不同特性。
9. 阅读算法,给出算法的功能。
   (1)

```
pre=H->next;
{ if(pre!=NULL)
  { while(pre->next!=NULL)
    { p=pre->next;
      if(p->data>=pre->data) pre=p
      else return false;
    }
  }
  return true;
}
```

(2)
```
LNode * link(LNode * h1, LNode * h2)
{ p=h1;
  while(p->next!=h1) p=p->next;
  q=h2;
  while(q->next!=h2) q=q->next;
  p->next=h2; q->next=h1;
  return h1;
}
```

三、算法设计题

1. 用 ADT List 中定义的基本操作设计算法，解决"删除线性表中值为 e 的元素"问题。

2. 分别用顺序表表示两个数据元素类型为整型的集合 A 和 B，用顺序表的基本操作求解问题：$A = A \cap B$。

3. 分别用有头结点的单链表表示两个数据元素类型为整型的集合 A 和 B，用单链表的基本操作求解问题：$A = A \cap B$。

4. 设计一个尽可能高效的算法，删除顺序表中所有值位于 (m, n) 中的元素，说明算法的时间、空间性能（设数据元素类型为整型）。

5. 线性表采用顺序存储，设计一个算法，用尽可能少的辅助存储空间将顺序表的前 m 个元素和后 n 个元素进行整体互换，即将 $(a_1, a_2, \cdots, a_m, b_1, b_2, \cdots, b_n)$ 改为 $(b_1, b_2, \cdots, b_n, a_1, a_2, \cdots, a_m)$。

6. 对于无头结点单链表，设计其按位序插入元素和删除元素的算法，并且分别与有头结点的按位序插入元素的算法 InsertElem_i(LNode* &L, int i) 和按位序删除元素的算法 DeleteElem_i(LNode* &L, int i) 比较，指出异同处。

四、上机练习题

1. 编程实现算法设计题 2 和算法设计题 3。提醒：要解决问题，需要先实现相关的基本操作。

2. 实现下列有头结点单链表（设数据元素类型为整型）的操作：①有序表的创建；②插入一个新元素，表依然有序；③两个有序单链表的原地合并。

五、AI 辅助题

基于大语言模型等 AI 工具求解下列各题。

1. 让大模型生成一份简短报告，比较数组和链表两种线性数据结构的特点、优势、劣势及适用场景。

2. 在实现一个机器学习模型时，如果模型参数以特征向量形式表现，分析分别使用顺序表和链表存储结构对模型训练和预测性能的影响。

3. 假设你正在设计一个图像识别系统，需要处理连续的帧序列（视频流），使用循环链表来存储这些帧。设计一种算法，能够高效地在新帧到来时更新链表，并保留最近 N 帧的信息，用于运动检测或特征跟踪。

4. 探讨在图像像素数据处理中，使用顺序表和链表存储结构的优缺点。假设图像为二维数组,每个像素点包含 RGB 值。

5. 在决策树算法中,线性表应如何被使用?

6. 借助 AI,得到本章内容的思维导图。

六、思政思考题

1. 线性表的定义如何体现社会结构中的有序性和规范性?

2. 链式存储的线性表如何体现社会主义核心价值观中的"自由"和"平等"?

3. 顺序表与链表的不同存储方式如何反映计算机科学中的设计原则?这对你有何启发?

4. 通过对顺序表与链表的比较,如何体现在不同情境下选择合适方法的重要性?你从中获得怎样的启示?

5. 线性表的操作(如插入、删除)如何体现对细节的关注和对过程的尊重?从中可以反映出计算机工程师需要怎样的职业素养?

第 3 章 栈和队列

栈和队列是两种特殊的线性结构。从数据结构的角度看,栈和队列也是一种线性表。它们的特殊性在于栈和队列的操作相比于线性表受到了一定的限制。因此,栈和队列也称为操作受限的线性表。

生活中栈和队列的使用十分广泛。例如枪膛的子弹与叠起的餐盆,只在一端进一端出,即为栈;而排队,一端进另一端出,则为队列。栈和队列因操作受限而有了特殊的特性,在解决问题中起到特殊的作用。

本章除了讨论栈和队列的定义和存储结构外,还将侧重介绍栈的"先进后出"原则和队列的"先进先出"原则,给出一些应用实例,以体会两种特殊线性表的应用场景。

本章主要知识点

- 栈和队列的结构特性。
- 栈和队列的顺序存储实现。
- 栈和队列的链式存储实现。

本章教学目标

- 掌握栈和队列的结构特性与操作特性。
- 灵活运用栈和队列解决应用问题。

3.1 栈

3.1.1 栈的定义和特点

微课视频

栈(stack)是限定只能在一端进行插入或删除操作的线性表。表中允许进行插入和删除操作的一端称为**栈顶**(top),另一端相应地称为**栈底**(bottom)。栈中没有数据元素时称为**空栈**。栈的插入操作称为**入栈**/进栈/压栈(push),栈的删除操作称为**出栈**/弹栈(pop)。栈结构如图 3-1 所示。

图 3-1　栈结构示意图

在栈中，无论是存数据还是取数据，都必须遵循"先进后出"原则，即最先入栈的元素最后出栈。因此，栈又称为**先进后出**（first in last out，FILO）或后进先出的线性表，简称为 **FILO 线性表**。如图 3-1 所示的栈，从当前数据的存储状态可知，元素 a_1 是最先入栈的。因此，当要从栈中取出元素 a_1 时，需要提前将元素 $a_n, a_{n-1}, \cdots, a_2$ 从栈中取出，然后才能成功取出 a_1。

图 3-2 是一个栈的操作示意图，图中箭头表示当前栈顶元素位置。图 3-2(a)表示一个空栈；图 3-2(b)表示插入一个元素 a 之后栈的状态；图 3-2(c)表示插入元素 b、c、d 之后栈的状态；图 3-2(d)表示删除一个元素 d 之后栈的状态。

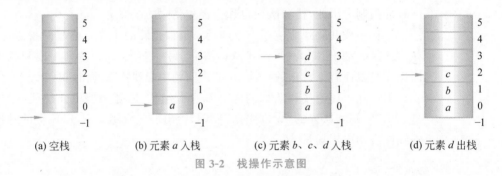

图 3-2　栈操作示意图

由于栈是一种只能从表的一端存取数据且遵循"先进后出"原则的线性存储结构，因此线性表的操作特性它都具备，只是栈的插入和删除操作改名为入栈和出栈。除此之外，栈的基本操作还包括初始化、判栈空、取栈顶元素等。

下面是栈的抽象数据类型 Stack 的定义。

```
ADT Stack {
数据对象：D={aᵢ|aᵢ∈ElementSet, i=1, 2, ⋯, n, n≥0}。
数据关系：R={<aᵢ₋₁, aᵢ>|aᵢ₋₁, aᵢ∈ D, i=2, ⋯, n}，约定 aₙ 端为栈顶，a₁ 端为栈底。
基本操作：
    InitStack(&S)              //初始化栈
        操作功能：创建一个空的栈 S。
        操作输出：创建成功，返回 true;不成功，退出。
    DestroyStack(&S)           //销毁栈
        操作功能：释放栈 S 所占的存储空间。
        操作输出：无。
    GetTop(S,&e)               //取栈顶元素
        操作功能：读取栈 S 的栈顶元素。
        操作输出：如果栈不空,输出栈顶元素,不修改栈顶指针。
    Push(&S,e)                 //入栈
        操作功能：在栈顶插入新元素 e。
        操作输出：插入元素 e 为新的栈顶元素。
    Pop(&S,&e)                 //出栈
```

```
            操作功能：删除栈顶元素。
            操作输出：删除栈 S 的栈顶元素并用 e 返回其值。
    StackLength(S)                    //测栈长
            操作功能：求栈 S 的长度。
            操作输出：返回栈 S 的元素个数。
    StackEmpty(S)                     //判栈空
            操作功能：判断栈 S 是否为空。
            操作输出：如果 S 是空栈,返回 true;否则,返回 false。
    ClearStack(&S)                    //清空栈
            操作功能：删除栈 S 中的所有元素。
            操作输出：栈 S 被置为空栈。
}ADT Stack
```

【例 3-1】 设有 4 个元素 a、b、c、d 进栈,给出它们所有可能的出栈次序。

【解】 栈对线性表的插入和删除位置进行了限制,但并没有对元素进出的时间进行限制。也就是说,在不是所有元素都进栈的情况下,先进栈的元素也可以出栈,只要保证是栈顶元素出栈即可。因此,所有可能的出栈次序如下：$abcd$、$abdc$、$acbd$、$acdb$、$adcb$、$bacd$、$badc$、$bcad$、$bcda$、$bdca$、$cbad$、$cbda$、$cdba$、$dcba$。

【例 3-2】 设 n 个元素进栈序列是 $1,2,\cdots,n$,其输出序列是 $p_1,p_2,\cdots,p_n$,若 $p_1=3$,则 p_2 的值_____。

A. 一定是 2   B. 一定是 1   C. 不可能是 1   D. 以上都不对

【解】 当 $p_1=3$ 时,说明 1,2,3 先进栈,立即出栈 3,然后可能出栈的为 2,也可能为 4 或后面的元素进栈,再出栈。因此,p_2 可能是 2,也可能是 4,$\cdots$,n,但一定不能是 1。因此本题答案为 C。

与线性表类似,栈也有两种存储结构,分别称为顺序栈和链栈。

3.1.2 顺序栈

顺序栈(sequential stack)**是用顺序表实现栈的存储结构**,即利用一组地址连续的存储单元依次存放自栈底到栈顶的数据元素。

连续内存的使用是基于起始地址的,设指针 base 为这个存储空间的基地址。栈的操作只能在栈顶进行,为方便操作,定义一个 top 变量指示栈顶元素在顺序栈中的位置①。另设栈的容量为 stacksize。顺序栈的存储示意图如图 3-3 所示,存储结构定义如下。

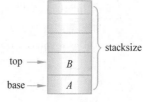

图 3-3　顺序栈存储示意图

```
template<class DT>
struct SqStack
{ DT * base;              //栈底指针
  int top;                //栈顶
  int stacksize;          //栈可用的最大容量
}
```

由上述定义可知下列语句的含义。

---

① 也有将栈顶指针设在栈顶元素的上方,此种情况下空栈 top=1。解题时,需要了解清楚题目中的设置。

SqStack S 表示声明一个顺序栈变量 S。
S.base[S.top]表示顺序栈 S 的栈顶元素。
S.top 表示栈顶元素位置。当 S.top==−1,表示栈空,无法出栈。
S.stacksize 表示顺序栈 S 的容量。当 S.top==S.stacksize−1,表示栈满,无法入栈。

这里约定 base 为栈底指针,若 base 的值为 NULL,表示栈结构不存在;元素 e 进栈时,先将 top 增 1,然后将其放在栈顶指针处;元素要出栈时,先将栈顶指针处的元素取出,然后 top 减 1。因此,top+1 的值实际上反映了栈中元素的个数,与顺序表中 length 值的意义相同。

【思考】 因为连续内存单元容量受限,所以在顺序表中设置了表长属性 length(线性表中元素的个数),以指示连续内存中已被用掉的单元并由它判断表空和表满。顺序栈中没有设置栈的长度,如何判断栈空和栈满?

图 3-4 所示为栈空、栈满、入栈以及出栈时 top 的特征及变化。

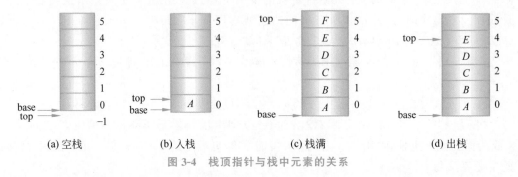

图 3-4　栈顶指针与栈中元素的关系

由于顺序栈的插入和删除操作限制在栈顶进行,因此对应栈的基本操作比顺序表要简单得多。根据 ADT Stack 中的基本操作定义设置操作参数类型和返回值后,顺序栈的基本操作的函数定义简述如表 3-1 所示。

表 3-1　顺序栈的基本操作的函数定义

序号	函数定义	功能说明
1	//初始化顺序栈 bool InitStack(SqStack<DT> &S,int m)	创建一个容量为 m 的空栈 S;创建成功,返回 true;否则,退出
2	//销毁顺序栈 void DestroyStack(SqStack<DT> &S)	释放顺序栈 S 所占内存空间
3	//取栈顶元素 bool GetTop(SqStack<DT> S,DT &e)	栈 S 空返回 false;否则取栈顶元素赋给 e,返回 true
4	//入栈 bool Push(SqStack<DT> &S,DT e)	栈 S 满返回 false;否则在栈顶插入一个值为 e 的元素,返回 true
5	//出栈 bool Pop(SqStack<DT> &S,DT &e)	栈 S 空返回 false;否则删除栈顶元素,返回 true
6	//测栈长 int StackLength(SqStack<DT> S)	求顺序栈 S 的长度,即栈中元素个数

续表

序号	函数定义	功能说明
7	//判栈空 bool StackEmpty(SqStack<DT> S)	判断顺序栈 S 是否为空栈。如果是空栈,返回 true;否则,返回 false
8	//清空栈 void ClearStack(SqStack<DT> &S)	把顺序栈变成空栈

顺序栈部分基本操作的实现算法如下。

1. 初始化顺序栈

【算法思想】 申请一组连续的内存空间,用来存放顺序栈,使 base 指向这段空间的基址;新栈为空栈,栈顶 top 设为 -1;申请的容量为栈最大可用容量 m。

算法描述与算法步骤如算法 3.1 所示。

算法 3.1 【算法描述】   【算法步骤】

```
0  template<class DT>
1  bool InitStack(SqStack<DT>&S, int m)    //创建容量为 m 的空栈
2  { S.base=new DT[m];                     //1.申请一组连续的内存空间
3      if(!S.base) exit(1);                //申请失败,退出
4      S.top=-1;                           //2.申请成功,为栈属性赋值
5      S.stacksize=m;
6      return true;                        //3.返回 true
7  }
```

2. 销毁顺序栈

【算法思想】 对应 new 申请内存空间命令,用 delete 释放顺序栈 S 所占内存空间;置栈顶 top 为 -1;栈最大可用容量 StackSize 为 0。

算法描述与算法步骤如算法 3.2 所示。

算法 3.2 【算法描述】   【算法步骤】

```
0  template<class DT>
1  void DestroyStack(SqStack<DT>&S)        //销毁顺序栈
2  {
3      delete [] S.base;                   //1.释放顺序栈占用的内存空间
4      S.top=-1;                           //2.为栈属性赋值
5      S.stacksize=0;
6  }
```

3. 入栈

【算法思想】 判断栈是否满,满则返回 false;否则将栈顶指针增 1,新元素插入栈顶指针位置。

算法描述与算法步骤如算法 3.3 所示。

算法 3.3　【算法描述】　　　　　　　　　　　　【算法步骤】

```
0  template<class DT>
1  bool Push(SqStack<DT>&S, DT e)              //在栈顶插入一个新元素
2  {
3    if(S.top==S.stacksize-1)                  //1.栈满的情况,即栈上溢出
4      return false;                           //无法入栈,返回 false
5    S.top++;                                  //2.栈顶指针增 1
6    S.base[S.top]=e;                          //元素 e 放在栈顶指针处
7    return true;                              //3.返回 true
8  }
```

4. 出栈

【算法思想】　判断栈是否空,空则返回 false;否则取栈顶元素赋给 e,然后将栈顶指针减 1。

算法描述与算法步骤如算法 3.4 所示。

算法 3.4　【算法描述】　　　　　　　　　　　　【算法步骤】

```
0  template<class DT>
1  bool Pop(SqStack<DT>&S, DT &e)              //删除栈顶元素
2  {
3    if(S.top==-1)                             //1.栈空的情况,即栈下溢出
4      return false;                           //无法出栈,返回 false
5    e=S.base[S.top];                          //2.取栈顶元素,赋值给 e
6    S.top--;                                  //栈顶指针减 1
7    return true;                              //3.返回 true
8  }
```

5. 取栈顶元素

【算法思想】　判断栈是否空,空则返回 false;否则取栈顶元素赋给 e。此操作栈顶指针保持不变。

算法描述与算法步骤如算法 3.5 所示。

算法 3.5　【算法描述】　　　　　　　　　　　　【算法步骤】

```
0  template<class DT>
1  bool GetTop(SqStack<DT>S, DT &e)            //取栈顶元素
2  {
3    if(S.top==-1)                             //1.栈空的情况,即栈下溢出
4      return false;                           //无法出栈,返回 false
5    e=S.base[S.top];                          //2.取栈顶元素,赋值给 e
6    return true;                              //3.返回 true
7  }
```

顺序栈与顺序表一样,操作时会受最大空间容量的限制,虽然在出现"满"的情况时可以通过重新分配存储空间来扩大容量,但此项工作量大,应尽量避免。如果在一个程序中

需要同时使用具有相同数据类型的两个栈,那么可以为它们各自开辟数组空间,也可以用一个数组来存储两个栈,具体做法如下。

让一个栈的栈底在数组的始端,即下标为 0 处;让另一个栈的栈底在数组的末端,即下标为数组长度 $n-1$ 处。这样,两个栈如果增加元素,每个栈从各自的端点向中间延伸。假设 top1 和 top2 分别是栈 1 和栈 2 的栈顶指针,如图 3-5 所示。可以想象,只要它们不"见面",两个栈就可以一直使用。从这里也就可以分析出来,当 top1 等于 -1 时,栈 1 为空;当 top2 等于 n 时,栈 2 为空。那么,什么时候栈满呢?

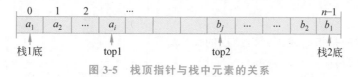

图 3-5 栈顶指针与栈中元素的关系

可以思考极端的情况:若栈 2 是空栈,栈 1 的 top1 等于 $n-1$ 时,为栈 1 满;反之,当栈 1 为空栈,top2 等于 0 时,为栈 2 满。但更多的情况是在两个栈"见面"之时,也就是两个指针之间相差 1(即 top1+1==top2)时栈满。

此时,只有当整个存储空间都被两个栈占满,才会发生上溢。使用这样的数据结构通常都是当两个栈的空间需求有相反关系时,也就是一个栈增长另一个栈在缩短的情况。这样使用两栈共享存储空间才有较大意义。两栈共享一个长度为 n 的存储空间与两个栈分别占用两个长度为 $\lfloor n/2 \rfloor$ 和 $\lceil n/2 \rceil$①的存储空间相比较,前者发生上溢的概率要比后者小得多。

在实际应用中,如果应用程序无法预先估计栈可能达到的最大容量,建议使用链栈。

3.1.3 链栈

微课视频

链栈(linked stack)**是用链表实现栈的存储结构**,通常用单链表表示。

对于链栈来说,一般不考虑栈满上溢的情况,除非内存已经没有可以使用的空间。由于链栈的主要操作是在栈顶进行插入和删除,因此把栈顶放在单链表的头部是最方便的,这样可以避免实现数据"入栈"和"出栈"时做大量遍历链表的耗时操作。而且,在链栈中没有必要像单链表那样为操作方便附加一个头结点。因此,链栈实际上是一个只能采用头插法插入或删除数据的单链表。

链栈的存储及操作示意图如图 3-6 所示。

链栈的结点结构与单链表的结点结构相同,其存储结构定义如下:

```
template<class DT>
struct SNode           //结点类型名
{ DT data;             //数据域,存储数据元素
  SNode * next;        //指针域,指向后继结点
};
```

---

① $\lfloor n/2 \rfloor$ 表示下取整,即不大于 $n/2$ 的最大整数;$\lceil n/2 \rceil$ 表示上取整,即不小于 $n/2$ 的最小整数。

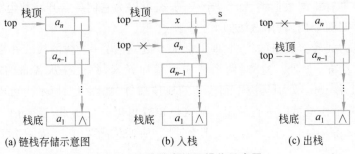

图 3-6 链栈的存储及操作示意图

标识链栈的是指向栈顶元素结点的头指针。

根据定义,声明一个链栈变量 S 的语句为 SNode *S。

根据 ADT Stack 中的基本操作定义设置操作参数类型和返回值后,链栈的基本操作的函数定义简述如表 3-2 所示。

表 3-2 链栈的基本操作的函数定义

序号	函数定义	功能说明
1	//初始化链栈 bool InitStack(SNode<DT> *&S)	创建一个空栈 S,返回 true
2	//销毁链栈 void DestroyStack(SNode<DT> *&S)	释放链栈 S 所占内存空间
3	//取栈顶元素 bool GetTop(SNode<DT> *S,DT &e)	栈 S 空返回 false;否则取栈顶元素赋给 e,返回 true
4	//入栈 bool Push(SNode<DT> *&S,DT e)	在栈 S 的栈顶插入一个值为 e 的元素,返回 true
5	//出栈 bool Pop(SNode<DT> *&S,DT &e)	栈 S 空返回 false;否则删除栈顶元素,返回 true
6	//测栈长 int StackLength(SNode<DT> *S)	求链栈 S 的长度,即栈中元素个数
7	//判栈空 bool StackEmpty(SNode<DT> *S)	判断链栈 S 是否为空栈。如果是空栈,返回 true;否则,返回 false
8	//清空栈 void ClearStack(SNode<DT> *&S)	把链栈变成空栈

下面给出链栈中部分基本操作的实现算法。

1. 初始化链栈

【算法思想】 构造一个空栈,直接将栈顶指针置空即可。

算法描述与算法步骤如算法 3.6 所示。

算法 3.6　【算法描述】　　　　　　　　　　　　　【算法步骤】

```
0  template<class DT>
1  bool InitStack(SNode<DT> * &S)              //构造一个空栈
2  {
3      S=NULL;                                 //1.栈顶指针置空
4      return true;                            //2.返回 true
5  }
```

2. 销毁链栈

【算法思想】　从栈顶结点开始，将栈 S 中的结点逐个销毁。

算法描述与算法步骤如算法 3.7 所示。

算法 3.7　【算法描述】　　　　　　　　　　　　　【算法步骤】

```
0  template<class DT>
1  void DestroyStack(SNode<DT> * &S)           //销毁链栈 S
2  {
3      while(S)                                //栈非空
4      {
5          p=S;                                //1.取第一个结点
6          S=S->next;                          //2.栈顶指针后移
7          delete p;                           //3.释放原第一个结点
8      }
9  }
```

3. 入栈

【算法思想】　为入栈元素动态分配一个结点空间 p，插入栈顶并修改栈顶指针为 p。

算法描述与算法步骤如算法 3.8 所示。

算法 3.8　【算法描述】　　　　　　　　　　　　　【算法步骤】

```
0  template<class DT>
1  bool Push(SNode<DT> * &S,DT e)              //插入元素 e 为新的栈顶元素
2  {
3      p=new SNode<DT>;                        //1.生成新结点
4      if(!p) return false;                    //创建失败,返回 false
5      p->data=e;                              //2.新结点数据域置为 e
6      p->next=S;                              //将新结点插入栈顶
7      S=p;                                    //修改栈顶指针为 p
8      return true;                            //3.返回 true
9  }
```

4. 出栈

【算法思想】　判断栈是否空,空则返回 false;否则取栈顶元素赋给 e,然后修改栈顶指针并释放原栈顶元素的空间。

算法描述与算法步骤如算法 3.9 所示。

算法 3.9　【算法描述】　　　　　　　　　　　　【算法步骤】

```
0   template<class DT>
1   bool Pop(SNode<DT> * &S,DT &e)          //删除 S 栈顶元素,e 返回其值
2   {
3     if(S==NULL)                            //1.栈空的情况,即栈下溢出
4       return false;                        //无法出栈,返回 false
5     p=S;                                   //2.p 暂存栈顶结点
6     e=p->data;                             //栈顶元素赋值给 e
7     S=S->next;                             //修改栈顶指针
8     delete p;                              //释放原栈顶元素的空间
9     return true;                           //3.返回 true
10  }
```

5. 取栈顶元素

【算法思想】　判断栈是否空,空则返回 false;否则取栈顶元素赋给 e。此操作栈顶指针保持不变。

算法描述与算法步骤如算法 3.10 所示。

算法 3.10　【算法描述】　　　　　　　　　　　【算法步骤】

```
0   template<class DT>
1   bool GetTop(SNode<DT> * S,DT &e)        //取栈顶元素
2   {
3     if(S==NULL)                            //1.栈空的情况,即栈下溢出
4       return false;                        //无法出栈,返回 false
5     p=S;                                   //2.取栈顶元素
6     e=p->data;                             //赋值给 e
7     return true;                           //3.返回 true
8   }
```

3.1.4　顺序栈和链栈的比较

顺序栈和链栈基本操作的实现在时间上都是一致的,都是常数级 $O(1)$。在空间上,初始化一个顺序栈必须先声明一个固定长度,这样在栈不满时,就浪费了一部分存储空间,并且存在栈满溢出的问题;链栈没有栈满的问题,只有当内存没有可用空间时才会出现栈满,但是每个元素都需要一个指针域,从而产生了结构性开销。因此,当栈的使用过程中元素个数变化较大时,用链栈是适宜的,反之应该采用顺序栈。

3.1.5　栈的应用

微课视频

日常生活中栈的应用很常见。例如,洗干净的盘子总是逐个叠放在已经洗好的盘子上面,使用时从上往下逐个取出;在软件使用中,很多软件都有"撤销"或"后退"操作,可以像时间倒退一样,返回到之前的某个操作或某个页面。栈的操作特点正是这些实际应用的抽象。

栈是一种非常重要的数据结构,用途十分广泛。在程序设计中,如果需要对数据存取采用"先进后出"的特点,则可以利用栈来实现。在后续二叉树的各种算法中会大量使用栈。下面通过括号匹配和算术表达式求值的例子说明栈的应用。

【应用 3-1】 括号匹配的校验。

在表达式中经常会用到两种括号:圆括号和方括号。不管使用哪种括号,表达式没有问题的一个重要因素就是所使用的括号是否能够匹配上。括号可以嵌套,([()])或([]())等为正确格式,但([)、([]或(()]都不符合要求。

括号匹配要求"就近匹配",后面的先匹配,一层层由内而外。因此,可以使用栈的"先进后出"原则来校验括号是否匹配。每当读入一个左括号,直接入栈,等待相匹配的同类右括号。每当读入一个右括号,若栈不空且与当前栈顶元素匹配,则将栈顶元素出栈,继续进行比较;否则返回。

【算法思想】 首先初始化一个空栈 S,设置 flag 标志位,用来标志匹配结果以控制循环以及返回结果。1 表示匹配成功,0 表示匹配失败,flag 初值置为 1。然后从左往右扫描表达式,依次读入字符 ch,如果表达式没有扫描结束或 flag 非零,则循环执行下列操作。

若 ch 是左括号"("或"[",ch 入栈;若 ch 是右括号")",如栈不空且栈顶元素是"(",则匹配成功,栈顶元素出栈后继续扫描,否则匹配失败,flag 置为 0;若 ch 是右括号"]",如栈不空且栈顶元素是"[",则匹配成功,栈顶元素出栈后继续扫描,否则匹配失败,flag 置为 0。

循环结束后,如果栈空并且 flag 的值为 1,则匹配成功,返回 true;否则返回 false。

算法描述与算法步骤如算法 3.11 所示。

算法 3.11 【算法描述】   【算法步骤】

```
0   bool match(string exp)              //括号匹配校验
1   {
2     InitStack<char>(S);                //1.初始化空栈
3     flag=1; i=0;                       //2.标志匹配结果以控制循环以
4     ch=exp[i++];                       //  及返回结果
5     while(ch!='#'&& flag==1)           //假设表达式以#结尾
6     {
7       switch(ch)
8       {
9         case '(':
10        case '[':                      //3.左括号入栈
11          Push(S,ch);
12          break;
13        case ')':                      //4.右括号入栈
14          GetTop(S,e);
15          if(!StackEmpty(S) && e=='(') //4.1 栈非空且栈顶是'(',匹
16            Pop(S,x);                  //    配正确,出栈
17          else                         //4.2 栈空或栈顶不是'(',匹
18            flag=0;                    //    配失败
```

```
19            break;
20          case ']':
21            GetTop(S,e);
22            if(!StackEmpty(S) && e=='[')      //4.3 栈非空且栈顶是'[',匹
23              Pop(S,x);                       //配正确
24            else                              //4.4 栈空或栈顶不是'[',匹
25              flag=0;                         //配失败
26            break;
27        }
28        ch=exp[i++];                          //5.继续读入下一个字符
29      }
30      if(StackEmpty(S) && flag)
31        return true;                          //6.匹配成功,返回 true
32      else
33        return false;                         //匹配失败,返回 false
34  }
```

【算法分析】 算法执行过程中需要从头到尾扫描表达式中的每个字符,设表达式对应的字符串长度为 n,则算法的时间复杂度为 $O(n)$。算法运行时所占用的辅助存储空间主要取决于栈 S 的大小,显然栈 S 的空间大小不会超过 n,因此算法的空间复杂度也为 $O(n)$。

【应用 3-2】 算术表达式求值。

表达式求值是数学中的一个基本问题,也是程序设计中的一个基本问题。这里仅讨论简单算术表达式的求值问题。表达式包含数字和符号,表达式中处理的符号包括＋、－、*、/、(、)。

根据运算符在操作数中的位置,表达式分为 3 种形式:前缀表达式(prefix expression)、中缀表达式(infix expression)和后缀表达式(postfix expression)。中缀表达式就是平常用的标准四则运算表达式,运算符在双目操作数中间且带有括号,如表达式 $1+2*(7-4)/3$。

(1) 中缀表达式求值。表达式求值的一个常用方法是算符优先法,即从左到右扫描表达式,按运算符的优先级高低进行计算。算术四则运算的规则可概括为:从左到右,先括号内后括号外,先乘除后加减。在表达式计算的每一步中,任意两个相邻出现的运算符 θ_1 和 θ_2 存在如下 3 种关系之一。

- $\theta_1 < \theta_2$:θ_1 的优先级低于 θ_2;
- $\theta_1 = \theta_2$:θ_1 的优先级等于 θ_2;
- $\theta_1 > \theta_2$:θ_1 的优先级高于 θ_2。

图 3-7 定义了运算符的优先级关系。

这里假设所求表达式不会出现语法错误,即不考虑 error 的情况。

为实现算符优先算法,设置两个工作栈:运算符栈 OP,用于存放暂不进行运算的运算符;操作数栈 OD,用于存放操作数或运算结果。一个运算符是否进行运算取决于其后出现的运算符,对应的操作分为 3 种:一是直接入栈($\theta_1 < \theta_2$);二是直接出栈($\theta_1 = \theta_2$);三

θ_1 \ θ_2	+	-	*	/	(	)	#
+	>	>	<	<	<	>	>
-	>	>	<	<	<	>	>
*	>	>	>	>	<	>	>
/	>	>	>	>	<	>	>
(	<	<	<	<	<	=	error
)	>	>	>	>	error	>	>
#	<	<	<	<	<	error	=

图 3-7 运算符的优先级关系

是将当前栈顶符号出栈（$\theta_1 > \theta_2$）并计算，然后根据新的栈顶符号与当前符号的优先级关系重复操作类型的判断。

【算法思想】 初始化 OP 栈和 OD 栈，将表达式起始符"＝"入 OP 栈。扫描表达式，读入第一个字符 ch。当读到的字符不是表达式结束符"＝"或 OP 的栈顶元素不是"＝"时，循环执行以下操作。

① 若 ch 是操作数，则入 OD 栈，读入下一个字符 ch；

② 若 ch 是运算符，则根据 OP 的栈顶元素（θ_1）和 ch（θ_2）的优先级比较结果，进行相应处理。

- 如果 $\theta_1 < \theta_2$，则 ch 入 OP 栈，读入下一个字符 ch；
- 如果 $\theta_1 = \theta_2$，则 OP 栈顶元素为'('且 ch 为')'时，将 OP 栈顶元素弹出，相当于括号匹配成功，消去括号，读入下一个字符 ch；
- 如果 $\theta_1 > \theta_2$，则弹出 OP 栈顶元素，并且从 OD 栈弹出两个操作数，进行相应运算并将运算结果入 OD 栈。

最后操作数栈的栈顶元素即为表达式求值的结果，输出即可。

【例 3-3】 给出中缀表达式 1+2*(7-4)/3 计算中栈的变化。

【解】 根据上述步骤，对表达式 1+2*(7-4)/3 的计算过程如表 3-3 所示。

表 3-3 1+2*(7-4)/3 计算过程中栈的变化

步骤	OP 栈	OD 栈	读入字符	主要操作
1				Push(OP,'=')
2	=		**1**+2*(7-4)/3=	Push(OD,'1')
3	=	1	1**+**2*(7-4)/3=	Push(OP,'+')
4	=+	1	1+**2***(7-4)/3=	Push(OD,'2')
5	=+	1 2	1+2*****(7-4)/3=	Push(OP,'*')
6	=+*	1 2	1+2***(**7-4)/3=	Push(OP,'(')
7	=+*(	1 2	1+2*(**7**-4)/3=	Push(OD,'7')
8	=+*(	1 2 7	1+2*(7**-**4)/3=	Push(OP,'-')

续表

步骤	OP栈	OD栈	读入字符	主要操作
9	=＋*(−	1 2 7	1＋2*(7−**4**)/3=	Push(OD,'4')
10	=＋*(−	1 2 7 4	1＋2*(7−4**)**/3=	Pop(OP,'−'),Pop(OD,4),Pop(OD,7), Push(OD,7−4)
11	=＋*(	1 2 3	1＋2*(7−4**)**/3=	Pop(OP,'(')
12	=＋*	1 2 3	1＋2*(7−4)**/**3=	Pop(OP,'*'),Pop (OD,3),Pop(OD,2), Push(OD,2*3)
13	=＋	1 6	1＋2*(7−4)**/**3=	Push(OP,'/')
14	=＋/	1 6	1＋2*(7−4)/**3**=	Push(OD,'3')
15	=＋/	1 6 3	1＋2*(7−4)/3**=**	Pop(OP,'/'),Pop(OD,3),Pop (OD,6), Push(OD,6/3)
16	=＋	1 2	1＋2*(7−4)/3**=**	Pop(OP,'＋'),Pop (OD,2),Pop(OD,1), Push(OD,1＋2)
17	=	3	1＋2*(7−4)/3**=**	PoP(OP, '=')

算法描述与算法步骤如算法 3.12 所示。

算法 3.12 【算法描述】　　　　　　　　　　【算法步骤】

```
0    float valExp(char * exp)                //表达式求值
1    {
2      InitStack<char>(OP);                  //1.初始化 OP 栈
3      InitStack<int>(OD);                   //2.初始化 OD 栈
4      Push(OP,'=');                         //3.表达式起始符"="入 OP 栈
5      ch= * exp++;                          //4.输入表达式,边输入边处理
6      GetTop(OP,e);                         //5.获取 OP 栈顶元素
7      while(ch!='='||e!='=')                //6.表达式没有扫描完或 OP 的栈顶元
8      {                                     //素不是'='
9        if(!In(ch))                         //6.1 ch 不是运算符
10       {
11         Push(OD,ch);                      //6.1.1 入 OD 栈
12         ch= * exp++;   }                  //6.1.2 读入下一个字符
13       else                                //6.2 ch 是运算符
14         switch(Precede(e,ch))             //比较 OP 栈顶元素和 ch 的优先级
15         {
16           case '<':                       //6.2.1 栈顶运算符级别低
17             Push(OP,ch);                  //ch 入 OP 栈
18             ch= * exp++;                  //读入下一个字符 ch
19             break;
20           case '=':                       //6.2.2 优先级相等
21             Pop(OP,x);                    //出栈
22             ch= * exp++;                  //读入下一个字符 ch
```

```
23              break;
24          case '>':                           //6.2.3 栈顶运算符优先级高
25              Pop(OP,x);                      //6.2.3.1 运算符出栈
26              Pop(OD,b);                      //6.2.3.2 弹出 OD 栈顶两个操作数
27              Pop(OD,a);                      //6.2.3.3 运算并将运算结果入 OD 栈
28              Push(OD,Operate(a,x,b));
29              break;
30          }
31          GetTop(OP,e);                       //6.2.3.4 获取栈顶运算符
32      }
33      GetTop(OD,result);                      //7.OD 栈顶元素为表达式求值的结果
34      return result;
35  }
```

【算法分析】 同样地,算法执行过程中需要从头到尾扫描表达式中的每个字符,若表达式对应的字符串长度为 n,则算法的时间复杂度为 $O(n)$。算法运行时所占用的辅助存储空间主要取决于 OP 栈和 OD 栈的大小,显然它们的空间大小之和不会超过 n,所以算法的空间复杂度也为 $O(n)$。

(2) 中缀表达式转换为后缀表达式。后缀表达式是一种把所有运算符都放在操作数后面的式子,因此被称为后缀表达式,这样就解决了运算优先级和括号的问题。计算机在计算一个标准四则运算表达式时,一般都是先将中缀表达式转换为后缀表达式,然后进行计算,如将中缀表达式 1+2*(7-4)/3 转换为后缀表达式 1 2 7 4 － * 3 / +。

这是因为计算机处理后缀表达式求值问题是比较方便的。首先扫描后缀表达式,将遇到的操作数暂存于一个操作数栈中,凡是遇到运算符,便从栈中弹出两个操作数并将运算结果存于操作数栈中,直到对后缀表达式中最后一个操作数处理完,最后压入栈中的数就是最后表达式的计算结果。

利用运算符的优先级,可以把中缀表达式转换为后缀表达式,其过程如下。

Step 1. 创建一个运算符栈,结束符入栈。

Step 2. 从左到右扫描读取表达式,执行下列运算,直至表达式结束符。

 2.1 如果是操作数,则直接输出,读入下一个字符。

 2.2 如果是运算符 θ_2,则把运算符栈栈顶运算符 θ_1 与 θ_2 进行比较。

  2.2.1 若 $\theta_1 < \theta_2$,则 θ_2 入运算符栈,读入下一个字符。

  2.2.2 若 $\theta_1 = \theta_2$,则退栈不输出;若退出的是右括号")",则读入下一个字符。

  2.2.3 若 $\theta_1 > \theta_2$,则退栈并输出。

这里给出一个手动将中缀表达式转换为后缀表达式的方法,如表 3-4 所示。

表 3-4 中缀表达式转换为后缀表达式

步骤	方法描述	示例说明
1	写出中缀表达式	1+2*(7-4)/3

步骤	方法描述	示例说明
2	按运算先后把每一次运算用括号括起	(1+((2*(7−4))/3))
3	把运算符移至对应的括号的后面	(1((2(7 4)−) * 3)/)+
4	去除括号	1 2 7 4 − * 3 /+

（3）后缀表达式求值。将中缀表达式转换成对应的后缀表达式后，对表达式求值时不需要再考虑运算符的优先级，只需要从左到右扫描一遍后缀表达式即可。后缀表达式的求值过程为：从左到右读入后缀表达式，若读入的是一个操作数，则将其入操作数栈；若读入的是一个运算符 θ，则从操作数栈中连续出栈两个元素 a、b（两个操作数），进行运算 bθa 并把运算结果入操作数栈。重复上述过程直到表达式结束，操作数栈的栈顶元素即为该后缀表达式的计算结果。

算法描述与算法步骤如算法 3.13 所示。

算法 3.13　【算法描述】　　　　　　　　　　【算法步骤】

```
0   float valPostExp(char * postexp)        //后缀表达式求值
1   {
2     InitStack(OD);                         //1.初始化栈
3     ch= * postexp++;                       //2.从左到右读入后缀表达式
4     while(ch!='#')
5     {
6       if(ch 是操作数)                      //2.1 操作数,入栈
7         Push(OD,ch);
8       else
9         if(ch 是运算符)                    //2.2 运算符
10        {
11          Pop(OD,a);Pop(OD,b);             //2.2.1 出栈两个元素
12          Push(OD,Operate(b,ch,a));        //2.2.2 运算后的结果入栈
13        }
14      ch= * postexp++;                     //2.2.3 读入表达式
15    }
16    GetTop(OD,result);                     //3.栈顶元素为后缀表达式的值
17    return result;
18  }
```

例如，后缀表达式 1 2 7 4 − * 3 /+ 的求值过程如表 3-5 所示。

表 3-5　后缀表达式 1 2 7 4 − * 3 /+ 的求值过程

步骤	操作数栈	说明
1	1	1 进栈
2	1 2	2 进栈
3	1 2 7	7 进栈

续表

步　骤	操作数栈	说　明
4	1 2 7 4	4 进栈
5	1 2	遇 —,4、7 出栈
6	1 2 3	7−4=3,结果入栈
7	1	遇 *,3、2 出栈
8	1 6	2*3=6,6 入栈
9	1 6 3	3 入栈
10	1	遇 /,3、6 出栈
11	1 2	6/3=2,2 入栈
12		遇 +,2、1 出栈
13	3	1+2=3,3 入栈
14	3	扫描结束

最后求得后缀表达式 1 2 7 4 − * 3 / + 的结果为 3,与用中缀表达式求得的结果一致,显然后缀表达式的求值要简单得多。

3.2 队列

3.2.1 队列的定义和特点

微课视频

队列(queue)和栈一样,也是一种操作受限的线性表。但与栈不同的是,队列是一种**先进先出**的线性表。它只允许在一端进行插入操作,而在另一端进行删除操作。这里,允许插入的一端称为**队尾**(rear),允许删除的一端称为**队头**或**队首**(front)。向队列中插入新元素称为**进队**或**入队**(enqueue),新元素入队后就成为新的队尾元素。从队列中删除元素称为**出队**(dequeue)或**离队**,元素出队后,其直接后继元素就成为新的队首元素。队列结构如图 3-8 所示。

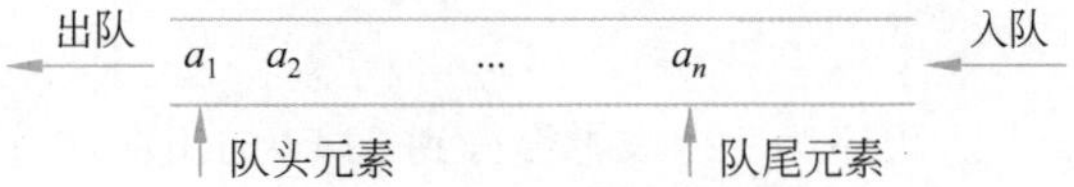

出队 ← a_1　a_2　...　a_n ← 入队

↑队头元素　　　　↑队尾元素

图 3-8　队列结构示意图

图 3-9 是一个队列的操作示意图,图中 front 指向队首元素位置,rear 指向队尾元素的下一个位置。图 3-9(a)表示一个空队;图 3-9(b)表示插入 3 个元素之后队列的状态;图 3-9(c)表示进行一次出队操作之后队列的状态;图 3-9(d)表示再出队一次之后队列的状态。

队列的操作与栈的操作类似,不同的是插入数据只能在队尾进行,删除数据只能在队头进行。下面是队列的抽象数据类型 Queue 的定义。

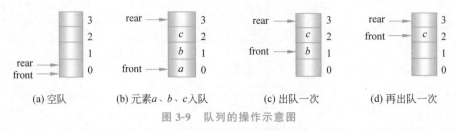

(a) 空队　　　(b) 元素a、b、c入队　　　(c) 出队一次　　　(d) 再出队一次

图 3-9　队列的操作示意图

```
ADT Queue {
数据对象：D={a_i|a_i∈ElementSet, i=1, 2, …, n, n≥0}。
数据关系：R={<a_{i-1}, a_i>|a_{i-1}, a_i∈D, i=2, …, n}，约定 a_n 端为队尾，a_1 端为队头。
基本操作：
    InitQueue(&Q)                          //初始化队列
        操作功能：创建一个空的队列 Q。
        操作输出：创建成功,返回 true;不成功,返回 false。
    DestroyQueue(&Q)                       //销毁队列
        操作功能：释放队列 Q 所占的存储空间。
        操作输出：无。
    GetHead(Q)                             //取队头元素
        操作功能：读取队列 Q 的队头元素。
        操作输出：如果队列不空,输出队头元素。
    EnQueue(&Q,e)                          //入队
        操作功能：在队尾插入新元素 e。
        操作输出：插入元素 e 为队列 Q 新的队尾元素。
    DeQueue(&Q,&e)                         //出队
        操作功能：删除队头元素。
        操作输出：删除队列 Q 的队头元素并用 e 返回其值。
    QueueLength(Q)                         //测队长
        操作功能：求队列 Q 的长度。
        操作输出：返回队列 Q 的元素个数。
    QueueEmpty(Q)                          //判队空
        操作功能：判断队列 Q 是否为空。
        操作输出：如果 Q 是空队,返回 true;否则,返回 false。
    ClearQueue(&Q)                         //清空队列
        操作功能：删除队列 Q 中的所有元素。
        操作输出：队列 Q 被置为空队。
}ADT Queue
```

【例 3-4】　若元素入队顺序为 1234，能否得到 3142 的出队顺序？

【解】　入队顺序为 1234，那么由队列的先进先出原则，出队顺序也为 1234。因此不能得到 3142 的出队顺序。

微课视频

3.2.2　循环队列

队列作为一种特殊线性表，同样也存在顺序存储和链式存储两种方式。首先了解队列的顺序存储结构——顺序队列。

和顺序栈类似，**顺序队列**（sequential queue）是利用一组连续的存储单元存放从队头至队尾的数据元素。为操作方便，附设两个整型变量 front 和 rear，分别指示队头和队尾元素的位置。顺序队列定义如下。

```
template<class DT>
struct SqQueue
{ DT * base;              //存储空间基地址
  int front;              //队头指针,指向队首元素①
  int rear;               //队尾指针,指向队尾元素的后面
  int queuesize;          //队列容量
}
```

由上述定义可知下列语句的含义。

SqQueue<DT> Q;表示声明一个顺序队列变量 Q。

Q.front 表示队头指针,Q.base[Q.front]表示队首元素,队不空时,即出队该元素。

Q.rear 表示队尾指针,如果元素入队,队不满时,存入 Q.base[Q.rear]处。

这里约定初始化创建空队列时,Q.front=Q.rear=0;元素入队时,若队列不满,新入队元素送入 Q.rear 所指单元,队尾指针 Q.rear 增 1;元素出队时,若队列不空,从 Q.front 所指单元取出队头元素,队头指针 Q.front 增 1(注意,这与现实生活中队列的队头元素出队操作不同)。因此,在非空队列中,队头指针始终指向队首元素位置,队尾指针始终指向队尾元素的下一个位置。

顺序队列结构及操作示意图如图 3-10 所示。

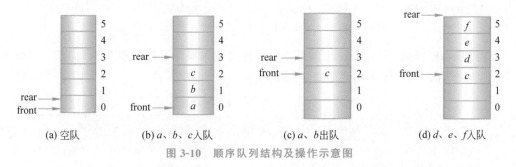

图 3-10 顺序队列结构及操作示意图

在图 3-10(d)中,由于当前队列分配的最大存储空间为 6,如有新元素插入,则无法继续入队,会产生数组越界引起程序非法操作的错误,此现象称为溢出。而实际上,此时队列中还有可用空闲空间,因此这种现象称为假溢出。

为解决"假溢出"现象,使得数组中的存储空间可以充分利用起来,一种比较巧妙的方法是假设存储队列的连续存储空间是头尾相接的环状结构,形成一个环形的顺序表,称为**循环队列**(circular queue)。

在循环队列中,头、尾指针以及队列元素之间的关系不变,只是头、尾指针"依环增 1"的操作需要通过模运算来实现。通过取模,循环队列的头指针和尾指针可以在顺序表空间内以头尾相接的方式"循环"移动。循环队列头、尾指针的调整方法如下。

- 队尾指针增 1:Q.rear=(Q.rear+1)%Q.queuesize。
- 队头指针增 1:Q.front=(Q.front+1)%Q.queuesize。

---

① 也有将队头元素指向队首元素前和将队尾元素指向队尾元素的,那出队元素与入队元素在位置上是有区别的。

如图 3-10(d)所示,在元素 f 入队前,rear 的值为 5。当元素 f 入队后,通过模运算,Q.rear=(Q.rear+1)％6,因此得到 rear 的值为 0,不会出现"假溢出"现象。若此后有元素 g 和 h 相继入队,则队列空间满,此时 Q.front=Q.rear。

如图 3-10(c)所示,元素 c 出队,则出现队空的状态,此时 Q.front=Q.rear。

由此可见,引入循环队列后,出现了队空与队满的条件一样的情况。那么,如何区分某一状态是队空还是队满呢?为解决这一问题,采用的方法之一是牺牲一个存储单元,即当队尾指针加 1 等于队首指针时判定为队满。因此,本书约定循环队列中队空和队满的条件如下。

- 队空:Q.front==Q.rear。
- 队满:(Q.rear+1)％Q.queuesize==Q.front。

循环队列结构及操作示意图如图 3-11 所示。

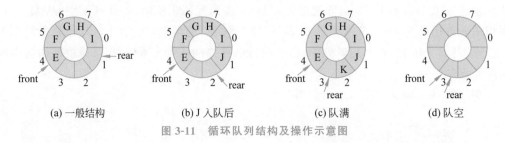

图 3-11 循环队列结构及操作示意图

类似地,根据 ADT Queue 中的基本操作定义设置操作参数类型和返回值后,循环队列的基本操作的函数定义简述如表 3-6 所示。

表 3-6 循环队列的基本操作的函数定义

序号	函 数 定 义	功 能 说 明
1	//初始化队列 bool InitQueue(SqQueue<DT> &Q,int m)	创建容量为 m 的空队列 Q;创建成功,返回 true;否则,结束运行
2	//销毁队列 void DestroyQueue(SqQueue<DT> &Q)	释放队列 Q 所占内存空间
3	//取队头元素 bool GetHead(SqQueue<DT> Q,DT &e)	队列 Q 空,返回 false;否则取队头元素赋给 e,返回 true
4	//入队 bool EnQueue(SqQueue<DT> &Q,DT e)	队列 Q 满,返回 false;否则在队尾插入一个值为 e 的元素,返回 true
5	//出队 bool DeQueue(SqQueue<DT> &Q,DT &e)	队列 Q 空,返回 false;否则删除队头元素,返回 true
6	//测队长 int QueueLength(SqQueue<DT> Q)	求队列 Q 的长度,即队中元素个数
7	//判队空 bool QueueEmpty(SqQueue<DT> Q)	判断队列 Q 是否为空。如果是空队列,返回 true;否则,返回 false
8	//清空队 void ClearQueue(SqQueue<DT> &Q)	把队列 Q 变成空队列

循环队列的类型定义与前面给出的顺序队列的类型定义相同。循环队列部分基本操

作的实现算法如下。

1. 初始化队列

【算法思想】 申请一组连续的内存空间,用来存放循环队列,使 base 指向这段空间的基址;新队列为空,头指针和尾指针置为 0;申请的容量为队列最大可用容量 m。

算法描述与算法步骤如算法 3.14 所示。

算法 3.14 　【算法描述】　　　　　　　　　　　【算法步骤】

```
0  template<class DT>
1  bool InitQueue(SqQueue<DT>&Q,int m)     //创建容量为 m 的空队列
2  {
3    Q.base=new DT[m];                     //1.申请一组连续的内存空间
4    if(!Q.base) exit(1);                  //申请失败,退出
5    Q.front=Q.rear=0;                     //2.申请成功,为队列属性赋值
6    Q.queuesize=m;
7    return true;                          //3.返回 true
8  }
```

2. 销毁队列

【算法思想】 对应 new 申请内存空间命令,用 delete 释放循环队列 Q 所占内存空间;置头指针和尾指针为 0;队列最大可用容量为 0。

算法描述与算法步骤如算法 3.15 所示。

算法 3.15 　【算法描述】　　　　　　　　　　　【算法步骤】

```
0  template<class DT>
1  void DestroyQueue(SqQueue<DT>&Q)        //销毁循环队列
2  {
3    delete [] Q.base;                     //1.释放循环队列占用的内存空间
4    Q.front=Q.rear=0;                     //2.为队列属性赋值
5    Q.queuesize=0;
6  }
```

3. 入队

【算法思想】 判断队列是否满,满则返回 false;否则将新元素插入队尾,队尾指针加 1。

算法描述与算法步骤如算法 3.16 所示。

算法 3.16 　【算法描述】　　　　　　　　　　　【算法步骤】

```
0  template<class DT>
1  bool EnQueue(SqQueue<DT>&Q,DT e)        //在队尾插入一个新元素
2  {
3    if((Q.rear+1)%Q.queuesize==Q.front)   //1.队满的情况
4      return false;                       //无法入栈,返回 false
5    Q.base[Q.rear]=e;                     //2.元素 e 放在队尾指针处
```

```
6       Q.rear=(Q.rear+1)%Q.queuesize         //队尾指针增 1
7       return true;                           //3.返回 true
8     }
```

4. 出队

【算法思想】 判断队列是否空,空则返回 false;否则取队头元素赋值给 e,然后将队头指针加 1。

算法描述与算法步骤如算法 3.17 所示。

算法 3.17 【算法描述】   【算法步骤】

```
0   template<class DT>
1   bool DeQueue(SqQueue<DT>&Q,DT &e)          //删除队头元素
2   {
3     if(Q.front==Q.rear)                      //1.队空的情况
4       return false;                          //无法出队,返回 false
5     e=Q.base[Q.front];                       //2.取队头元素,赋值给 e
6     Q.front=(Q.front+1)%Q.queuesize;         //队头指针加 1
7     return true;                             //3.返回 true
8   }
```

5. 取队头元素

【算法思想】 判断队列是否空,空则返回 false;否则取队头元素赋值给 e。此操作队头指针保持不变。

算法描述与算法步骤如算法 3.18 所示。

算法 3.18 【算法描述】   【算法步骤】

```
0   template<class DT>
1   bool GetHead(SqQueue<DT>Q,DT &e)           //取队头元素
2   {
3     if(Q.front==Q.rear)                      //1.队空的情况
4       return false;                          //无队头元素,返回 false
5     e=Q.base[Q.front];                       //2.取队头元素,赋值给 e
6     return true;                             //3.返回 true
7   }
```

循环队列同样面临数组可能会溢出的问题,因此如果应用程序无法预先估计所用队列的最大长度,宜选择使用链队列。

3.2.3 链队

队列的链式存储结构简称为链队列或链队(linked queue),是使用链表实现的队列存储结构,通常用单链表表示。链队的实现思想与顺序队列类似,通过创建两个指针(front 和 rear)分别指向链表中队列的队头元素和队尾元素。为操作方便,与单链表一样,给链队添加一个头结点,队头指针始终指向头结点。

链队的结构及操作示意图如图 3-12 所示。

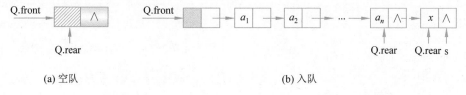

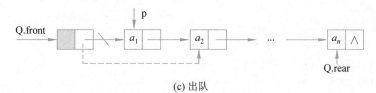

(c) 出队

图 3-12 链队的结构及操作示意图

链队的结点结构与单链表的结点结构相同。队列的链式存储结构定义如下。

```
template<class DT>                          template <class DT>
struct QNode        //结点类型名             struct LinkQueue
{ DT data;          //数据域,存储数据元素    { QNode<DT> * front;    //队头
  QNode * next;     //指针域,指向后继结点      QNode<DT> * rear;     //队尾
};                                          };
```

根据定义,声明一个链队变量 Q 的语句为 LinkQueue Q。

Q.front->next 指向队头元素,出队指删除此元素。Q.rear 指向队尾元素,入队指在此元素后增添新的元素。

其他相关语句的操作含义同单链表。

根据 ADT Queue 中的基本操作定义设置操作参数类型和返回值后,链队的基本操作的函数定义简述如表 3-7 所示。

表 3-7 链队的基本操作的函数定义

序号	函数定义	功能说明
1	//初始化队列 bool InitQueue(LinkQueue<DT> &Q)	创建一个只有一个头结点的空队 Q,返回 true
2	//销毁队列 void DestroyQueue(LinkQueue<DT> &Q)	释放队列 Q 所占内存空间
3	//取队头元素 bool GetHead(LinkQueue<DT> Q,DT &e)	队列 Q 空,返回 false;否则取队头元素赋值给 e,返回 true
4	//入队 bool EnQueue(LinkQueue<DT> &Q,DT e)	在队列 Q 的队尾插入一个值为 e 的元素,返回 true
5	//出队 bool DeQueue(LinkQueue<DT> &Q,DT &e)	队列 Q 空,返回 false;否则删除队头元素,返回 true

续表

序号	函数定义	功能说明
6	//测队长 int QueueLength(LinkQueue\<DT\> Q)	求队列 Q 的长度,即队中元素个数
7	//判队空 bool QueueEmpty(LinkQueue\<DT\> Q)	判断队列 Q 是否为空。如果是空队列,返回 true;否则,返回 false
8	//清空队 void ClearQueue(LinkQueue\<DT\> &Q)	把队列 Q 变成空队列

下面给出链队中部分基本操作的实现算法。

1. 初始化队列

【算法思想】 申请一个结点作为头结点;空队列无后继元素,指针域为空;队首 Q.front 和队尾 Q.rear 均指向该结点。

算法描述与算法步骤如算法 3.19 所示。

算法 3.19 　【算法描述】　　　　　　　　　　　　【算法步骤】

```
0  template<class DT>
1  bool InitQueue(LinkQueue<DT> * &Q)       //链队列初始化
2  {
3    Q.front=new QNode<DT>;                 //1.创建头结点
4    if(!Q.front) exit(1);                  //申请失败,退出
5    Q.front->next=NULL;                    //2.成功,头结点指针域为空
6    Q.rear=Q.front;                        //3.头、尾指针都指向头结点
7    return true;                           //4.返回 true
8  }
```

2. 销毁队列

【算法思想】 从头结点开始,依次销毁。

算法描述与算法步骤如算法 3.20 所示。

算法 3.20 　【算法描述】　　　　　　　　　　　　【算法步骤】

```
0  template<class DT>
1  void DestroyQueue(LinkQueue<DT> * &Q)    //销毁队列
2  {
3    while(Q.front)                         //链队非空
4    {
5      p=Q.front;                           //1.取第一个结点
6      Q.front=Q.front->next;               //2.头结点后移
7      delete p;                            //3.释放原第一个结点
8    }
9  }
```

3. 入队

【算法思想】 与循环队列的入队操作不同,链队在入队前不需要判断队是否满。为入队元素动态分配一个结点空间 p,插到队尾并修改队尾指针为 p。

算法描述与算法步骤如算法 3.21 所示。

算法 3.21　【算法描述】　　　　　　　　　　【算法步骤】

```
0   template<class DT>
1   bool EnQueue(LinkQueue<DT> * &Q, DT e)      //在队尾插入一个新元素
2   {
3     p=new QNode<DT>;                          //1.生成新结点
4     if(!p) return false;                      //创建失败,返回 false
5     p->data=e;
6     p->next=NULL;                             //2.新结点数据域置为 e
7     Q.rear->next=p;                           //将新结点插到队尾
8     Q.rear=p;
9     return true;                              //修改队尾指针为 p
10  }                                           //3.返回 true
```

4. 出队

【算法思想】 判断队列是否空,空则返回 false;否则取队头元素赋值给 e,然后修改队头指针。如果删除后队列为空,队尾指针指向头结点。

算法描述与算法步骤如算法 3.22 所示。

算法 3.22　【算法描述】　　　　　　　　　　【算法步骤】

```
0   template<class DT>
1   bool DeQueue(LinkQueue<DT> * &Q, DT &e)     //删除队头元素
2   {
3     if(Q.front==Q.rear)                       //1.队空,无法出队
4       return false;                           //返回 false
5     p=Q.front->next;                          //2.p 指向队头元素
6     e=p->data;                                //e 保存队头元素值
7     Q.front->next=p->next;                    //修改头结点指针域
8     if(Q.rear==p)                             //3.最后一个元素被删
9       Q.rear=Q.front;                         //队尾指针指向头结点
10    delete p;                                 //释放原队头元素空间
11    return true;                              //4.返回 true
12  }
```

5. 取队头元素

【算法思想】 判断队列是否空,空则返回 false;否则取队头元素赋值给 e。此操作队头指针保持不变。

算法描述与算法步骤如算法 3.23 所示。

算法 3.23　【算法描述】　　　　　　　　　　　　　　【算法步骤】

```
0  template<class DT>
1  bool GetHead(LinkQueue<DT> * Q,DT &e)      //取队头元素
2  {
3    if(Q.front==Q.rear)                      //1.队列空
4      return false;                          //无队头元素,返回 false
5    e=Q.front->next->data;                   //2.取队头元素,赋值给 e
6    return true;                             //3.返回 true
7  }
```

3.2.4　循环队列与链队列的比较

从时间上看,循环队列和链队列的基本操作都是常数时间,即都为 $O(1)$。但是,循环队列是事先申请好空间,使用期间不释放。而对于链队列,每次申请和释放结点会存在一些时间开销,如果入队和出队操作频繁,两者有细微的差异。

从空间上看,循环队列必须有一个固定的长度,因此就有了存储元素个数和空间浪费的问题。而链队列不存在这个问题,尽管它需要一个指针域,会产生一些空间上的开销,但也可以接受。因此在空间上,链队列更加灵活。

总体来说,在可以确定队列长度最大值的情况下,建议使用循环队列;而如果无法预估队列的长度,则建议使用链队列。

3.2.5　队列的应用

在日常生活中,队列的使用非常广泛。餐厅排队点单、售票窗口排队买票、医院挂号系统等都是队列的例子。队列在程序设计中也频繁出现。在具体的问题求解中,只要涉及"先进先出"的设计,都可以采用队列作为数据结构。在支持多道程序设计的计算机系统中,若干作业需要通过一个通道输出,那就需要按照请求输入的先后次序排队。当通道传输完毕可以接收新的输出任务时,队头的作业先从队列中退出完成输出任务,申请输出的作业都从队尾进入队列。在实际使用时,注意不要混淆栈和队列:栈结构是一端封口,特点是"先进后出";而队列的两端全都开口,特点是"先进先出"。

【应用 3-3】　舞伴问题。周末舞会上,男士和女士进入舞厅时分别排成一队。开始跳舞时,依次从男队和女队的队头各出一人配成舞伴。若两队初始人数不等,则较多的那队中未配对者等待下一轮。

显然,这一问题具有典型的先进先出特征,因此可选择队列作为算法的数据结构。设置两个队列分别保存进入舞厅的男士和女士,根据性别决定进男队还是女队。队列构造完成后,依次将两队的队头元素出队,完成配对,直到其中某队为空。

【算法思想】　算法中舞者的个人信息定义如下。

```
typedef struct
{ char name[20];           //姓名
  char sex;                //性别,F 表示女士,M 表示男士
}Dancer;
```

Step 1. 创建两个空队,一个为男队 GenQueue,另一个为女队 LadyQueue。

Step 2. 反复循环,依次将跳舞者根据其性别插入男队或女队。

Step 3. 舞曲开始,只要男队和女队都不空,循环执行:男队和女队各出队一人,配对入场。

Step 4. 配对结束,从非空队列中输出下一轮第一个出场的未配对者的姓名。

算法描述与算法步骤如算法 3.24 所示。

算法 3.24 【算法描述】   【算法步骤】

```
0   void DancePartner(Dancer person[],int num)   //舞伴问题
1   {
2     InitQueue(GenQueue);                       //1.男队初始化
3     InitQueue(LadyQueue);                      //女队初始化
4     for(i=0;i<num;i++)                         //2.舞者根据性别依次入队
5     {
6       p=person[i];
7       if(p.sex=='F') EnQueue(LadyQueue,p);     //2.1 女士入女队
8       else EnQueue(GenQueue,p);                //2.2 男士入男队
9     }
10    while(!QueueEmpty(GenQueue)                //3.男队女队均不空
11        && !QueueEmpty(LadyQueue))
12    {
13      DeQueue(LadyQueue,p);                    //3.1 女士出队
14      cout<<p.name<<" ";
15      DeQueue(GenQueue,p);                     //3.2 男士出队
16      cout<<p.name<<endl;
17    }
18    if(!QueueEmpty(GenQueue))                  //4.男队非空
19    {
20      GetHead(GenQueue,p);                     //取男队队头
21      cout<<p.name<<"有先生等着呢!"<<endl;
22    }
23    else if(!QueueEmpty(LadyQueue))            //5.女队非空
24    {
25      GetHead(LadyQueueee,p);                  //取女队队头
26      cout<<p.name<<"有女士等着呢!"<<endl;
27    }
28    else                                       //6.男、女队均空,正好配对
29      cout<<"配对完美结束!"<<endl;
30  }
```

【算法分析】 若跳舞总人数为 n,则该算法的时间复杂度为 $O(n)$。算法的空间复杂度取决于两个队列的长度,两队长度之和不超过 n,因此空间复杂度也为 $O(n)$。

3.3 栈与队列在操作系统中的高级应用

栈与队列是实现操作系统核心功能的基础构件,在处理复杂并发任务、内存管理、进程调度等多个层面展现了其独特的价值。

3.3.1 进程调用栈和系统调用栈

在操作系统的架构中,栈是进程和系统调用中不可或缺的重要部件。

进程调用栈在进程调用中起着维护函数调用的链路,管理局部变量的生命周期、参数的传递、调用上下文的恢复,以及异常的处理等作用。①上下文保存。进程调用函数时,需要保存当前执行状态,包括函数返回地址、寄存器值(如指令指针 IP、栈指针 ESP 等),以及局部变量,它们被压入栈形成新的栈帧,确保了函数调用后能准确恢复执行状态。②参数传递。栈提供了一种高效机制来传递函数调用的参数。调用者将参数压入栈中,被调用函数按顺序从栈顶取出,保证了参数的正确性和顺序性。③局部变量存储。栈的后进先出(LIFO)特性使其成为存储生命周期与函数调用周期一致的局部变量的理想场所,简化了局部变量的分配和释放。④控制流管理。栈帧中的返回地址是程序控制流管理的核心。函数执行完毕后,处理器利用栈顶的返回地址继续执行后续指令,确保了程序流程的连贯性。⑤异常和错误处理。在异常或错误发生时,系统利用栈保存异常发生时的现场信息,包括错误码和栈顶状态,为后续的错误处理提供了必要的上下文。⑥递归调用支持。栈结构对递归调用提供了天然支持。每次递归调用生成新的栈帧,即使在递归调用内部,也能独立维护每层调用的状态。⑦并发和线程管理。在多线程环境中,每个线程的独立栈空间是确保线程安全的关键。这使得每个线程的函数调用只影响自己的执行上下文,而不干扰其他线程。

系统调用栈是操作系统内核与用户态程序交互的关键结构,它确保了调用的正确性、安全性和效率。栈在系统调用中,同样有着上下文信息保存、参数传递、异常和错误处理、递归与并发控制等作用。

栈的先进后出,保证了进程或系统调用中回退的路径,确保了调用的可靠性和操作系统的整体效率。通过对系统调用栈的深入理解,可以更好地把握操作系统的工作原理和设计哲学。

3.3.2 进程调度

进程调度决定了如何合理分配 CPU 资源给众多进程。在这个复杂的决策过程中,操作系统利用队列来组织和管理就绪进程,确保进程能够按照一定的规则和策略获得 CPU 资源。

队列通过提供灵活的进程组织方式,成为实现各种调度算法,保证系统响应性、公平性和效率的关键组件。①就绪队列管理。进程在完成 I/O 操作或被创建后,如果处于就绪状态,就会被调度器加入适当的就绪队列中,等待被选中执行。操作系统维护着一个或多个就绪队列,每个队列可以代表不同的优先级或属性,例如时间片大小或实时性需求。②公平调度的实现。在这一策略中,所有就绪进程按照 FIFO 原则在队列中排队,每个进程被分配固定时间片。时间片用尽后,进程会被移到队列末尾,等待再次调度,确保了所有进程公平地获得处理时间。③优先级调度。在优先级调度策略中,操作系统可能设置多个优先级队列。高优先级的进程在队列中享有优先执行权,从而确保关键或紧急任务能够及时得到处理。④多级反馈队列调度。这是一种结合了时间片轮转和优先级调度的复杂策略。系统维护多个队列,每个队列具有不同的优先级和时间片大小。新进程最初被放入最高优先级的队列。如果在分配的时间片内未完成,则降低其优先级并移至下一队列,这既保证了短作业的快速响应,也确保了长作业最终得到处理的机会。⑤抢占式调度。在支持抢占的系统中,如果出现更高优先级的就绪进程,当前运行的进程将被中断,其状态被保存,然后调度器切换至更高优先级的进程执行。⑥I/O 调度。队列不仅用于CPU 调度,还广泛应用于 I/O 调度。例如,在磁盘请求队列中,它决定了下一个 I/O 操作的执行顺序,优化了 I/O 设备的使用效率,减少了等待时间。

队列在进程调度中的参与是多方面的,它不仅涉及进程的有序组织,还涉及调度策略的灵活支持。操作系统通过队列能够实现高效的资源分配,保证系统的响应性、公平性和整体性能。

3.3.3 内存管理

在操作系统中,"内存管理"主要指对计算机内存资源进行有效的分配、回收、保护和扩充等一系列操作的管理机制。内存管理确保了计算机内存资源的有效使用和分配。在这个领域中,队列作为一种基础数据结构,发挥着多方面的功效。①内存分配与回收。操作系统使用队列来跟踪空闲和已分配的内存块。链式队列或循环队列能够有效地维护空闲内存块的列表,每当内存被分配或释放时,队列中的元素会相应地被插入或删除,从而提高了内存管理的效率。②页面置换算法。在虚拟内存管理中,队列支持页面置换算法的实现,尤其是最久未使用(LRU)算法。通过使用双向链表实现的队列,新访问的页面被移动到队列的前端,而末端的页面则是最久未被访问的,适合被置换出内存,这种机制优化了页面的访问模式。③内存缓存机制。队列帮助操作系统或数据库管理系统管理缓存中的页面。新数据被添加到队列的末端,而当缓存需要清理时,根据 FIFO 策略,队列前端的数据会被优先移除,这样的替换策略有助于提高缓存的效率。④I/O 缓冲管理。队列在 I/O 操作中用于组织缓冲区,特别是在处理磁盘 I/O 时。数据被临时存储在环形缓冲区队列中,等待 CPU 或其他处理单元的处理,而新的数据则不断被添加到队列的另一端,这种机制平衡了数据的读写速度差异。⑤内存碎片整理。虽然队列不直接用于内存碎片的整理,但它可以辅助跟踪和管理内存碎片。通过记录小块空闲内存的位置和大小,队列为内存碎片的后续合并或分配提供了便利。⑥任务调度与通信。在多任务或多线程环境中,队列不仅用于内存管理,还涉及任务调度和通信。生产者-消费者模型就是一个很好的例子,生产者将数据放入共享队列,而消费者从队列中取出数据进行处理,这种模式优化了内存的使用并解耦了任务。

队列在内存管理中不仅提高了内存分配和回收的效率,还支持了复杂的页面置换算法,优化了缓存机制,平衡了 I/O 操作,参与任务调度。

3.3.4 并发控制

栈和队列是操作系统并发控制的工具,尤其是在管理线程、进程调度、同步与互斥机制等方面。

在操作系统的并发控制领域,栈维护着线程或进程的执行上下文,处理中断和异常,支持函数调用结构,并提供安全保护机制,确保了并发执行的正确性、高效性和安全性。①线程/进程上下文切换。在多任务操作系统中,每个线程或进程拥有独立的栈空间。操作系统在进行上下文切换时,会保存当前执行线程/进程的栈顶状态,包括 CPU 寄存器的值等,随后恢复下一个要执行线程/进程的栈顶状态。②中断处理。系统接收到中断时,会将 CPU 寄存器的内容压入内核栈,以保存当前执行状态。中断服务例程完成后,通过弹出栈中的内容来恢复执行环境,确保了中断处理的透明性和正确性。③异常和错误处理。当程序执行过程中遇到异常或错误,栈用于存储异常处理所需的临时数据和恢复上下文所需的信息。这确保了在异常处理结束后,系统能够恢复到正确的执行点。④递归和函数调用。在并发程序中,栈自动管理递归调用和深度嵌套函数调用所需的局部变量和返回地址。⑤动态内存分配辅助。尽管栈不直接参与动态内存的分配和释放,但在某些编程环境中,如 C 语言的 alloca 函数,栈可以辅助动态内存分配。这减少了手动管理内存的需求,并在函数返回时自动释放分配的内存。

队列作为操作系统并发控制的工具,支持灵活高效的进程调度、精确的同步与通信机制,以及对资源和死锁的有效管理,从而确保了多任务环境下系统的稳定性和效率。①进程/线程调度。操作系统通过维护就绪队列来管理所有待调度的进程或线程。调度器依据既定算法,如先来先服务(FCFS)、优先级调度或时间片轮转(RR),从队列中选取下一个执行项。队列的先进先出(FIFO)特性或基于优先级的排序机制,确保了调度的公平性和效率。②同步机制。在信号量和条件变量的实现中,队列用于存放那些因资源冲突而阻塞的进程或线程。当资源状态变更,队列中的首个等待实体将被唤醒并继续执行,保障了资源访问的有序性。③消息传递。在消息传递的并发模型中,队列充当消息的暂存区域,实现了进程间的异步通信。发送方将消息发送至队列后可继续其他任务,而接收方则从队列中取出并处理消息,这种机制有效减少了进程间的直接同步需求。④死锁检测与恢复。队列在死锁检测中参与了组织和检查进程状态工作。通过构建资源分配图,队列帮助系统分析死锁条件,识别并采取措施解决潜在的死锁问题。⑤死锁避免与检测。队列用于追踪进程的资源请求和状态,辅助系统分析资源分配情况,从而识别潜在的死锁循环。⑥资源分配。队列在资源分配中确保了对共享资源的有序访问。例如,对于打印机、磁盘等资源,操作系统通过维护等待队列来管理资源请求,确保资源按请求顺序公平分配。

栈和队列均为操作系统并发控制的工具,栈不仅提高了系统的稳定性和安全性,还优化了资源的利用效率,确保了并发程序的高效执行,队列不仅提高了系统的稳定性和效率,还为复杂的多任务处理提供了强有力的支持。

3.4 小结

1. 本章知识要点

本章知识要点如图 3-13 所示。

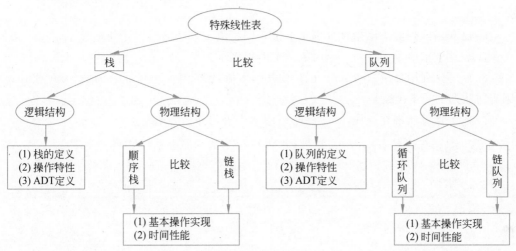

图 3-13 本章知识要点

2. 本章相关算法

本章相关算法与应用如图 3-14 所示。

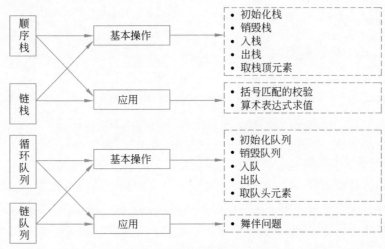

图 3-14 本章相关算法与应用

习题 3

一、填空题

1. 栈是_____的线性表,其运算遵循_____的原则。

2. 若一个栈的输入序列是1、2、3,则不可能的栈输出序列是_____。

3. 用S表示入栈操作,X表示出栈操作,若元素入栈的顺序为1234,为得到1342的出栈顺序,相应的S和X的操作串为_____。

4. 循环队列的引入,其目的是_____。

5. 队列是限制插入只能在表的一端,而删除在表的另一端进行的线性表,其特点是_____。

6. 已知链队列的头尾指针分别是f和r,则将值x入队的操作序列是_____。

7. 表达式求值是_____应用的一个典型例子。

8. 循环队列用数组$A[0..m-1]$存放其元素值,已知其头尾指针分别是front和rear,则当前队列的元素个数是_____。

9. 以下运算实现在链栈上的进栈,请用适当语句补充完整。

```
void Push(SNode * ls, DT x)
{
    SNode * p;
    p=new Lstack;
    _____;
    p->next=ls;
    _____;
}
```

10. 以下运算实现在链队上的入队,请用适当语句补充完整。

```
void EnQueue(QueptrTp * lq, DT x)
{
    Lqueue * p;
    p=new Lqueue;
    _____=x;
    p->next=NULL;
    lq->rear->next=_____;
    _____;
}
```

二、简答题

1. 简述顺序栈的类型定义。
2. 简述链栈的类型定义。
3. 简述循环队列的类型定义。
4. 简述链队的类型定义。
5. 对于循环队列,试写出求队列长度的算法。
6. 设有编号为1、2、3、4的4辆列车顺序进入一个车站的站台。试写出这4辆列车开出车站的所有可能的顺序。
7. 阅读下列程序,写出程序的运行结果。

```
#define sqstack_maxsize 40
Typedef struct SqStack
```

```
{
  char data[SqStack_maxsize];
  int top;
}
Main()
{
  SqStack sq;
  int i;
  char ch;
  InitStack(&sq);
  for(ch='A';ch<='A'+12;ch++)
  {
    Push(&sq,ch);
    cout<<ch;
  }
  cout<<endl;
  while(!EmptyStack(sq))
  {
    Pop(&sq,&ch);
    cout<<cn;
  }
  cout<<endl;
}
```

8. 阅读下列算法,写出其完整的功能。

```
void reverse_list(LNode *head)
{
    SqStack ls,p;
    DataType x;
    InitStack(&ls);
    p=head->next;
    while(p!=NULL)
    {
        Push(&ls,p->data);
        p=p->next;
    }
    p=head->next;
    while(!EmptyStack(&ls))
    {
        Pop(&ls,&x);
        p->data=x;
        p=p->next
    }
}
```

9. 写出下列中缀表达式的后缀表达式。

(1) $-A+B-C+D$;

(2) $(A+B)*D+E/(F+A*D)+C$;

(3) $A\&\&B||!(E>F)$。

10. 用栈实现将中缀表达式 $8-(3+5)*(5-6/2)$ 转换成后缀表达式。(1)写出其后缀表达式；(2)画出中缀表达式转换成后缀表达式过程中栈的变化过程图。

三、算法设计题

1. 假设以 I 和 O 分别表示入栈和出栈操作。栈的初态和终态均为空。

(1) 下面所示的序列中哪些是可操作序列？

    A. IOIIOIOO   B. IOOIOIIO   C. IIIOIOIO   D. IIIOOIOO

(2) 写出一个算法，判定所给的操作序列是否合法。若合法，返回 true，否则返回 false（假定被判定的操作序列已存入一维数组中）。

2. 假设以数组 $cycque[m]$（假设数组范围为 $0..m$）存放循环队列的元素，同时设变量 rear 和 quelen 分别指示循环队列中队尾元素位置和内含元素的个数。试给出此循环队列的队满条件，并且写出相应的入队列和出队列的算法。

3. 借助栈（可用栈的基本运算）来实现单链表的逆置运算。

四、上机练习题

1. 设有两个栈 S_1 和 S_2 都采用顺序栈方式，并且共享一个存储区 $[0..maxsize-1]$。为尽量利用空间，减少溢出的可能，采用栈顶相向、迎面增长的存储方式。试设计 S_1 和 S_2 有关入栈和出栈的操作算法。

2. 假设以带头结点的循环链表表示队列，并且只设一个指针指向队尾元素结点（注意不设头指针），试编写相应的初始化队列、入队列和出队列算法。

五、AI 辅助题

基于大语言模型等 AI 工具求解下列各题。

1. 描述栈在处理递归神经网络（RNN）时的作用。
2. 在机器学习框架（如 TensorFlow 或 PyTorch）中，栈如何被使用？
3. 解释队列在 AI 中的模型训练过程中的作用。
4. 什么是优先队列？相比于一般队列有何特性？给出其应用示例。
5. 借助 AI，得到本章内容的思维导图。

六、思政思考题

1. 栈在表达式求值和程序调用中的应用如何体现对过程的追踪和回溯的重要性？你从中获得怎样的启示？
2. 队列的先进先出（FIFO）特性如何体现社会生活中的公平原则？
3. 队列在紧急情况下的应用如何体现对生命安全和社会责任的重视？
4. 栈和队列在计算机系统中的应用如何体现对规则和秩序的尊重？
5. 栈和队列在不同领域的应用如何体现跨学科学习和创新的重要性？

第 4 章　数组和矩阵

数组是计算机中数据组织与管理的一种形式,数组元素可以是数字、字符等多种类型。矩阵是数学上的一个概念,矩阵元素只能是数字。两者操作集不一样,但外观形状和数据逻辑结构一样。本章主要讨论它们的存储方法。

多维数组映射到一维内存中,可采用低下标优先或高下标优先进行顺序存储;特殊矩阵中有许多相同元素,稀疏矩阵中有许多零元素,它们可以进行压缩存储,即不需要存储所有元素。

数组和矩阵是很常用的数据组织形式,它们是线性表的推广。

本章主要知识点

- 多维数组的存储。
- 特殊矩阵的压缩存储方法及应用。
- 稀疏矩阵的压缩存储方法及应用。

本章教学目标

- 掌握多维数组到一维内存的映射方法。
- 掌握特殊矩阵的压缩存储设计方法。
- 掌握稀疏矩阵的压缩存储设计方法。
- 对于具体问题,能够选用或设计合适的存储结构。

4.1　多维数组

4.1.1　数组的定义

数组(array)是程序中最常用的数据结构,其本质是内存中一段大小固定、地址连续的存储单元。

从逻辑结构上看,数组是由 $n(n \geqslant 1)$ 个相同类型数据元素 $a_1, a_2, \cdots, a_n$ 构成的有限序列。其中,每个元素称为数组元素,受 $n(n \geqslant 1)$ 个线性关系的约束。每个元素在 n 个线性关系中的序号 $i_1,i_2,\cdots,i_n$ 称为该元素的下标,可以通过下标访问该数据元素。用于标识数组元素位置下标的个数称为数组的**维数**。每个下标的取值范围称为该维的**维界**。

如果数组中每个元素处于 $n(n\geqslant 1)$ 个关系中,则称该数组为 n 维数组。数组可以看成线性表的推广。例如,一个一维数组可以看成一个线性表,一个二维数组可以看成每个数据元素都是相同类型一维数组的一维数组。

图 4-1(a)所示的二维数组可以看成一个线性表。其中每个数据元素是一个行向量形式的线性表(见图 4-1(b))或是一个列向量形式的线性表(见图 4-1(c)),以此类推。一个 n 维数组类型可以定义为其数据元素为 $n-1$ 维数组类型的一维数组类型。

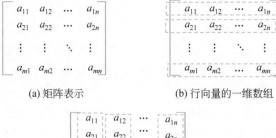

(a) 矩阵表示　　　　　　　(b) 行向量的一维数组

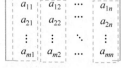

(c) 列向量的一维数组

图 4-1　二维数组示意图

可以看出,数组数据类型具有以下性质。
- 结构中的元素本身可以是具有某种结构的数据,但属于同一数据类型。
- 数组一旦被定义,它的维数和维界就不再改变。因此,除结构的初始化和销毁外,数组只有存取元素和修改元素的操作。
- 数组中的每个数据元素都和唯一的下标值对应。
- 数组是一种随机存储结构,可以随机存取数组中的任意数据元素。

抽象数据类型 Array 定义如下。

```
ADT Array {
数据对象: j_i=0,···,b_i-1,i=1,2,···,n;
         D={a_{j1j2...jn}|n(n>0) 称为数组的维数,b_i 是数组第 i 维的长度,
           j_i 是数组元素的第 i 维下标,a_{j1j2...jn}∈ElementSet}。
数据关系: R={R1,R2,···,Rn}。
基本操作:
     InitArray(&A,n,bound_1,···,bound_n)           //创建数组
         操作功能: 若维数 n 和各维长度合法,则构造相应的数组 A 并返回 true。
         操作输出: 无。
     DestroyArray(&A)                              //销毁数组
         操作功能: 销毁数组 A。
         操作输出: 无。
     Value(A, &e,index_1,···,index_n)              //获得数组元素值
```

操作功能：如果各下标不超界，则 e 赋值为所指定的 A 的元素值并返回 true。
操作输出：无。
　　Assign(&A,e,index$_1$,…,index$_n$)　　　　　　　　　//数组元素赋值
操作功能：如果各下标不超界，则将 e 的值赋给所指定的 A 的元素并返回 true。
操作输出：无。
}ADT Array

4.1.2　数组的顺序存储

存储单元是一维线性结构，而数组可能是多维的结构，因此如何用一组连续的存储单元存放数组元素就有次序约定问题。例如，图 4-1(a)所示的二维数组可以看成如图 4-1(b)所示的一维数组，也可以看成如图 4-1(c)所示的一维数组。相应地，对二维数组可以有两种存储方式：**低下标优先或以行序为主序**（row major order）的存储方式和**高下标优先或以列序为主序**（column major order）的存储方式。在 C、Pascal 等大多数程序设计语言中，采用的都是低下标优先的存储方式。在 FORTRAN 等少数程序设计语言中，采用的是高下标优先的存储方式。

1. 低下标优先

低下标优先的存储方式为：最右边的下标先变化，即最右下标从小到大循环一遍后，右边的第二个下标再变化，……，从右往左，最后是左下标。

$$A_{mn} = \begin{pmatrix} a_{00} & a_{01} & \cdots & a_{0\,n-1} \\ a_{10} & a_{11} & \cdots & a_{1\,n-1} \\ \vdots & \vdots & \ddots & \vdots \\ a_{m-1\,0} & a_{m-1\,1} & \cdots & a_{m-1\,n-1} \end{pmatrix}$$

图 4-2　二维数组 A_{mn}

以二维数组为例，一个 m 行 n 列的二维数组 A_{mn}（如图 4-2 所示），其下标从 0 开始，低下标优先存储的示意图如图 4-3 所示。

a_{00}	a_{01}	…	$a_{0\,n-1}$	a_{10}	a_{11}	…	$a_{1\,n-1}$	…	a_{ij}	…	$a_{m-1\,0}$	…	$a_{m-1\,n-1}$
0	1	…	$n-1$	n		…			k				

图 4-3　二维数组的低下标优先存储

由图 4-3 可知，在低下标优先存储中，"按行依次排放"数组元素；即先存储第 0 行，然后是第 1 行，最后是第 $m-1$ 行。因此，低下标优先存储方法也称为"以行序为主序"的存储方法。

二维数组经过一维映射后，下标为 (i,j) 的数组元素 a_{ij} 在一维存储中的位序 k（k 从 0 开始）为多少呢？这取决于排在 a_{ij} 之前的元素个数。a_{ij} 前有 i 行，每行有 n 个元素，共有 $i \times n$ 个元素；a_{ij} 位于所在行（第 i 行）第 j 个，因此

$$k = i \times n + j = i \times n + j \tag{4-1}$$

假设 LOC(0,0)是元素 a_{00} 的存储位置，LOC(i,j)是元素 a_{ij} 的存储位置，每个数据元素占 L 个存储单元，则元素 a_{ij} 的存储位置为

$$\text{LOC}(i,j) = \text{LOC}(0,0) + (n \times i + j) \times L \tag{4-2}$$

【例 4-1】　C/C++ 中二维数组 float a[5][4]的起始地址是 2000，且每个数组元素长度为 32 位(4 字节)，求数组元素 a[3][2]的内存地址。

【解】　因为 C/C++ 中数组采用以行序为主序的存储方式，根据式(4-2)，数组元素 a[3][2]的内存地址为

$$LOC(3,2) = LOC(0,0) + (n \times i + j) \times L = 2000 + (4 \times 3 + 2) \times 4 = 2056$$

【讨论】

(1) 假设数据元素下标 i、j 均从 1 开始，k 也从 1 开始，采用低下标优先存储，a_{ij} 的位序 $k = (i-1) \times m + j$。如果元素首地址为 $LOC(1,1)$，则 $LOC(i,j) = LOC(1,1) + ((i-1) \times m + j - 1) \times L$，为什么？

(2) 推广到一般，对于二维数组 A[c1..c2][d1..d2] 采用低下标优先存储，数据元素 a_{ij} 对应的位序 k 为多少？

2. 高下标优先

高下标优先的存储方式为：最左边的下标先变化，即最左下标从小到大循环一遍后，左边的第二个下标再变，……，从左往右，最后是右下标。同样地，以二维数组 A_{mn} 为例，高下标优先存储的示意图如图 4-4 所示。

a_{00}	a_{10}	...	$a_{m-1\ 0}$	a_{01}	a_{11}	...	$a_{m-1\ 1}$	...	a_{ij}	...	$a_{0\ n-1}$	...	$a_{m-1\ n-1}$
0	1	...	m-1					...	k				

图 4-4 二维数组的高下标优先存储

由图 4-4 可知，在高下标优先的存储顺序中，数组元素"按列依次排放"在存储器中。因此，高下标优先存储方法也称为"以列序为主序"的存储方法。

在一维存储中，a_{ij} 前有 j 列，每列 m 个元素，共 $j \times m$ 个元素；a_{ij} 位于所在列（第 j 列）第 i 个，因此数组元素 a_{ij} 一维内存中的位序 k 为

$$k = j \times m + i \tag{4-3}$$

存储位置为

$$LOC(i,j) = LOC(0,0) + (j \times m + i) \times L \tag{4-4}$$

【例 4-2】 数组 a[0..5, 0..6] 的每个元素占 5 个单元，将其按列优先次序存储在起始地址为 1000 的连续内存单元中，求数组元素 a[5][5] 的内存地址。

【解】 根据式(4-4)，数组元素 a[5][5] 的内存地址为

$$1000 + (5 \times 6 + 5) \times 5 = 1175$$

【讨论】 如果数组元素下标 (i,j) 及位序 k 均从 1 开始，它们之间的关系如何？

3. 高维数组

先看三维数组。设三维数组 a 的维界为 $p \times m \times n$，如图 4-5(a) 所示。它采用低下标优先存储，如图 4-5(b) 所示。

从一维映射可知，三维数组的低下标优先存储可以看成按高下标切成 p 个面，每面有 $m \times n$ 个元素。首先存储第 1 面元素，然后存储第 2 面元素，……，最后存储第 p 面元素，每一面上按低下标优先存储。经过一维映射后，下标为 (j_1, j_2, j_3) 的元素，位序 k（从 1 开始）为

$$k = (j_1 - 1) \times (m \times n) + (j_2 - 1) \times n + j_3 \tag{4-5}$$

$$\begin{aligned}LOC(j_1, j_2, j_3) &= LOC(1,1,1) + (k-1) \times L \\ &= LOC(1,1,1) + ((j_1 - 1) \times (m \times n) + \\ &\quad (j_2 - 1) \times n + j_3 - 1) \times L\end{aligned} \tag{4-6}$$

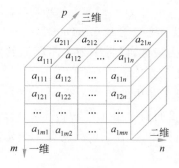

(a) 三维数组

(b) 三维数组的低下标优先存储

图 4-5　三维数组及其低下标优先存储示意图

当下标从 0 开始时，
$$\mathrm{LOC}(j_1,j_2,j_3)=\mathrm{LOC}(0,0,0)+(j_1\times m\times n+j_2\times n+j_3)\times L \qquad (4\text{-}7)$$
推广到 n 维数组，设维界为 $b_1\times\cdots\times b_n$，可以得到
$$\begin{aligned}\mathrm{LOC}(j_1,j_2,\cdots,j_n)&=\mathrm{LOC}(0,0,\cdots,0)+(j_1\times b_2\times b_3\times\cdots\times b_n+\\&\quad j_2\times b_3\times\cdots\times b_n+\cdots+j_{n-1}\times b_n+j_n)\times L\\&=\mathrm{LOC}(0,0,\cdots,0)+\left(\sum_{i=1}^{n-1}j_i\prod_{k=i+1}^{n}b_k+j_n\right)\times L\end{aligned}\qquad (4\text{-}8)$$

【思考】　如果是高下标优先，多维元素的下标 (j_1,j_2,j_3) 与映射后的位序 k 之间关系如何？

4.2　特殊矩阵

矩阵是很多科学与工程计算问题中研究的数学对象，用二维数组表示矩阵是最自然的方法。**特殊矩阵**(special matrix)是指非零元素或零元素的分布有一定规律的矩阵。为节省存储空间，可以对这类矩阵进行压缩存储。所谓**压缩存储**，是指为多个值相同的元素只分配一个存储空间，对零元素不分配存储空间。

特殊矩阵主要包括对称矩阵、三角矩阵和对角矩阵等，它们都是方阵，即行数和列数相同。下面重点讨论这 3 种特殊矩阵的压缩存储。

4.2.1　对称矩阵

若一个 n 阶矩阵 **A** 中的元素满足 $a_{ij}=a_{ji}(0\leqslant i,j\leqslant n-1)$，则称其为 n 阶**对称矩阵**(symmetric matrix)，如图 4-6 所示。

由于对称矩阵中的元素关于主对角线对称，因此可以为每一对对称元素分配一个存储空间。对于 $n\times n$ 个元素的对称矩阵，只需要存储对角线及其以上或以下的元素，共有

$$\begin{pmatrix} 8 & 3 & 4 & 2 & 1 \\ 3 & 6 & 9 & 7 & 3 \\ 4 & 9 & 5 & 2 & 4 \\ 2 & 7 & 2 & 7 & 6 \\ 1 & 3 & 4 & 6 & 0 \end{pmatrix}$$

图 4-6　对称矩阵

$(1+2+\cdots+n)=n(n+1)/2$ 个元素。

假设以一维数组 B$[0..n(n+1)/2-1]$作为 n 阶对称矩阵 **A** 的存储结构，不失一般性，以行序为主序存储其下三角（包括对角线）的元素，如图 4-7 所示。

对于下三角中的任一元素 $a_{ij}(i\geqslant j)$，它前面共有 i 行，第 1 行有 1 个元素，第 2 行有 2 个元素，……，第 i 行有 i 个元素，共有 $1+2+\cdots+i=i(i+1)/2$ 个元素；在当前行中，排在它前面的有 j 个元素。因此，**A** 中任一元素 a_{ij} 与 b_k 之间存在着如下对应关系。

$$k=\begin{cases}\dfrac{i(i+1)}{2}+j, & i\geqslant j\\[2ex] \dfrac{j(j+1)}{2}+i, & i<j\end{cases}\tag{4-9}$$

$$\begin{array}{lllll} a_{00} & & & & \\ a_{10} & a_{11} & & & \\ a_{20} & a_{21} & a_{22} & & \\ \vdots & \vdots & a_{ij}\ \cdots\ a_{ii} & & \\ a_{n-1,0} & a_{n-1,1} & a_{n-1,2} & \cdots & a_{n-1,n-1} \end{array}$$

(a) 对称矩阵

0	1	2	3 …	…	k	…	$n(n+1)/2-1$
a_{00}	a_{10}	a_{11}	a_{20} …	…	$a_{i,j}$	…	$a_{n-1,n-1}$

(b) 对称矩阵的压缩存储

图 4-7　n 阶对称矩阵的低下标优先存储示意图

【例 4-3】 将 10 阶对称矩阵 **A** 压缩存储在一维数组 B 中，求 B 中包含的元素个数是多少？**A**[5][8]在 B 中的位序是多少？

【解】 设以行序优先存储对角线及其以下的元素，则 B 中共有 $1+2+\cdots+10=55$ 个元素。

对于 **A**[5][8]，$i=5$，$j=8$，$i<j$，$k=j(j+1)/2+i=41$。

4.2.2　三角矩阵

微课视频

主对角线以上或以下的元素值为常数 c（通常 c＝0）的矩阵称为**三角矩阵**（triangular matrix）。三角矩阵有上三角矩阵和下三角矩阵两种。主对角线以上的元素为常数的称为下三角矩阵（如图 4-8(a)所示），主对角线以下的元素为常数的称为上三角矩阵（如图 4-8(b)所示）。对三角矩阵进行压缩存储时，方式与对称矩阵类似。不同之处在于除了存储主对角线及其以上（下）的元素外，还需要多存储一个常数 c。

$$\begin{pmatrix} a_{00} & c & \cdots & c \\ a_{10} & a_{11} & \cdots & c \\ \vdots & \vdots & a_{ij} & c \\ a_{n-1,0} & a_{n-1,1} & \cdots & a_{n-1,n-1} \end{pmatrix}$$

(a) 下三角矩阵

$$\begin{pmatrix} a_{00} & a_{01} & \cdots & a_{0,n-1} \\ c & a_{11} & \cdots & a_{1,n-1} \\ \vdots & \vdots & a_{ij} & \vdots \\ c & c & c & a_{n-1,n-1} \end{pmatrix}$$

(b) 上三角矩阵

图 4-8　三角矩阵

图 4-9 所示为下三角矩阵及其按行优先的压缩存储。二维数组下标(i,j)与 k 的关系为

0	1	2	3	4	5	…	k	…	n(n+1)/2
a_{00}	a_{10}	a_{11}	a_{20}	a_{21}	a_{22}		a_{ij}		$a_{n-1\,n-1}$ ／ c

图 4-9 下三角矩阵存储示意图

$$\begin{cases} k = i(i+1)/2 + j, & i \geq j \\ k = n(n+1)/2, & i < j \end{cases}$$

【例 4-4】 已知 n 阶下三角矩阵 A（即当 $i<j$ 时，有 $a_{ij}=0$），按照压缩存储的思想，可以将其主对角线以下所有元素（包括主对角线上元素）依次存放于一维数组 B 中。请写出从第一列开始采用列序为主序分配方式时在 B 中确定元素 a_{ij} 的存放位置的公式。

【解】 有 n 阶下三角矩阵元素 $A[i][j]$ $(1\leq i,j\leq n,i\geq j)$。第 1 列有 n 个元素，第 j 列有 $n-j+1$ 个元素，第 1 列到第 $j-1$ 列是梯形，元素数为 $(n+(n-j+2))(j-1)/2$，而 a_{ij} 在第 j 列上的位置是 $i-j+1$。因此，n 阶下三角矩阵 A 按列存储，其元素 a_{ij} 在一维数组 B 中的存储位置 k 与 i 和 j 的关系为

$$k = (n+(n-(j-1)+1))(j-1)/2+(i-j+1) = (2n-j)(j-1)/2+i$$

4.2.3 对角矩阵

若一个 n 阶矩阵 A 的所有非零元素都集中在以主对角线为中心的带状区域中，则称之为 n 阶**对角矩阵**（diagonal matrix），如图 4-10(a)所示。除了主对角线上和直接在对角线上、下方若干条对角线上的元素外，所有其他元素皆为 0。

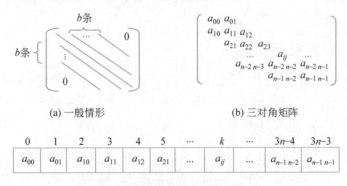

(a) 一般情形　　　　　　　　　　(b) 三对角矩阵

0	1	2	3	4	5	…	k	…	3n-4	3n-3
a_{00}	a_{01}	a_{10}	a_{11}	a_{12}	a_{21}		a_{ij}		$a_{n-1\,n-2}$	$a_{n-1\,n-1}$

(c) 三对角矩阵（以行序为主序）的压缩存储

图 4-10 对角矩阵

对于图 4-10(b)所示的三对角矩阵，若将其非零元素存储到一维数组 B 中，可以发现，A 中第 0 行和第 $n-1$ 行都只有两个非零元素，其余各行非零元素均为 3 个。对于不在第 0 行的非零元素 a_{ij} 来说，它前面存储了矩阵的前 i 行元素，这些元素的总数为 $2+3(i-1)$。若 a_{ij} 是本行中需要存储的第一个非零元素，则 $k=2+3(i-1)=3i-1$，此时 $j=i-1$，则有 $k=2i+i-1=2i+j$。若 a_{ij} 是本行中需要存储的第二个非零元素，则 $k=2+3(i-1)+1=3i$，此时 $j=i$，则有 $k=2i+i=2i+j$……如此归纳起来有 $k=2i+j$。三对角矩阵采用按行序为主序来存储的压缩存储，如图 4-10(c)所示。

【例 4-5】 设有三对角矩阵 A_{nn}，将其三条对角线上的元素逐行存放于数组 $B[1..3n-2]$

中,使得 B[k]=a_{ij},给出用 i 和 j 表示 k 的下标变换公式。

【解】 三对角矩阵第一行和最后一行各有两个非零元素,其余每行均有 3 个非零元素,因此共有 $3n-2$ 个元素。主对角线左下对角线上的元素下标间有关系 $i=j+1$,k 与 i 和 j 的关系为 $k=3(i-1)$;主对角线上的元素下标间有关系 $i=j$,k 与 i 和 j 的关系为 $k=3(i-1)+1$;主对角线右上对角线上的元素下标间有关系 $i=j-1$,k 与 i 和 j 的关系为 $k=3(i-1)+2$。综合以上 3 个等式,有 $k=2(i-1)+j$ ($1 \leq i,j \leq n$, $|i-j| \leq 1$)。

在上述这些特殊矩阵中,非零元素的分布都有一个明显的规律,因而可将其压缩存储到一维数组中。这样的压缩存储只需要在算法中按公式进行映射,即可找到每个非零元素在一维数组中的对应关系。

4.3 稀疏矩阵

在实际应用中还会经常遇到另一类矩阵,其非零元素较少,而且分布没有一定规律,这类矩阵称为**稀疏矩阵**(sparse matrix)。

对稀疏矩阵如果采用常规方法进行顺序存储,会造成内存的很大浪费。不同于前面讨论的几种特殊矩阵的压缩存储方法,稀疏矩阵的压缩存储方法是只存储非零元素。由于稀疏矩阵中非零元素的分布没有任何规律,因此在存储非零元素的同时,还必须存储该非零元素的位置(i,j),i 和 j 分别为行号和列号。这样,稀疏矩阵中的每一个非零元素由一个三元组(i,j,a_{ij})唯一确定,对三元组表不同的存储方法形成稀疏矩阵不同的压缩方法。

微课视频

4.3.1 三元组表顺序存储

采用顺序存储结构存储的三元组表称为**三元组顺序表**。要确定一个稀疏矩阵,除三元组表外,还需要存储矩阵的行数、列数和非零元素个数。设数据元素数据类型为整型,三元组表顺序存储的类型定义如下。

```
typedef struct {
    int i, j;              //该非零元素的行号和列号
    int e;                 //该非零元素的值
} MTNode;                  //三元组
typedef struct{
    MTNode  * data;        //三元组表
    int mu,nu,tu;          //矩阵行数、列数、非零元素个数
} TSMatrix;
```

其中,三元组表中存储的非零元素通常以行序为主序顺序排列。矩阵 **A** 按行优先的三元组表顺序存储如图 4-11 所示。

这样的存储方法节约了存储空间,但矩阵的运算从算法上可能变得复杂。下面讨论这种存储方式下的稀疏矩阵的转置运算。

设 **A** 表示一个 $m \times n$ 的稀疏矩阵,其转置矩阵 **B** 则是一个 $n \times m$ 的稀疏矩阵。由 **A** 求 **B** 需要完成下列操作。

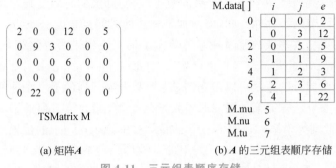

(a) 矩阵 A (b) A 的三元组表顺序存储

图 4-11 三元组表顺序存储

(1) A 的行、列转换成 B 的列、行。

(2) 将 A 中每一个三元组的行列交换后转换到 B 中。

三元组表顺序存储中规定,三元组是按一行一行且每行中的元素是按列号从小到大的规律顺序存放的,因此 B 也必须按此规律实现。在进行上述第二步的转换时,如何在 A 的三元组表存储基础上得到 B 的三元组表存储呢?

方法一:直接取,顺序存

【算法思想】 按照转置后元素在压缩存储中位置的先后,从 A 中以列为顺序取元素,存入 B 的压缩存储中。

算法描述与算法步骤如算法 4.1 所示。

算法 4.1 　【算法描述】　　　　　　　　　　　　【算法步骤】

0	void TransMatrix(TSMatrix A,TSMatrix &B)	//求稀疏矩阵 A 的转置矩阵 B
1	{	
2	B.mu=A.nu; B.nu=A.mu; B.tu=A.tu;	//1.行数、列数、非零元素个数
3	if(B.tu)	//矩阵有非零元素
4	{	
5	q=0;	
6	for(col=0; col<A.nu;++col)	//转置矩阵 B 的初始存储位置
7	for(p=0; p<A.tu;++p)	//2.依次寻找各列非零元素
8	if(A.data[p].j==col)	//2.1 找到
9	{	
10	B.data[q].i=A.data[p].j;	//2.2 行号、列号互换
11	B.data[q].j=A.data[p].i;	//2.3 非零元素存入 B
12	B.data[q].e=A.data[p].e;	//指向下一个存储位置
13	++q;	
14	}	
15	}	
16	}	

【算法分析】 该算法的时间主要耗费在嵌套的 for 循环上,时间复杂度为 $O(nu \times$

tu)[①],如果非零元素个数与矩阵元素个数同数量级,则算法的时间复杂度为 $O(mu \times nu^2)$。显然,压缩存储后,节约了存储空间,但增加了算法的时间复杂度。

压缩存储后算法效率低的原因是算法要从 **A** 的三元组表中寻找第一列、第二列……要反复搜索 **A** 的三元组表。若能直接确定 **A** 中每一个三元组在 **B** 中的位置,则对 **A** 的三元组表扫描一次即可。这是可以做到的,因为 **A** 中第一列的第一个非零元素一定存储在 B.data[0]中,如果还知道第一列的非零元素的个数,那么第二列的第一个非零元素在 B.data[]中的位置则等于第一列的第一个非零元素在 B.data[]中的位置加上第一列的非零元素的个数,如此类推,因为 **A** 中三元组的存放顺序是先行后列,对同一行来说,必定先遇到列号小的元素,这样只需要扫描一遍 A.data[]即可。方法二的思路即基于此得来。

方法二:顺序取,直接存

在这个方法中,需要引入两个辅助向量:num[col]和 cpot[col]。其中,num[col]表示矩阵 **A** 中第 col 列的非零元素的个数,cpot[col]表示矩阵 **A** 中第 col 列的第一个非零元素在 **B** 的三元组中的位置。

根据前面的分析,cpot 的初始值为 cpot[0]=0;同时可以得到下面的递推关系。

$$cpot[col] = cpot[col-1] + num[col-1], \quad 1 \leqslant col \leqslant n-1$$

图 4-11(a)所示矩阵的 num 和 cpot 值如图 4-12 所示。

col	0	1	2	3	4	5
num[col]	1	2	1	2	0	1
cpot[col]	0	1	3	4	6	6

图 4-12 矩阵 **A** 的 num 和 cpot 值

【算法思想】 根据 **A** 中非零元素的分布,确定每列首个非零元素在 **B** 中的位置;然后,扫描 **A**,依次取三元组,交换其行号、列号后放到 **B** 中合适的位置,并且调整相应列的下一个元素存储地址,直至取完 **A** 的三元组表中最后一个元素。

算法描述与算法步骤如算法 4.2 所示。

算法 4.2 【算法描述】   【算法步骤】

```
0   void TransMatrix(TSMatrix A, TSMatrix &B)   //求稀疏矩阵 A 的转置矩阵 B
1   {
2       B.mu=A.nu; B.nu=A.mu; B.tu=A.tu;        //1. B 的行数、列数、非零元素个数
3       num=new int[B.nu];
4       cpot=new int[B.nu];
5       if(B.tu>0)                              //2.计算 A 各列非零元素个数
6       {
7         for(col=0;col<A.nu; col++)            //num[col]
8           num[col]=0;
9         for(i=0; i<A.tu;i++)                  //2.1 初始化 num[]
```

---

① 这里 nu 表示矩阵的列数 M.nu,tu 表示矩阵的非零元素个数 M.tu,同样以 mu 表示矩阵行数 M.mu。

```
10          {
11             j=A.data[i].j;              //2.2 求矩阵 A 中每一列非零元素的个数
12             num[j]++;
13          }
14          cpot[0]=0;
15          for(col=1;col<A.nu;col++)
16             cpot[col]=cpot[col-1]+num[col-1];   //3.计算 B 中各行首元存储位置
17          for(k=0; k<A.tu; k++)
18          {
19             col=A.data[k].j;            //4.扫描 A 的三元组表
20             q=cpot[col];                //4.1 找到 B 中的存储位置
21             B.data[q].i=A.data[k].j;
22             B.data[q].j=A.data[k].i;
23             B.data[q].e=A.data[k].e;    //4.2 交换行号、列号,存入 B 中
24             cpot[col]++;
25          }
26      }
27  }
```

【算法分析】 这个算法中有 4 个循环,分别执行 nu、tu、nu−1、tu 次,在每个循环中,每次迭代的时间是一个常量,因此总的计算量是 $O(nu+tu)$。与方法一相比,它在时间性能上有所改进,也称为"快速转置"算法;但是它所需的存储空间比方法一多了两个向量。

4.3.2 带行指针向量的链式存储

微课视频

如果每个三元组用一个结点表示,并且把具有相同行号的三元组结点按照列号从小到大的顺序链接成一个单链表,则这种存储方法称为**带行指针向量的链式存储**。每个三元组结点的定义如下。

```
struct MTNode
{   int i,j;                //行号,列号
    DT e;                   //元素值,T 为元素类型
    MTNode * next;          //指向同行下一个结点
}
```

带行指针向量的链式存储结构的定义如下。

```
typedef struct
{   MTNode **rpos;          //存放各行链表的头指针
    int mu,nu,tu;           //行数、列数、非零元素个数
} LMatrix;
```

图 4-13(a)所示的稀疏矩阵 **M** 的带行指针向量的链式存储如图 4-13(b)所示。

如果无法预知结果矩阵中的非零元素分布情况,则采用链表存储稀疏矩阵更为合适。在类似于矩阵的求和运算中,矩阵中的数据元素变化较大(这里的变化主要是非零元素变

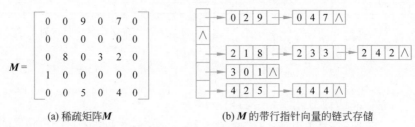

图 4-13 稀疏矩阵 M 的带行指针向量的链式存储

为 0，0 变为非零元素），因此选择链式存储结构存储三元组更为合适。图 4-14 为两个矩阵、行向量存储及它们的和。

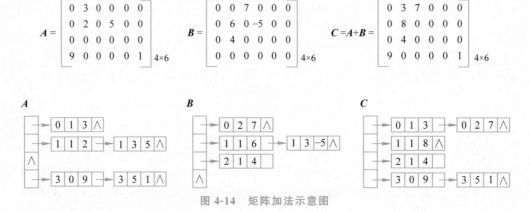

图 4-14 矩阵加法示意图

下面讨论带行指针向量的链式存储方式下稀疏矩阵的求和运算。

设 A 和 B 都是 $m \times n$ 的稀疏矩阵，它们的和 C 也是一个 $m \times n$ 的稀疏矩阵。矩阵相加是矩阵对应位置上的元素相加，因此 C 中的非零元素不仅和 A、B 中非零元素的分布有关，还和对应位置上元素相加的结果有关。

【算法思想】 两个矩阵规模如果不一样，则不能求和。对于规模相同的矩阵 A、B，依次处理各行。每一行按列序将 A 和 B 中结点复制到 C 中，相同列号的元素值相加，和非零则在 C 生成新结点。

算法描述与算法步骤如算法 4.3 所示。

算法 4.3   【算法描述】   【算法步骤】

```
0   Matrix Add(LMatrix ma, LMatrix mb,LMatric &C)    //稀疏矩阵求和 C=A+B
1   {                                                //1.初始化
2     m=ma.mu;n=ma.nu;                               //1.1 行数、列数变量
3     mc.mu=m;mc.nu=n;mc.tu=0;                       //1.2 和矩阵 C 的行数、列数、非零
4     mc.rops=new MTNode *[m];                       //元素个数
5     for(i=0;i<m;i++)                               //1.3 设置 C 的行向量指针为空
6       mc.rops[i]=NULL;
7     for(i=0;i<m;i++)                               //2.按行扫描 A、B 各行链表,求和
8     {                                              //矩阵中各结点
```

```
9       pa=ma.rops[i];                          //2.1 pa、pb 分别指 A、B 第 i
10      pb=mb.rops[i];                          //行首结点
11      pc=mc.rops[i];                          //pc 指向 C 第 i 行表尾
12      while(pa && pb)                         //2.2 pa,pb 指针不空
13      {
14        flag=1;                               //2.2.1 设置需生成和结点的标识
15        if(pa->j<pb->j)                       //2.2.2pa 结点列号小
16        {
17          s=new MTNode;                       //2.2.2.1 新建一个结点
18          NodeCopy(s,pa);                     //2.2.2.2 复制结点 pa
19          s->next=NULL;                       //2.2.2.3 新结点后继指针为空
20          pa=pa->next; }                      //2.2.2.4pa 指向下一个结点
21        else if(pa->j==pb->j)
22        {                                     //2.2.3 pa、pb 列号相等
23          sum=pa->e+pb->e;
24          if(sum==0)                          //2.2.3.1 求两结点值的和 sum
25            flag=0;                           //2.2.3.2 和为零
26          else                                //设置不生成新的和结点标志
27          {                                   //2.2.3.3 和不为零
28            s=new MTNode;
29            NodeCopy(s,pa);                   //复制 pa
30            s->e=sum;                         //值为 sum
31            s->next=NULL; }                   //后继指针为空
32          pa=pa->next;pb=pb->next; }          //pa、pb 后移
33        else                                  //2.2.4 pb 结点列号小
34        {
35          s=new MTNode;                       //2.2.4.1 复制 pb 结点
36          NodeCopy(s,pb);
37          s->next=NULL;                       //2.2.4.2 新结点后继指针为空
38          pb=pb->next; }                      //2.2.4.3 pb 后移
39        if(flag)                              //2.2.5 在 C 第 i 行表尾插入 s
40        { mc.tu++;                            //2.2.5.1 C 非零元素增 1
41          AddNode(mc.rops[i],pc,s) }          //2.2.5.2 在 C 第 row 行表尾插入 s
42      }
43      if(pa)                                  //2.3 pa 不空
44      {                                       //将 pa 各结点复制到 qc 后
45        while(pa)
46        {
47          s=new MTNode;
48          NodeCopy(s,pa);
49          pa=pa->next;
50          AddNode(mc.rops[i],pc,s); }
51      }
52      if(pb)                                  //2.4 pb 不空
53      {                                       //将 pb 各结点复制到 qc 后
54        while(pb)
55        {
56          s=new MTNode;
```

```
57              NodeCopy(s,pb);
58              pb=pb->next;
59              AddNode(mc.rops[i],pc,s);}
60         }
61     }
62 }
```

【算法分析】 如果使用带行指针向量的链式存储方式解决稀疏矩阵压缩存储,那么在矩阵求和问题中,对于某个单独的结点来说,算法的时间复杂度为一个常数(全部为选择结构),算法整体的时间复杂度取决于两个矩阵中非零元素的个数。因此,算法的时间复杂度为 $O(A.tu+B.tu)$。

4.3.3 十字链表

十字链表(orthogonal list)是稀疏矩阵的一种链式存储方式。在链表中,稀疏矩阵的每一行设置一个单独链表,同时每一列也设置一个单独链表。这样,矩阵中的每一个非零元素同时包含在两个链表中,方便了算法中行方向和列方向元素的搜索,从而大幅降低了算法的时间复杂度。

十字链表中的每个非零元素用一个包含 5 个域的结点表示,如图 4-15(a)所示。其中,i、j、e 分别代表非零元素所在的行号、列号和相应的非零元素值;down 和 right 分别用来链接同一列和同一行中的下一个非零元素结点。此外,另设两个数组存储各行的头指针和各列的头指针,整个矩阵构成一个十字交叉的链表,故称这样的存储结构为十字链表。图 4-15(c)为图 4-15(b)所示矩阵 A 的十字链表存储示意图。

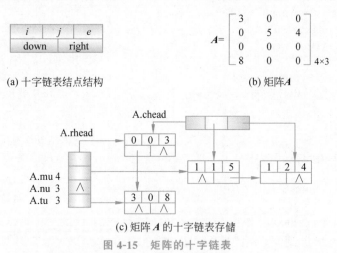

图 4-15 矩阵的十字链表

4.4 数组与矩阵在工程计算中的应用

数组与矩阵作为数学和工程领域中的基本数据结构,帮助工程师组织和处理大量数据,简化了复杂问题的表达,为高效算法的实现提供了基础,在解决复杂的工程问题中发挥着重要作用。

4.4.1 结构工程中的力学分析

在结构力学分析领域,数组与矩阵是构建工程模型所需的基础数学工具、连接理论分析与工程实践的桥梁。

数组和矩阵使得工程师能够精确预测和优化结构性能,尤其是在处理复杂结构的应力分析、变形计算和动力学响应等关键问题上。①有限元分析。有限元分析是结构工程中用于模拟和分析复杂结构受力行为的标准方法。在这一过程中,结构被离散化为一系列小的、易于分析的单元(如杆、梁、板、壳等)。每个单元的物理属性(如应力、应变)通过线性或非线性方程组来描述,这些方程组通常以矩阵形式呈现。数组和矩阵在这里的作用是存储结点坐标、荷载、边界条件等数据,并表达单元间的相互作用。通过求解这些矩阵方程组,可以获得整个结构的响应特性。②刚度矩阵与载荷向量。在结构力学中,刚度矩阵是描述结构抵抗变形能力的数学工具,其元素反映了不同自由度间的力与位移关系。同时,外部作用力(如重力、风压、地震力)被整合成一个载荷向量。为了求解结构的位移,需要解线性方程组 $KU=F$,其中 K 代表刚度矩阵,U 是位移向量,而 F 是载荷向量。③质量矩阵与动力学分析。在动力学分析中,数组和矩阵用于建立描述结构振动特性的方程组。这些方程组包括质量矩阵、阻尼矩阵和刚度矩阵。质量矩阵尤其关键,因为它表征了结构的质量分布,对于预测结构在不同激励频率下的响应至关重要。④边界条件的表述。在结构分析中,边界条件(如固定支座、滑动支座等)决定了结构的约束情况。这些条件可以通过在矩阵中设置特定值或使用增广矩阵来精确表达,从而在分析中考虑这些约束。⑤数值求解。面对实际工程庞大规模问题,常涉及大规模的自由度。高效的数值方法,如高斯消元法和迭代法(如共轭梯度法),成为求解大规模矩阵方程组的必备工具。⑥敏感性分析与优化。在设计阶段,工程师需要评估不同设计方案对结构性能的影响。数组和矩阵方法能够高效地调整和重新求解方程组,为优化算法提供支持,以寻找最佳设计方案。⑦模态分析与振动特性。模态分析通过计算刚度矩阵和质量矩阵的特征值和特征向量,揭示了结构的固有频率和振动模态。这对于评估结构在动态荷载下的稳定性至关重要。

数组和矩阵在结构工程中具有多维作用,它们不仅是计算工具,更是深入理解和创新设计的基础。

4.4.2 信号处理

信号处理是指对各种类型的信号进行分析、变换、滤波、增强、压缩、编码等操作,以提取有用信息、改善信号质量、实现特定的功能或满足特定的需求。

在信号处理领域,数组和矩阵是信号表示、分析和转换中不可或缺的有效工具。①信号表示与存储。数字信号通常以离散时间样本的形式存在,这些样本值被组织成一维数组,便于计算机进行存储和处理。例如,音频信号可以表示为样本数组,每个样本对应于特定时间点的振幅值,这种表示方式是信号处理的基础。②线性运算。信号处理中的许多基本操作,如加法、减法、乘法和卷积,都可以通过数组操作实现。卷积,作为信号处理中的核心概念,通过矩阵乘法的形式高效执行,用于滤波和相关性分析。③频谱分析。信号的频域分析,尤其是傅里叶变换,是信号处理中的一种基本技术。离散傅里叶变换(DFT)和快速傅里叶变换(FFT)将信号从时间域转换到频域。这一过程涉及将信号表示为频率系数的数组,并通过与信号样本数组的矩阵乘法来计算这些系数,所使用的变换矩阵即傅里叶矩阵。④滤波器设计与实现。在信号处理中,滤波器设计在信号处理中用于去除噪声、提取特征或调整频谱成分。滤波器可通过矩阵或卷积核(一种小型矩阵或数组)表示,并通过与信号序列的卷积或矩阵乘法来实现滤波处理。⑤信号合成与分解。信号可以通过矩阵运算合成,如通过加权求和多个简单信号来创建复合信号。同时,信号也可以通过矩阵分解技术,如奇异值分解(SVD)进行分解,以分析其组成成分,这对于信号的去噪、压缩和特征提取至关重要。⑥系统建模与分析。信号系统理论中,系统的输入输出关系通常通过线性方程组或状态空间模型来表示,这些模型可以用矩阵形式表达。矩阵理论中的概念,如特征值、特征向量和稳定性分析,对于理解和设计控制系统具有重要意义。⑦多维信号处理。数组和矩阵不仅为信号处理提供了数据组织的基本框架,它们还是信号变换、滤波、分析、合成以及系统设计不可或缺的数学工具。

通过这些工具能够帮助我们深入理解信号的本质,并开发出高效的算法来处理实际问题。

4.4.3 图像处理

图像处理是指对图像进行各种操作和分析,以改善图像质量、提取有用信息、实现特定的视觉效果或满足特定的应用需求。图像处理是计算机视觉领域的一个关键分支。

数组和矩阵广泛应用于图像处理中。它们不仅是图像数据的基本表示形式,而且在算法实现、图像质量提升以及特征提取等多方面有着重要表现。①图像表示。数字图像是由像素构成的二维网格,每个像素具有特定的位置和颜色值(如灰度值或RGB值)。这种结构自然地映射到二维数组(矩阵)上,其中数组的每个元素对应图像中的一个像素点,其数值表示该像素的亮度或颜色信息。②图像变换。图像的几何变换,如缩放、旋转、平移,以及颜色空间变换,如从RGB到灰度或HSV,均可以通过矩阵运算实现。例如,通过构造并应用旋转矩阵,可以实现图像的旋转变换。③图像增强与滤波。图像增强技术,如锐化、模糊和去噪,通常通过卷积操作实现。这一过程涉及将特定的滤波器矩阵(如高斯滤波器、Sobel算子等)与图像矩阵进行卷积运算。④图像恢复与复原。图像恢复,如去模糊、去噪声或提高分辨率,通常需要解决逆问题。这些问题可以转换为求解矩阵方程,利用矩阵论中的逆矩阵、伪逆或迭代算法等方法。⑤图像编码与压缩。在JPEG、MPEG等图像和视频压缩标准中,图像被分解成不同频率的系数,这些系数通常以矩阵块的形式组织,并通过量化和熵编码进一步压缩,矩阵运算参与其中。⑥图像分割与分析。在图像分割中,矩阵和数组用于表示图像区域,并通过矩阵运算进行区域标记和特征提取,为后续的图像分析和识别奠定基础。⑦特征提取与分析。在图像分析和机器学习领域,从图像中提取有用特征是至关重要的。主成分分析(PCA)、特征脸(eigenfaces)等技术,都涉及矩阵的特征值分解和奇异值分解。

数组和矩阵在图像处理中不仅为图像数据提供了一种高效的组织方式,而且构成了实现图像分析、处理和理解的数学基础。

4.4.4 控制系统设计

控制系统是指由控制对象和控制装置组成的,能够对被控对象的状态或行为进行调节、引导和管理,以实现特定目标的系统。

在控制系统设计的复杂领域中,数组和矩阵不仅是进行数学描述的有力工具,而且是在理论分析、系统实现以及优化整个流程中的关键辅助手段。①系统建模。控制系统涉及输入、输出和状态变量,这些变量间的关系可以通过线性或非线性方程组来表述。在线性系统理论中,状态空间模型以矩阵形式提供了一个紧凑且全面的系统描述,包括状态方程和输出方程,两者都涉及矩阵运算。②动态系统分析。利用矩阵分析方法,可以评估系统的动态特性,如稳定性、响应速度和频率响应。特别是,系统矩阵的特征值分析是判断系统稳定性的关键步骤,所有特征值位于复平面左半部分是系统稳定的必要条件。③控制器设计。在设计控制器时,常常需要求解矩阵方程或优化矩阵形式的目标函数。例如,线性二次调节器(LQR)设计中,求解 Riccati 方程对于确定最优控制增益矩阵至关重要。④系统辨识。控制系统设计的起点通常是系统辨识,即通过实验数据估计系统参数。这涉及构建数据向量和使用最小二乘法等参数估计技术。⑤多变量系统分析。在多输入多输出(MIMO)系统中,矩阵和数组成为描述复杂输入输出关系的自然选择,它们帮助工程师理解和设计相应的控制器和观测器。⑥信号处理与滤波。矩阵和数组在此过程中用于表示滤波器的传递函数并实现滤波操作。⑦仿真与优化。在设计验证阶段,系统模型和控制器模型以矩阵形式用于仿真,预测系统行为。系统优化,如使用梯度下降法调整控制器参数,也涉及矩阵操作。⑧状态空间表示。状态空间模型通过状态向量和状态转移矩阵描述系统的动态行为。通过求解状态方程,工程师能够预测系统响应并设计满足性能要求的控制器。⑨鲁棒控制与最优控制。矩阵理论为鲁棒控制器设计和最优控制策略提供了必要的数学工具。例如,利用李雅普诺夫理论分析含不确定参数的系统的稳定性,或在 LQR 设计中求解拉格朗日函数的极值问题。

数组和矩阵在控制系统设计中不仅简化了系统的数学建模和分析过程,而且在控制器设计、系统辨识、仿真优化以及鲁棒和最优控制策略的制定中扮演着核心角色。这些工具的应用,使得控制系统的设计更加精确、高效,并能够更好地满足现代工程需求。

4.4.5 电子电路仿真与设计

电子电路仿真是利用计算机软件对电子电路的行为和性能进行模拟和分析。电子电路设计是根据特定的功能需求,选择合适的电子元件并进行合理的电路连接,以实现预期的电子系统功能。

在电子电路的仿真与设计过程中,利用数组与矩阵可以简化电路分析的数学表达,为电路设计师提供了强有力的预测和优化工具。①电路方程组的构建。基于基尔霍夫定律和欧姆定律,电路方程组的建立是电路分析的基础。在复杂电路中,这些方程组通常以大型稀疏矩阵的形式出现,矩阵元素反映了电路元件间的电压和电流关系。②矩阵求解。

电路方程组的求解是获取结点电压和支路电流等关键参数的关键步骤。对于小规模问题,直接法如高斯消元法效果显著;而大规模稀疏矩阵则更适宜采用迭代法。③网络参数的矩阵表示。在频率域分析中,电路的传输特性通过传输矩阵、阻抗矩阵等表示,这些矩阵是设计滤波器和多端口网络的重要工具。④状态空间表示。状态空间模型为系统级电子系统设计提供了一种描述动态行为的方法。状态变量和系统动态通过状态矩阵等描述,有助于动态响应分析和控制器设计。⑤蒙特卡洛分析。在电路可靠性分析中,数组用于存储参数分布,蒙特卡洛模拟通过大量样本分析电路性能的统计特性。⑥优化设计的矩阵方法。电路设计的优化问题常转换为矩阵形式的目标函数和约束条件,利用梯度下降、遗传算法等方法进行求解,以实现效率最大化或成本最小化。⑦仿真软件中的应用。现代电路仿真工具,如 SPICE、MATLAB/Simulink、PSpice 等,其内部广泛使用数组和矩阵运算,以高效解决电路问题。⑧信号处理与数据分析。无论是模拟信号还是数字信号,数组和矩阵在信号的存储、卷积、滤波和频谱分析等处理算法中均为重要元素。⑨机器学习与人工智能应用。AI 技术在 EDA 领域的应用,如电路行为预测、优化等,依赖于矩阵运算来训练和推断模型。⑩硬件描述语言(HDL)与逻辑综合。在数字电路设计中,尽管 HDL 代码不直接表现为矩阵,但逻辑综合过程中的算法处理和优化,常涉及逻辑表达式的矩阵化处理。

数组与矩阵的应用在电子电路仿真与设计中无处不在,它们是连接理论分析与实际应用、实现电路性能预测和优化设计的桥梁,对于电子工程领域的发展具有深远影响。

4.4.6 天气预报与气候建模

天气预报是指根据大气科学原理,利用各种观测数据和数值模型对未来一定时间内的天气状况进行预测。气候建模是指利用计算机模型对地球气候系统进行模拟和分析,以了解气候的变化规律和预测未来气候的发展趋势。

在天气预报与气候建模的领域,数组与矩阵是处理气象数据和执行复杂计算的高效工具,更是深入理解地球大气系统动态行为的数学基础。①数据组织与存储。气象数据,包括温度、气压、湿度、风速等,通常以多维数组的形式存储,这种结构不仅便于数据管理,而且优化了海量气象数据的处理流程。②数值天气预报。数值天气预报模型,如 WRF 和 ECMWF,依赖于偏微分方程组来描述大气的动力学和热力学过程。这些方程组在离散化后转换为大规模线性代数方程组,且矩阵运算被用于求解过程中。③气候模型构建。气候模型,如 CMIP 系列,模拟长期气候系统,涵盖了物理、化学和生物地球化学过程。这些模型的构建和求解依赖于数组和矩阵运算,以处理复杂的相互作用和反馈机制。④模式验证与不确定性分析。数组和矩阵方法被用于统计分析模型输出,评估模型性能和不确定性,包括误差统计量、相关系数矩阵和协方差分析。⑤情景模拟与预测。矩阵运算支持运行不同未来排放情景下的气候模型,评估社会经济发展路径对气候系统的影响。⑥极端事件分析。矩阵运算处理历史和预测数据,识别和分析极端天气事件的模式、频率和强度变化。⑦高性能计算。高性能计算平台利用数组和矩阵运算的并行处理能力,加速大规模线性方程组的求解,满足现代天气和气候模型的计算需求。⑧时空数据分析。数组和矩阵提供了分析气候数据时间序列和空间分布特征的高效数据结构,揭示气候变量的季节性和年际变化规律。⑨机器学习与大数据应用。数组和矩阵是构建和训练气象领域机器学习模型的关键,支持降维、特征提取、模式识别和趋势预测。⑩多模型集合预测。集合预测技术结合多个模型的预测结果,涉及矩阵运算,包括标准化、加权平均和偏差分析,以提高预测的可靠性和准确性。⑪气候影响评估。矩阵运算整合跨学科数据,评估气候变化对环境、经济和社会的具体影响,建立反映不同气候变量变化与各类影响之间关系的复杂影响矩阵。

数组与矩阵的应用在天气预报与气候建模中支撑了数据的高效处理,是模型构建、预测分析和科学决策的基石。通过这些工具的应用,人们能够更好地理解气候系统的复杂性,并开发出更加精确和可靠的预测模型。

4.4.7 金融工程与风险管理

金融工程是一门综合运用数学、统计学和计算机科学等工具来设计、开发和实施新型金融产品和金融服务,以及解决金融问题的学科领域。风险管理是指识别、评估和应对可能影响组织目标实现的各种风险的过程。在金融领域,风险管理尤为重要,因为金融机构面临着多种风险,如市场风险、信用风险、操作风险等。

在金融工程与风险管理的复杂领域中,数组与矩阵是量化分析、模型构建和决策支持的核心数学工具。①资产组合管理。资产收益和风险通过资产权重与协方差矩阵的乘积来评估,实现最优资产配置。②风险度量。VaR 和 CVaR 等风险度量技术涉及矩阵运算,用于估计资产收益分布和处理,评估资产组合的波动性和潜在损失的概率分布。③信用风险管理。信用评级转移矩阵等信用风险模型通过矩阵运算预测违约概率和损失分布,以及不同经济情境下的信用暴露。④因子分析与风险分解。因子模型通过矩阵运算分解风险,分离系统性风险和特定风险,优化投资策略。⑤优化与最优化。金融工程中的优化问题,如最大化投资回报或最小化风险,转换为矩阵形式的优化问题,通过矩阵运算求解。⑥时间序列分析。时间序列分析方法,如 AR、MA、ARMA 模型,使用数组存储历史数据,矩阵运算执行复杂分析,对风险管理中的趋势预测至关重要。⑦绩效评估。詹森 α、夏普比率等绩效评估指标涉及资产收益向量与市场基准的比较和风险调整的矩阵运算。⑧机器学习与大数据分析。机器学习方法处理金融市场数据,发现模式、预测市场行为或优化投资策略,核心基于矩阵操作。⑨压力测试与情景分析。压力测试模拟不利情景,构建市场参数矩阵,评估对金融机构稳健性的影响。

数组与矩阵在金融工程与风险管理中支撑了从风险评估到投资决策的全过程,是金融领域不可或缺的数学工具。随着技术的进步和金融创新的不断发展,数组和矩阵在金融领域的应用范围和深度持续扩展。

4.5 小结

1. 本章知识要点

本章知识要点如图 4-16 所示。

2. 本章示例与应用

本章示例与应用如图 4-17 所示。

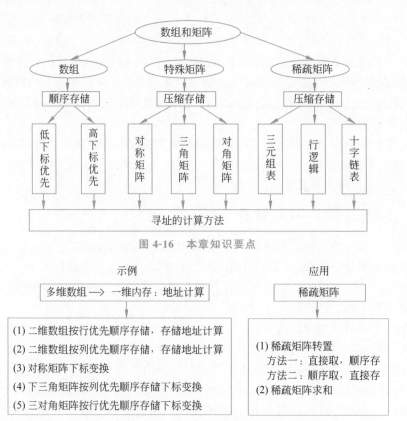

图 4-16 本章知识要点

图 4-17 本章示例与应用

习题 4

一、填空题

1. 一维数组的逻辑结构是_____，存储结构是_____；对于二维或多维数组，分为按_____和_____两种不同的存储方式。

2. 对称矩阵压缩是为了_____。

3. 将整型数组 A[1..8,1..8]按行优先顺序存储在起始地址为 1000 的连续的内存单元中，则元素 A[7][3]的地址是_____。

4. 设有二维数组 A[0..9,0..19]，其每个元素占 2 字节，第一个元素的存储地址为 100，若按列优先顺序存储，则元素 A[6][6]的存储地址为_____。

5. 设有一个 10 阶字符型对称矩阵 A 采用压缩存储方式(以行为主序存储，A[1][1]=1)，则 A[8][5]的地址为_____。

6. 假设一个 15 阶的上三角矩阵 A 按行优先顺序压缩存储在一维数组 B 中，则非零元素 A[9][9]在 B 中的存储位置 k=_____(注意，矩阵元素下标从 1 开始)。

二、简答题

1. 简述数组属于线性表的理由。

2. 设二维数组 a[0..9,0..19] 采用顺序存储方式,每个数组元素占用一个存储单元,a[0][0] 的存储地址为 200,a[6][2] 的存储地址是 322,问该数组采用的是按行优先顺序存放还是按列优先顺序存放?

3. 特殊矩阵与稀疏矩阵哪一种压缩存储后失去随机存取的性能?为什么?

4. 若按照压缩存储的思想将 $n \times n$ 阶的对称矩阵 A 的下三角部分(包括主对角线元素)以行序为主序方式存放于一维数组 B[1..n(n+1)/2] 中,那么,A 中任一个下三角元素 $a_{ij}(i \geq j)$ 在数组 B 中的下标位置 k 是什么?

5. 已知 A 为稀疏矩阵,试从空间和时间角度比较采用二维数组和三元组表两种存储方法完成求 $\sum_{i=1}^{n} a_{ii}$ 运算的优缺点。

三、算法设计题

1. 两个 n 阶整型对称矩阵 A、B 采用压缩存储方式,均按行优先顺序存放其下三角和主对角线的各元素,设计一个算法求 A、B 的乘积 C,要求 C 直接用二维数组表示。

2. 给定一个有序(非降序)数组 A,可含有重复元素。设计一个算法求绝对值最小的元素的位置。

四、上机练习题

1. 如果矩阵 A 中存在这样的一个元素 A[i][j],它是第 i 行中值最小的元素,且又是第 j 列中值最大的元素,则称为该矩阵的一个鞍点。请编程计算出 $m \times n$ 的矩阵 A 的所有鞍点。

2. 编程实现:将自然数 $1 \sim n^2$ 按"蛇形"填入 $n \times n$ 矩阵中,如 $1 \sim 4^2$,如图 4-18 所示。

五、AI 辅助题

基于大语言模型等 AI 工具求解下列各题。

1. 给定一个 $n \times n$ 的二维矩阵,将其按顺时针方向旋转 $90°$。

2. 假设有一个简单的神经网络层,输入为一个 4×3 的矩阵(代表 4 个样本,每个样本有 3 个特征),权重矩阵为 3×2(3 个输入特征映射到 2 个隐藏单元),计算前向传播的输出矩阵。

1	3	4	10
2	5	9	11
6	8	12	15
7	13	14	16

图 4-18 蛇形分布图

3. 设计一个算法,高效地存储和检索一个大型的稀疏矩阵(大部分元素为 0),并实现两个稀疏矩阵的加法操作。

六、思政思考题

1. 多维数组在处理复杂数据结构时如何体现对细节的关注和对整体的把握?它表明科学研究需要怎样的品质?

2. 特殊矩阵的优化存储方式如何体现了对效率的追求和对资源的尊重?

3. 稀疏矩阵的存储策略如何体现了对问题的深入分析和解决方案的创新?

第 5 章 树和二叉树

树与二叉树都属于树(形)结构。树结构是一种比线性结构复杂的非线性数据结构,比较适合描述具有层次关系的数据,如记载"祖先—后代"的族谱、表述"上级—下级"的组织机构、表示"整体—部分"的事物构成等。

树结构在计算机领域中有着广泛的应用,特别是二叉树。例如,操作系统中用树表示文件目录的组织结构;编译系统中用语法树表示源程序的语法结构;数据挖掘中用决策树进行数据分类。

本章讨论树与二叉树的存储设计及遍历操作;二叉树的二叉链表实现;树或森林与二叉树之间的相互转换;二叉树的典型应用——最优二叉树与哈夫曼编码。

本章主要知识点

- 树的逻辑特性和存储设计。
- 树与森林的遍历方法。
- 二叉树的性质、存储设计。
- 二叉树的创建、遍历、销毁等算法。
- 树或森林与二叉树之间的相互转换。
- 最优二叉树及哈夫曼编码。

本章教学目标

- 掌握树结构的逻辑特性并用于问题建模。
- 掌握树、二叉树的存储方法并在具体应用中选择或设计合适的存储结构。
- 掌握二叉树的遍历原理与方法并能用于解决问题。
- 掌握最优二叉树与哈夫曼编码的构建并能够用于解决应用问题。

5.1 树

树是一种非线性结构,其存储与操作与线性结构完全不同,树的定义是递归的,因此,树的许多操作可用递归程序实现。

5.1.1 树的定义与表示

树(tree)是 $n(n \geqslant 0)$ 个数据元素的有限集合。当 $n=0$ 时,称为空树;任意一棵非空树满足下列条件。

(1) 有且仅有一个没有前驱的特殊元素,即根(root)结点[①]。

(2) 当 $n>1$ 时,除根结点之外的其余数据元素被分成 $m(m>0)$ 个互不相交的集合 $T_1, T_2, \cdots, T_m$,其中每个集合又是一棵树,称为根的子树(subtree);即数据元素 $D=\{\text{root}\} \cup T_1 \cup T_2 \cup \cdots \cup T_m$,且 $T_i \cap T_j = \varnothing$。

(3) 对于每棵子树,同样可看成由子树的根与子树根的子树组成。

由上可知,树的定义是递归的,例如图 5-1 是一棵树。其中,① A 为树根,T_1、T_2、T_3 是 A 的子树;B、P、C 分别为 3 棵子树的根。② T_{11}、T_{12} 分别为子树 T_1 的根 B 的子树;T_{31}、T_{32} 和 T_{33} 分别为子树 T_3 的根 C 的子树。

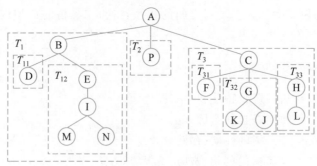

图 5-1 树 1

在树结构中,尽管用无箭头的线表示结点之间的关系,但实际上树中双亲与孩子之间是一种有向关系。

除了上述图形表示法之外,树还有嵌套集合表示、凹入表示和广义表表示等方法。**嵌套集合**是指一些集合的集体,其中任何两个集合或者不相交,或者一个包含另一个。树的嵌套集合表示是指根为一个大集合,根的子树构成这个大集合中若干互不相交的子集,如此嵌套下去,如图 5-2(a)所示。**树的凹入表示**如图 5-2(b)所示,通过不同的缩进表示层次包含关系,主要用于树的屏幕输出。**树的广义表表示**是用括号表示层次及其包含关系,如图 5-2(c)所示。

---

① 在树中,常常将数据元素称为结点。

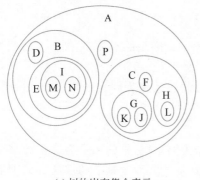
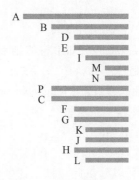

(a) 树的嵌套集合表示   (b) 树的凹入表示

(A (B (D, E (I (M, N))), P, C (F, G (K, J), H (L))))

(c) 树的广义表表示

图 5-2 树的各种表示法

5.1.2 树的术语

1. 结点的度和树的度

结点的度(degree) 结点所拥有的子树的个数称为该结点的度。例如在图 5-1 所示的"树 1"中,结点 A 和 C 的度为 3;结点 B、I、G 的度为 2;结点 E 和 H 的度为 1;其余结点的度为 0。

树的度 树内结点度的最大值称为树的度。图 5-1 所示的"树 1"的度为 3。

2. 各类结点

叶(leaf)结点 度为 0 的结点称为叶结点,也称为终端结点。

分支(branch)结点 度不为 0 的结点称为分支结点,也称为非终端结点。

孩子结点(child node) 树中某结点 X 的子树的根(即 X 的后继结点)称为 X 的孩子结点。例如"树 1"中 A 的孩子结点为 B、P、C;B 的孩子结点为 D、E;C 的孩子结点为 F、G、H。

双亲(parent)结点 如果树中某结点 Y 是另一个结点 X 的孩子,则结点 X(即 Y 的前驱)称为 Y 的双亲结点。树中除根没有双亲结点外,其余的结点均有唯一的双亲结点。例如"树 1"中 A 是 B、P、C 的双亲;B 是 D、E 的双亲;C 是 F、G、H 的双亲。

兄弟(brother) 树中具有相同双亲的结点互为兄弟结点。例如,"树 1"中 B、P、C 互为兄弟;D、E 互为兄弟;F、G、H 互为兄弟。

堂兄弟 树中双亲为兄弟的结点的孩子互为堂兄弟结点。例如"树 1"中 D、E 与 F、G、H 互为堂兄弟。

祖先(ancestor) 从根到某结点 X 所经分支上的所有结点称为结点 X 的祖先。例如,"树 1"中 M 的祖先为 A、B、E 和 I;K 的祖先为 A、C、G。

子孙(descendant) 以某结点 X 为根的子树中任一结点都称为结点 X 的子孙结点。例如"树 1"中,除根结点 A 之外的所有结点均为 A 的子孙。F、G、H、K、J 和 L 都是 C 的子孙。

3. 路径和路径长度

路径(path)　如果树的结点序列 $n_1, n_2, \cdots, n_k$ 满足结点 n_i 是结点 n_{i+1} 的双亲($1 \leqslant i < k$),则把 $n_1, n_2, \cdots, n_k$ 称为一条由 n_1 到 n_k 的路径。

路径长度(path length)　一条路径上经过的边数称为路径长度。例如"树1"中,A、B、E、I、N 是一条从根 A 到结点 N 的路径,其长度为 4。

4. 层次和树的深度

层次(level)　树具有层次性,从根开始,根为第 1 层,根的孩子为第 2 层,根的孩子的孩子为第 3 层,以此类推。树中任一结点的层次等于其双亲结点的层次加 1。例如"树 1"中,第 2 层的结点有 B、P 和 C;第 3 层的结点有 D、E、F、G 和 H;第 4 层的结点有 I、K、J 和 L;第 5 层的结点有 M 和 N。

树的深度(depth)　树中结点的最大层次数称为树的深度或高度。例如,"树 1"的深度为 5。

5. 有序树和无序树

有序树(ordered tree)　如果一棵树中的各子树从左到右是有次序的,则称这棵树为有序树。在有序树中,如果子树位置从左到右不同,则被认为是不同的树。通常,将有序树最左边的子树称为第一棵子树,最右边的称为最后一棵子树。

无序树(unordered tree)　如果一棵树中的各子树无左、右次序之分,则称这棵树为无序树。

6. 森林

森林(forest)　森林是 $m(m \geqslant 0)$ 棵互不相交的树的集合。度大于 1 的树如果删去根结点,就变成了森林。例如,删去"树 1"的根结点 A,它就变成由 3 棵树构成的森林。

归纳可知,树具有以下逻辑特性。

- 树结构有明显的层次性,根为第 1 层,根的孩子为第 2 层,根的孩子的孩子为第 3 层,以此类推。
- 根无前驱结点,其余结点有唯一前驱(即双亲)结点。
- 叶结点无后继结点;非叶结点可以有一个或多个直接后继(即孩子)结点。
- 祖先与子孙是父子关系的延伸,它确定了树中各结点之间的纵向次序。
- 在有序树中,同一组兄弟从左到右有长幼之分,它定义了树中各结点之间的横向次序。

5.1.3　树的抽象数据类型

一棵树的数据元素属于同一个集合,数据元素之间具有一对多的关系。关于树的基本操作可分为创建与销毁类、查询访问类、编辑类。树的抽象数据类型描述如下。

```
ADT Tree
数据对象: D={a_i|a_i∈ElementSet, i=1, 2, ⋯, n, n≥0},其中,n 为树中数据元素个数,
         n=0 时为空树。
数据关系: R={<a_i, a_j>|a_i, a_j∈D,1≤i,j≤n,有且仅有一个结点没有前驱结点,其余结点有
         唯一前驱结点,任一个结点有零个、一个或多个后继结点}
```

基本操作：
  InitTree(&T)   //初始化树
    操作功能：创建一个空树 T。
    操作输出：创建成功,返回 true;不成功,退出。
  DestroyTree(&T)   //销毁树
    操作功能：释放树 T 所占的存储空间。
    操作输出：无。
  CreateTree(&T,definition) //创建树
    操作功能：按树的定义(definition)创建树 T。
    操作输出：创建成功,返回 true;否则,返回 false。
  ClearTree(&T)   //清空树
    操作功能：把树 T 变成一棵空树。
    操作输出：无。
  PreTree(T)   //先根遍历树
    操作功能：先根遍历树的各结点。
    操作输出：遍历结果。
  PostTree(T)   //后根遍历树
    操作功能：后根遍历树的各结点。
    操作输出：遍历结果。
  LevelTree(T)   //层序遍历树
    操作功能：层序遍历树的各结点。
    操作输出：遍历结果。
  Root(T,&e)   //访问树根
    操作功能：查询树根。
    操作输出：树非空,e 为树根元素,返回 true;否则,返回 false。
  Parent(T,e, &par_e)   //访问双亲
    操作功能：查询值为 e 元素的双亲。
    操作输出：如果存在 par_e 为 e 的双亲,返回 true;否则,返回 false。
  LeftFirstChild(T,e, &lc_e) //访问左孩子
    操作功能：查询值为 e 的元素的左边的第一个孩子。
    操作输出：如果存在 lc_e 为 e 左边的第一个孩子,返回 true;否则,返回 false。
  RightSibling(T, e, &rs_e)   //访问兄弟
    操作功能：查询值为 e 的元素的右边的第一个兄弟。
    操作输出：如果存在 rs_e 为 e 右边的第一个兄弟,返回 true;否则,返回 false。
  TreeEmpty(T)   //测树空
    操作功能：判断树 T 是否为空树。
    操作输出：如果 T 是空树,返回 true;否则,返回 false。
  TreeDepth(T)   //测树深
    操作功能：查询树深。
    操作输出：返回树的深度。
  InsertChild(&T, p, i, c)   //插入结点
    操作功能：p 指向树 T 的某个结点,插入结点 c 为 p 的第 i 棵子树。
    操作输出：插入成功,返回 true;否则,返回 false。
  DeleteChild(&T,p,i)   //删除结点
    操作功能：p 指向树 T 的某个结点,删除 p 的第 i 棵子树。
    操作输出：删除成功,返回 true;否则,返回 false。
} ADT Tree

5.1.4 树的存储设计

  树的存储方法有多种,如顺序存储、链式存储、顺序和链式相结合的存储方法。本节

微课视频

介绍双亲表示法、孩子链表表示法、双亲孩子表示法、孩子兄弟表示法。

1. 双亲表示

树的双亲表示是用一个数组来存储树，即采用顺序存储方式。数组元素包括两个成员，即数据域和指针（游标）域，结构如图 5-3 所示。数据域用于存储数据元素，指针域用于存储双亲在数组中的位置。存储描述如下。

图 5-3　树的双亲表示中数组元素结构示意图

```
template<class DT>
#define MAXNODE          //树的结点个数
struct PTNode            //数组元素类型
{ DT data;               //数据域
  int parent;            //指针域，双亲在数组中的下标
};
PTNode T[MAXNODE];       //树 T
```

图 5-4(a)所示"树 2"的双亲存储示意图如图 5-4(b)所示。

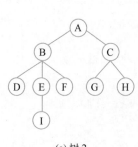

PNode t2[]; //树 2 的双亲表示

0	A	−1
1	B	0
2	C	0
3	D	1
4	E	1
5	F	1
6	G	2
7	H	2
8	I	4

(a) 树 2　　　　　　　(b) 树 2 的双亲存储示意图

图 5-4　树的双亲表示

这种存储结构利用了树中每个结点（除根以外）有唯一双亲的性质。该方法获取双亲很方便，但求结点的孩子需要遍历整个表。

2. 孩子链表表示

树的孩子链表表示是顺序存储和链式存储相结合的一种方式，数据元素信息采用顺序存储，每个结点的所有孩子形成一个链表，双亲结点的指针指向该链表。"树 2"的孩子链表存储示意图如图 5-5 所示。

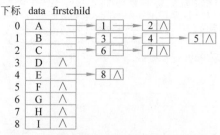

图 5-5　"树 2"的孩子链表存储示意图

存储中涉及两种结点(表头结点和孩子结点),它们的结构如图 5-6 所示。表头结点包含两个域:数据域(data)存储数据元素信息;指针域(firstchild)存储第一个孩子结点的位置信息。孩子结点也包含两个域:孩子位置(child)存储孩子结点信息在表头结点中的位置;指针域(nextchild)存储下一个孩子结点的位置信息。具体定义如下。

```
template<class DT>
struct PNode            //双亲结点
{ DT data;              //数据域
  CTNode * firstchild;  //指针域,指向孩子链的头
};
struct CTNode           //孩子结点
{ int child;            //孩子位置
  CTNode * nextchild;   //指针域,指向下一个孩子结点
};
```

表头结点

data	firstchild

孩子结点

child	nextchild

图 5-6　结点结构示意图

在孩子链表存储表示法中,结点的孩子信息很容易得到,但双亲信息需要遍历表才可获得。如果一个问题域中需要同时频繁地获取孩子信息和双亲信息,可以把双亲表示法和孩子表示法结合起来,形成双亲孩子表示法。

3. 双亲孩子表示

树的双亲孩子表示是在孩子链表表示法的表头信息中加入双亲信息形成的,这样既能直接获取双亲信息,又能直接获取孩子信息。带双亲信息的孩子链表存储示意图如图 5-7 所示。

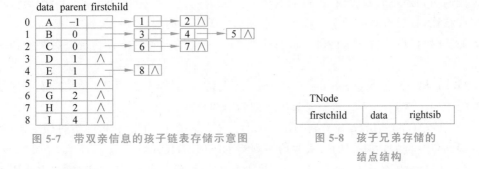

图 5-7　带双亲信息的孩子链表存储示意图

图 5-8　孩子兄弟存储的结点结构

TNode

firstchild	data	rightsib

4. 孩子兄弟表示

树的孩子兄弟表示是一种链式存储。每个结点含有一个数据域和两个指针域,结点结构如图 5-8 所示。数据域存储数据元素信息;一个指针域指向结点的第一个孩子;另一个指针域指向结点右边的第一个兄弟。结点定义如下。

```
template<class DT>
struct TNode
{
  DT data;              //数据域
  TNode * firstchild;   //指向第一个孩子
  TNode * rightsib;     //指向第一个右兄弟
};
```

"树2"的孩子兄弟存储示意图如图5-9所示。

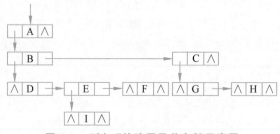

图5-9 "树2"的孩子兄弟存储示意图

树的孩子兄弟表示中因为每个结点有两个指针域,所以也称为树的二叉链表表示。

以上介绍了4种树的存储设计,但其实还有其他设计形式。具体应用中需要切合问题抽象与问题求解的需要,选择或设计合适的存储方式。

5.1.5 树和森林的遍历

微课视频

遍历是树和森林最基本的操作。树和森林为非线性结构,遍历是结点查找的有效途径。

1. 树的遍历

树的遍历(traverse)是指从根结点出发,按照某种次序访问树的所有结点,使得每个结点被访问一次且仅被访问一次。由树的定义可知,一棵树由根结点和 m 棵子树构成,根据先遍历根还是后遍历根,将树的遍历方法分为**先根(序)遍历**和**后根(序)遍历**。树具有层次结构,按层次对树的遍历称为**层序遍历**。关于树的遍历共有上述3种方法。

遍历时可以从左往右,也可以从右往左,本书仅考虑从左往右的情况。各种遍历方法如下。

(1) 先根(序)遍历(preorder traversal)。先访问根结点;然后从左往右,依次先根遍历每棵子树。例如,"树2"的先根遍历序列为ABDEIFCGH。

(2) 后根(序)遍历(postorder traversal)。先从左往右,依次后根遍历每棵子树;然后访问根结点。例如,"树2"的后根遍历序列为DIEFBGHCA。

(3) 层序遍历(level traversal)。层序遍历方法为从上往下、从左往右,依次遍历各结点。例如,"树2"的层序遍历序列为ABCDEFGHI。

2. 森林的遍历

森林由一棵以上的树组成。森林遍历的方法有两种:**先序遍历**和**中序遍历**。

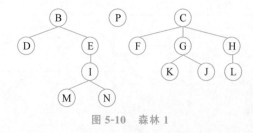

图5-10 森林1

(1) 先序遍历。先序遍历的方法是按树的先根遍历方法依次遍历各棵子树。

图5-10所示"森林1"由3棵树组成。第1棵树的先根遍历序列为BDEIMN;第2棵树的先根遍历序列为P;第3棵树的先根遍历序列为CFGKJHL。3个序列连起来,得到森林先序遍历序列为BDEIMNPCFGKJHL。

(2) 中序遍历。中序遍历(inorder traversal)方法是按树的后根遍历方法依次遍历森林的各棵子树,即首先后序遍历第 1 棵树的根的各棵子树,接着访问第 1 棵树的根,然后后序遍历其他树。

例如"森林 1"的中序遍历:第 1 棵树的后根遍历序列为 DMNIEB;第 2 棵树的后根遍历序列为 P;第 3 棵树的后根遍历序列为 FKJGLHC。三者连起来,得到"森林 1"的中序遍历序列为 DMNIEBPFKJGLHC。

森林可以分为 3 部分:第 1 棵树的根 I、第 1 棵树根的子树 II、其他树 III。在中序遍历中,第 1 棵树的根处于遍历的中间位置,因此称为森林的中序遍历。

5.2 二叉树的定义与特性

二叉树与树一样,是一种树形结构,但它是一棵度不超过 2 的有序树。树形结构的术语同样适用于二叉树。

5.2.1 二叉树的定义

二叉树(binary tree)是 $n(n \geqslant 0)$ 个有限结点的集合,$n=0$ 时为空二叉树。非空二叉树 T 满足下列条件。①有且仅有一个没有前驱的数据元素,即根结点。②当 $n>1$ 时,除根结点之外的其余结点被分成两个互不相交的集合 T_1 和 T_2,分别称为 T 的左子树和右子树,且 T_1 和 T_2 本身又均为二叉树;即数据元素 $D=\{\text{root}\} \cup T_1 \cup T_2$,且 $T_1 \cap T_2 = \varnothing$。

二叉树的定义是递归的。对于每棵子树,同样可看成由子树根与子树根的左、右子树组成。

二叉树可以有 5 种基本形态,如图 5-11 所示。

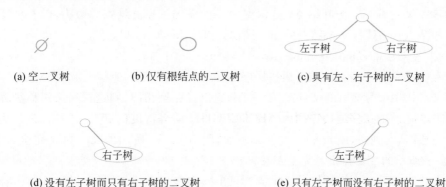

图 5-11 二叉树的 5 种基本形态

【思考】
(1) 一棵有 3 个结点的二叉树有几种形态?
(2) 一棵二叉树交换左、右子树后还是同一棵二叉树吗?
(3) 一棵有 3 个结点的树有几种形态?

5.2.2 特殊二叉树

满二叉树、完全二叉树、斜树均为特殊形态的二叉树,如图 5-12 所示。

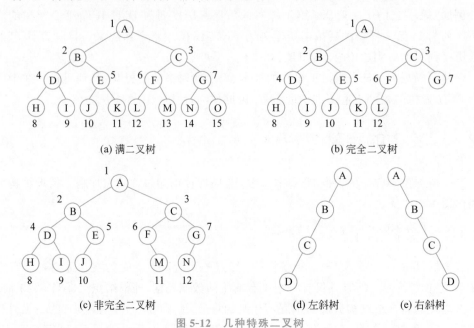

(a) 满二叉树　　(b) 完全二叉树

(c) 非完全二叉树　　(d) 左斜树　　(e) 右斜树

图 5-12　几种特殊二叉树

1. 满二叉树(full binary tree)

满二叉树如图 5-12(a)所示,是同样深度的二叉树中具有最多结点的二叉树。为标识结点个数,图中按层序并从左往右对结点进行了编号。

满二叉树具有下列特性:①第 i 层有 2^{i-1} 个结点;②所有叶结点均在最后一层,深度为 k 的满二叉树有 2^{k-1} 个叶结点;③深度为 k 的满二叉树的结点总数为 2^k-1;④没有度为 1 的结点;⑤具有 n 个结点的满二叉树高度为 $\log_2(n+1)$。

2. 完全二叉树(complete binary tree)

对一棵具有 n 个结点的二叉树按层序编号,如果编号为 $i(1 \leqslant i \leqslant n)$ 的结点与同样深度的满二叉树中编号为 i 的结点在二叉树中的位置完全相同,则这棵二叉树称为完全二叉树。也就是说,在完全二叉树中,当树的结点小于同等深度的满二叉树时,是从满二叉树的最底层,从右到左,结点依次减少。例如,图 5-12(b)所示的二叉树是完全二叉树,图 5-12(c)所示的二叉树不是完全二叉树。

完全二叉树具有下列特性:①叶结点只出现在最下两层,且最下层的叶结点都集中在二叉树的左部;②深度为 k 的完全二叉树在 $k-1$ 层上一定是满二叉树;③在结点个数 n 一定的各棵二叉树中,完全二叉树是其中最矮的二叉树;④当结点个数为偶数时,完全二叉树只有一个度为 1 的结点;当结点个数为奇数时,没有度为 1 的结点。

3. 斜树(oblique tree)

树中结点只有左孩子(左斜树)或只有右孩子(右斜树)的二叉树称为斜树,如图 5-12(d)和图 5-12(e)所示。

斜树具有下列特性：①每层只有一个结点，即没有度为 2 的结点，且只有一个叶结点；②斜树是 n 个结点的二叉树中最高的二叉树之一，高度为结点个数 n。

5.2.3 二叉树的性质

二叉树具有如下 5 个重要性质，据此可类推到 k 叉树的性质。

性质 1 在二叉树的第 i 层上至多有 2^{i-1} 个结点($i \geqslant 1$)。

证明：利用归纳法证明如下。

归纳基础：$i=1$ 时只有一个根结点。显然，$2^{i-1}=2^0=1$ 是对的。

归纳假设：假设 $i=k-1$ 时命题成立，即第 $k-1$ 层上至多有 2^{k-2} 个结点。

由于二叉树上每个结点至多有两棵子树，故在第 k 层上的最大结点数为第 $k-1$ 层上的最大结点数的 2 倍，即 $2^{k-2} \times 2 = 2^{k-1}$，由此命题成立。

性质 2 在一棵深度为 k 的二叉树中，最多具有 2^k-1 个结点($k \geqslant 0$)，最少有 k 个结点。

证明：由性质 1 可知，深度为 k 的二叉树上的结点数至多为
$$2^0 + 2^1 + \cdots + 2^{k-1} = 2^k - 1$$
此时二叉树为满二叉树。

二叉树中每一层最少要有一个结点，因此深度为 k 的二叉树最少有 k 个结点，证毕。

性质 3 对于一棵非空的二叉树，如果度为 0 的结点数为 n_0，度为 2 的结点数为 n_2，则有 $n_0 = n_2 + 1$。

证明：设度为 1 的结点数为 n_1，则二叉树上结点总数为
$$n = n_0 + n_1 + n_2 \tag{5-1}$$

设分支数为 b。度为 0 的点没有分支；度为 1 的点有一个分支；度为 2 的点有两个分支。因此，分支总数为
$$b = n_1 + 2n_2 \tag{5-2}$$

又因为除根外，一个分支对应一个结点。所以，二叉树的结点总数为
$$n = b + 1 \tag{5-3}$$

由式(5-1)~式(5-3)可得 $n_1 + 2n_2 + 1 = n_0 + n_1 + n_2$，即 $n_0 = n_2 + 1$，证毕。

性质 4 具有 n 个结点的完全二叉树的深度为 $\lfloor \log_2 n \rfloor + 1$ 或 $\lceil \log_2(n+1) \rceil$。

证明：设完全二叉树的深度为 h，结点总数为 n，则 n 大于 $1 \sim h-1$ 层上的结点总数 $2^{h-1}-1$，不大于深度为 h 的满二叉树的结点总数 2^h-1，即
$$2^{h-1} \leqslant n < 2^h \quad \text{或} \quad 2^{h-1} - 1 < n \leqslant 2^h - 1$$

对于前者 $2^{h-1} \leqslant n < 2^h$，两边取对数可得 $h-1 \leqslant \log_2 n < h$。

因为 h 只能是整数，所以有 $h = \lfloor \log_2 n \rfloor + 1$。

从另一个角度，对于后者 $2^{h-1} - 1 < n \leqslant 2^h - 1$，不等式加 1、取对数可得 $h - 1 < \log_2(n+1) \leqslant h$。

因为 h 只能是整数，所以有 $h = \lceil \log_2(n+1) \rceil$，证毕。

性质 5 对一棵具有 n 个结点的完全二叉树，从上至下且从左至右进行 $1 \sim n$ 的编号，则对于其中任意一个编号为 i 的结点，有①若 $i=1$，则该结点是二叉树的根，无双亲，

否则编号为 $\lfloor i/2 \rfloor$ 的结点为其双亲结点。②若 $2i>n$，则该结点无左孩子结点，否则编号为 $2i$ 的结点为其左孩子结点。③若 $2i+1>n$，则该结点无右孩子结点，否则编号为 $2i+1$ 的结点为其右孩子结点。

从图 5-12(a) 和图 5-12(b) 中可直观看到结论，证明如下。

证明：如果②、③成立，则可推出①。用归纳法证明②和③。

如果 $i=1$，结点 i 就是根结点，因此无双亲。由完全二叉树的定义可知，其左孩子结点必为 2，右孩子结点必为 3。如果 $2>n$，即不存在结点 2，结点 1 无左孩子；如果 $3>n$，即不存在结点 3，结点 1 无右孩子。结论正确。

如果 $i>1$，有以下两种情况。①设第 j 层的第一结点的编号为 i，由性质 2 和二叉树定义可知 $i=2^{j-1}$。其左孩子必为第 $j+1$ 层上的第一个结点，编号为 $2^j=2\times(2^{j-1})=2i$。若 $2i>n$，则结点无左孩子。其右孩子必为第 $j+1$ 层上的第二个结点，编号为 $2i+1$。若 $2i+1>n$，则结点无右孩子。②设第 j 层的某个结点编号为 $i(2^{j-1}\leqslant i\leqslant 2^j-1)$，且 $2i+1<n$，则其左孩子为 $2i$，右孩子为 $2i+1$。编号为 $i+1$ 的结点是编号为 i 的结点的右兄弟或堂兄弟，若它有左孩子，则编号必为 $2i+2=2(i+1)$；若它有右孩子，则其编号必为 $2i+3=2(i+1)+1$。图 5-13 表示完全二叉树上结点及其左、右孩子结点之间的关系。

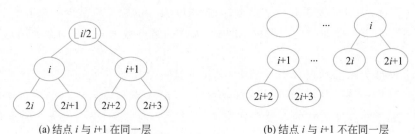

(a) 结点 i 与 $i+1$ 在同一层　　　　　　(b) 结点 i 与 $i+1$ 不在同一层

图 5-13　完全二叉树中结点 i 和 $i+1$ 的左、右孩子

由上述结论可知：当 $i>1$ 时，如果 i 为左孩子，即 $2\times(i/2)=i$，则 $i/2$ 是 i 的双亲；如果 i 为右孩子，则 $i=2p+1$，即结点 i 的双亲应为 p，而 $p=(i-1)/2=\lfloor i/2 \rfloor$。

证毕。

【**应用 5-1**】　对于有 30 个结点的二叉树，求解下列问题：①最高的树高度为多少？最矮的树高度为多少？②如果是一棵完全二叉树，度为 0、1、2 的结点个数分别是多少？③如果有 10 个度为 0 的结点，度为 1 和 2 的结点个数分别为多少？

【**解**】　(1) 当二叉树为左斜树或右斜树时最高，高度为 30；当为完全二叉树时最矮，高度为 $\lfloor \log_2 30 \rfloor +1=5$。

(2) 如果是一棵完全二叉树，因为结点总数是偶数，所以度为 1 的结点个数 $n_1=1$。
由 $n_0=n_2+1$ 及 $n=n_0+n_1+n_2$ 可得
$$n_2=(n-n_1-1)/2=14,\quad n_0=n_2+1=15$$

(3) 当 $n_0=10$ 时，$n_2=n_0-1=10-1=9$，$n_1=n-n_0-n_2=30-10-9=11$。

【**思考**】　如果结点编号从 0 开始，第 i 个结点的双亲如果存在，双亲结点编号为多少？其左、右孩子的编号为多少？

5.2.4 二叉树的抽象数据类型

一棵二叉树的数据元素属于同一个集合,数据元素之间具有一对多(0、1或2)的关系。其抽象数据类型定义如下。

```
ADT BiTree {
数据对象:D = {a_i|a_i∈ElementSet, i=1, 2, …, n, n≥0},其中,n 为二叉树中数据元素个
         数,n=0 时为空二叉树。
数据关系:R={<a_i, a_j>|a_i, a_j∈D, 1≤i, j≤n,有且仅有一个结点没有前驱结点,其余结点
         有唯一前驱结点,任一个结点有零个、一个或两个后继结点}
基本操作:
        InitBiTree(&BT)                    //初始化二叉树
            操作功能:创建一棵空的二叉树 BT。
            操作输出:创建成功,返回 true;不成功,退出。
        DestroyBiTree(&BT)                 //销毁二叉树
            操作功能:释放二叉树 BT 所占的存储空间。
            操作输出:无。
        CreateBiTree(&BT)                  //创建二叉树
            操作功能:创建二叉树 BT。
            操作输出:创建成功,返回 true;否则,返回 false。
        ClearBiTree(&BT)                   //清空二叉树
            操作功能:把二叉树 BT 变成一棵空二叉树。
            操作输出:无。
        BiTreeEmpty(BT)                    //测二叉树空
            操作功能:判断二叉树 BT 是否为空二叉树。
            操作输出:如果 BT 是空二叉树,返回 true;否则,返回 false。
        BiTreeDepth(BT)                    //测二叉树深
            操作功能:求二叉树 BT 深度。
            操作输出:返回二叉树的深度。
        PreOrderBiTree(BT)                 //先序遍历
            操作功能:先序遍历二叉树 BT。
            操作输出:遍历结果。
        InOrderBiTree(BT)                  //中序遍历
            操作功能:中序遍历二叉树 BT。
            操作输出:遍历结果。
        PostOrderBiTree(BT)                //后序遍历
            操作功能:后序遍历二叉树 BT。
            操作输出:遍历结果。
        LevelOrderBiTree(BT)               //层序遍历二叉树
            操作功能:层序遍历二叉树 BT。
            操作输出:遍历结果。
        Root(BT,&e)                        //访问二叉树根
            操作功能:查询二叉树 BT 的根。
            操作输出:如果存在,e 为根的值,返回 true;否则返回 false。
        Parent(BT,e, &par_e)               //访问双亲
            操作功能:在二叉树 BT 中,查询值为 e 的数据元素的双亲。
            操作输出:如果存在 par_e 为数据元素 e 的双亲,返回 true;否则,返回 false。
        LeftChild(BT,e, &lc_e)             //访问左孩子
```

操作功能：在二叉树 BT 中，查询值为 e 的元素的左孩子。
操作输出：如果存在 lc_e 为数据元素 e 的左孩子，返回 true；否则，返回 false。
RchildChild(BT,e, &rc_e)   //访问右孩子
操作功能：在二叉树 BT 中，查询值为 e 的元素的右孩子。
操作输出：如果存在 rc_e 为数据元素 e 的右孩子，返回 true；否则，返回 false。
LeftSibling(BT, e, &ls_e)   //访问左兄弟
操作功能：在二叉树 BT 中，查询值为 e 的元素的左兄弟。
操作输出：如果存在 ls_e 为数据元素 e 的左兄弟，返回 true；否则，返回 false。
RightSibling(BT, e, &rs_e)   //访问右兄弟
操作功能：在二叉树 BT 中，查询值为 e 的元素的右兄弟。
操作输出：如果存在 rs_e 为数据元素 e 的右兄弟，返回 true；否则，返回 false。
Assign(&BT, e, v)   //修改结点值
操作功能：在二叉树 BT 中，将值为 e 的元素值修改为 v。
操作输出：如果元素 e 存在，修改成功，返回 true；否则，返回 false。
InsertChild(&BT, p, LR, c)   //插入结点
操作功能：p 指向二叉树 BT 的某个结点，插入 c 为 p 的左(L 表示左)或右(R 表示右)
         孩子，p 所指结点原有的左或右子树为 c 的左或右子树。
操作输出：插入成功，返回 true；否则，返回 false。
DeleteChild(&BT,p,LR)   //删除结点
操作功能：p 指向二叉树 BT 的某个结点，删除 p 的左或右二叉树。
操作输出：删除成功，返回 true；否则，返回 false。
} ADT BiTree

5.3 二叉树的存储结构

树的存储方法理论上均可用于二叉树的存储，但也有专门针对二叉树的存储方法。本节介绍的二叉树存储方法有顺序存储、二叉链表存储、三叉链表存储。

1. 顺序存储

二叉树的顺序存储是指用一组连续的内存空间存储二叉树。具体做法是：按层序且从左往右依次把二叉树的数据元素存储到一组连续的内存空间中。由二叉树的性质 5 可知，完全二叉树的结点编号可以映射出结点的双亲与孩子关系。因此，无须专门存储结点之间的关系。完全二叉树及其顺序存储示意图如图 5-14(a)所示。

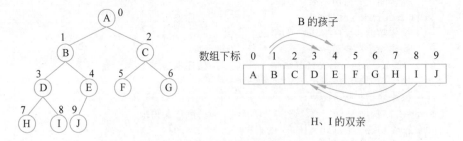

(a) 完全二叉树及其顺序存储

图 5-14　二叉树的顺序存储示意图

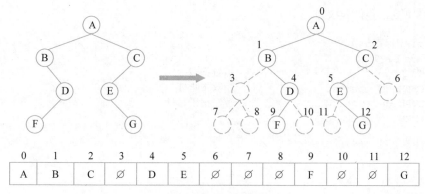

(b) 非完全二叉树及其顺序存储

图 5-14 （续）

第 i 个结点的左孩子结点为第 $2i+1$（注：$2i+1<n$）个结点，右孩子结点为第 $2(i+1)$（注：$2(i+1)<n$）个结点，双亲结点（根除外）为第 $\lfloor(i-1)/2\rfloor$ 个结点。例如，1 号元素 B 的左孩子为 3 号元素 D，右孩子为 4 号元素 E，7 号元素 H 和 8 号元素 I 的双亲为 3 号元素 D。

如果是非完全二叉树采用顺序存储，为了使位序映射出双亲与孩子的关系，必须将非完全二叉树补齐为一棵完全二叉树，然后按完全二叉树的编号进行存储，如图 5-14(b) 所示，图中用 ∅ 表示空结点。因此，用顺序存储方式存储非完全二叉树会造成存储空间的浪费。

2. 二叉链表

二叉树的二叉链表（binary linked list）存储是最常用的一种二叉树存储方式。它是一种链式存储。每个结点含有一个数据域和两个指针域，结点结构如图 5-15 所示。其中数据域 data 存储数据元素信息；指针域 lchild 指向结点的左孩子；指针域 rchild 指向结点的右孩子。结点定义如下。

图 5-15 二叉树二叉链表的结点结构

```
template<class DT>
struct BTNode
{   DT data;                //数据域
    BTNode * lchild;        //左孩子指针
    BTNode * rchild;        //右孩子指针
};
```

图 5-14(b) 所示二叉树的二叉链表存储示意图如图 5-16 所示。

【思考】 在 n 个结点二叉树的二叉链表存储中，共有多少个指针域？其中，有多少个非空指针域？多少个空指针域？

3. 三叉链表

二叉树的二叉链表表示用指针给出了孩子信息，如果要找到双亲信息，则需要遍历树。如果需要频繁地用到双亲信息，可以在二叉链表表示中多增加一个指针域指向双亲结点，形成三叉链表（trident linked list）表示。三叉链表也是一种链式存储，其结点结构如图 5-17 所示,存储定义如下。

```
template<class DT>
struct BTPNode
{   DT data;                    //数据域
    BTPNode * parent;           //双亲指针
    BTPNode * lchild;           //左孩子指针
    BTPNode * rchild;           //右孩子指针
};
```

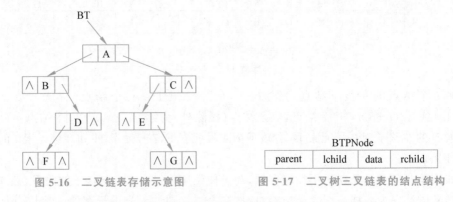

图 5-16　二叉链表存储示意图　　　　图 5-17　二叉树三叉链表的结点结构

图 5-14(b)所示的二叉树的三叉链表存储示意图如图 5-18 所示。

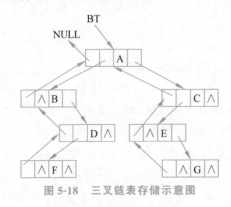

图 5-18　三叉链表存储示意图

5.4　二叉树操作

二叉树的许多操作以遍历为基础,如查找结点双亲或结点孩子、修改结点值、删除结点等。本节首先介绍遍历操作,然后介绍其他操作。二叉树采用的是二叉链表存储方法。

5.4.1　二叉树遍历

二叉树遍历指按照某种次序访问二叉树中的所有结点,使得每个结点被访问一次且仅被访问一次。由于二叉树中每个结点都可能有两棵子树,遍历时存在子树选择及回退操作,因此,遍历过程比线性结构复杂得多。

一棵二叉树可以分为 3 部分(根 D、左子树 L 和右子树 R),如图 5-19 所示。依次遍历这 3 部分,即可遍历整棵二叉树。根据根在三者中被访问的次序,可分为如下 3 种。①先序(根)遍历:根左右(DLR)或根右左(DRL);②中序(根)遍历:左根右(LDR)或右根左(RDL);③后序(根)遍历:左右根(LRD)或右左根(RLD)。

如果从层次结构上看二叉树,从上往下、从左往右或从右往左依次遍历各结点,则形成二叉树的第 4 种遍历方式——层序遍历。

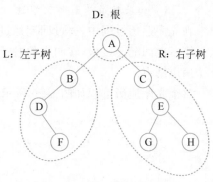

图 5-19 二叉树的组成示意图

本节讲解遍历时均针对先左后右的情况并设遍历访问操作为输出。

1. 先序遍历

先序遍历二叉树的操作定义如下。

若二叉树为空,则返回;否则①访问根结点;②先序遍历左子树;③先序遍历右子树。

由操作定义可得先序遍历的递归算法的算法描述和算法步骤如算法 5.1 所示。

算法 5.1　【算法描述】　　　　　　　　　　　【算法步骤】

```
0  template<class DT>
1  void PreOrderBiTree(BTNode<DT> * bt)   //先序遍历二叉树
2  {
3    if(bt!=NULL)                         //如果树不空
4    {
5      cout<<bt->data;                    //1.输出结点
6      PreOrderBiTree(bt->lchild);        //2.递归先序遍历左子树
7      PreOrderBiTree(bt->rchild);        //3.递归先序遍历右子树
8    }
9  }
```

由先序遍历方法可知:对于树或树中任一棵子树,遍历都是首先访问根,然后按先序遍历根的左子树;左子树访问完,按先序遍历根的右子树。

从根出发(设 p=bt)先序遍历的具体遍历过程如下。

Step 1. 访问 p 结点。

Step 2. 如果被访问结点 p 有左孩子,则转向其左孩子(p=p->lchild),回到 Step 1。

Step 3. 如果被访问结点 p 无左孩子有右孩子,则转向 p 的右孩子,回到 Step 1。

Step 4. 如果被访问结点 p 为叶结点(既无左孩子也无右孩子),则回溯到 p 的双亲。

Step 5. 回溯点的处理方法。

　5.1　如果 p 是双亲的左孩子且双亲有右孩子,则转向双亲的右孩子(p=q->rchild),回到 Step 1。

　5.2　如果 p 是双亲的左孩子且双亲无右孩子或 p 是双亲的右孩子,继续回溯,回到 Step 5。

5.3 如果双亲是第 3 次经过,结束遍历。

在先序遍历过程中,通过回溯经过根结点 2 次,加上起点为根,共需要经过根结点 3 次。第一次回溯经过根,转向根的右子树;第二次回溯经过根时,表示根的右子树遍历完,整个遍历结束。

整个先序遍历过程如图 5-20 所示。

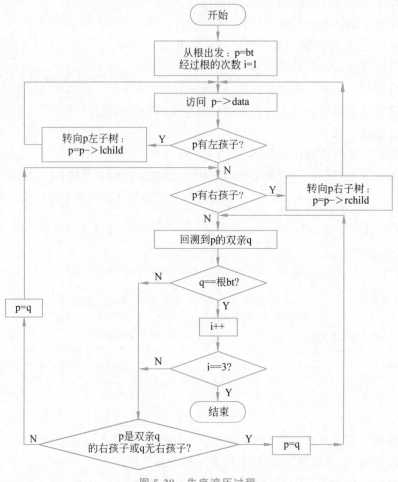

图 5-20 先序遍历过程

【例 5-1】 对于图 5-19 所示二叉树,给出其先序遍历过程。

【解】 遍历过程如下。

(1) 首先被访问的是根结点 A。

(2) 然后,转向根(A)的左子树,沿途访问各左子树的根,即 B、D。

(3) D 没有左孩子,转向 D 的右孩子 F,非空,访问 D 的右孩子。

(4) F 为叶结点,回溯到 F 的双亲 D;因 F 是其双亲 D 的右孩子,继续回溯到 D 的双亲 B;D 是双亲 B 的左孩子,且其双亲 B 没有右孩子,继续回溯到 B 的双亲 A。

(5) B 是 A 的左孩子,且 A 有右孩子,转向 A 的右孩子 C 并以此为出发点,以相同的思路继续先序遍历。

因此,图 5-19 所示二叉树的先序遍历序列为 ABDFCEGH。

2. 中序遍历

中序遍历二叉树的操作定义如下。

若二叉树为空,则返回;否则①中序遍历左子树;②访问根结点;③中序遍历右子树。

由操作定义可得中序遍历的递归算法,算法描述和算法步骤如算法 5.2 所示。

算法 5.2 【算法描述】　　　　　　　　　　　【算法步骤】

```
0  template<class DT>
1  void InOrderBiTree(BTNode<DT> * bt)      //中序遍历二叉树
2  {
3    if(bt!=NULL)                            //如果树不空
4    { InOrderBiTree(bt->lchild);            //1.递归中序遍历左子树
5      cout<<bt->data;                       //2.输出结点
6      InOrderBiTree(bt->rchild);            //3.递归中序遍历右子树
7    }
8  }
```

由中序遍历方法可知:对于树及树中任何一棵子树,首先以中序遍历方法遍历左子树,然后访问根;根访问完后,以中序遍历方法遍历根的右子树。因此,一个结点被访问的前提是:当且仅当该结点的左子树遍历完。由此可知,中序遍历的第一点是从根出发,只要有左孩子就往左(p=p->lchild),直至没有左孩子的结点 p。

从根出发(设 p=bt),中序遍历的具体过程如下。

Step 1. 左行,定位访问点。

1.1 从 p 出发,只要 p 有左孩子,转向 p 的左孩子(p=p->lchild)。

1.2 访问最左的结点。

1.3 如果访问结点 p 有右孩子,则转向访问结点 p 的右孩子(p=p->rchild),回到 1.1;否则,回溯。

Step 2. 回溯到访问点 p 的双亲。

Step 3. 回溯点处理方法。

3.1 如果 p 是双亲的左孩子,则访问双亲结点;然后如果双亲有右孩子,转向双亲的右孩子。回到 Step 1;否则,继续回溯,转 Step 3。

3.2 如果 p 是双亲的右孩子且双亲是第 3 次经过,则结束遍历;否则继续回溯,转 Step 3。

在中序遍历过程中,从根出发,然后通过回溯又经过根 2 次,共需要经过根结点 3 次。第一次回溯经过根时,表示根的左子树遍历完,根可访问;第二次回溯经过根时,表示根的右子树遍历完,整个遍历结束。

整个遍历过程如图 5-21 所示。

【例 5-2】 对于图 5-19 所示二叉树,给出其中序遍历过程。

【解】 遍历过程如下。

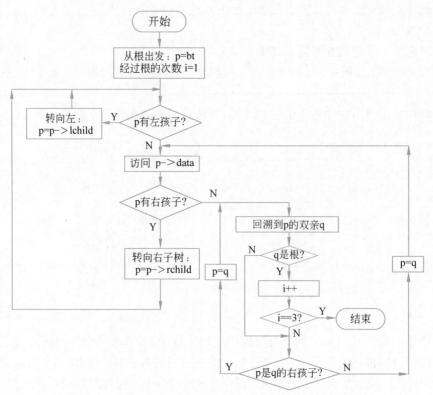

图 5-21 中序遍历过程

(1) 从根出发,走至最左(即没有左孩子)结点(D)。

(2) 访问 D,转向 D 的右子树 F。

(3) F 无左孩子,访问 F;F 无右孩子,回溯 F 的双亲 D;F 是双亲 D 的右孩子,继续回溯 D 的双亲 B,D 是 B 的左孩子,访问 B。

(4) B 无右孩子,回溯到 B 的双亲 A,B 是 A 的左孩子,访问 A;转向 A 的右子树并以此为新的出发点,以相同的思路访问各结点。

最终,图 5-19 所示二叉树的中序遍历序列为 DFBACGEH。

3. 后序遍历

后序遍历二叉树的操作定义如下。

若二叉树为空,则返回;否则①后序遍历左子树;②后序遍历右子树;③访问根结点。

由操作定义可得后序遍历的递归算法的算法描述和算法步骤如算法 5.3 所示。

算法 5.3　【算法描述】　　　　　　　　　　　【算法步骤】

```
0  template<class DT>
1  void PostOrderBiTree(BTNode<DT> * bt)    //后序遍历二叉树
2  {
3      if(bt!=NULL)                          //如果树不空
```

```
4    { PostOrderBiTree(bt->lchild);        //1.递归后序遍历左子树
5      PostOrderBiTree(bt->rchild);        //2.递归后序遍历右子树
6      cout<<bt->data;                     //3.输出结点
7    }
8  }
```

由后序遍历方法可知：对于树及树中的任何一棵子树，首先后序遍历根的左子树，然后后序遍历根的右子树，最后访问根。因此，在后序遍历中，一个结点被访问的前提是：**当且仅当其左、右子树均被访问**。由此可知，后序遍历的第一点是从根出发，只要结点有左孩子就转左孩子，无左孩子有右孩子就转右孩子。然后以类似思路继续往左再往右，……，直至碰到第一个叶结点。

从根出发(设 p＝bt)后序遍历的具体过程如下。

Step 1. 如果 p 是非叶结点，重复执行：从 p 出发，只要 p 有左孩子就转向 p 的左孩子(p＝p->lchild)直到最左结点；如果此结点有右孩子，就转向右孩子(p＝p->rchild)。循环结束，访问最后一个结点。

Step 2. 回溯到访问结点的双亲。

Step 3. 回溯点的处理。

  3.1 如果被访问结点 p 是双亲的左孩子且双亲有右孩子，转向双亲的右孩子，执行，回到 Step 1。

  3.2 如果被访问结点 p 是双亲的左孩子且双亲没有右孩子或被访问结点 p 是双亲的右孩子，则访问双亲结点。如果双亲是根，遍历结束；否则，回到 Step 2。

在后序遍历中，也会经过根 3 次，且是在第 3 次经过时被访问。访问完根，遍历结束。整个遍历过程如图 5-22 所示。

【**例 5-3**】 对于图 5-19 所示二叉树，给出其后序遍历过程。

【**解**】 遍历过程如下。

(1) 从根出发，第一访问点是访问 F。

(2) F 是 D 的右孩子，回溯到 F 的双亲 D 并访问 D。

(3) D 是 B 的左孩子且 B 无右孩子，回溯到 B 并访问 B。

(4) B 是 A 的左孩子且 A 有右孩子，回溯到 A 并转向 A 的右孩子 C。

以上述方法继续遍历，最终图 5-19 所示二叉树的后序遍历序列为 FDBGHECA。

【**3 种遍历小结**】 上述 3 种遍历的方法都是从根开始，绕树一圈，如图 5-23 所示。度为 0 的结点被经过 1 次，度为 1 的结点被经过 2 次，度为 2 的结点被经过 3 次。3 种遍历方法的区别是结点在第几次经过时被访问。

- 对于先序遍历，每个结点都是在第 1 次经过时被访问，图中以 △ 标识。
- 对于中序遍历，无左孩子的结点是第 1 次经过时被访问(如 D、F、C、G、H)，否则是第 2 次经过时被访问(如 A、B、E)，图中以 ∗ 标识。
- 对于后序遍历，叶结点是第 1 次经过时被访问(如 F、G、H)，只有左孩子或右孩子的结点是第 2 次经过时被访问(如 B、D、C)，既有左孩子又有右孩子的结点是第 3 次经过时被访问(如 A、E)，图中以 ■ 标识。

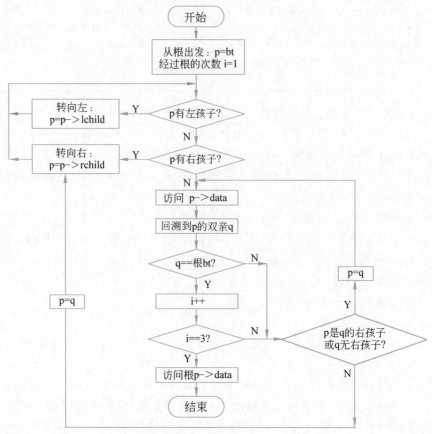

图 5-22 后序遍历过程

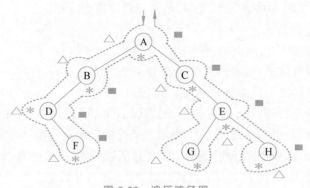

图 5-23 遍历路径图

4. 层序遍历

二叉树的层序遍历是指从二叉树的第一层(即根结点)开始,从上至下逐层遍历,在同一层中按从左到右的顺序对结点逐个访问。

图 5-19 所示二叉树的层序遍历序列为 ABCDEFGH。结点顺序之间的关系如图 5-24 所示。

(1) 访问根(A)。

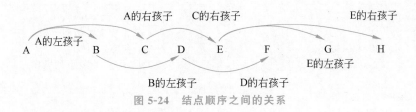

图 5-24 结点顺序之间的关系

(2) 访问根(A)的左孩子(B)。
(3) 访问根(A)的右孩子(C)。
(4) 访问 B 的左孩子(D),B 没有右孩子。
(5) C 没有左孩子,访问 C 的右孩子 E。
(6) D 没有左孩子,访问 D 的右孩子 F。
(7) 访问 E 的左孩子 G,访问 E 的右孩子 H。
(8) F、G、H 为叶结点,均没有左、右孩子,遍历结束。

由此可见,在层序遍历中,双亲的访问一定在孩子的访问之前,具体顺序按双亲先来先服务的原则进行。因此,层序遍历的算法需要借助一个队列实现。

【算法思想】 首先将树根入队;然后出队至 p,访问 p->data;并且如果 p 有左孩子,将 p 的左孩子 p->lchild 入队;如果 p 有右孩子,将 p 的右孩子 p->rchild 入队。重复出队、访问、左孩子(如果有)入队、右孩子(如果有)入队操作,直至队空,遍历结束。

算法流程如图 5-25 所示。

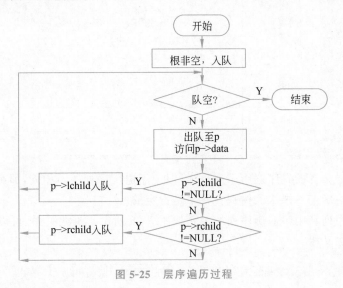

图 5-25 层序遍历过程

算法描述与算法步骤如算法 5.4 所示。

算法 5.4　【算法描述】　　　　　　　　　　　　【算法步骤】

```
0   template<class DT>
1   void LevelBiTree(BTNode<DT> * bt)        //层序遍历二叉树
2   {                                        //1.初始化:1.1建一个元素类型
```

```
3        Queue Q;                              //为 BTNode * 的队列
4        p=bt;                                 //1.2 工作指针指向树根
5        if(p) EnQueue(Q,p);                   //2.p 非空,入队
6        while(!QueueEmpty(Q))                 //3.队不空,重复下列操作
7        {
8          DeQueue(Q,p);                       //3.1 出队
9          cout<<p->data;                      //3.2 访问
10         if(p->lchild!=NULL)                 //3.3 有左孩子
11           EnQueue(Q,p->lchild);             //左孩子入队
12         if(p->rchild!=NULL)                 //3.4 有右孩子
13           EnQueue(Q,p->rchild);             //右孩子入队
14       }
15     };
```

微课视频

5.4.2 根据遍历序列确定二叉树

一棵二叉树的任一种遍历序列都是唯一的,但不同的二叉树可能会有相同的遍历序列。如表 5-1 中所示的 5 棵二叉树,它们的先序遍历序列均为 abc。由此可见,已知二叉树的某个遍历序列并不能唯一确定一棵二叉树。

表 5-1 先序遍历序列相同的 5 棵二叉树

二叉树	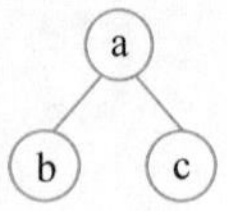 (a)	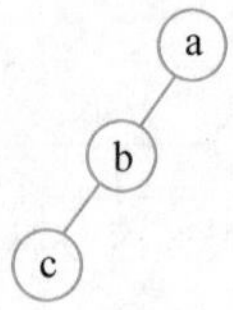 (b)	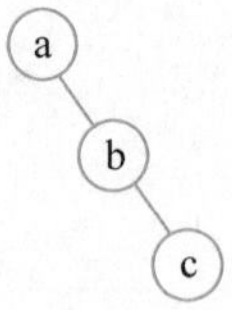 (c)	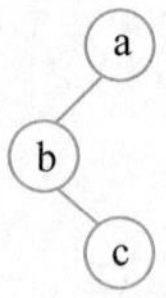 (d)	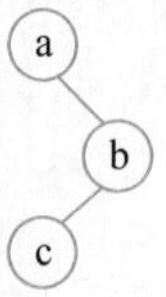 (e)
先序遍历序列	abc	abc	abc	abc	abc
中序遍历序列	bac	cba	abc	bca	acb

虽然 5 棵二叉树的先序遍历序列一样,但中序遍历序列各不相同,那是否结合中序遍历序列可以唯一确定一棵二叉树呢? 答案是肯定的。

先序遍历序列和中序遍历序列的关系如图 5-26 所示。据此关系,可以通过下列方法唯一确定一棵二叉树。

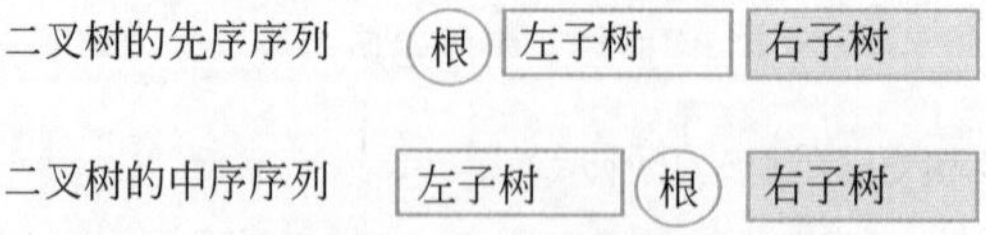

二叉树的先序序列 [根] [左子树] [右子树]

二叉树的中序序列 [左子树] [根] [右子树]

图 5-26 先序遍历序列和中序遍历序列的关系

(1) 根据先序遍历序列的第一个元素建立根结点。

(2) 在中序遍历序列中找到该元素,该元素的左、右子序列分别为根的左、右子树的中序遍历序列。

(3) 同一棵树的遍历序列数据集相同,据此,在先序遍历序列中找到根的左、右子树的先序遍历序列。

(4) 由左子树的先序遍历序列与中序遍历序列确定左子树的根并找到其左、右子树的先序和中序遍历序列;由右子树的先序遍历序列与中序遍历序列建立右子树的根并找到其左、右子树的先序和中序遍历序列。

依次分解下去,最终可确定二叉树中各结点的位置,从而确定整棵二叉树。

【例 5-4】 已知一棵二叉树的先序遍历序列为 abcdefg,中序遍历序列为 cbdaegf,构造这棵二叉树。

【解】 解析过程如图 5-27(a)所示,最终得到的二叉树如图 5-27(b)所示。

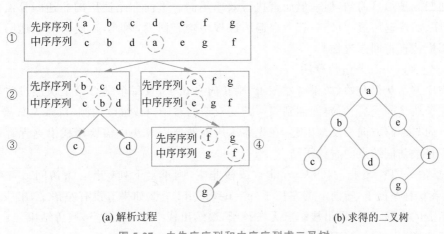

(a) 解析过程　　　　　　　　　　(b) 求得的二叉树

图 5-27　由先序序列和中序序列求二叉树

(1) 由先序序列知 a 是树根;在中序遍历序列中找到 a,并由此获知 bcd 在根 a 的左子树上,efg 在根 a 的右子树上。

(2) b、e 分别为根 a 的左、右子树的根,即 b 是 a 的左孩子,e 是 a 的右孩子。

(3) c 在 b 的左子树上,d 在 b 的右子树上;e 无孩子,fg 在 e 的右子树上。

(4) g 是 f 的左孩子。

后序遍历序列和中序遍历序列的关系如图 5-28 所示。同理,由此关系,也可以唯一确定一棵二叉树,方法如下。

图 5-28　后序遍历序列和中序遍历序列的关系

(1) 在后序遍历序列中,根在最后,由此可找到根。

(2) 根据根在中序遍历序列中的位置,得到根的左、右子树的中序遍历序列。

(3) 根据序列集相等的条件,在后序遍历序列中分别得到根的左子树和右子树的后序遍历序列。

(4) 由左、右子树的后序遍历序列与中序遍历序列分别确定左、右子树的根和其左、右子树各自的后序遍历序列与中序遍历序列。依次分析下去,可确定各结点的位置,从而唯一确定一棵二叉树。

二叉树有 4 种遍历序列,已知中序遍历序列和先序、后序或层序遍历序列中的任一种,可以唯一确定一棵二叉树。

【思考】

(1) 为什么已知先序遍历和后序遍历序列不能唯一确定一棵二叉树?

(2) 如何由层序遍历序列和中序遍历序列确定一棵二叉树?

5.4.3 先、中、后序遍历的非递归算法

递归算法虽然简洁,但一般而言执行效率不高。下面介绍遍历的非递归算法。从先序、中序、后序遍历过程可知,三者在遍历过程中均有回溯,因此,在遍历的非递归算法中需要用堆栈模拟回溯过程。

1. 先序遍历的非递归算法

先序遍历从根开始,如果有左孩子,则转向左孩子,且每个结点第 1 次经过时就被访问。左子树访问完后,需要回溯到双亲访问双亲的右子树或继续回溯(双亲无右孩子),回溯的方向与原路方向相反。因此,在先序遍历的非递归算法中需要用栈沿途保存被访问结点或是被访问结点的右孩子结点。

【算法思想】 p 指向树根。p 非空或栈非空,则重复下列操作:①访问 p 并将 p 入栈,如果 p 有左孩子,转向 p 的左孩子(p=p->lchild);②如果 p 没有左孩子,出栈并转向出栈结点的右孩子,如果出栈结点无右孩子,继续出栈。p 空且栈空,遍历结束。

算法描述与算法步骤如算法 5.5 所示。

算法 5.5 【算法描述】   【算法步骤】

```
0   template<class DT>
1   void PreOrderBiTree_N(BTNode<DT> * bt)      //非递归先序遍历
2   {
3     Stack S;                                  //1.初始化:栈 S 初始化
4     p=bt;                                     //工作指针 p 指向根
5     while(p!=NULL||!StackEmpty(S))            //2.循环直到 p 为空且栈 S
6     {                                         //为空
7       while(p!=NULL)
8       {                                       //2.1 当 p 不空时,循环
9         cout<<p->data;                        //2.1.1 输出 p->data
10        push(S,p);                            //2.1.2 p 入栈
11        p=p->lchild;                          //2.1.3 继续遍历 p 的左子树
12      }
13      if(!StackEmpty(S))                      //2.2 如果栈 S 不空,则
14        {pop(S,p); p=p->rchild;}              //出栈至 p,转至 p 的右子树
15    }
16  }
```

【例 5-5】 对于图 5-19 所示的二叉树,给出非递归遍历过程中栈和工作指针的变化。

【解】 所求二叉树的非递归先序遍历过程中栈及工作指针的变化如表 5-2 所示。

表 5-2 二叉树的非递归先序遍历过程中栈及工作指针的变化

步骤	访问结点	栈中内容	指针 p	操 作 说 明
初始化		空	p=bt	从根 A 开始
1	A	A	B	访问 A，A 进栈，转 A 的左孩子 B
2	B	A B	D	访问 B，B 进栈，转 B 的左孩子 D
3	D	A B D	NULL	访问 D，D 进栈；D 无左孩子，p 为空
4		A B	F	D 出栈，转 D 的右孩子 F
5	F	A B F	NULL	访问 F，F 进栈，转 F 的左孩子；F 无左孩子，p 为空
6		A B	NULL	F 出栈，转 F 的右孩子；F 无右孩子，p 为空
7		A	NULL	B 出栈，转 B 的右孩子；B 无右孩子，p 为空
8		空	C	A 出栈，转 A 的右孩子 C
9	C	C	NULL	访问 C，C 进栈，转 C 的左孩子；C 无左孩子，p 为空
10		空	E	C 出栈，转 C 的右孩子 E
11	E	E	G	访问 E，E 进栈，转 E 的左孩子 G
12	G	E G	NULL	访问 G，G 进栈，转 G 的左孩子；G 无左孩子，p 为空
13		E	NULL	G 出栈，转 G 的右孩子；G 无右孩子，p 为空
14		E	H	E 出栈，转 E 的右孩子 H
15	H	H	NULL	访问 H，H 进栈，转 H 的左孩子；H 无左孩子，p 为空
16			NULL	H 出栈，转 H 的右孩子；H 无右孩子，p 为空。p 空且栈空，遍历结束

【算法讨论】 下列算法也可实现二叉树的非递归先序遍历。阅读算法，给出算法步骤和算法执行中栈的变化并说明两个算法的区别。

```
0  template<class DT>
1  void PreOrderBiTree_N(BTNode<DT> * bt)
2  {
3    Stack S;
4    p=BT;
5    while(p!=NULL||!StackEmpty(S))
6    {
7      while(p!=NULL)
8      {
9        cout<<p->data;
10       if(p->rchild)   push(S, p->rchild);
11       p=p->lchild;
```

```
12      }
13      if(!StackEmpty(S)) pop(S,p);
14    } //while
15  }
```

2. 中序遍历的非递归算法

中序遍历需要在左子树遍历后才能遍历根,因此,须沿途将各访问点的双亲入栈,以用于回溯。

【算法思想】 从树根出发。只要结点非空或栈不空,就循环:一路左行,包括根及根的左孩子、左孩子的左孩子、……,进栈;结点出栈,访问出栈结点;如果被访问结点有右孩子则转右孩子,否则继续出栈。当结点和栈均为空时,遍历结束。

算法描述与算法步骤如算法 5.6 所示。

算法 5.6　【算法描述】　　　　　　　　　【算法步骤】

```
0   template<class DT>
1   void InOrderBiTree(BiTree<DT>bt)         //非递归中序遍历二叉树
2   {
3     Stack S;                               //1.初始化:创建栈 S,
4     p=bt;                                  //工作指针 p 指向树根
5     while(p||!StackEmpty(S))               //2. 当 p 不空或 S 不空时,循环
6     {
7       while(p)                             //2.1 当 p 不空时,循环
8       { push(S,p); p=p->lchild); }         //p 入栈并转向左孩子
9       if(!StackEmpty(S))                   //2.2 如果栈 S 不空
10      {
11        pop(S,p);                          //2.2.1 出栈
12        cout<<p->data;                     //2.2.2 访问
13        p=p->rchild;                       //2.2.3 转向右子树
14      }
15    }
16  }
```

【例 5-6】 对于图 5-19 所示的二叉树,给出非递归中序遍历过程中栈和工作指针的变化。

【解】 所求二叉树的非递归中序遍历过程中栈和工作指针的变化如表 5-3 所示。

表 5-3　二叉树的非递归中序遍历过程中栈和工作指针的变化

步骤	访问结点	栈中内容	指针 p	操作说明
初始化		空	p=bt	从根 A 开始
1		A	B	A 进栈,转 A 的左孩子 B
2		A B	D	B 进栈,转 B 的左孩子 D
3		A B D	NULL	D 进栈,转 D 的左孩子;D 没有左孩子,p 为空

续表

步骤	访问结点	栈中内容	指针 p	操作说明
4	D	A B	F	D 出栈,访问 D,转 D 的右孩子 F
5		A B F	NULL	F 进栈,转 F 的左孩子;F 无左孩子,p 为空
6	F	A B	NULL	F 出栈,访问 F,转 F 的右孩子;F 无右孩子,p 为空
7	B	A	NULL	B 出栈,访问 B,转 B 的右孩子;B 无右孩子,p 为空
8	A	空	C	A 出栈,访问 A,转 A 的右孩子 C
9		C	NULL	C 进栈,转 C 的左孩子;C 无左孩子,p 为空
10	C	空	E	C 出栈,访问 C,转 C 的右孩子 E
11		E	NULL	E 进栈,转 E 的左孩子 G
12		E G	NULL	G 进栈,转 G 的左孩子;G 无左孩子,p 为空
13	G	E	NULL	G 出栈,访问 G,转 G 的右孩子;G 无右孩子,p 为空
14		E	H	E 出栈,访问 E,转 E 的右孩子 H
15	E	H	NULL	H 进栈,转 H 的左孩子;H 无左孩子,p 为空
16	H	空	NULL	H 出栈,访问 H,转 H 的右孩子;H 无右孩子,p 为空。p 空并且栈空,遍历结束

3. 后序遍历非递归算法

后序遍历的顺序是左子树、右子树、根结点。对于任一结点 p,必须在其左、右子树都遍历完才可被访问。因此,后序遍历中,须先将该结点及其左下结点依次进栈,然后转向右,将左下结点的右子树进栈。对于非空二叉树,根的极左极右叶结点为第 1 个遍历结点,其余结点仅当刚刚被访问的结点是栈顶结点的右孩子时,方可出栈、被访问。

【算法思想】 从根出发走至极左、极右结点,沿途顶点进栈;访问栈顶结点并出栈;如果刚刚被访问的结点是栈顶元素的右孩子,继续访问栈顶元素并出栈;否则,以栈顶元素的右孩子为出发点,重复上述过程。

算法实现中需设置指针变量 r,指向刚刚被访问的结点,每次扫描结点并将结点进栈操作结束时,r 设为 NULL;有结点被访问、出栈时,r 指向该结点;处理栈顶结点时,如果栈顶结点的右孩子为 r 所指,访问栈顶结点并出栈。

算法描述与算法步骤如算法 5.7 所示。

算法 5.7 【算法描述】   【算法步骤】

```
0  template<class DT>
1  void PostOrderBiTree_N(BTNode<DT> * bt)   //非递归后序遍历
2  {                                          //1. 初始化:
3      Stack S;                               //1.1 创建栈 S
4      bool flag=false;                       //1.2 顶点标志
5      p=bt;
6      do                                     //1.4 工作指针 p 指向树根
```

```
7    {                                        //2. 当 p 不空
8      while(p)
9      {                                      //2.1 当 p 不空时,循环
10       Push(S,p);                           //2.1.1 p 入栈
11       p=p->lchild;                         //2.1.2 左走
12     }
13     r=NULL;
14     flag=true;
15     while(!StackEmpty(S) && flag)          //2.2 栈非空,处理栈顶结点
16     {
17       GetTop(S,p);                         //2.2.1 取栈结点
18       if(p->rchild==r)                     //2.2.2 如果其右孩子刚被访问
19       {
20         cout<<p->data<<' ';                //访问并出栈
21         Pop(S,p);
22         r=p;                               //r 指向刚被访问的结点
23       }
24       else                                 //2.3.2 否则
25       {
26         p=p->rchild;                       //转向处理右子树
27         flag=false;                        //当前处理点非栈顶结点
28       }
29     }
30   }while(!StackEmpty(S));                  //栈非空,循环
31 }
```

【例 5-7】 对于图 5-19 所示的二叉树,给出非递归后序遍历过程中栈的变化。

【解】 所求二叉树的非递归后序遍历过程中栈和工作指针的变化如表 5-4 所示。

表 5-4 二叉树的非递归后序遍历过程中栈和工作指针的变化

步骤	访问结点	栈中内容	指针(p,r)	操作说明
初始化		空	bt,NULL	从根 A 开始,r 为空
1		A	B,NULL	A 进栈,转 A 的左孩子 B
2		AB	D,NULL	B 进栈,转 B 的左孩子 D
3		ABD	NULL,NULL	D 进栈;转 D 左孩子,D 无左孩子,处理栈顶元素 D
4		ABDF	F,NULL	D 的右孩子不等于 r 所指,转 D 右孩子 F,F 进栈
5		ABDF	NULL,NULL	转 F 的左孩子;F 无左孩子,处理 F
6	F	ABD	NULL,F	F 无右孩子,访问 F,且 F 出栈,r 指向 F;处理 D
7	D	AB	NULL,D	D 的右孩子等于 r 所指,访问 D,且 D 出栈,r 指向 D;处理 B
8	B	A	NULL,B	B 的右孩子为空,访问 B,B 出栈,r 指向 B;处理 A
9		AC	C,NULL	A 的右孩子不等于 r 所指,转 A 的右孩子 C,C 入栈,r 为空

续表

步骤	访问结点	栈中内容	指针(p,r)	操作说明
10		AC	NULL,NULL	转 C 的左孩子;C 无左孩子,处理 C
11		ACE	E,NULL	C 的右孩子不等于 r 所指,转 C 的右孩子 E,E 入栈
12		ACEG	G,NULL	转 E 的左孩子 G,G 入栈
13		ACEG	NULL,NULL	转 G 的左孩子;G 无左孩子,处理 G
14	G	ACE	NULL,G	G 无右孩子,访问 G 并出栈,r 指向 G;处理 E
15		ACEH	H,NULL	E 的右孩子不等于 r 所指,转 E 的右孩子 H;H 入栈,r 为空
16	H	ACE	NULL,H	转 H 的左孩子;H 无左孩子,处理 H;H 无右孩子,访问并出栈,r 指向 H;处理 E
17	E	AC	NULL,E	E 的右孩子是 r 所指,访问 E,E 出栈,r 指向 E;处理 C
18	C	A	NULL,C	C 的右孩子是 r 所指,C 出栈并访问,r 指向 C;处理 A
19	A		NULL,A	A 的右孩子是 r 所指,访问 A,A 出栈,r 指向 A
20			NULL,A	栈空,遍历结束

5.4.4 二叉树的其他操作

二叉树遍历操作是许多其他操作的基础,遍历思想对解决其他许多问题有很好的参考作用。例如,遍历可以访问所有结点,因此可以直接用于结点查询、结点计数等。遍历中对结点进行不同的操作,即可实现创建、销毁、计数、复制等操作。

为简化问题,下列算法讨论中设二叉树的数据元素均为一个字符,且通过键盘输入赋值。

微课视频

1. 创建二叉树

在二叉树中创建孩子结点必须先有双亲结点,因此创建是基于先序遍历进行的。

【算法思想】 对于树或其中的每棵子树,首先输入结点元素值,如果值非空,创建一个结点 BTNode 并赋值;然后递归创建其左子树和右子树。

算法描述与算法步骤如算法 5.8 所示。

算法 5.8 【算法描述】 【算法步骤】

```
0  template<class DT>
1  void CreateBiTree(BTNode<DT> * &bt)    //按先序输入创建一棵二叉树
2  {
3    cin>>ch;                              //1.输入结点值
4    if(ch=="#")                           //2.根据结点值,分别处理
5      bt=NULL;                            //2.1 值为空,指针为空
6    else                                  //2.2 否则
7    {
8      bt=new BTNode<DT>;                  //2.2.1 新建一个结点
9      bt->data=ch;                        //2.2.2 结点赋值
```

```
10        CreateBiTree(bt->lchild);           //2.2.3 递归创建左子树
11        CreateBiTree(bt->rchild);           //2.2.4 递归创建右子树
12    }
13 }
```

【例 5-8】 用上述算法创建一棵如图 5-29(a)所示的二叉树,应该输入怎样的序列?

【解】 在递归创建中,首先创建(树或子树)根,然后创建(树或子树)根的左孩子,再创建(树或子树)根的右孩子。因此,每个结点只要非空,就需要补齐其左、右孩子,如图 5-29(b)所示。设以一个特殊符号"♯"表示空值,输入序列为 AB♯D♯♯C♯♯。创建成功的二叉树的存储示意图如图 5-29(c)所示。

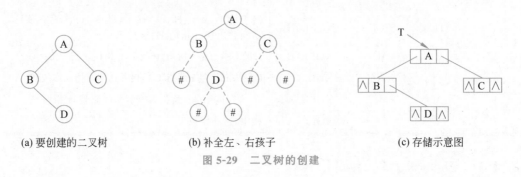

(a) 要创建的二叉树　　　　　(b) 补全左、右孩子　　　　　(c) 存储示意图

图 5-29　二叉树的创建

2. 销毁二叉树

二叉树中结点被销毁前应该先销毁其孩子结点,因此销毁二叉树须按后序遍历进行。销毁二叉树的算法描述与算法步骤如算法 5.9 所示。

算法 5.9　【算法描述】　　　　　　　　　　　　【算法步骤】

```
0  template<class DT>
1  void DestroyBiTree(BTNode<BT> * &bt)        //销毁一棵二叉树
2  {
3      if(bt)                                   //如果结点不空
4      {
5          DestroyBiTree(bt->lchild);           //1.销毁左子树
6          DestroyBiTree(bt->rchild);           //2.销毁右子树
7          delete bt;                           //3.删除根结点
8      }
9  }
```

3. 结点查询

【算法思想】 如果把遍历中对元素的访问改为元素值与查找值的比较,就可以实现结点的查询。如果结点的值与查找元素值相等,即找到,返回该结点的指针;如果遍历结束,未发现值相等的元素,则未找到,返回空指针。

算法描述与算法步骤如算法 5.10 所示。

算法 5.10 【算法描述】   【算法步骤】

```
0   template<class DT>
1   BTNode<DT> * search(BiTree<DT> * bt,DT e)     //查找值为 e 的元素
2   {
3     if(!bt)                                     //树空,返回空
4       return NULL;
5     else if(bt->data==e)                        //1.找到
6       return bt;                                //返回结点指针
7     else
8     { p=search(bt->lchild,e);                   //2.递归查找左子树
9       if(p.) return p;                          //查找成功,返回结点指针
10      return search(bt->rchild,e);              //3.递归查找右子树
11    }
12  }
```

【算法讨论】 基于中序、后序或层序遍历可以实现结点查询吗？

4. 计算二叉树的深度

由树的深度定义可知，二叉树的深度为左、右子树深度的较大者加 1。要计算二叉树的深度，可以递归计算左子树深度（设为 hl）和右子树深度（设为 hr），树的深度为 max(hl,hr)+1。递归计算定义如下：

$$depth(T) = \begin{cases} 0, & T = NULL \\ \max\{depth(T \rightarrow lchild), depth(T \rightarrow lchild)\} + 1, & 其他 \end{cases}$$

因为要计算完左、右子树的深度后才能计算树的深度，所以遍历方法采用后序遍历思路。

求二叉树深度的算法描述与算法步骤如算法 5.11 所示。

算法 5.11 【算法描述】   【算法步骤】

```
0   template<class DT>
1   int Depth(BTNode<DT> * bt)                    //求树的深度
2   {
3     if(root==NULL)                              //1.空树,深度 0
4       return 0;
5     else                                        //2.非空
6     {
7       hl=Depth(root->lchild);                   //2.1 递归计算左子树深度
8       hr=Depth(root ->rchild);                  //2.2 递归计算右子树深度
9       if(hl>hr) return hl+1;                    //2.3 树深为左、右子树深度较大者
10      else return hr+1;                         //加 1
11    }
12  }
```

5. 结点计数

【算法思想】 空二叉树的结点个数为 0；否则，从递归角度看，二叉树结点个数＝根结点个数 1＋左子树结点个数＋右子树结点个数。结点计数的递归定义如下：

$$\text{NodeCount}(T) = \begin{cases} 0, & T = \text{NULL} \\ \text{NodeCount}(T\text{->}lchild) + \text{NodeCount}(T\text{->}lchild) + 1, & \text{其他} \end{cases}$$

计算二叉树结点个数的算法描述与算法步骤如算法 5.12 所示。

算法 5.12 【算法描述】 【算法步骤】

```
0    template<class DT>
1    int NodeCount(BTNode<DT> * bt)        //统计结点个数
2    {
3      if(bt==NULL) return 0;              //1.空二叉树,返回 0
4      else                                //2.否则
5        return NodeCount(bt->lchild) +    //返回左、右子树结点个
               NodeCount(bt->rchild)+1     //数和+1
6    }
```

语句 5 的执行过程是先扫描左子树,再扫描右子树,最后是根结点(+1),因此,本算法采用的是后序遍历思路。

【算法讨论】 如何仿照此算法统计二叉树中叶结点的个数、度为 1 的结点个数和度为 2 的结点个数?

微课视频

5.5 线索二叉树

二叉树遍历的实质是对一个非线性结构进行线性化。通过遍历可以得到一个线性序列。线性结构序列中的元素有唯一前驱和后继关系,但二叉树的二叉链表存储只存储了结点的孩子信息,无法直接得到遍历序列的前驱和后继信息。如果能在遍历过程中保存这种信息,则可以避免重复的遍历。具体思路是:用二叉树二叉链表中的空指针存储前驱或后继信息。这些信息称为遍历线索。标注了线索的二叉树为线索二叉树。

5.5.1 线索二叉树的定义

n 个结点的二叉树的二叉链表中共有 $n+1$ 个空指针[1],可以存储 $n+1$ 个前驱或后继信息。**存储遍历序列的前驱或后继信息的指针被称为线索**(thread)。具体做法是:如果一个结点 p 无左孩子,则让其左孩子指针 p->lchild 指向遍历序列中的前驱结点,称为**前驱线索**;如果一个结点 p 无右孩子,则让其右孩子指针 p->rchild 指向遍历序列中的后继结点,称为**后继线索**。给一棵二叉树标识线索的过程称为**线索化**。如果只标识前驱线索,称为**前驱线索化**;如果只标识后继线索,称为**后继线索化**。两者都标识,则称为**全序线索化**。标注了线索的二叉树称为**线索二叉树**(thread binary tree)。

不同的遍历方式有不同的遍历序列,**线索与遍历方式是一一对应的**,因此线索化还分为**先序线索化**、**中序线索化**、**后序线索化**、**层序线索化**等。相应地,线索二叉树分别被称为

---

[1] n 个结点共有 $2n$ 个指针。度为 1 的结点有 1 个非空指针;度为 2 的结点有 2 个非空指针。总的空指针数为 $2n-n_1-2n_2=n+(n_0+n_1+n_2)-n_1-2n_2=n+n_0-n_2=n+1$。

先序线索二叉树、中序线索二叉树、后序线索二叉树、层序线索二叉树。

【例 5-9】 一棵二叉树如图 5-30(a)所示，对其分别进行中序前驱线索化、中序后继线索化和中序全序线索化。

【解】 此树的中序遍历序列为 DGBAECF。

没有左孩子的结点有 D、G、E、F，分别给它们增加指向中序遍历序列前驱的线索，即 NULL(空)、D、A、C，如图 5-30(b)所示。

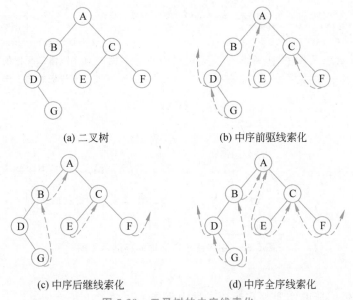

(a) 二叉树　　　　　　(b) 中序前驱线索化

(c) 中序后继线索化　　　(d) 中序全序线索化

图 5-30　二叉树的中序线索化

没有右孩子的结点有 G、B、E、F，分别给它们增加指向中序遍历序列后继的线索，即 B、A、C、NULL，如图 5-30(c)所示。实现中序后继线索化。

将前驱线索和后继线索合起来，即为中序遍历的全序线索化，如图 5-30(d)所示。

【算法讨论】 给出图 5-30(a)所示的先序线索化树和后序线索化树。

5.5.2　线索二叉树的建立

通过改造二叉树二叉链表存储，可得线索二叉树的存储结构。

1. 结点结构

在线索二叉树中，左指针 lchild 和右指针 rchild 可能指向孩子，也可能指向前驱或后继。为区分两者，在原二叉链表结点基础上增设两个域：左标志域 lflag 和右标志域 rflag。结点结构及标志定义如图 5-31 所示。

当 lflag=0 时，lchild 指向左孩子；当 lflag=1 时，lchild 为线索信息，指向遍历序列前驱。当 rflag=0 时，rchild 指向右孩子；当 rflag=1 时，rchild 为线索信息，指向遍历序列后继。

线索二叉树的结点定义如下。

```
template<class DT>
struct ThrBTNode
{
    DT data;                    //数据域
    int lflag;                  //左标志域
    int rflag;                  //右标志域
    ThrBTNode * lchild;         //左指针域
    ThrBTNode * rchild;         //右指针域
};
```

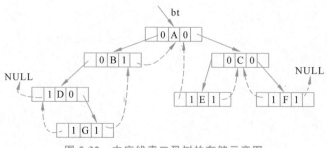

图 5-31 线索二叉树的结点结构与标志定义示意图

图 5-30 所示二叉树的中序线索二叉树的存储示意图如图 5-32 所示。

图 5-32 中序线索二叉树的存储示意图

2. 线索化

线索二叉树构造的实质是在遍历过程中完成下列两个工作。

（1）对没有左孩子的结点，设置左线索标志并把 lchild 指向遍历序列中结点的前驱，即

```
if(p->lchild==NULL)
{   p->lchild=pre;          //pre 为遍历序列中结点的前驱
    p->lflag=1;
}
```

（2）对没有右孩子的结点，设置右线索标志并把 rchild 指向遍历序列中结点的后继，即

```
if(pre->rchild==NULL)
{   pre->rchild=p;          //p 是 pre 的后继
    pre->rflag=1;
}
```

下面以中序线索化为例，递归算法的算法描述与算法步骤如算法 5.13 所示。

算法 5.13 【算法描述】   【算法步骤】

```
0   template<class DT>
1   void InThread(ThrBTNode<DT> * &p)       //中序线索化二叉树
2   {
```

```
3        if(p)                                //p 不空
4        {
5            InThread(p->lchild);             //1.递归线索化左子树
6            if(p->lchild==NULL)              //2.1 p 无左孩子
7            {
8                p->lflag=1;                  //2.1.1 设置前驱线索标志
9                p->lchild=pre;               //2.1.2 左孩子指向结点前驱
10           }
11           if(pre->rchild==NULL)            //2.2 如果前驱结点无右孩子
12           {
13               pre->rflag=1;                //2.2.1 设置 pre 的线索标志
14               pre->rchild=p;               //2.2.2 pre 右孩子指向后继 p
15           }
16           pre=p;                           //2.3 pre 指向 p
17           InThread(p->rchild);             //3.递归线索化右子树
18       }
19   }
```

【算法讨论】 仿照上述算法,给出先序线索化二叉树和后序线索化二叉树的算法。

5.5.3 线索二叉树的遍历

线索二叉树对没有左孩子的结点,给出了前驱信息;对没有右孩子的结点,给出了后继信息。那在线索二叉树中是否可以找到任一结点在遍历序列中的前驱和后继呢?下面对先序线索二叉树、中序线索二叉树和后序线索二叉树分别进行讨论。

1. 先序线索二叉树

(1) 先序遍历序列的前驱。

① 在先序遍历中,根为第一访问点,无前驱。

② 对于其他任一结点 p:

- 如果 p->lflag==1,p 的前驱为 p->lchild 所指结点。
- 否则,如果 p 是双亲的左孩子,p 的前驱是 p 的双亲;如果 p 是双亲的右孩子,p 的前驱是其双亲左子树上先序遍历的最后一点。

因为双亲信息需要回溯才能得到,所以在先序线索二叉树中,不能直接得到任一结点的前驱结点。

(2) 先序遍历序列的后继。

对于任一结点 p:

- 如果 p->rflag==1,p 的后继为线索(p->rchild)所指结点。
- 否则,如果 p 有左孩子(即 p->lflag==0),p 的后继为 p 的左孩子(p->lchild);如果 p 无左孩子,有右孩子(即 p->rflag==0),p 的后继为 p 的右孩子(p->rchild)。

归纳起来看,在先序线索二叉树中,可直接获得任一结点的后继。对于任一结点 p,如果 p 有左孩子,p 的后继为 p 的左孩子(p->lchild);否则 p 的后继为 p->rchild。这表明对先序线索二叉树进行先序遍历无须回溯,算法描述与算法步骤如算法 5.14 所示。

算法 5.14　【算法描述】　　　　　　　　　　　　　【算法步骤】

```
0  template<class DT>
1  void PreThrBiTree(ThrBTNode<DT> * &bt)    //先序遍历先序线索二叉树
2  {
3    p=bt;                                    //1.树根为第一访问点
4    while(p)                                 //2.只要 p 不空
5    {
6      cout<<p->data;                         //2.1 访问 p->data
7      if(p->lflag==0)                        //2.2 p 有左孩子
8        p=p->lchild;                         //转向 p->lchild
9      else                                   //2.3 否则
10       p=p->rchild;                         //转向右子树
11   }
12 }
```

2. 中序线索二叉树

(1) 中序遍历序列的前驱。

① 中序遍历的第一点为从根出发走至最左边的点，即

```
p=bt;                    //p 指向树根
while(p->lflag==0)       //只要有左孩子
   p=p->lchild;          //转向左孩子
```

遍历序列的第一个结点无前驱。

② 对于其他任一点 p：

- 如果 p->lflag==1，p 的前驱为前驱线索(p->lchild)所指结点。
- 否则，p 的前驱为遍历其左子树时最后访问的一个结点(左子树中最右下的结点)，即

```
pre=p->lchild;
while(pre->rflag==0)
   pre=pre->rchild;
```

综上，在中序线索二叉树中，可以直接得到中序遍历序列中任一结点的前驱结点。

(2) 中序遍历序列的后继。

对于任一点 p：

- 如果 p->rflag==1，则 p 的后继为后继线索(p->rchild)所指结点。
- 否则，表示 p 有右孩子，p 的后继为其右子树上中序遍历的第一点(右子树上最左下的点)，该点不需要回溯即可获得。

由此可见，在中序线索化二叉树中，无须回溯就可以获得任一结点 p 的后继。这给中序遍历带来了方便。中序线索化二叉树的中序遍历非递归算法的算法描述与算法步骤如算法 5.15 所示。

算法 5.15　【算法描述】　　　　　　　　　　　　　　　【算法步骤】

```
0   template<class DT>
1   void InThrBitree(ThrBTNode<DT> * bt)      //中序遍历中序线索二叉树
2   {
3     p=bt->lchild;                           //1.从根出发
4     while(p!=bt)                            //一路左行至最左下点
5     {
6       while(p->lflag==0)
7         p=p->lchild;
8       cout<<p->data;                        //2.访问
9       while(p->rflag==1&&p->rchild != bt)   //3.后继非空,循环
10      {
11        p=p->rchild;                        //3.1 有后继线索
12        cout<<p->data;                      //后继取线索所指
13      }
14      p=p->rchild;                          //3.2 否则,以右孩子为新出发点
15    }
16  }
```

3. 后序线索二叉树

（1）后序遍历序列的前驱。

① 后序遍历的第一点是：从根出发，如果有左孩子转向左孩子，无左孩子有右孩子则转向右孩子并以此为新出发点，再向左、向右，直至第一个叶结点，即

```
p=bt;                                        //从根出发
while(!(p->lflag==1 && p->rflag==1))         //非叶结点,继续循环
{
    while(p->lflag==0)                       //一路左行
      p=p->lchild;
    if(p->rchild==0)                         //有右孩子
      p=p->rchild;                           //以右孩子为新出发点
}
```

后序遍历的第一点无前驱。

② 对于其他任一点 p：

- 如果无左孩子(p->lflag==1)，p 的前驱为前驱线索(p->lchild)所指结点。
- 否则，如果 p 有右孩子(p->rflag==0)，p 的前驱是 p 的右孩子(p->rchild)。
- 如果 p 有左孩子，无右孩子(p->lflag==0 && p->rflag==1)，p 的前驱是 p 的左孩子(p->lchild)。

综上，在后序线索二叉树中，可以直接得到任一结点的前驱结点。

（2）后序遍历序列的后继。

树根为后序遍历序列的最后一个结点，无后继。

对于其他任一点 p：

- 如果 p 无右孩子，p 的后继为后继线索(p->rchild)所指结点。
- 如果 p 有右孩子且是双亲的右孩子，p 的后继是 p 的双亲。

- 如果 p 有右孩子,p 是双亲的左孩子,且 p 无右兄弟,p 的后继是 p 的双亲。
- 如果 p 有右孩子,p 是双亲的左孩子,且 p 有右兄弟,p 的后继是 p 的双亲右子树上按后序遍历的第一点(即右子树中最左下的叶结点)。

一般情况下,双亲信息需要回溯才能获得。因此,在后序线索化二叉树中无法直接得到任一结点的后序遍历序列的后继。这也表明:在后序线索化二叉树的后序遍历非递归算法中依然需要用堆栈实现回溯。

微课视频

5.6 树和森林与二叉树的相互转换

二叉树、树、森林同为树形结构,基于存储内容的相同,可以进行相互转换。转换成二叉树的树或森林,就可以作为二叉树来处理。

5.6.1 树与二叉树相互转换

树有二叉链表存储,二叉树也有二叉链表存储。仅从结点结构上看,两者具有一致性,如图 5-33 所示。

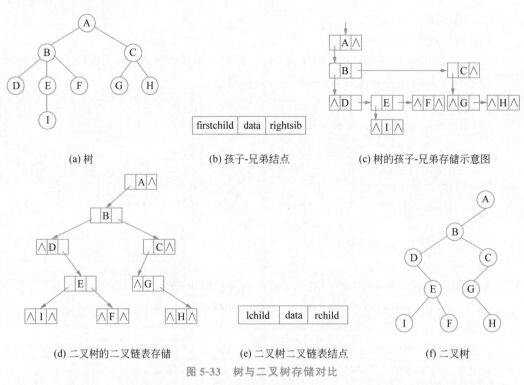

图 5-33 树与二叉树存储对比

图 5-33(a)是一棵树,其孩子-兄弟结点结构如图 5-33(b)所示,存储示意图如图 5-33(c)所示。如果把第一个孩子指针 firstchild 理解成左孩子 lchild,把兄弟指针 rightsib 理解成右孩子 rchild,并且把两者的位置调整到结点的左部或右部(如图 5-33(d)所示),那便是图 5-33(f)所示的二叉树。据此可以找到一棵树与一棵二叉树之间的转换方法。

1. 树转换为二叉树

对比图 5-33(a)的树与图 5-33(f)的二叉树,可知将一棵树转换成二叉树需要的操作如下。

(1) 加线——在树(如图 5-34(a)所示)的所有相邻兄弟结点之间加一条线,如图 5-34(b)中虚线所示。

(2) 去线——去掉树中双亲与第 2、3 等孩子结点之间的连线,仅保留双亲与第 1 个孩子之间的连线,如图 5-34(b)中的带×标志的线。

(3) 位置调整——双亲的第 1 个孩子为双亲的左孩子,与第 1 个孩子相连(加线后)的兄弟为双亲的右孩子,于是得到一棵二叉树,如图 5-34(c)所示。

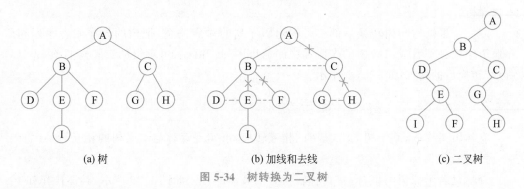

图 5-34 树转换为二叉树

由树转换得到的二叉树具有以下特征。
- 根结点无右子树。
- 二叉树中左分支上的各结点在原来树中是父子关系。
- 二叉树中右分支上的各结点在原来树中是兄弟关系。

2. 二叉树转换为树

将二叉树转换为树的方法正好与上述过程相反,即把之前加的线去掉和把被删除的线加上,如图 5-35 所示。具体操作方法如下。

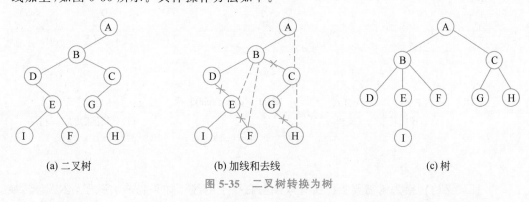

图 5-35 二叉树转换为树

(1) 加线——在双亲与左孩子的右孩子、右孩子的右孩子等之间加线,如图 5-35(b)中虚线所示。

(2) 去线——去掉所有双亲与右孩子之间的连线,如图 5-35(b)中的带×标志的线。

(3) 位置调整——调整结点位置,即得到图 5-35(c)所示的一棵树。

3. 树与对应的二叉树的遍历对应关系

根据树及其转换后的二叉树可知,树的遍历序列与对应的二叉树的遍历序列之间具有以下对应关系。

树的先序遍历≌二叉树的先序遍历

树的后序遍历≌二叉树的中序遍历

已知某树的两种遍历序列是无法求出这棵树的,但是根据树的遍历序列与对应的二叉树遍历序列之间的关系,可以先求出与树对应的二叉树,再将二叉树转换为树。

【应用 5-2】 已知树的先序遍历序列为 ABDEIFCGH,后序遍历序列为 DIEFBGHCA,求这棵树。

【解】 根据树与树转换后的二叉树遍历序列的对应关系,把树的先序遍历序列和后序遍历序列分别看成二叉树的先序和中序遍历序列。由此,可求得的二叉树如图 5-35(a)所示,转换后的树如图 5-35(c)所示。

5.6.2 森林与二叉树相互转换

森林由树构成,基于树与二叉树的相互转换,可实现森林与二叉树的相互转换。

1. 森林转换为二叉树

森林是若干棵树的集合,将森林转换为二叉树的方法如图 5-36 所示,具体操作如下。

(1) 将森林中的每棵树转换为二叉树,如图 5-36(a)所示。

(2) 将森林中各棵树的根看成兄弟,按兄弟方法处理,即加线连成二叉树中根的右孩子、右孩子的右孩子等。

转换成功后的二叉树如图 5-36(b)所示。

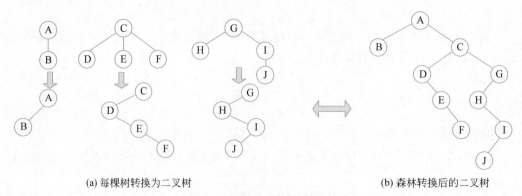

(a) 每棵树转换为二叉树   (b) 森林转换后的二叉树

图 5-36 森林与二叉树的相互转换

2. 二叉树转换为森林

一棵二叉树转换为树需要去掉所有双亲与右孩子的线。如果根有右孩子,必然会转换为几棵树,即为一个森林。例如,图 5-36(b)所示二叉树转换后为图 5-36(a)所示 3 棵树。

3. 森林与对应的二叉树的遍历对应关系

森林有两种遍历方法:先序(根)遍历和中序(根)遍历。根据森林转换后对应的二叉树,可知森林的遍历序列与对应的二叉树的遍历序列之间具有以下对应关系。

森林的先序遍历≌二叉树的先序遍历
森林的中序遍历≌二叉树的中序遍历

已知森林的两种遍历序列是无法确定森林的。但是,如果通过森林与二叉树遍历序列的对应关系先确定二叉树,再通过树与森林的转换,就可得到森林。

【应用 5-3】 已知森林的先序遍历序列为 ABCDEFGHIJ,中序遍历序列为 BADEFCHJIG,求此森林。

【解】 把森林的两种遍历序列分别看成二叉树的先序和中序遍历序列,即可求得图 5-36(b)所示的二叉树。然后将二叉树转换为森林,如图 5-36(a)所示。

5.7 最优二叉树及其应用

最优二叉树也称为哈夫曼树[①],是二叉树的一个具体应用。

5.7.1 基本概念

最优二叉树是最优树的一种。最优树是一种树的带权路径长度最短的树。

权(weight)是对某个实体的某些属性的数值化描述。在二叉树中,可以给边赋予权值,也可以给结点赋予权值,分别称为边权和结点权。在不同的问题域中,权值有不同的物理意义。最优树研究的是结点有权值的带权树。

结点的带权路径长度(weighted path length)指从树根到该结点之间的路径长度与结点权值的乘积。

例如,图 5-37 为一棵结点带权的树,结点上值为权值。根据定义可知,权值为 5、4、3 的结点的带权路径长度分别为 5、8 和 9。

树的带权路径长度是指树中所有叶结点的带权路径长度之和,通常记为 $WPL = \sum_{k=1}^{n} w_k l_k$,$w_k$ 表示第 k 个叶结点的权值,l_k 表示根到第 k 个叶结点的路径长度。由此定义可知,图 5-37 所示带权树的带权路径长度为

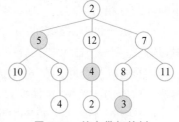

图 5-37 结点带权的树

$$WPL = 10 \times 2 + 4 \times 3 + 2 \times 3 + 3 \times 3 + 11 \times 2 = 69$$

最优树指在所有含 n 个叶结点并带相同权值的 m 叉树中,必存在一棵树的带权路径长度最小的树。当 $m=2$ 时,为最优二叉树;即给定 n 个叶结点的权值 $w=\{w_1,w_2,\cdots,w_n\}$,可以构造出不同形态的二叉树,其中树的带权路径最小的树称为最优二叉树。

例如 $w=\{2,3,4,5\}$,可以构造出如图 5-38 所示的多棵二叉树。它们具有相同的叶

[①] 哈夫曼树由戴维·哈夫曼(1925—1999)于 1952 年发明,他同时还发明了哈夫曼编码,该编码至今仍广泛应用于数据压缩与传输中。除哈夫曼编码外,哈夫曼在其他方面也有不少创造,如他设计的二叉最优搜索树算法就被视为同类算法中效率最高的,因而被命名为哈夫曼算法,是动态规划的一个范例。哈夫曼曾获得 IEEE 的 McDowell 奖(1973 年)、计算机先驱奖(1982 年)及 Golden Jubilee 奖(1998 年)等荣誉。

结点,但形态各异,使得树的带权路径长度不尽相同。

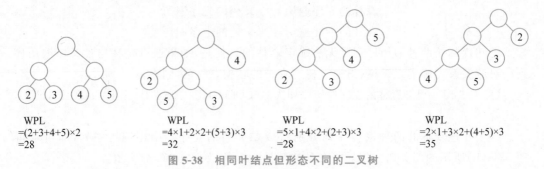

WPL
=(2+3+4+5)×2
=28

WPL
=4×1+2×2+(5+3)×3
=32

WPL
=5×1+4×2+(2+3)×3
=28

WPL
=2×1+3×2+(4+5)×3
=35

图 5-38 相同叶结点但形态不同的二叉树

由图 5-38 可知:①相同叶结点集可以构造出 WPL 值相同或不相同且形态各异的二叉树。②形态相同的二叉树,其 WPL 不一定相同,如图 5-38 中第 3、4 棵树。

图 5-38 中的 4 棵二叉树的带权路径长度(WPL)分别为 28、32、28 和 35,最小值是 28。WPL 为 28 的二叉树是最优二叉树吗?这取决于它是否采用了最优二叉树的方法进行构造。

5.7.2 构造最优二叉树

哈夫曼给出了最优二叉树的构造方法,因此,最优二叉树也称为哈夫曼树。

1. 构造方法

解决问题的出发点是:为了使 WPL 值小,尽量使权值大的叶结点离根结点近;权值小的叶结点相对离根远一些。具体方法如下。

(1) 初始化。由给定的 n 个权值 $\{w_1, w_2, \cdots, w_n\}$ 构造 n 棵只有一个根结点的二叉树,从而得到一个二叉树集合 $F = \{T_1, T_2, \cdots, T_n\}$。

(2) 选取与合并。在 F 中选取根结点的权值最小的两棵二叉树分别作为左、右子树构造一棵新的二叉树,这棵新二叉树的根结点权值为其左、右子树根结点的权值之和。

(3) 删除与加入。在 F 中删除作为左、右子树的两棵二叉树并将新建立的二叉树加入 F 中。

(4) 重复(2)、(3)两步,当集合 F 中只剩下一棵二叉树时,这棵二叉树便是最优二叉树。

【例 5-10】 设 $w = \{7, 5, 2, 3, 5, 6\}$,构造最优二叉树。

【解】 根据上述方法构造最优二叉树的过程如表 5-5 所示,其中方框结点为中间结点。构造出的最优二叉树的 WPL=(5+6+7)×2+5×3+(2+3)×4=71。

表 5-5 最优二叉树的构造过程

序号	最优二叉树生成过程	说 明
1	⑦ ⑤ ② ③ ⑤ ⑥	初始化,生成 6 棵树

序号	最优二叉树生成过程	说　　明
2	(树：根5，左2右3)	第1次选取与合并
3	7　5　(树：根5，左2右3)　5　6	第1次删除与加入
4	7　(树：根10，左5，右子树根5左2右3)　5　6	第2次选取、合并、删除和加入
5	(树：根10，左7/5，右子树根5左2右3)　(树：根11，左5右6)	第3次选取、合并、删除和加入
6	(树：根17，左7，右根10左5右（根5左2右3））　(树：根11，左5右6)	第4次选取、合并、删除和加入
7	(树：根28，左根17（左7，右根10左5右（根5左2右3）），右根11左5右6)	第5次选取、合并、删除和加入

用此方法构造的最优二叉树具有以下特点。

- 可能不唯一，因为：①当出现权值相同的叶结点或中间结点时，任取其一都是可以的；②构造方法中没有说明被选择的两个结点的左、右顺序。图 5-39 也是一棵可能生成的最优二叉树。

- 虽然构造的最优二叉树可能不唯一,但各棵树的 WPL 值一定是一样的,均为最小值。因为权值相同的叶结点在树中的位置可能不一样。
- 树中没有度为 1 的点,因此总结点个数 $n=n_0+n_2=2n_0-1$。本例有 6 个叶结点,总结点数为 11。

【思考】 图 5-38 中权值最小的两棵树是最优二叉树吗?

2. 用计算机求解最优二叉树

(1) 存储设计。

n 个叶结点构造的最优二叉树总结点数为 $2n-1$,因此最优二叉树的存储空间是可以预知的。能够预测存储空间时可以考虑采用顺序存储。

最优二叉树构造过程中由孩子结点生成双亲结点,而双亲结点可能成为其双亲的孩子。这表示构造中孩子的位置信息与双亲的位置信息均会被使用。因此,为减少算法的时间复杂度,可同时存储孩子和双亲的位置信息。由此设计出元素结点,如图 5-40 所示。

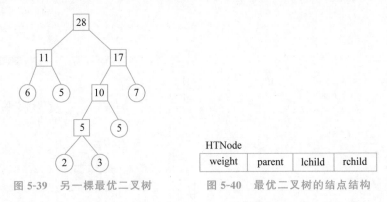

图 5-39 另一棵最优二叉树   图 5-40 最优二叉树的结点结构

在顺序存储中,孩子与双亲信息均为结点在顺序表中的位序,类型取整型。元素结构定义如下。

```
struct HTNode        //结点结构
{ int weight;        //权值域
  int parent;        //双亲结点在数组中的下标
  int lchild;        //左孩子结点在数组中的下标
  int rchild;        //右孩子结点在数组中的下标
};
```

初始化时将叶结点作为前 n 个结点。所有点为孤立点,没有关联。因此,双亲、孩子位置信息均填 -1。对于例 5-10 中的权值 $w=\{7,5,2,3,5,6\}$,初始化后,树的初态如图 5-41(a)所示。

(2) 算法设计。

n 个叶结点构造的最优二叉树有 $n-1$(即 $2n-1-n$)个中间结点。最优二叉树的构造即 $n-1$ 个中间点的生成过程。每个中间点的计算方法如下。①从双亲为 -1 的已有结点中选择权值最小的两个结点,设下标为 i_1 和 i_2。②设生成的中间点序号为 k,则中间点的权值为第 i_1、i_2 个结点权值的和。③i_1、i_2 分别为第 k 个结点的左、右孩子下标;k

第 5 章 树和二叉树

结点序号	weight	parent	lchild	rchild
0	7	-1	-1	-1
1	5	-1	-1	-1
2	2	-1	-1	-1
3	3	-1	-1	-1
4	5	-1	-1	-1
5	6	-1	-1	-1
6		-1	-1	-1
7		-1	-1	-1
8		-1	-1	-1
9		-1	-1	-1
10		-1	-1	-1

(a) 初始状态

结点序号	weight	parent	lchild	rchild
0	7	-1	-1	-1
1	5	-1	-1	-1
2	2	6	-1	-1
3	3	6	-1	-1
4	5	-1	-1	-1
5	6	-1	-1	-1
6	5	-1	2	3
7		-1	-1	-1
8		-1	-1	-1
9		-1	-1	-1
10		-1	-1	-1

(b) 完成第1次选取与合并

图 5-41 最优二叉树构造过程中的存储空间状态

为第 i_1、i_2 个结点的双亲。

第 1 个中间点计算完成后,结果如图 5-41(b)所示。所有中间点计算完毕,最终结果如图 5-42 所示。

结点序号	weight	parent	lchild	rchild
0	7	9	-1	-1
1	5	7	-1	-1
2	2	6	-1	-1
3	3	6	-1	-1
4	5	7	-1	-1
5	6	8	-1	-1
6	5	8	2	3
7	10	9	1	4
8	11	10	6	5
9	17	10	0	7
10	28	-1	8	9

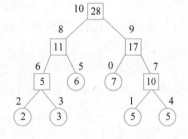

图 5-42 最终状态

求最优二叉树的算法描述与算法步骤如算法 5.16 所示。

算法 5.16 【算法描述】   【算法步骤】
```
0  void HuffmanTree(HTNode * &HT,int w[],int n)   //以权值 w[n]创建最优二叉树 HT
1  { p=HT;                                         //1.初始化
2      for(i=0; i<2*n-1; i++)                      //1.1 数组 HT[]所有元素权值为 0
3      {                                           //其他信息为-1
```

```
4        HT[i].weight=0;
5        HT[i].parent=-1;
6        HT[i].lchild=-1;
7        HT[i].rchild=-1;
8     }
9     for(i=0; i<n; i++)                   //1.2 叶结点权值填入
10       HT[i].weight=w[i];                //HT[0..n-1].weight
11    for(k=n; k<2*n-1; k++)               //2.通过 n-1 次选择、删除、合并
12    {                                    //创建最优二叉树
13       select(HT,k,i1,i2);               //2.2 形成第 k 个结点
14       HT[i1].parent=k;
15       HT[i2].parent=k;                  //2.2.1 k 为 i1、i2 的双亲
16       HT[k].weight=HT[i1].weight+       //2.2.2 第 k 个结点的权值为第
17       HT[i2].weight;                    //i1、i2 个结点权值的和
18       HT[k].lchild=i1;                  //2.2.3 i1、i2 分别为第 k 个结点
19       HT[k].rchild=i2;                  //的左、右孩子
20    }
21 }
```

【算法分析】 语句 2~8 和语句 9、10 用于初始化,是两个并列的单循环,时间复杂度为 $O(n)$。语句 11~19 求 $n-1$ 个中间点,内嵌一个求最小权值的循环(语句),时间复杂度为 $O(n^2)$,因此,整个算法的时间复杂度为 $O(n^2)$。

整个算法不需要额外的存储空间,因此空间复杂度为 $O(1)$。

【算法讨论】 n 个叶结点构造的最优二叉树可能不唯一。那用上述算法构造的最优二叉树唯一吗?为什么?

3. 应用举例

最优二叉树是树的带权路径长度最小的树。由分支程序构成的多分支程序,其分支判断结构为一棵二叉树。终端数据比较总数类似于树的带权路径长度。最优二叉树可用于分支程序的优化,使数据比较总数最小。下面用具体示例说明。

【应用 5-4】 给出将百分制成绩转变为五等级制的算法。百分制成绩与等级的对应关系及成绩分布如表 5-6 所示。若对 1000 个成绩进行等级划分,所给算法共需要比较多少次? 如何根据成绩分布优化算法?

表 5-6 百分制成绩与等级之间的对应关系及成绩分布

分数 S	0~59	60~69	70~79	80~89	90~100
等级	E	D	C	B	A
比例数	5%	15%	40%	30%	10%

【解】 一般判断思路是从最大值或最小值开始依次判断。例如,图 5-43(a)所示判断流程是从最小值开始。

由图 5-43(a)可知,成绩 E(5%)需要进行 1 次数据比较,成绩 D(15%)需要进行 2 次数据比较,成绩 C(40%)需要进行 3 次数据比较,成绩 B(30%)和成绩 A(10%)需要进行

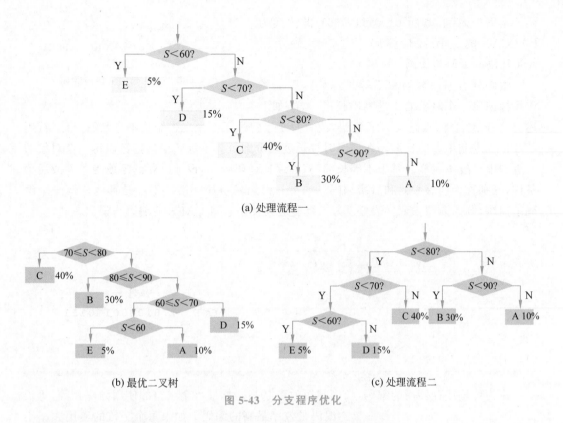

图 5-43 分支程序优化

4 次数据比较。如果有 1000 个成绩,共需要进行的比较次数为

$$(0.05×1+0.15×2+0.4×3+0.3×4+0.1×4)×1000=3150(次)$$

如果将成绩分布作为结点权值构造最优二叉树,如图 5-43(b)所示,并且据此建立分支判断结构,可得图 5-43(c)所示处理流程。此时,成绩 E 和成绩 D 需要进行 3 次数据比较,成绩 C、成绩 B 和成绩 A 的均需进行 2 次数据比较。如果有 1000 个成绩,共需比较次数为 $((0.05+0.15)×3+(0.4+0.3+0.1)×2)×1000=2200$ 次,数据比较次数比上一方法减少了约 30%。

上述应用表明,若知道数据分布情况,可以用最优二叉树优化分支程序。具体做法是:首先根据数据分布建立最优二叉树;然后根据最优二叉树建立分支判断结构。

5.7.3 哈夫曼编码

哈夫曼编码是由最优二叉树(哈夫曼树)生成的一种编码。

1. 编码

在信息远距离传输或将信息进行存储时,需要将一组对象用一组二进制位串表示,即编码。编码作为名词,表示标记一组对象的一组二进制位串。例如,A、B、C、D 这 4 个字符的编码可以分别为 00、01、10、11。如果传输 BADCAB,那么电文为 010011100001,总长为 12。编码作为动词,表示将信息从一种形式或格式转换为另一种形式的过程。例如,上面将 BADCAB 变成 010011100001 的过程就是编码。编码的逆过程称为**解码/译**

微课视频

码。本例中，接收端将 010011100001 再转换为 BADCAB 的过程就是解码。图 5-44 表示了 ASCII 码的编码与译码。

图 5-44　ASCII 码的编码与译码

编码分为等长编码和不等长编码。等长编码指标识每一个对象的二进制串长度一样，如上述对 A、B、C、D 的编码及 ASCII 码，前者每个字符用了 2 个二进制位串，后者每个字符用了 8 位二进制串。等长编码在译码时按长度切分即可。不等长编码指标识每一个对象的二进制串长度不一样。对于不等长编码，为保证译码唯一，设计时须满足前缀条件或后缀条件，分别称为前缀编码和后缀编码。如果一组编码中任一编码都不是其他任何一个编码的前缀，则为前缀编码。表 5-7 为一组前缀码及用它对 CAFE 的编码与译码。

表 5-7　前缀码

字　符	编　　码	字　符	编　　码
A	00	E	111
B	10	F	0110
C	010	G	0111
D	110		

作为传输或存储用的编码，长度越短效率越高。如果每个字符的使用频率相等，等长编码是效率最高的编码。如果每个字符的使用频率不同，使用不等长编码，让频率高的编码短些，频率低的编码长些，可以减少整体编码的长度。

二叉树可以被用来设计二进制的前缀码，例如一棵二叉树如图 5-45 所示，叶结点分别表示 A、B、C、D、E、F、G。如果约定左分支表示字符 0，右分支表示字符 1，则从根到叶结点路径上分支字符组成的字符串作为该字符的编码，如表 5-7 所示。这是一组前缀码。

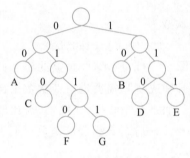

图 5-45　二叉树生成前缀码

为了使电文总长度最短，需要按字符频率构建最优二叉树，然后形成编码。此编码被称为哈夫曼编码。

2. 哈夫曼编码的构造方法

设文本中需要编码的字符集合为 $\{c_1, c_2, \cdots, c_n\}$，它们在文本中出现的频率为 $\{w_1, w_2, \cdots, w_n\}$，字符集中各字符的哈夫曼编码构造方法如下。

（1）以各字符 $\{c_1, c_2, \cdots, c_n\}$ 为叶结点，以 $\{w_1, w_2, \cdots, w_n\}$ 为叶结点的权值，构造最优二叉树。

（2）规定最优二叉树的左分支为 0，右分支为 1。

（3）从根结点到每个叶结点所经过的分支对应的 0 和 1 组成的序列便是该结点对应的哈夫曼编码。

【例 5-11】　对于字符集{A,B,C,D,E,F,G}，各自的频率为{9,11,5,7,8,2,3}，求：

①各字符的哈夫曼编码并计算平均码长；②最短的等长编码。

【解】① 以 A、B、C、D、E、F、G 为叶结点,以 9、11、5、7、8、2、3 为权值,构造最优二叉树,并且在左子树上标注 0,右子树上标注 1,如图 5-46(a)所示。各字符的哈夫曼编码如图 5-46(b)所示。

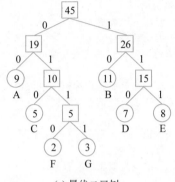

字符	频率	编码
A	9	00
B	11	10
C	5	010
D	7	110
E	8	111
F	2	0110
G	3	0111

字符	等长编码
A	000
B	010
C	011
D	100
E	101
F	110
G	111

(a)最优二叉树　　　　　(b)哈夫曼编码　　　　　(c)等长编码

图 5-46　最优二叉树及其编码

平均编码长为

$$[(9+11)\times 2+(5+7+8)\times 3+(2+3)\times 4]/(9+11+5+7+8+2+3)=2.67$$

② 等长编码中,为区分 7 个字符,至少需要采用 3 位二进制数表示一个字符,如图 5-46(c)所示。因此,最短的等长编码长度为 3,它大于 2.67。

3. 用计算机求解哈夫曼编码

(1) 存储设计。每个字符的编码为一个二进制串,可以用一个字符数组表示。另设一个字符数组指针 char * HC,指向各编码字符串。存储示意图如图 5-47 所示。

(2) 辅助工作变量设计。由于哈夫曼编码是变长编码,因此无法预设存储空间。在计算过程中,用工作数组 $cd[n]$ 临时存储编码,设指针 start 指向表尾,如图 5-48 所示。

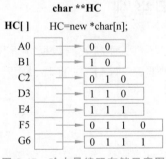

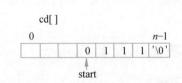

图 5-47　哈夫曼编码存储示意图　　　　图 5-48　求哈夫曼编码的工作数组

(3) 算法设计。

【算法思想】 依次以叶结点为出发点,向上回溯至根结点为止。回溯时走左分支则生成代码 0,走右分支则生成代码 1。注意,按此方法求得的是从低到高的各位编码。因此,首先求得的编码是最低位编码,存在 cd[--start] 中。当一个回溯结束时,将 start 开始的编码串（如图 5-48 所示）复制到 HC[]中。

由最优二叉树求哈夫曼编码的算法描述与算法步骤如算法 5.17 所示。

算法 5.17 【算法描述】   【算法步骤】

```
0   void CreateHFCode(HTNode * HT,       //基于最优二叉树 HT 求哈夫曼编码
    int n, char **HC)                    //HC[n]
1   {                                    //1.初始化
2     cd=new char[n];                    //1.1 创建工作数组 cd[n]
3     cd[n-1]='\0';                      //1.2 编码结束符
4     for(i=0; i<n; i++)                 //2.求每个叶结点的哈夫曼编码
5     {
6       start=n-1;                       //2.1 start 开始指向编码结束位置
7       c=i;                             //2.2 由第 i 个叶结点向上回溯
8       f=HT[i].parent;
9       while(f!=-1)                     //直到树根
10      {
11        if(HT[f].lchild==c)            //2.2.1 结点是双亲的左孩子
12            cd[--start]='0';           //编码为 0
13        else                           //2.2.2 结点是双亲的右孩子
14            cd[--start]='1';           //编码为 1
15        c=f; f=HT[f].parent;           //2.2.3 继续向上回溯
16      }
17      HC[i]=new char[n-start];         //2.3 为第 i 个字符编码分配空间
18      strcpy(HC[i],&cd[start]);        //2.4 把求得的编码复制到 HC[i]
19    }
20    delete cd;                         //3.释放工作数组空间
21  }
```

哈夫曼编码是基于最优二叉树构造的编码，是一种前缀码，并且是编码长度最短的编码。至今，哈夫曼编码广泛应用在压缩与传输中。

5.8 树结构在机器学习中的应用举例

在机器学习领域，树结构以其独特的优势，成为了一种高效的数据分析与预测工具。通过模拟自然界的决策过程，树结构能够为各种复杂问题提供直观、易于理解的解决方案。

5.8.1 决策树及其应用

1. 决策树

决策树是一种树形结构。它通过一系列的问题将数据分割成不同的类别。它包含 3 种类型的结点。①根结点：没有进入边，是决策过程的起点。②内部结点：每个内部结点代表一个特征测试或属性判断，根据特征的不同取值，引出多条分支（在二叉树中通常是两个分支）。③叶结点：代表一个类别标签（在分类任务中）或一个具体的数值（在回归任务中），是决策过程的终点。

一个简单的决策树如图 5-49 所示,它用于根据天气条件决定是否进行户外活动。决策树的根结点是一个天气条件的判断,每个内部结点代表一个属性的判断,每个叶结点代表一个决策结果。

图 5-49 决策树示例

在这个决策树中,根结点用于判断天气是否为晴天。

第一个分支:如果天气是晴天,进一步判断风速。如果风速小,推荐户外打羽毛球;如果风速中,推荐户外打篮球;如果风速大,推荐不进行户外活动。

第二个分支:如果天气不是晴天,进一步判断是多云还是下雨。如果是多云,推荐户外跑步;如果是下雨,推荐不进行户外活动。

这个决策树展示了如何通过一系列的判断来做出最终的决策。在实际应用中,决策树可以更复杂,包含更多的属性和判断条件。决策树通过树形结构来表示决策过程,其中内部结点表示属性上的判断条件,分支代表判断条件的结果,叶结点代表最终的决策或预测结果。

2. 决策树在分类中的应用

决策树是机器学习中的一种基础算法,广泛应用于分类和回归任务。决策树在分类任务中的应用主要包括以下几个步骤。

(1)选择特征。从数据集中选择一个属性,该属性能够最大化数据的分类效果。

(2)生成树。从根结点开始,递归地选择最佳特征进行分裂,生成子结点,直至满足停止条件。例如,结点中的样本属于同一类别,或者达到预设的树深度、结点数限制等。

(3)剪枝树。为了防止过拟合,对生成的树进行剪枝,移除一些对分类效果影响不大的分支。

(4)预测分类。对于一个新的数据点,从根结点开始,根据属性判断条件逐步向下,直到达到叶结点,叶结点的类别即为预测的类别。

决策树分类具有广泛的应用场景。①医疗诊断。决策树可以辅助医疗诊断,通过分析病人的症状、检查结果等信息,预测可能的疾病。②信用评估。在金融领域,决策树可以用于信用评估,通过分析客户的收入、负债、信用历史等信息,预测信用风险。③客户细分。在市场营销中,决策树可以用于客户细分,通过分析客户的购买历史、偏好、行为模式等信息,将客户分为不同的群体。④文本分类。在自然语言处理中,决策树可以用于文本分类,通过分析文本的内容、风格、主题等特征,将文本归类到不同的类别。⑤图像识别。在计算机视觉中,决策树可以用于图像识别,通过分析图像的颜色、纹理、形状等特征,将图像分类到不同的类别。

树结构是决策树算法的基础和直观表现形式。它不仅提供了高效的数据分类或回归方法,还赋予了模型高度的解释性和灵活性,使其成为数据挖掘和机器学习中不可或缺的一部分。

3. 决策树在推荐中的应用

推荐系统作为信息过滤的一种形式,致力于预测用户可能感兴趣的产品或服务。决策树通过模拟用户的决策过程,为用户生成个性化的推荐列表。构建决策树推荐系统的基本步骤如下。

(1) 收集数据。收集用户的行为数据,包括浏览历史、购买记录、评分和评论等。

(2) 提取特征。从用户的历史行为和偏好数据中提取关键特征。这些特征可能包括用户的基本信息、行为数据、评价历史等。

(3) 构建决策树。利用这些特征构建决策树模型。决策树中的每个结点代表对一个特征的判断,每个分支代表该判断的可能结果,而叶结点则代表最终的推荐决策。

(4) 生成规则。通过分析用户的行为模式和偏好,从决策树中提取出决策规则,这些规则揭示了用户在面对不同特征时的选择倾向。

(5) 生成推荐。结合用户的当前特征和提炼出的规则,通过决策树进行推理,生成个性化的推荐结果。

一个简单的推荐电影的树如图 5-50 所示。

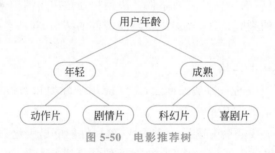

图 5-50 电影推荐树

在这个示例中,根结点用于判断用户的年龄。

第一个分支:如果用户年轻,推荐动作片。

第二个分支:如果用户成熟,进一步判断用户的偏好。如果偏好科幻,推荐科幻片;如果偏好喜剧,推荐喜剧片。

上面给出了利用决策树分析用户对不同类型电影的偏好,日常常用的推荐还有如下几种。①音乐推荐。根据用户的音乐播放历史和评分,构建决策树,预测用户对不同音乐类型和艺术家的偏好,并推荐新歌曲或艺术家。②商品推荐。在电子商务平台中,分析用户的购物历史和浏览行为,构建决策树,预测用户对不同商品类别和品牌的偏好,并推荐相关商品。③新闻推荐。新闻推荐系统通过决策树分析用户的阅读习惯和兴趣点,预测用户对不同新闻主题和来源的偏好,并推荐相关新闻文章。④社交网络推荐。在社交网络中,分析用户的社交关系和互动行为,构建决策树,预测用户对潜在朋友的偏好,并推荐可能感兴趣的用户。

决策树为推荐系统提供了一种直观且有效的方式来组织信息、模拟决策过程和提取规则。通过合理地利用决策树,推荐系统能够更准确地预测用户的偏好,提供更个性化的推荐。

5.8.2 随机森林及其应用

随机森林(random forest,RF)是一种集成学习方法,它通过构建多个决策树的集合来解决分类和回归问题。这种方法以其在提高模型准确性和鲁棒性方面的优势而在机器学习领域中广受青睐。随机森林的概念图如图 5-51 所示。

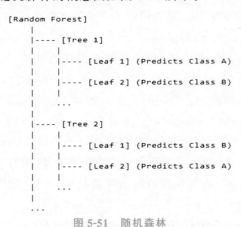

图 5-51 随机森林

- Random Forest:表示随机森林模型,它是多个决策树的集合。
- Tree 1,Tree 2,…:表示随机森林中的单个决策树。
- Leaf 1,Leaf 2,…:表示决策树的叶结点,每个叶结点对应一个预测结果。

随机森林的主要工作如下。

(1) 抽样数据。在训练阶段,随机森林算法采用自助法(bootstrap sampling)从原始数据集中抽取数据,对每棵决策树进行独立训练。

(2) 随机选择特征。构建决策树时,不是使用所有特征,而是随机选择一部分特征进行结点分裂,增加了模型的多样性。

(3) 生长全树。每棵决策树都生长到最大长度,不进行剪枝,以避免信息损失。

(4) 预测集成。在预测阶段,每棵决策树独立给出预测结果。对于分类问题,采用多数投票机制;对于回归问题,则取预测结果的平均值。

随机森林的多面性使其在多个领域中都有出色的表现,举例如下。①分类任务。随机森林通过构建多个决策树并对预测结果进行投票,提高了分类的准确性,尤其在处理不平衡数据集时,每棵树的独立性减少了对多数类的偏好。②特征选择。通过评估特征在树构建过程中的重要性,随机森林能够识别出对模型预测能力贡献最大的特征。③异常检测。利用数据点与森林中树的预测结果的一致性,随机森林能够识别异常或离群值。④图像识别。在图像分类和特征提取中,随机森林能够处理高维数据,建立局部与全局特征之间的联系。⑤文本分析。在自然语言处理中,随机森林处理文本数据中的复杂模式和非线性关系,用于文本分类、情感分析等任务。⑥生物信息学。在基因表达分析、蛋白质结构预测等领域,随机森林处理大规模基因组数据,识别关键基因。⑦金融风险评估。

在信用评分、欺诈检测等金融领域,随机森林预测风险和市场趋势。⑧医疗诊断。在疾病诊断、患者分层等医疗领域,随机森林提供个性化的医疗建议。⑨推荐系统。随机森林通过分析用户行为数据,预测并推荐用户感兴趣的项目。

随机森林因其准确性、鲁棒性、可解释性和易于实现的特点,在机器学习的各种应用中都得到了广泛的应用和认可。

5.8.3 自然语言处理

在自然语言处理(NLP)领域,树结构在语言的理解和生成方面有着独特的作用。

1. 句法树

句法树,亦称为解析树或语法树,用于表示自然语言句子的句法结构。每个结点代表一个语法单位,如短语或单词,边则表示这些单位之间的关系。例如,"小狗追着球跑"的句法树如图 5-52 所示。

图 5-52 句法树示例

在这棵树中,"跑"是句子的谓语动词,作为树的根结点;"追着"是一个趋向补语,依赖于动词"跑",表示动作的方式;"小狗"是主语,直接依赖于"追着",表明执行追跑动作的是"小狗";"球"是宾语,同样依赖于"追着",表示追跑的对象是"球"。

注意这里的"跑"出现了两次,第二次出现的"跑"是趋向补语"追着"内部的动作重复,实际句法树构建时可能会有不同处理方式。

句法分析是 NLP 的一个重要环节,其主要目的是识别和解析句子的结构,确定各词汇之间的句法关系,如主谓宾、定状补等。这一过程对于理解语言意义、进行机器翻译、信息抽取、情感分析等多种自然语言处理任务至关重要。在 NLP 中,句法树不仅用于句法分析,帮助系统理解输入句子的结构,也用于自然语言生成。通过构建合适的句法或语义树,系统能够生成符合语法和语义规范的句子。

2. 语义树

语义树(semantic trees)专注于揭示句子的深层语义结构。与句法树不同,语义树试图捕捉句子的逻辑意义,每个结点代表一个语义概念或关系,如动作、实体或属性,而边则表示这些概念之间的逻辑联系。

语义树的层次化结构有效地表达了概念之间的包含、归属或从属关系。根结点通常代表最抽象或泛化的概念,而叶结点则细化到具体的实例或详细信息。这种结构不仅使得语义树成为逻辑推理的强大工具,也便于进行如上下位关系推理和属性传递等操作,从而推断出新的知识或验证已有的假设。

以句子 "John gave Mary a book yesterday in the library." 为例,一个表示句子中的语义角色和它们之间的关系的语义树如图 5-53 所示。

在这个语义树中,根结点是谓词 gave;施事者 John 是谓词的直接子结点;谓词 gave 的另一个子结点是另一个谓词 gave,表示间接宾语 Mary 接收了动作的结果;受事者 book 直接连接到谓词 gave,表示动作的直接对象;时间状语 yesterday 和地点状语 in the library 作为修饰成分,连接到整个句子结构中。

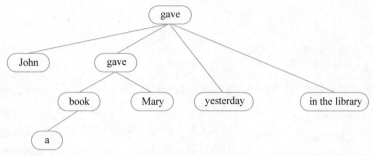

图 5-53 语义树示例

语义树将这些成分的语义角色和它们之间的关系清晰地展现出来,使得计算机能够更有效地进行语义理解和处理。这种结构化的方法不仅有助于信息提取和问答系统的响应,也是知识图谱构建的基础。

5.9 小结

1. 本章知识要点

本章知识要点如图 5-54 所示。

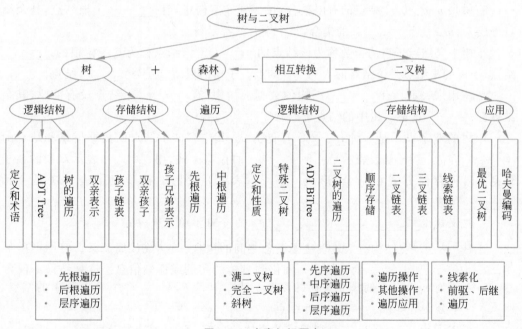

图 5-54 本章知识要点

2. 本章相关算法

本章相关算法如图 5-55 所示。

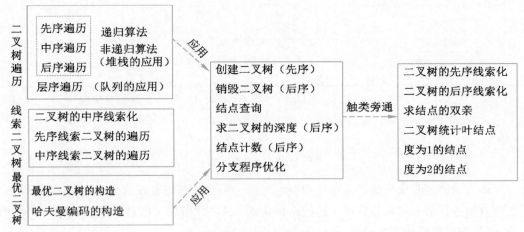

图 5-55　本章相关算法

习题 5

一、填空题

1. 树是 $n(n \geqslant 0)$ 个结点的有限集合，在一棵非空树中，有_____个根结点，其余结点分成 $m(m \geqslant 0)$ 个_____的集合，每个集合又都是树。

2. 树中某结点子树的个数称为该结点的_____，该结点称为其子树根的_____结点，子树的根结点是该结点的_____结点。子树的根结点互为_____结点。

3. 树用来表示具有_____结构的数据。树中，有_____个结点没有前驱，其余结点有_____前驱。树中的结点可以有_____后继。

4. 树的双亲表示是一种_____存储方式，其中存储了结点的数据信息和结点的_____信息。孩子链表表示是一种_____的存储方式，用_____表示双亲的孩子信息。两种存储方式相结合，形成_____表示法。树的孩子兄弟表示法是一种_____存储。

5. 二叉树由_____、_____、_____ 3 个基本单元组成。

6. 在结点个数为 $n(n>1)$ 的各棵二叉树中，最小的高度是_____，最大的高度是_____。

7. 一棵有 n 个结点的满二叉树的深度 h 为_____，有_____个度为 1 的结点、_____个分支结点和_____个叶结点。

8. 设 F 是由 T_1、T_2、T_3 三棵树组成的森林，T_1、T_2、T_3 的结点数分别为 n_1、n_2 和 n_3，与 F 对应的二叉树 B 的左子树中有_____个结点，右子树中有_____个结点。

9. 二叉树的先序序列和中序序列相同的条件是_____；中序序列和后序序列相同的条件是_____；先序序列和后序序列相同的条件是_____。

10. 森林先序遍历等同于由它转换的二叉树的_____遍历序列，森林中序遍历等同于由它转换的二叉树的_____遍历序列。

11. 中序遍历序列为 a、b、c 的二叉树有_____棵。

12. 一棵左子树为空的二叉树在先序线索化后,其中的空链域的个数为_____。

13. 线索二叉树的左线索指向其_____结点,右线索指向其_____结点。

14. 叶结点个数为 n 的最优二叉树共有_____个结点。

15. 若一棵二叉树具有 10 个度为 2 的结点,5 个度为 1 的结点,则度为 0 的结点个数是_____。

二、简答题

1. 从概念上讲,树与二叉树是两种不同的数据结构,简述树与二叉树的区别并指出将树转换为二叉树的主要目的。

2. 试分别画出具有 3 个结点的树和 3 个结点的二叉树的所有不同形态。

3. 如果一棵树有 n_1 个度为 1 的结点,n_2 个度为 2 的结点,……,n_m 个度为 m 的结点,问有多少个度为 0 的结点?试推导之。

4. 已知完全二叉树的第 7 层有 10 个叶结点,则整个二叉树的结点数最多为多少个?

5. 使用二叉链表存储 n 个结点的二叉树,空的指针域有多少?

6. 给出求解下列问题的判定树。①搜索指定结点 p 在中序遍历序列中的前驱;②搜索指定结点 p 在中序遍历序列中的后继。

7. 用最优二叉树构造最佳判定树时,内、外结点各起什么作用?树的带权路径长度表示什么意思?

三、应用题

1. 分别使用顺序表示法和二叉链表表示法表示图 5-56 所示二叉树,给出存储示意图。

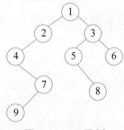

图 5-56 二叉树

2. 对图 5-57 所示的二叉树,分别进行①先序前驱线索化;②后序后继线索化;③中序全序线索化。

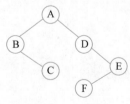

图 5-57 二叉树

3. 已知一棵没有度为1的结点的二叉树的先序和后序遍历序列为 ABCDFGHIE 和 BFHIGDECA，画出该二叉树。

4. 假设一棵二叉树的中序遍历序列为 DCBGEAHFIJK，后序遍历序列为 DCEGBFHKJIA。请画出该树。

5. 将图 5-58 所示森林转换为相应的二叉树。

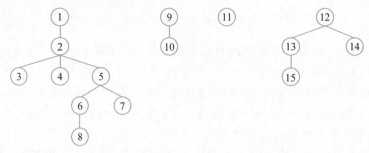

图 5-58 森林

6. 已知一个森林的先序序列为 ABCDEFGHIJKLMNO，中序序列为 CDEBFHIJGAMLONK，构造出该森林。

7. 假设用于通信的电文仅由 8 个字母组成，每个字母在电文中出现的频率如表 5-8 所示。

表 5-8 电文出现的频率

C_1	C_2	C_3	C_4	C_5	C_6	C_7	C_8
2	3	6	8	10	20	22	29

分别为这 8 个字母设计哈夫曼编码和最短的等长编码，求两种编码的平均码长分别为多少。

四、算法设计题

1. 假设二叉树的数据元素类型为字符型，采用顺序存储。设计算法，求二叉树中叶结点的个数。

2. 设数据元素类型为整型的一棵二叉树采用顺序存储存在一个一维的数组中，将顺序存储转换为二叉链表存储。

3. 二叉树采用二叉链表存储，设计解决下列问题的算法。

（1）计算二叉树中各结点元素的最大值。

（2）复制该二叉树的算法。

（3）求结点双亲的算法。

（4）输出二叉树的算法。

（5）删除以值为 x 的结点为根的子树。

五、上机练习题

设数据元素类型为字符型的二叉树采用二链表存储，编程实现下列操作。①创建；②显示；③4 种遍历；④销毁；⑤求出先序、中序和后序遍历序列的第 1 个结点和最后 1 个结点。

六、AI 辅助题

基于大模型等 AI 工具求解下列各题。

1. 给出二叉树在 AI 中的常见应用场景。

2. 解释为什么深度优先搜索(DFS)和广度优先搜索(BFS)在遍历树结构时会有不同的效果？

3. 在 AI 中,树结构(如决策树、随机森林等)与其他模型(如神经网络)相比有何优缺点？

4. 给出 5 个应用"最优二叉树"解决的问题。

5. 借助 AI 得到本章内容的思维导图。

七、思政思考题

1. 树结构在家族关系中的应用如何体现对传统文化的尊重和传承？

2. 树结构在教育体系中的应用如何体现知识传递的层级性和逻辑性？

3. 二叉树操作中的递归思想如何与我国传统文化中的"循序渐进"相呼应？你从中获得怎样的启发？

4. 线索二叉树的引入如何体现在技术发展中对已有结构的改进和完善？对你有哪些启示？

5. 树结构在电商推荐系统中的应用能够提升用户体验。从诚信经营的角度,探讨如何确保推荐结果的真实性和可靠性。

第 6 章　图

图是一种比树更复杂的非线性结构。图结构中数据元素之间有着多对多的关系,即任何一个数据元素可以有 0 至多个前驱,也可以有 0 至多个后继,这使图适用于更广的关系表述。

图在自然科学、社会科学和人文科学等许多领域有着广泛的应用,如寻找最短路径、编制教学计划、计算工程的工期等。

本章讨论图的特性、实现和典型应用等内容。

本章主要知识点

- 图的逻辑特性。
- 图的存储设计。
- 图的遍历及其应用。
- 图的经典应用算法。

本章教学目标

- 掌握图的存储方法并能够根据问题选择或设计合适的存储结构。
- 掌握图的经典应用算法并用于解决更多的实际问题。

6.1　图的定义及相关术语

微课视频

图是一种比树更复杂的非线性结构,图中任意两个顶点之间都可能有关系,图可以描述更为复杂的数据对象。

6.1.1　图的定义

图(graph)是由顶点(vertex)的有穷非空集合和顶点[①]之间边的集合组成的一种数据结构,用二元组表示为

---

① 一般将线性表中的数据元素称为元素,树中的数据元素称为结点,图中的数据元素称为顶点,也称结点(node)。

$$G = (V, E) \tag{6-1}$$

其中,V 是图 G 的顶点集合,E 是图 G 的边的集合。对于图的定义需要注意的是:

(1) 线性表可以没有元素,称为空表;树中可以没有结点,称为空树;但是,图中不允许没有顶点,在定义中强调了顶点的有穷非空性。

(2) 线性表中的元素是线性关系,树中的元素是层次关系,而图中各顶点的关系用边来表示,边集可以为空。

图 6-1 给出的是一个无向图 $G1=(V,E)$,其中:

顶点 $V = \{v_1, v_2, v_3, v_4, v_5\}$;

边 $E = \{(v_1,v_2), (v_1,v_3), (v_1,v_4), (v_2,v_3), (v_2,v_5), (v_3,v_4), (v_3,v_5)\}$。

顶点 v_i 和 v_j 之间的无向连接线称为边,表示为 (v_i, v_j)。

图 6-2 给出的是一个有向图 $G2=(V,E)$,其中:

顶点 $V = \{v_1, v_2, v_3, v_4\}$;

边 $E = \{<v_1,v_2>, <v_1,v_3>, <v_2,v_4>, <v_4,v_1>\}$。

顶点 v_i 和 v_j 之间的有向连接线称为弧,用 $<v_i, v_j>$ 表示,其中 v_i 称为弧尾,v_j 称为弧头。许多情况下,也将弧称为有向边[①]。

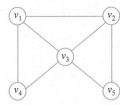

图 6-1 无向图 $G1$

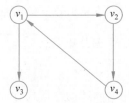

图 6-2 有向图 $G2$

6.1.2 图的术语

1. 边和顶点的关系

(1) 邻接点[②]。对于无向图 G,如果图的边 $(v, v') \in E$,则称顶点 v 和 v' 为邻接点,边 (v, v') 依附于顶点 v 和 v',也可以说边 (v, v') 与顶点 v 和 v' 相关联。

(2) 度、入度和出度。无向图中某顶点 v 拥有的边数称为顶点的度(degree),记为 $TD(v)$。有向图中有出度和入度之分。顶点 v 拥有的弧头数称为顶点 v 的入度(in-degree),记为 $ID(v)$;顶点 v 拥有的弧尾数称为顶点 v 的出度(out-degree),记为 $OD(v)$;顶点 v 的度等于"入度+出度",即 $TD(v) = ID(v) + OD(v)$。

【例 6-1】 求无向图 $G1$ 各顶点的度。

【解】 $TD(v_1) = 3$ $\quad$ $TD(v_2) = 3$ $\quad$ $TD(v_3) = 4$
$\qquad$ $TD(v_4) = 2$ $\quad$ $TD(v_5) = 2$

【例 6-2】 求有向图 $G2$ 各顶点的入度、出度和度。

---

① 在有向边中,弧尾称为出边,弧头称为入边。

② 在线性结构中,数据元素之间的逻辑关系表现为前驱-后继;在树结点中,结点之间的逻辑关系表现为双亲-孩子;在图结构中,顶点之间的逻辑关系表现为邻接。

【解】 ID(v_1)=1　　OD(v_1)=2　　TD(v_1)=3
　　　ID(v_2)=1　　OD(v_2)=1　　TD(v_2)=2
　　　ID(v_3)=1　　OD(v_3)=0　　TD(v_3)=1
　　　ID(v_4)=1　　OD(v_4)=1　　TD(v_4)=2

可以证明，对于具有 n 个顶点和 e 条边的图，顶点 v_i 的度 TD(v_i)与顶点的个数以及边的数目满足下列关系。

$$e = \left(\sum_{i=1}^{n} \mathrm{TD}(v_i)\right)/2 \qquad (6-2)$$

(3) **路径**和**路径长度**。若从顶点 v_i 出发有一组边可到达顶点 v_j，则称顶点 v_i 到顶点 v_j 的顶点序列为从顶点 v_i 到顶点 v_j 的**路径**(path)。路径上边的数目称为路径长度。在图 6-1 所示的无向图 G1 中，$v_1 \to v_2 \to v_5$、$v_1 \to v_3 \to v_5$ 与 $v_1 \to v_4 \to v_3 \to v_5$ 是顶点 v_1 到顶点 v_5 的 3 条路径，路径长度分别是 2、2 和 3。上述 3 条路径的反向序列就是顶点 v_5 到顶点 v_1 的路径。在如图 6-3 所示的有向图 G3 中，顶点 v_1 到顶点 v_4 有两条路径，而顶点 v_4 到顶点 v_1 的路径只有一条，且跟顶点 v_1 到顶点 v_4 的路径序列不重叠。

(4) **回路**、**简单路径**和**简单回路**。第一个顶点和最后一个顶点相同的路径称为**回路**(circuit)或**环**(cycle)。如果路径中顶点序列不重复出现，则称该路径为**简单路径**。除第一个顶点和最后一个顶点外，其他顶点不重复出现的回路称为**简单回路**或**简单环**，如图 6-2 所示图 G2 中的 $v_1 \to v_2 \to v_4 \to v_1$。

2. 图的分类

(1) **无向图**(undirected graph)。图中每条边都没有方向，则称该图为**无向图**，如图 6-1 所示图 G1。

(2) **有向图**(directed graph)。图中每条边都有方向，则称该图为**有向图**，如图 6-2 所示图 G2。注意有向图的边 $<v_1,v_2>$ 不可以写成 $<v_2,v_1>$。

(3) **无向完全图**(undirected complete graph)。如果无向图中任意两个顶点之间都存在相连的边，则称该图为**无向完全图**。含有 n 个顶点的无向完全图有 $n(n-1)/2$ 条边。图 6-4 所示图 G4 就是无向完全图，有 4 个顶点、6 条边。

(4) **有向完全图**(directed complete graph)。如果有向图中任意两个顶点之间都存在方向相反的两条弧，则称该图为**有向完全图**。图 6-5 所示图 G5 就是有向完全图，含有 n 个顶点的有向完全图有 $n(n-1)$ 条边。

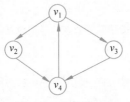
图 6-3　有向图 G3

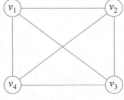
图 6-4　无向完全图 G4

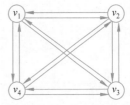
图 6-5　有向完全图 G5

(5) **稀疏图**和**稠密图**。如果一个图有很少条边或弧，则称该图为稀疏图(sparse graph)；反之称为稠密图(dense graph)。这里稀疏和稠密是相对而言的。例如，某天迪士尼接待游客 2 万人,感觉人数很多,但相比于迪士尼一天最多可以接待游客 8 万人,此时 2 万人的数字就显得少,园内游客是稀疏的。

(6) 连通图和非连通图。在无向图中,若从一个顶点 v_i 到另一个顶点 $v_j(i \neq j)$ 有路径,那么称顶点 v_i 和 v_j 是连通的。若图中任意两顶点都是连通的,则称该图是连通图(connected graph);反之,则称为非连通图。例如,图 G1、G4 均为连通图,图 6-7 所示图是一个无向非连通图。

(7) 强连通图(strongly connected graph)。在有向图中,对于图中任意两顶点 v_i 和 $v_j(i \neq j)$ 之间都存在从 v_i 到 v_j 和 v_j 到 v_i 的路径,则称该有向图是强连通图。如果有向图(忽略方向)是连通的,则称为弱连通图。例如,图 G3 为强连通图,G2 为弱连通图。

(8) 网。边或弧上带权的图称为网(network)或网图(network graph),如图 6-6 所示 G6 是一个无向网,图中的权标志了两地之间的距离。如果是边带方向的有权图,则就是一个有向网。很多时候,把网也称为图,两者并不严格区分。

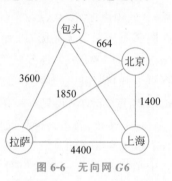

图 6-6 无向网 G6

3. 子图

(1) 子图(subgraph)。对于图 $G = (V, E)$,$G' = (V', E')$,如果存在 V' 是 V 的子集,E' 是 E 的子集,则称图 G' 是图 G 的一个子图。图 6-7 和图 6-8 分别是 G1 和 G2 的子图。

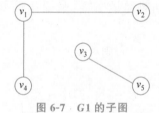 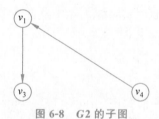

图 6-7 G1 的子图 　　　　　　图 6-8 G2 的子图

(2) 连通分量。无向图的极大连通子图称为连通分量(connected component)。图 6-9(a)中有两个连通分量,如图 6-9(b)所示。连通分量强调如下 3 点:①子图;②子图是连通的;③极大是指连通子图包含能连通的所有顶点和包含依附于这些连通顶点的所有的边。

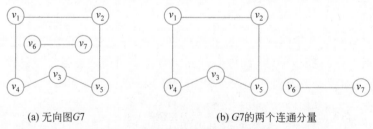

(a) 无向图 G7 　　　　　　(b) G7 的两个连通分量

图 6-9 无向图及连通分量示意图

(3) 强连通分量(strongly connected component)。有向图中的极大强连通子图称为有向图的强连通分量。图 6-10(a) 不是强连通图，顶点 v_1 到顶点 v_3 有路径，而 v_3 到顶点 v_1 不存在路径。图 6-10(b) 是图 $G8$ 的极大强连通子图，也是它的强连通分量。

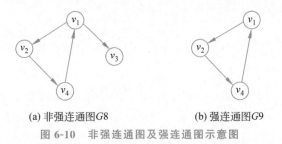

(a) 非强连通图$G8$　　　　(b) 强连通图$G9$

图 6-10　非强连通图及强连通图示意图

4. 生成树和生成森林

(1) 生成树(spanning tree)。连通图的生成树是一个极小连通子图，该子图包含图中全部的 n 个顶点，但只含有足以构成一棵树的 $n-1$ 条边。若在生成树中添加任意一条属于原图中的边，必定产生回路；若在生成树中减少任意一条边，必定成为非连通的。

图 6-11(a) 所示图 $G10$ 是一个无向连通图，图 6-11(b) 和图 6-11(c) 符合 n 个顶点 $n-1$ 条边且连通的定义，即为生成树。如果一个图具有 n 个顶点和少于 $n-1$ 条边，那么该图一定是非连通图。如果边数大于 $n-1$ 条，那么必定有环。例如，在图 6-11(b) 和图 6-11(c) 中，在任意两个顶点间添加边都将构成环。但是，不是具有 $n-1$ 条边的都是生成树(见图 6-11(d))。

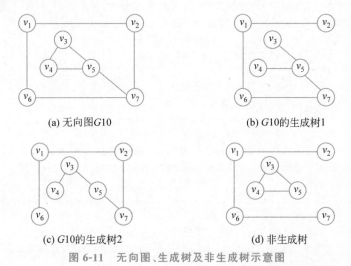

(a) 无向图$G10$　　　　　　　　(b) $G10$的生成树1

(c) $G10$的生成树2　　　　　　　(d) 非生成树

图 6-11　无向图、生成树及非生成树示意图

(2) 生成森林(spanning forest)。非连通图中的每个连通分量都可以得到一个极小连通子图，即一棵生成树。这些连通分量的生成树组成了一个非连通图的**生成森林**。

一个有向图的生成森林由若干棵有向树组成，含有图的所有顶点，但只含有足以构成若干棵不相交的有向树的弧。例如在图 6-12 中，图 6-12(b) 是图 6-12(a) 的生成森林。

6.1.3　图的抽象数据类型

图的抽象数据类型 Graph 定义如下。

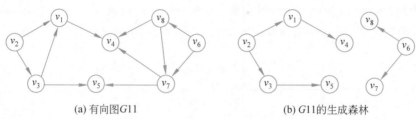

(a) 有向图 $G11$ (b) $G11$的生成森林

图 6-12　一个有向图及其生成森林

```
ADT Graph {
数据对象：D={a_i|a_i∈V, i=1, 2, …, n, n>0, V是顶点的集合}
数据关系：R={(V_i, V_j) | V_i,V_j∈D, (V_i, V_j)∈E, E是边的集合}
基本操作：
    CreateGraph(&G)              //创建图
        操作功能：创建图 G。
        操作输出：创建成功，返回 true；不成功，返回 false。
    DestroyGraph(&G)             //销毁图
        操作功能：销毁图 G。
        操作输出：无。
    GetVex(G, u, &v)             //查询顶点信息
        操作功能：返回图 G 中顶点 u 的值。
        操作输出：如果图 G 中存在顶点 u，返回 true；否则，返回 false。
    PutVex(&G, u, v)             //顶点赋值
        操作功能：如果图 G 中存在顶点 u，把它的值修改为 v。
        操作输出：修改成功，返回 true；不成功，返回 false。
    LocateVex(G, v)              //查找顶点位序
        操作功能：查询图 G 中顶点 v 的存储位序。
        操作输出：顶点 v 的位序。
    InsertVex(&G, v)             //增加顶点
        操作功能：在图 G 中增加新顶点 v。
        操作输出：插入成功，返回 true；不成功，返回 false。
    DeleteVex(&G, v)             //删除顶点
        操作功能：如果图 G 中有顶点 v，删除它及其相关的边。
        操作输出：删除成功，返回 true；不成功，返回 false。
    InsertArc(&G, u, w)          //增加边
        操作功能：在图 G 中增添边<u,w>，若 G 是无向的，还需要增添对称边<w,u>。
        操作输出：插入成功，返回 true；不成功，返回 false。
    DeleteArc(&G, u, w)          //删除边
        操作功能：若图 G 中有边<u, w>，删除它。若 G 是无向的，还需要删除对称边<w,u>。
        操作输出：删除成功，返回 true；不成功，返回 false。
    FirstAdjVex(G,v)             //找第一邻接点
        操作功能：查找图 G 中顶点 v 的第一个邻接点。
        操作输出：若 v 有邻接点，返回 v 的第一个邻接点。
    NextAdjVex(G, v, w)          //相对于 w 的下一个邻接点
        操作功能：查找图 G 中 v 的邻接点 w 的下一个邻接点。
        操作输出：若 v 相对于 w 的下一个邻接点存在，返回该顶点。
    DFSTraverse(G)               //深度优先遍历表
        操作功能：对图 G 进行深度优先遍历。
```

```
        操作输出:无。
    BFSTraverse(G)                            //广度优先遍历表
        操作功能:对图 G 进行广度优先遍历。
        操作输出:无。
}ADT Graph
```

6.2 图的存储及操作

一个图包括顶点的信息及顶点之间边或弧的信息,对图的存储就是要准确表示这两方面的信息。下面介绍图的几种常用的存储结构。

6.2.1 邻接矩阵表示法及操作举例

微课视频

图的邻接矩阵表示法也称为数组表示法,即用一个一维数组存储顶点的信息,用一个二维数组存储边的信息。

1. 存储定义

图的邻接矩阵(adjacency matrix)表示法用 4 个属性表示图:①顶点信息用一维数组存储;②边信息用一个二维数组(邻接矩阵)存储;③顶点数用一个整数存储;④边数用一个整数存储。存储定义如下。

```
template<class DT>
struct MGraph                                 //邻接矩阵存储类型名
{
    DT vexs [MAX_VEXNUM];                     //顶点表,存储顶点信息
    int/WT arcs [MAX_VEXNUM][MAX_VEXNUM];     //邻接矩阵,存储边信息
                                              //MAX_VEXNUM 为最大顶点数
    int vexnum;                               //顶点数
    int arcnum;                               //边数
};
```

其中,DT 表示图顶点数据类型;WT 表示有权图权值的数据类型,对于无权图,邻接矩阵的数据类型为 int。

图的顶点本没有序,一旦顶点信息存储到 vexs[],就将其在 vexs[]的位序 k 作为顶点在图中的位序,称该点为图的第 k 个点,记为 v_k。

邻接矩阵是表示顶点之间相邻关系的矩阵。n 个顶点的图的邻接矩阵是一个 $n \times n$ 的方阵,定义为

$$arc[i][j] = \begin{cases} 1, & (v_i, v_j) \text{ 或} <v_i, v_j> \text{ 是 } E(G) \text{ 中的边} \\ 0, & (v_i, v_j) \text{ 或} <v_i, v_j> \text{ 不是 } E(G) \text{ 中的边} \end{cases}$$

若 G 是网图,则邻接矩阵可定义为

$$arc[i][j] = \begin{cases} w_{ij}, & i!=j, \text{且} (v_i, v_j) \text{ 或} <v_i, v_j> \in E \\ \infty, & \text{其他} \end{cases}$$

其中,w_{ij} 表示边 (v_i, v_j) 或 $<v_i, v_j>$ 上的权值;∞ 表示一个计算机允许的、大于所有边上权值的数。

顶点 v 在 vexs[] 中的位序 k 决定了依附于它的边信息在邻接矩阵中的行、列位置。邻接矩阵的第 k 行表示第 k 个点 v_k 到其余各点是否有边或权值；邻接矩阵的第 k 列表示其余各点到第 k 个点 v_k 是否有边或权值。

对于无向图/网，顶点 v_i 与 v_j 间有边，则顶点 v_j 与 v_i 间也有边，因此，$\text{arc}[i][j] = \text{arc}[j][i]$，即无向图/网的邻接矩阵一定是对称矩阵。无向图与有向网的存储示意图如表 6-1 所示。

表 6-1 无向图与有向网的存储示意图

类型	图	存储示意图

无向图	$G12$	MGraph GA
		//顶点信息
		GA.vexs: [v_1, v_2, v_3, v_4] (下标 0,1,2,3)
		//邻接矩阵
		$GA.\text{arcs}[][] = \begin{pmatrix} 0 & 1 & 0 & 1 \\ 1 & 0 & 1 & 1 \\ 0 & 1 & 0 & 0 \\ 1 & 1 & 0 & 0 \end{pmatrix} \begin{matrix} v_1 \\ v_2 \\ v_3 \\ v_4 \end{matrix}$
		GA.vexnum 4 //4 个顶点
		GA.arcnum 4 //4 条边

有向网	$G13$	MGraph GB
		//顶点信息
		GB.vexs: [v_1, v_2, v_3, v_4] (下标 0,1,2,3)
		//邻接矩阵
		$GB.\text{arcs}[][] = \begin{pmatrix} \infty & 2 & 6 & \infty \\ \infty & \infty & \infty & \infty \\ \infty & \infty & \infty & 3 \\ 8 & \infty & \infty & \infty \end{pmatrix} \begin{matrix} v_1 \\ v_2 \\ v_3 \\ v_4 \end{matrix}$
		GB.vexnum 4 //4 个顶点
		GB.arcnum 4 //4 条边

图的邻接矩阵具有如下性质。
- 顶点的位序确定后，图的邻接矩阵是唯一的。
- 当顶点数为 n 时，邻接矩阵的规模取决于顶点数，为 $n \times n$ 的方阵，与边数无关。
- 无向图/网的邻接矩阵一定是对称矩阵，有向图/网的邻接矩阵不一定是对称矩阵。
- 对于无向图/网，顶点 i 的度等于邻接矩阵第 i 行或第 i 列非零元素或非 ∞ 元素的个数。
- 对于有向图/网，顶点 i 的出度等于邻接矩阵第 i 行非零元素或非 ∞ 元素的个数；顶点 i 的入度等于邻接矩阵第 i 列非零元素或非 ∞ 元素的个数。

2. 操作举例

（1）查询顶点位序。该操作返回值为 v 的顶点在图中的位序。顶点位序取决于其在顶点信息 G.vexs[] 中的存储位置，因此，需要在 G.vexs[] 中查找。该操作是许多操作的基础。

【算法思想】 在 G.vexs[] 中，按值顺序查找值为 v 的元素。找到，则返回其在 G.vexs[] 的下标；不存在，返回 -1。

算法描述与算法步骤如算法 6.1 所示。

算法 6.1 　【算法描述】　　　　　　　　　　　　　　【算法步骤】

```
0  template<class DT>
1  int LocateVex(MGraph<DT>G, DT v)          //查找顶点位序
2  {
3    for(i=0;i<G.vexnum;i++)                 //1. 顺序查找
4      {
5      if(v==G.vexs[i])                      //2. 找到,返回位序
6          return i;
7      }
8    return -1;                              //3. 未找到,返回-1
9  }
```

【算法分析】 顺序查找的时间复杂度取决于 G.vexs[] 的长度，因此该算法的时间复杂度为 $O(n)$。

为简明起见，没有特别说明时，用 n 表示图顶点个数，即 $n=$ G.vexnum，用 e 表示边数，即 $e=$ G.arcnum。

（2）创建无向图。

【算法思想】 考虑到顶点信息 G.vexs[] 及边信息 G.arcs[][] 的维界取决于顶点数，而边信息与顶点的位序有关，按以下 3 步创建图：①存储顶点数和边数；②存储顶点信息；③创建邻接矩阵。

算法描述与算法步骤如算法 6.2 所示。

算法 6.2 　【算法描述】　　　　　　　　　　　　　　【算法步骤】

```
0  template<class DT>
1  void CreateUDN(MGraph<DT>&G)              //创建无向图
2  {
3    cout<<"请输入顶点数和边数:";              //1.存储顶点数和边数
4    cin>>G.vexnum>>G.arcnum;
5    for(i=0;i<G.vexnum;i++)                 //2.存储顶点信息
6        cin>>G.vexs[i];
7    for(i=0;i<G.vexnum;i++)                 //3.创建邻接矩阵
8      {
9      for(j=0;j<G.vexnum;j++)               //3.1 以 0 值初始化邻接矩阵
10         G.arcs[i][j]=0;
11     }
```

```
12      for(k=0;k<G.arcnum;k++)          //3.2 创建各条边信息
13      {
14          cin>>v1>>v2;                 //3.2.1 输入顶点信息
15          i=LocateVex(v1);             //3.2.2 查询顶点位序 i,j
16          j=LocateVex(v2);
17          G.arcs[i][j]=1;              //3.2.3 边信息赋值
18          G.arcs[j][i]=1;
19      }
20  }
```

【算法分析】 算法的时间复杂度为邻接矩阵的规模,为 $O(n^2)$。

【算法讨论】 给邻接矩阵边信息赋值时,每条边修改了两个元素值,即 G.arcs[i][j]=1, G.arcs[j][i]=1,这是为什么? 如果创建的是无向网或有向网,该如何赋值? 除此之外, 算法还需要进行哪些修改?

(3) 求无向网的第一邻接点。第一个邻接点指存储 v 的邻接点中序号最小的那个。 如果 v 的位序为 k,对于无向网,依附于顶点 v 的边信息存于邻接矩阵的第 k 行或第 k 列中。因此,在第 k 行或第 k 列中,序号最小的非∞元素的列号 j 或行号 i 即为 v 的第一个邻接点。

【算法思想】 首先按值查找顶点 v 的位序。若不存在,返回 -1,表示无邻接点;否则,设为 v,扫描邻接矩阵的 v 行或 v 列,返回第一个非∞元素的列号 j 或行号 i。若该行或该列无非∞元素,返回 -1,表示无邻接点。

算法描述与算法步骤如算法 6.3 所示。

算法 6.3 【算法描述】   【算法步骤】

```
0   template<class DT>                              //查找 v 的第一个邻接点的序号
1   int FirstAdjVex(Mgraph<DT>G,DT v)
2   {
3       u=LocateVex(G, v);
4       if(u<0||u>G.vexnum)                         //1.顶点不存在,无邻接点
5           return -1;                              //算法结束
6       for(j=0;j<G.vexnum;j++)
7       {                                           //2.否则,顺序查找非 0/∞元素
8           if(G.arcs[u][j]!=0)                     //2.1 找到,返回列号
9               return j;
10      }
11      return -1;                                  //2.2 未找到,返回-1
12  }
```

【算法分析】 算法中做了两次扫描:一次是调用 LocateVex(G,v)查询顶点位序,时间复杂度为 $O(n)$;一次是扫描邻接矩阵的某行,该行共有 G.vexnum 个元素,时间复杂度为 $O(n)$。因此,算法的时间复杂度为 $O(n)$。

【算法讨论】 如果将算法中的第 2 个形参 DT v 换为顶点序号 int u,算法需要如何修改?

6.2.2 邻接表表示法及操作举例

邻接表表示法是一种顺序存储与链式存储相结合的方法,与树的孩子链表表示法类似。

1. 存储定义

图的邻接表(adjacency list)表示法用 3 个属性表示图:①邻接表信息存储顶点信息和边信息;②顶点数用一个整数存储;③边数用一个整数存储。存储定义如下。

```
struct ALGraph
{
    VNode vertices[MAX_VEXNUM];    //邻接表
      int vexnum;                   //顶点数
      int arcnum;                   //边数
}
```

邻接表由顶点信息和边信息链表两部分组成,涉及两种结点:表头结点和边表结点。**表头结点**由顶点域(data)和指向第一条邻接边的指针域(firstarc)构成。**边表结点**由邻接点域(adjvex)和指向下一条邻接边的指针域(nextarc)构成。对于网图的边表需要再增设一个存储边上权值信息的域(weight)①,它们的结构如下所述。

```
template<class DT>
struct VNode                       //表头结点
{
    DT data;                       //顶点信息
    ArcNode * firstarc;            //指向链表第一个结点
}
struct ArcNode                     //无权图的边结点
{
    int adjvex;                    //邻接点位序
    ArcNode * nextarc;             //指向邻接的下一条边结点
}
struct ArcNode                     //有权图的边结点
{
    int adjvex;                    //邻接点位序
    WT weight;                     //边的权值
    ArcNode * nextarc;             //指向邻接的下一条边结点
}
```

VNode: | data | firstarc |

ArcNode: | adjvex | nextarc |

ArcNode: | adjvex | weight | nextarc |

无向图 $G14$ 的邻接表的存储示意图如图 6-13 所示。

无向图的邻接表具有如下性质:①第 i 个链表中的结点数为顶点 i 的度;②所有链表中结点数的一半为图的边数;③耗费的存储单位为 $n+2e$。

对于有向图,有向图 $G15$ 的邻接表如图 6-14(a)所示。

有向图的邻接表具有如下性质:①第 i 个链表中的结点数为顶点 i 的出度;②边结点数为图中的弧数;③耗费的存储单位为 $n+e$。

---

① 如果边信息多于一个值,可以设置一个指针 * info 指向边信息存储结点。

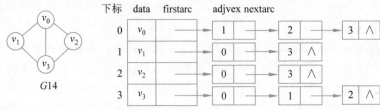

图 6-13　无向图 $G14$ 的邻接表存储示意图

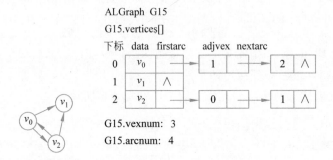

(a) 有向图 $G15$ 的邻接表

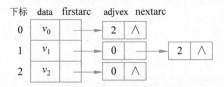

(b) 有向图 $G15$ 的逆邻接表

图 6-14　有向图 $G15$ 及其对应的邻接表和逆邻接表

在有向图的邻接表中,顶点序号在边结点中出现的次数为该顶点的入度。因此需要遍历整个表,求入度的时间复杂度为 $O(n+e)$。如果把指向某结点的边作为边结点,如图 6-14(b)所示,则某顶点边表上边结点个数就为顶点的入度。相对于邻接表,此表称为逆邻接表(inverse adjacency list)。

2. 操作举例

(1) 查询顶点位序。

【算法思想】　在 G.vertices[i]中顺序查找值为 v 的元素的位序。如找到,返回其在 G.vertices[i]的下标;不存在,则返回 -1。

算法描述与算法步骤如算法 6.4 所示。

算法 6.4　【算法描述】　　　　　　　　　　　　　　【算法步骤】

```
0   template<class DT>
1   int LocateVex(ALGraph<DT>G,DT v)        //返回顶点 v 的位序
2   {
3     for(i=0;i<G.VexNum;i++)                //1.顺序查找
4       {
5         if(G.vertices[i].data==v)          //2.找到,返回位序
6           return i;
7       }
8     cout<<"不存在这个点"<<endl;
9     return -1;                              //3.未找到,返回-1
10  }
```

【算法分析】　该算法的时间主要用在顺序查找上,时间复杂度为 $O(n)$。

(2) 创建无向图。

【算法思想】　首先存储顶点数和边数;然后存储顶点信息至顶点表中,初始化表头结点指针域;最后根据边信息创建边表。

算法描述与算法步骤如算法 6.5 所示。

算法 6.5　【算法描述】　　　　　　　　　　　　　　【算法步骤】

```
0   template<class DT>
1   void CreateUDG(ALGraph<DT>&G)             //构造无向图
2   {
3     cin>>G.vexnum>>G.arcnum;                //1.存储顶点数和边数
4     for(i=0;i<G.vexnum;i++)                 //2.存储顶点,构造表头
5     {
6       cin>>G.vertices[i].data;              //2.1 输入顶点值
7       G.vertices[i].firstarc=NULL; }        //2.2 初始化表头指针域
8     for(k=0;k<G.arcnum;k++)                 //3.输入各弧构造邻接表
9     {
10      cin>>v>>w;                             //3.1 输入边依附的顶点 v 和 w
11      i=LocateVex(G,v);                      //3.1.1 确定 v,w 在 G 中的位置
12      j=LocateVex(G,w);                      //i 和 j
13      p=new ArcNode;                         //3.1.2 新建边结点
14      p->adjvex=j;                           //3.1.3 边结点赋值
15      p->nextarc=G.vertices[i].firstarc;     //3.1.4 p1 插入 $v_i$ 边表头部
16      G.vertices[i].firstarc=p;
17      p=new ArcNode;
18      p->adjvex=i;                           //3.2 为边(w,v)创建边结点
19      p->nextarc=G.vertices[j].firstarc;
20      G.vertices[i].firstarc=p;
21    }
22    return;
23  }
```

【算法分析】 存储 n 个顶点信息，创建 e 条边信息，算法的时间复杂度为 $O(n+e)$。邻接表不是唯一的，输入的顶点的序列不同，边结点插入的方法不同，构建的链表也不一定相同，但每个结点边表上边结点的个数一样。若无向图中有 n 个顶点和 e 条边，则它的邻接表有 n 个表头结点和 $2e$ 个边结点，那么在边稀疏($e<<n(n-1)/2$)的情况下，用邻接表存储比邻接矩阵更能节省空间。

6.2.3 十字链表表示法及操作举例

十字链表是有向图的另一种链式存储方式。它实际上是邻接表与逆邻接表的结合。

1. 存储定义

在十字链表中，每条边对应的边结点分别组织到出边表和入边表中，结点结构示意图及描述如下。

```
template<class DT>
struct VexNode                  //顶点表结构
{
    DT data;                    //顶点信息
    ArcNode * firstin;          //指向顶点第一条入弧
    ArcNode * firstout;         //指向顶点第一条出弧
}
struct ArcNode                  //边表的弧结点结构
{
    int tailvex,headvex;        //弧尾和弧头的位置
    ArcNode * hlink;            //指向弧头相同的下
                                //一条弧
    ArcNode * tlink;            //指向弧尾相同的下一条弧
    InfoType * info;            //弧信息的指针
}
```

data	firstin	firstout

顶点表结点结构示意图

tailvex	headvex	info	hlink	tlink

边表弧结点结构示意图

顶点表结点由 3 个域组成，其中 data 域存储与顶点相关的信息，firstin 和 firstout 两个链域分别指向以该顶点为弧头和弧尾的第一个弧结点。

弧结点由 5 个域组成，其中弧尾结点(tailvex)和弧头结点(headvex)分别指向弧尾和弧头在顶点表中的位置，指针域 hlink 指向弧头相同的下一条弧，指针域 tlink 指向弧尾相同的下一条弧，info 域指向弧的有关信息，对于无权图，则无此项。有向图图 $G16$ 及其十字链表存储如图 6-15 所示。

图的十字链表表示法用 3 个属性表示图：①表头向量；②一个整数存储顶点数；③一个整数存储弧数。存储结构定义描述如下。

```
struct OLGraph{
    VexNode xlist[MAX_VERTEX_NUM];   //表头向量
    int vexnum;                       //有向图的顶点数
    int arcnum;                       //有向图的弧数
}
```

2. 操作举例

创建有向图的十字链表存储。

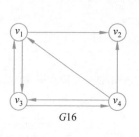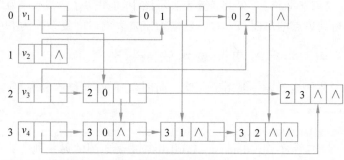

图 6-15 有向图 G16 及其十字链表存储

【算法思想】 首先输入顶点数、弧数及弧的信息;然后存储顶点值,初始化表头向量;最后根据弧顶点构建十字链表。

算法描述与算法步骤如算法 6.6 所示。

算法 6.6 　【算法描述】　　　　　　　　　　　【算法步骤】

```
0   templat<class DT>
1   void CreateOLG(OLGraph<DT>&G)          //构造有向图的十字链表
2   {
3     cin>>G.vexnum>>G.arcnum>>IncInfo;    //1.输入顶点数、弧数、弧的信息图的类型
4     for(i=0;i<G.vexnum;i++)
5     {cin>>G.xlist[i].data;                //2.输入顶点值,初始化表头向量
6       G.xlist[i].firstin=NULL;
7       G.xlist[i].firstout=NULL;
8     }
9     for(k=0;k<G.arcnum;k++)               //3.输入弧,构建十字链表
10    {
11      cin>>v1>>v2;                        //3.1 输入弧
12      i=LocateVex(v1);j=LocateVex(v2);
13      P=new ArcNode;                      //3.2 创建一个弧结点
14      P->tailvex=i;P->headvex=j;          //3.3 对弧结点赋值
15      P->hlink=G.xlist[j].firstin;        //3.4 表头插入
16      P->tlink=G.xlist[i].firstout;
17      G.xlist[j].firstin=p;
18      xlist[i].firstout=p;
19      if(IncInfo)                         //3.5 输入弧信息,如果是网,则输入弧
20      {                                   //的权值
21        cin>>temp;
22        P->info=new char[MAX_INFO];
23        strcpy(p->info,temp);
24      }
25      else
26        p->info=false;
27    }
28    return;
29  }
30
```

【算法分析】 在十字链表表示图中,能很快找到以 v_j 为尾的弧和以 v_i 为头的弧,进而得到顶点的出度和入度。建立十字链表的时间复杂度为 $O(n+e)$。

6.2.4 邻接多重表表示法及操作举例

邻接多重表一般用于存储无向图,它的存储结构和邻接表比较相似,由顶点表和边表组成。

1. 存储定义

邻接多重表(adjacency multilist)是无向图的另一种链式存储结构。在无向图的邻接表中,每条边 (v_i,v_j) 有两个结点,分别在第 i 个和第 j 个链表中,这给某些图的操作带来不便。例如删除图中的某条边,需要删除两个边表结点。仿照十字链表,对边表结点进行一些改造,每条边用一个边表结点表示就得到邻接多重表。邻接多重表由顶点表和边表组成,结点结构描述与示意图如下。

```
templat<class DT>
struct VexBox              //顶点表结构
{
  DT data;                 //顶点信息
  EBox * firstedge;        //指向第一条依附该顶点的边
}
struct EBox                //边表结点结构
{
  bool mark;               //访问标记
  int ivex,jvex;           //边依附的两个顶点下标
  EBox * ilink,* jlink;    //指向依附这两个顶点的下一条边
  Char * info;             //边的信息
}
```

data	firstedge

顶点表结点结构示意图

mark	ivex	ilink	jvex	jlink	info

边表结点结构示意图

顶点表结点由两个域组成,其中 data 域存储与顶点相关的信息,firsedge 域指向第一条依附于该顶点的边。

边表结点由 6 个域组成,其中 mark 为标记域,标记该边搜索与否;ivex 和 jvex 表示该边依附的两个顶点的位置;ilink 指向下一条依附于顶点 ivex 的边;jlink 指向下一条依附于顶点 jvex 的边;info 域指向该边有关信息,对于无权图,则无此项。在邻接多重表中,所有依附于同一顶点的边串联在同一链表中。由于每条边依附于两个顶点,因此每个边表结点同时链接在两个链表中,如图 6-16 所示。

图的邻接多重表表示法用 3 个属性表示无向图:①顶点数组表示顶点信息和边信息;②一个整数存储顶点数;③一个整数存储弧数。存储结构定义描述如下。

```
struct AMGraph
{
   VexBox<DT>muladjlist[MAX_VERTEX_NUM];   //存储图中顶点的数组
   int vexnum;                              //顶点数
   int arcnum;                              //弧数
}
```

2. 操作举例

无向图的邻接多重表创建。

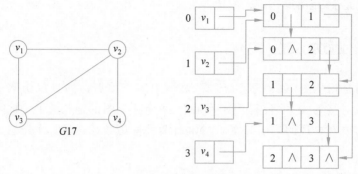

图 6-16 一个无向图及其邻接多重表表示

【算法思想】 在无向图的邻接多重表中,一条边对应建立一个边结点,一条边依附的两个顶点的次序不限。因此,每建立一个边结点,都要按其中的两个端点的序号分别将该边结点链入两个不同的链表中。创建时,首先输入顶点数和边数;然后输入结点信息;最后构建边信息。

算法描述与算法步骤如算法 6.7 所示。

算法 6.7　【算法描述】　　　　　　　　　　　【算法步骤】

0	`template<class DT>`	//构造无向图的邻接多重表
1	`void CreateAMG(AMGraph<DT>&G)`	
2	`{`	
3	`cin>>G.vexnum>>G.arcnum;`	//1.输入顶点数和边数
4	`for(i=0;i<G.vexnum;i++)`	
5	`{`	
6	`cin>>G.muladjList[i].data;`	//2.输入顶点信息
7	`G.muladjList[i].firstarc=NULL;`	
8	`}`	
9	`for(k=0;i<G.arcNum;k++)`	//3.创建边信息
10	`{`	
11	`cin>>v1>>v2;`	//3.1 输入边的两个顶点
12	`m=LocateVex(v1);n=LocateVex(v2);`	//3.2 顶点定位
13	`p=new ArcNode;`	//3.3 创建边结点
14	`p->ivex=m;p->jvex=n;`	//3.4 边结点加入边链表中
15	`p->ilink=G.muladjList[m].firstArc;`	
16	`G.muladjList[m].firstArc=p;`	
17	`p->jlink=G.mulAdjList[n].firstArc;`	
18	`G.muladjList[n].firstArc=p;`	
19	`}`	
20	`}`	

【算法分析】 建立邻接多重链表的时间复杂度和建立邻接表是相同的,为 $O(n+e)$。

邻接多重表是面向无向图的另一种链式存储结构,从边出发构建整个图,方便访问标记、删除边等操作,存储空间最少,易判断顶点之间的关系。邻接多重表与邻接表的差别仅在于同一条边在邻接表中用两个边表结点表示,在邻接多重表中只有一个边结点。这不仅减少信息冗余,也给操作带来方便。

6.3 图的遍历及应用

图的遍历是指从图中某一顶点出发,对图中所有顶点访问且仅访问一次。图的顶点之间具有多对多的关系,使得图中存在回路。对于图的遍历来说,如何避免因回路陷入死循环需要有合理的遍历方案。通常有两种遍历路径:深度优先遍历和广度优先遍历。

6.3.1 深度优先遍历[①]

微课视频

图的深度遍历是图的最基本的操作之一,许多问题的求解方法都是基于它来完成的。

1. 深度优先遍历的定义及方法

深度优先遍历也称为深度优先搜索(depth first search,DFS),它类似于树的先根遍历。它的策略用一句话可以概括为:**优先选取最后一个被访问顶点的邻接点**。

在图中任选一个顶点 v 作为遍历的初始点,设置一个数组 visited 来标志顶点是否被访问过。深度优先遍历方法如下。

(1) 访问顶点 v,将其访问标志设置成 true,表示访问过。

(2) 从 v 未被访问的邻接点中选取一个顶点 w,从 w 出发进行深度优先遍历。

(3) 如果 v 的邻接点均被访问过,则回退到前一个访问顶点。以此类推,直至找到未被访问的邻接点。重复步骤(1)~(3),使图中连通的点均被访问到。

(4) 如果图中还有未被访问到点,以它为出发点,重复上述步骤。

当图中所有顶点都被访问过时,算法结束。

【例 6-3】 给出图 6-17 所示无向图 $G18$ 的深度优先遍历序列。

【解】 设从 v_1 出发,根据深度优先遍历方法,可知它的一个深度优先遍历序列为

$$v_1 \rightarrow v_2 \rightarrow v_4 \rightarrow v_8 \rightarrow v_5 \rightarrow v_6 \rightarrow v_3 \rightarrow v_7$$

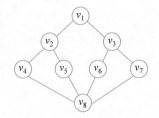

图 6-17 无向图 $G18$

遍历过程中当顶点有多个未被访问邻接点时,选任何一个都可以。因此,图的深度优先遍历序列并不唯一。以下两个序列也是图 $G18$ 的深度优先遍历序列。

$$v_1 \rightarrow v_2 \rightarrow v_5 \rightarrow v_8 \rightarrow v_4 \rightarrow v_7 \rightarrow v_3 \rightarrow v_6$$

$$v_1 \rightarrow v_3 \rightarrow v_6 \rightarrow v_8 \rightarrow v_7 \rightarrow v_4 \rightarrow v_2 \rightarrow v_5$$

在图的深度优先遍历中,当某个顶点 u 没有邻接点或所有的邻接点均已被访问时,需要回溯到 u 前一顶点 w,以找到未被访问的顶点,因此遍历中要用到栈。

以图 6-17 所示的无向图 $G18$ 为例,深度优先遍历过程及栈的变化如表 6-2 所示。

---

① 图的深度优先遍历算法由约翰·霍普克洛夫和罗伯特·陶尔扬发明。该研究成果在 ACM 上发表后,引起学术界很大的轰动。该算法成功应用到信息检索、人工智能等领域。两位科学家同获 1986 年图灵奖。

表 6-2 深度优先遍历过程及栈的变化

步骤	访问结点	栈中内容	操 作 说 明
1	v_1	v_1	访问 v_1，转至 v_1 未被访问的邻接点 v_2，v_1 进栈
2	v_2	$v_1\ v_2$	访问 v_2，转至 v_2 未被访问的邻接点 v_4，v_2 进栈
3	v_4	$v_1\ v_2\ v_4$	访问 v_4，转至 v_4 未被访问的邻接点 v_8，v_4 进栈
4	v_8	$v_1\ v_2\ v_4\ v_8$	访问 v_8，转至 v_8 未被访问的邻接点 v_5，v_8 进栈
5	v_5	$v_1\ v_2\ v_4$	访问 v_5，v_5 没有未被访问的邻接点，v_8 出栈
6	v_6	$v_1\ v_2\ v_4\ v_6$	转 v_8 的邻接点 v_6，访问 v_6，转 v_6 未被访问的邻接点 v_3，v_6 进栈
7	v_3	$v_1\ v_2\ v_4\ v_6\ v_3$	访问 v_3，转 v_3 没有未被访问的邻接点 v_7，v_3 进栈
8	v_7	$v_1\ v_2\ v_4\ v_6$	访问 v_7，v_7 没有未被访问的邻接点，v_3 出栈
9			v_6、v_4、v_2、v_1 均没有未被访问的邻接点，依次出栈。栈空，运算结束

2. 深度优先遍历的算法

(1) 连通图的深度优先遍历。

【算法思想】 连通图从任何一个顶点出发进行遍历，均可以遍历完所有顶点。设从顶点 v 开始：①将 visited[v] 设置成 true，访问该顶点；②获取 v 的第一个邻接点 w，如果 w 未被访问，就从 w 出发调用深度遍历算法。如果 w 被访问过，从 v 的下一个邻接点出发进行深度遍历，直到图中所有顶点都被访问过。

算法描述与算法步骤如算法 6.8 所示。

算法 6.8 　【算法描述】　　　　　　　　　　　　【算法步骤】

```
0   template<class DT>
1   void DFS(Graph G, int v)              //从第 v 个顶点出发深度优先遍历图 G
2
3   {
4       visited[v]=true;                  //1.做被访问标志
5       cout<<v;                          //2.访问顶点 v
6       for(w=Firstadjvex(G,v);w>=0;      //3.检查邻接点
7           w=Nextadjvex(G,v,w))          //对未被访问的第一个邻接点 w 递归
8       {
9           if(!visited[w])
10              DFS(G,w);                 //递归
11      }
12  }
```

(2) 非连通图的深度优先遍历。

一次深度优先遍历只能遍历同一个连通分量上的顶点，对于非连通图，只要还有未被访问的顶点，就须从该顶点出发，再次调用深度优先遍历算法，最终完成对图中其他顶点的访问。

【算法思想】 对每个未被访问的顶点调用深度优先遍历算法。

算法描述与算法步骤如算法 6.9 所示。

算法 6.9　【算法描述】　　　　　　　　　　【算法步骤】

```
0   template<class DT>
1   void DFSTraverse(Graph G)
2   {
3     for(v=0;v<G.vexnum;v++)            //对每个未被访问的顶点进行深度优先遍历
4     {
5       visited[v]=false;                //1.访问标志初始化
6     }
7     for(v=0;v<G.vexnum;v++)
8     {
9       if(!visited[v])                  //2.对未被访问的邻接点 w
10        DFS(G,v);                      //递归调用深度优先遍历
11    }
12  }
```

【算法分析】　深度优先遍历的时间复杂度与图的存储结构有关。以邻接矩阵表示的图,其时间复杂度为 $O(n^2)$。以邻接表表示的图,其时间复杂度为 $O(n+e)$。

【例 6-4】　设连通图以邻接矩阵存储,给出其深度优先遍历输出算法。

【解】　连通图的深度优先遍历输出的算法描述与算法步骤如算法 6.10 所示。

算法 6.10　【算法描述】　　　　　　　　　　【算法步骤】

```
0   template<class DT>
1   void DFS2(MGraph<DT>G,int v)         //从第 v 个顶点出发深度优先遍历
2   {                                    //图 G
3     visited[v]=true;                   //1.访问标志
4     cout<<G.vexs[v];                   //2.输出第 v 个顶点
5     for(w=0;w<G.vexnum;w++)            //3.查找 v 的第一个未被访问
6     {                                  //的邻接点
7       if((G.arcs[v][w]!=0)&&(!visited[w]))  //3.1 如果有
8         DFS2(G,w);                     //3.2 递归调用遍历函数
9     }
10  }
```

在邻接矩阵存储中遍历图,查找每个顶点的邻接点的时间复杂度为 $O(n)$,对于 n 个顶点,遍历的时间复杂度为 $O(n^2)$。

【算法讨论】　如果以邻接表存储图,深度优先遍历算法如何？为什么其时间复杂度为 $O(n+e)$？

【例 6-5】　对于图 $G10$,用邻接矩阵存储,设顶点的存储如下。给出用上述深度优先遍历算法从 v_1 出发的深度优先遍历序列。

【解】 图 $G10$ 是连通图,从 v_1 出发,调用一次深度优先遍历就可遍历所有顶点,遍历序列为 $v_1\ v_2\ v_7\ v_5\ v_3\ v_4\ v_6$。

【例 6-6】 图 6-13 给出了图 $G14$ 及其邻接表。给出用上述深度优先遍历算法从 v_0 出发的深度优先遍历序列。

【解】 遍历序列为 $v_0\ v_1\ v_3\ v_2$。

【讨论】 一个图的深度优先遍历序列一般是不唯一的,但上述序列却是唯一的,为什么?

6.3.2 广度优先遍历

广度优先遍历是一种通过逐层遍历所有访问对象的方法。

1. 广度优先遍历的定义及方法

广度优先遍历也称为广度优先搜索(breadth first search,BFS),它类似于树的层次遍历。它的策略用一句话可以概括为:越早被访问到的顶点,其邻接点越优先被选用。

设置一个数组 visited 来标志顶点是否被访问过,在图中任选一个顶点 v 作为遍历的初始点,则广度优先遍历方法如下。

(1) 访问顶点 v,将其访问标志设为 true。

(2) 依次访问 v 的各个未被访问的邻接点 $w_1, w_2, \cdots, w_i$。

(3) 再按顺序访问与 $w_1, w_2, \cdots, w_i$ 相邻且没有被访问过的顶点。

(4) 重复上述步骤,直至图中所有和 v 有路径相通的顶点都被访问到。

(5) 如果图中还有未被访问的顶点,以它为出发点,重复上述步骤。

【例 6-7】 给出图 6-17 中的无向图 $G18$ 的广度优先遍历序列。

【解】 根据上述方法,可得到一个广度优先遍历序列为

$$v_1 \rightarrow v_2 \rightarrow v_3 \rightarrow v_4 \rightarrow v_5 \rightarrow v_6 \rightarrow v_7 \rightarrow v_8$$

广度优先遍历没有规定邻接点的访问顺序。因此,广度优先遍历序列也是不唯一的。下面两个序列也是图 $G18$ 的广度优先遍历序列。

$$v_1 \rightarrow v_3 \rightarrow v_2 \rightarrow v_7 \rightarrow v_6 \rightarrow v_5 \rightarrow v_4 \rightarrow v_8$$
$$v_1 \rightarrow v_2 \rightarrow v_3 \rightarrow v_5 \rightarrow v_4 \rightarrow v_7 \rightarrow v_6 \rightarrow v_8$$

2. 广度优先遍历的算法

(1) 连通图的广度优先遍历。

【算法思想】 对于连通图,从任一顶点出发进行遍历均可遍历所有顶点。为了能按访问顶点的先后次序访问各自邻接点,需要用一个队列来存储已被访问的顶点。以图中的某个顶点为出发点,访问顶点,做访问标记,入队。只要队不空,则循环操作:顶点出队;扫描出队顶点的所有邻接点,如果未被访问,则访问;做访问标志并入队。

遍历输出的算法描述与算法步骤如算法 6.11 所示。

算法 6.11	【算法描述】	【算法步骤】
0	`template<class DT>`	
1	`void BFS(Graph <DT>G, int v)`	//广度优先遍历图 G

```
2   {
3     InitQueue(Q);                          //1.创建一个队
4     cout<<v;                               //2.处理顶点 v:访问顶点,
5     visited[v]=true;                       //做访问标志
6     Enqueue(Q,v);                          //顶点入队
7     while(!QueueEmpty(Q))                  //3.只要队不空,循环
8     {
9       DeQueue(Q,v);                        //3.1 出队
10      for(w=FirstAdjvex(G,v);w>=0;         //3.2 找邻接点
11          w=NextAdjvex(G,v,w))
12        if(!visited[w])                    //3.3 邻接点未被访问过
13        {
14          cout<<w;                         //输出,做访问标志
15          visited[w]=true;                 //入队
16          Enqueue(Q,w);
17        }
18    }
19  }
```

（2）非连通图的广度优先遍历。一次遍历只能遍历同一个连通分量上的所有顶点。如果是非连通图,需要把未被访问的点作为新起点进行广度优先遍历,直到所有点均被遍历,算法结束。

【算法思想】 对每个未被访问的顶点进行广度优先遍历。

算法描述与算法步骤如算法 6.12 所示。

算法 6.12　**【算法描述】**　　　　　　　　　　　**【算法步骤】**

```
0   template<class DT>
1   void BFSTraverse(MGraph<DT>G)            //对每个未被访问的顶点进行广度
2   {                                        //优先遍历
3     for(i=0;i<G.vexnum;i++)
4     {
5       visited[i]=false;                    //1.访问标志初始化
6     }
7     for(i=0;i<G.vexnum;i++)                //2.对未被访问的顶点调用广度优先遍历
8     {
9       if(!visited[i])
10        BFS(G,i);
11    }
12  }
```

【算法分析】 在广度优先遍历的算法中,每个顶点至多进一次队列。遍历图实际上是通过边找邻接点的过程,因此广度优先遍历的时间复杂度和深度优先遍历的时间复杂度相同,两者只是遍历访问的次序不同而已。与深度优先遍历一样,不同的存储方式,其遍历的时间复杂度不一样。

【例 6-8】 设连通图以邻接表表示,给出其广度优先遍历输出算法描述与算法步骤。

【解】 对于连通图,从任一顶点出发即可遍历所有顶点。以邻接表表示的图的广度优先遍历输出的算法描述与算法步骤如算法 6.13 所示。

算法 6.13　【算法描述】　　　　　　　　　　【算法步骤】

```
0   template<class DT>
1   void BFS(ALGraph<DT>G,int v)           //邻接表存储连通图广度优先遍历
2   {
3     InitQueue(&Q);                       //1.创建一个队列
4     cout<<G.vertices[v].data;            //2.处理顶点 v: 输出 v
5     visited[v]=true;                     //做访问标志
6     EnQueue(Q,v);                        //v 入队
7     while(!QueueEmpty(Q))                //3.队不空,循环
8     {
9       DeQueue(Q,v);                      //3.1 出队至 v
10      p=G->adjlist[v].firstarc;          //3.2 指向 v 的边表
11      while(p!=NULL)                     //3.3 遍历边表
12      {
13        w=p->adjvex;
14        if(visited[w]==0)                //3.3.1 邻接点 w 未被访问过
15          cout<<G.vertices[w].data;      //输出 w
16          visited[w]=1;                  //做访问标志
17          EnQueue(Q,w);                  //w 入队
18        p=p->nextarc;                    //3.3.2 指向下一个边结点
19      }
20    }
21  }
```

邻接表上的遍历要遍历整个表头信息和各条边表。因此,算法的时间复杂度为 $O(n+e)$。

【例 6-9】 对图 6-17 中的无向图 $G18$,给出从顶点 v_1 出发的广度优先遍历过程及队列变化情况。

【解】 队列变化情况如表 6-3 所示。

表 6-3　广度优先遍历中队列的变化

步骤	访问结点	队列中内容	操作说明
1	v_1	v_1	访问 v_1,v_1 入队
2	$v_2\ v_3$	$v_2\ v_3$	v_1 出队,访问 v_1 的未被访问的邻接点 v_2、v_3 并依次入队
3	$v_4\ v_5$	$v_3\ v_4\ v_5$	v_2 出队,访问 v_2 的未被访问的邻接点 v_4、v_5 并依次入队
4	$v_6\ v_7$	$v_4\ v_5\ v_6\ v_7$	v_3 出队,访问 v_3 的未被访问的邻接点 v_6、v_7 并依次入队
5	v_8	$v_5\ v_6\ v_7\ v_8$	v_4 出队,访问 v_4 的未被访问的邻接点 v_8 并入队
6		$v_6\ v_7\ v_8$	v_5 出队,v_5 没有未被访问的邻接点
7			v_6、v_7、v_8 均没有未被访问的邻接点,依次出队。队空,遍历结束

由此可得,图 $G18$ 从 v_1 出发的广度优先遍历序列为

$$v_1 \to v_2 \to v_3 \to v_4 \to v_5 \to v_6 \to v_7 \to v_8$$

对比图的深度优先遍历与广度优先遍历算法,不难看出对于相同的存储方式,它们的时间复杂度是一致的,区别在于对顶点访问的顺序不同,两者在全图遍历上是没有优劣之分的。实际应用时可根据不同的情况选择不同的算法。如果图的顶点和边非常多,遍历的目的是找到合适的点,深度优先遍历更加适合;广度优先遍历更适合在不断扩大遍历范围时找到相对最优解的情况。

6.3.3 遍历应用举例

图的遍历应用比较广,如判断图的连通性、求连通分量等。

1. 连通性

以某个顶点出发进行遍历,可以访问到同一个连通分量上的所有点,由此通过遍历操作,可以解决许多问题。例如,图的任意两个顶点之间是否连通?路径如何?图是否连通?图有几个连通分量?同一个连通分量上的顶点序列如何?

【应用 6-1】 判断顶点 v_i 与 v_j 之间是否连通。

【解】【算法思想】 以 v_i 或 v_j 任一顶点为起点进行遍历。遍历完检查另一个顶点的访问标志。如果已被访问,表明 v_i 与 v_j 之间连通;否则,v_i 与 v_j 之间不连通。

算法描述与算法步骤如算法 6.14 所示。

算法 6.14 【算法描述】   【算法步骤】

```
0  template<class DT>
1  bool IsConected(MGraph<DT>G,int i,int j)    //判断第 i 个顶点和第 j 个顶点之
2  {                                            //间是否连通
3      for(k=0;k<G.vexnum;i++)                  //1.初始化访问标志
4          visited[k]=0;                        //各点均未被访问
5      DFS(G,i);                                //2.从第 i 个顶点开始,深度优先遍历
6      if(visited[j]==0)                        //3.遍历结束,如果顶点 j 未被访问
7          return false;                        //返回 false,表示 $v_i$,$v_j$ 不连通
8      else
9          return true;                         //否则,返回 true,表示 $v_i$,$v_j$ 连通
10 }
```

【算法讨论】 上述算法中可以把深度优先遍历换为广度优先遍历吗?

【应用 6-2】 判断图是否连通。

【解】【算法思想】 如果从任一顶点出发进行遍历后,图中每一个顶点都被做了访问标志,表明图是连通的;否则,就是不连通。解决此问题,只需要对上述算法作两个小改动即可:①预设连通标记为 flag=1;②修改原第 6~9 行,将原来检查某顶点是否被访问改为检查所有点是否被访问。

算法描述与算法步骤如算法 6.15 所示。

算法 6.15　【算法描述】　　　　　　　　　　　　【算法步骤】

```
0   template<class DT>
1   bool IsGraphConected(MGraph<DT>G)         //判断图 G 是否为连通图
2   {
3       flag=1;                                //1.预设连通标记
4       for(i=0;i<G.vexnum;i++)                //2.初始化访问标志
5           visited[i]=0;                      //各点均未被访问
6       DFS(G,0);                              //3.从第 1 个顶点开始,深度优先遍历
7       for(i=0;i<G.vexnum;i++)                //4.检查所有顶点的访问标志
8           if(visited[i]==0)                  //如果有未被访问到的顶点
9               {flag=0;break;}                //修改连通标志为不连通
10      return flag;                           //返回连通标志
11  }
```

【应用 6-3】 设图以邻接表方式存储,输出图的连通分量个数及各连通分量的顶点序列。

【解】【算法思想】 一次遍历可以遍历完一个连通分量上的所有点。因此,调用遍历算法的次数即为连通分量个数。将遍历中的访问改为输出顶点,即可得连通分量上的顶点序列。

算法描述与算法步骤如算法 6.16 所示。

算法 6.16　【算法描述】　　　　　　　　　　　　【算法步骤】

```
0   template<class DT>
1   void ConnectVex(ALGraph<DT>G)              //输出图的各连通分量顶点序列
2   {
3       num=0;                                 //1.连通分量个数初始化
4       for(k=0;k<G.vexnum;k++)                //2.访问标志初始化
5         visited[k]=0;
6       for(k=0;k<G.vexnum;k++)                //3.对每个顶点,检查访问标志
7           if(visited[k]==0)                  //4.未被遍历到的顶点个数
8           {
9              num++;                          //为连通分量个数
10             cout<<num<<":";
11             DFS3(G,k);                      //5.深度优先遍历
12          }
13  }
14  DFS3(ALGraph G, int v)                     //邻接表的深度优先遍历
15  {
16      visited[v]=true;                       //1.修改访问标志
17      cout<<G.vertices[v].data;              //2.输出顶点值
18      p=G.vertices[v].firstarc;              //3.指向边表表头
19      while(p!=NULL)                         //4.结点非空,循环
20      {
21          w=p->adjvex;                       //4.1 取邻接点
```

```
22          if(!visited[w])           //4.1.1 如果未被访问
23              DFS3(G,w);            //4.1.2 进行深度优先访问
24          p= p->nextarc;            //4.2 否则,指向下一个邻接点
25      }
26  }
```

【应用 6-4】 假设 v 是无向连通图 G 的一个顶点,图 G 以邻接表存储,设计算法求图中距离顶点 v 最远的点。

【解】 图 G 中离 v 最远的点是与其路径最长的顶点。如果从 v 开始进行广度优先遍历,首批被访问的顶点是 v 的邻接点。路径长度为 1 的邻接点是离 v 最近的点;其次是 v 的邻接点的邻接点,路径长度为 2;以此类推,最后被访问的点一定是离 v 最远的点。

【算法思想】 从 v 开始进行广度优先遍历,最后被访问的点为离 v 最远的点。

算法描述与算法步骤如算法 6.17 所示。

算法 6.17 【算法描述】   【算法步骤】

```
0   template<class DT>
1   int Maxdist(ALGraph<DT>G,int v)      //求距离 v 最远顶点
2   {                                    //1.初始化
3       InitQueue(Q);                    //1.1 创建一个空队列
4       for(i=0;i<G.vexnum;i++)          //1.2 访问标志初始化
5         visited[v]=false;
6       EnQueue(Q,v);                    //2.从顶点 v 开始,广度优先遍历 2.1 v 入队
7       visited[v]=true;                 //标志 v 顶点
8       while(!QueueEmpty(Q))            //2.2 只要队不空,进行下列操作
9       {
10          DeQueue(Q,v);                //2.2.1 出队至 v,指向第 k 个点的边表
11          p=G->vertices[v].firstarc;   //2.2.2 如果有邻接点,重复执行下列操作
12          while(p!=NULL)
13          {
14              w=p->adjvex;             //2.2.2.1 取邻接点
15              if(visited[w]=0)         //2.2.2.2 若未被访问
16              {
17                  visited[w]=true;     //2.2.2.3 标志为已访问
18                  Enqueue(Q,w);        //2.2.2.4 入队
19              }
20              p=p->nextarc;            //2.2.2.5 取下一个邻接点
21          }
22      }
23      return v;                        //3.返回最后被标志的顶点
24  }
```

2. 生成树和生成森林

对于连通图,遍历过程中可以得到使 n 个顶点连通的 $n-1$ 条边,顶点和边正好组成一棵树,称为遍历生成树。深度优先遍历得到的树称为深度优先生成树;广度优先遍历得到的树称为广度优先生成树。例如,对于无向连通图 $G19$(如图 6-18(a)所示),一棵深度

优先生成树如图 6-18(b)所示,一棵广度优先生成树如图 6-18(c)所示。图中虚线表示遍历中的回溯。遍历序列不唯一,因此,遍历生成树也不唯一。

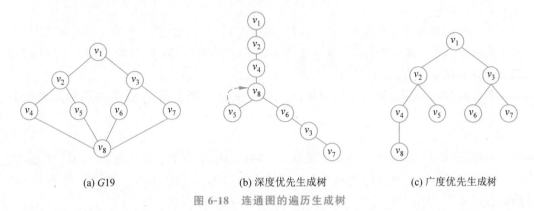

(a) G19　　　　(b) 深度优先生成树　　　　(c) 广度优先生成树

图 6-18　连通图的遍历生成树

对于非连通图,一个连通分量对应一棵生成树(不唯一),多个连通分量将生成多棵树,称为生成森林(spanning forest)。深度优先遍历和广度优先遍历对应的生成森林分别称为深度优先生成森林和广度优先生成森林。例如,对于图 6-19 所示无向非连通图 G20,一个深度优先生成森林如图 6-19(b)所示,一个广度优先生成森林如图 6-19(c)所示。

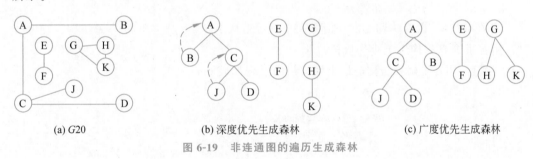

(a) G20　　　　(b) 深度优先生成森林　　　　(c) 广度优先生成森林

图 6-19　非连通图的遍历生成森林

6.4　图的应用

图在许多实际问题中的应用优势非常明显,最小生成树、最短路径和关键路径等能在工程中应用产生最经济的方案。

6.4.1　最小生成树

在一个连通网的所有生成树中,各边代价之和最小的树称为连通网的**最小代价生成树**,简称**最小生成树**(minimal spanning tree)。最小生成树在实际生活中的应用很广泛。例如,在 n 个村庄里铺设自来水管道,各村之间管道构建的造价不同,如何使水管管道在 n 个村里连通且造价最低就是最小生成树的问题。

求最小生成树问题可表述如下。

输入:无向连通网 $G=(V,E)$,V 是图顶点(设为 n 个)的集合,E 是图边的集合。

输出：树 $T=(U,TE)$，U 是树的顶点集合，TE 是树的边的集合。作为图 G 的最小生成树，$U=V$，$TE \in E$（即 TE 是 E 的子集），并且 TE 是使图的所有顶点连通、权值和最小的 $n-1$ 条边。

最小生成树具有简称为 MST 的性质，即假设 $G=(V,E)$ 是一个无向连通网，U 是顶点集的一个非空子集。若 (u,v) 是一条具有最小权值（代价）的边，其中 $u \in U$，$v \in V-U$，则必存在一棵包含边 (u,v) 的最小生成树。

普里姆（Prim）算法和克鲁斯卡尔（Kruskal）算法是两个利用 MST 性质构造最小生成树的算法。

1. 普里姆算法[①]

【算法思想】 任选网 G 中一个顶点 v_0 作为 U 的初态，剩余的点作为 $V-U$ 初态，将 U 中的点到 $V-U$ 中的点构成的边中权值最小的边加入 TE 中，并且把边中属于 $V-U$ 的邻接点从 $V-U$ 移到 V 中。重复上述选边操作 $n-1$ 次，直至 $U=V$。

Step 1. 初态 $U=\{v_0 | v_0 \in V\}$，v_0 为图 G 中任一点；$TE=\{\}$，空集。

Step 2. 重复下列操作，直至 $U=V$。

  2.1 在所有 $u \in U$，$w \in V-U$ 的边 $(u,w) \in E$ 中找一条权值最小的边 (u_0,w_0)。

  2.2 (u_0,w_0) 并入集合 TE。

  2.3 w_0 并入 U。

【例 6-10】 设有一网 $G21$（如图 6-20 所示），从 A 开始，用普里姆算法构造最小生成树。

【解】 用普里姆算法构造最小生成树的过程如表 6-4 所示。

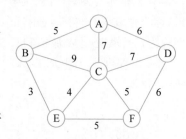

图 6-20 无向网 $G21$

表 6-4 用普里姆算法构造最小生成树的过程

步态	S0（初态）	S1	S2
求最小边 (u,v)	$v_0=$A	U 中为 A；$V-U$ 中为 B、C、D、E、F；边 5、7、6； 最小权值边：(A,B)：5	U 中为 A、B；$V-U$ 中为 C、D、E、F；边 7、6、9、3； (B,C)：9，(A,C)：7，同目标端点，只需要考虑距离小的边 (A,C) 最小权值边：(B,E)：3

[①] 该算法于 1930 年由捷克数学家沃伊捷赫·亚尔尼克发明；并在 1957 年由美国计算机科学家罗伯特·普里姆独立发明；1959 年，艾兹格·迪科斯彻再次发明了该算法。因此，在某些场合，普里姆算法又被称为 DJP 算法、亚尔尼克算法或普里姆-亚尔尼克算法。

续表

步态	S0(初态)	S1	S2
TE	{}	A—B (5)	A—B (5), B—E (3)

步态	S3	S4	S5
求最小边(u,v)	(E,C):4,(A,C):7,只考虑距离小的边(E,C)最小权值边:(E,C):4	(C,D):7,(A,D):6,只需要考虑(A,D)边(C,F):5,(E,F):5,同目标端点距离相等,择其一即可最小权值边:(E,F):5 或 (C,F):5	(A,D):6,(F,D):6,距离相等,择其一最小权值边:(A,D):6 或 (F,D):6
TE	(树含 A,B,C,E)	(树含 A,B,C,E,F)	(树含 A,B,C,D,E,F)

从上述过程可知,如果有相同权值的边,最小生成树可能不唯一。例如,上面边(E,F)可换成边(C,F),边(A,D)可换成边(F,D)。

【算法设计】

(1) 存储设计。求解过程中,需要不断读取任意两个顶点间的权值,采用邻接矩阵较方便。以图 G21 为例,邻接矩阵存储为

G.vexs[]

	0	1	2	3	4	5
	A	B	C	D	E	F

$$G.arcs[] = \begin{pmatrix} \infty & 5 & 7 & 6 & \infty & \infty \\ 5 & \infty & 9 & \infty & 3 & \infty \\ 7 & 9 & \infty & 7 & 4 & 5 \\ 6 & \infty & 7 & \infty & \infty & 6 \\ \infty & 3 & 4 & \infty & \infty & 5 \\ \infty & \infty & 5 & 6 & 5 & \infty \end{pmatrix} \begin{matrix} A \\ B \\ C \\ D \\ E \\ F \end{matrix}$$

G.vexnum 6

G.arcnum 10

(2) 辅助工作变量。设置辅助数组 closeEdge[],存储候选最短距离。定义如下：

```
struct
{
    int adjvex;              //U 集中的顶点序号
    WT lowcost;              //边的权值
} closeEdge[MAX_VERTEX_NUM];
```

初态为 S0 时,closeEdge[]为

closeEdge[]	0 A	1 B	2 C	3 D	4 E	5 F
adjvex	0	0	0	0	0	0
lowcost	0	5	7	6	∞	∞

根据顶点在 G.vexs[]中的存储顺序,用数组下标映射顶点：0→A，1→B,2→C,3→D,4→E,5→F。上表中 closeEdge[i].adjvex 均为 0,表示 lowcost 中存储的是 A 点到其余各点的距离。距离值来自邻接矩阵的第 0 行,即 closeEdge[i].lowcost＝G.arcs[0][i]。不需要参与计算的边 lowcost 为 0。

(3) 算法描述。算法描述与算法步骤如算法 6.18 所示。

算法 6.18 　【算法描述】　　　　　　　　　　　【算法步骤】

```
0   template<class DT>
1   void Prim_MST(MGraph<DT>G, DT v)           //构造最小生成树
2   {   k=LocateVex(G,v);
3       for(i=0;i<G.vexnum;i++)
4       {
5           closeEdge[i].lowcost=G.arcs[k][i];   //初始化辅助数组 closeEdge
6           closeEdge[i].adjvex=0;
7       }
8       closeEdge[k].lowcost=0;
9       for(i=1;i<G.vexnum;i++)                  //将顶点 0 加入 u
10      {
11          k=minEdge(closeEdge,G.vexnum);       //函数求出最短边的邻接点 k
12          cout<<closeEdge[k].adjvex<<
13          closeEdge[k].lowcost;                //输出权值最小边的顶点和权值
14          closeEdge[k].lowcost=0;
15          for(j=0;j<G.vexnum;j++)              //将顶点 k 加入 u
16              if(G.arcs[k][j]<closeEdge[j].lowcost &   //更新数组 closeEdge,修改 H 候选
17                  closeEdge[j].lowcost!=0)             //最短边集
18              {
19                  closeEdge[j].lowcost=G.arcs[k][j];
20                  closeEdge[j].lowcost=k;
21              }
22      }
23  }
```

对于 G20 运用上述算法,数组 closeEdge[]及 U、V－U 的变化如表 6-5 所示。

表 6-5　构造最小生成树过程中辅助数组各分量的值

closeEdge[i] \ i		0	1	2	3	4	5	U	V－U	k	(u,v);d
adjvex			**0**	0	0	0	0	{A}	{B,C,D,E,F}	1	(A,B);5
lowcost		0	**5**	7	6	∞	∞				
adjvex				0	0	**1**	0	{A,B}	{C,D,E,F}	4	(B,E);3
lowcost		0	0	7	6	**3**	∞				
adjvex				4	0		4	{A,B,E}	{C,D,F}	2	(E,C);4
lowcost		0	0	**4**	6	0	5				
adjvex					0		4	{A,B,E,C}	{D,F}	5	(E,F);5
lowcost		0	0	0	6	0	**5**				
adjvex					0			{A,B,E,C,F}	{D}	3	(A,D);6
lowcost		0	0	0	**6**	0	0				
adjvex								{A,B,E,C,F,D}	{}		()
lowcost		0	0	0	0	0	0				

【算法分析】　假设网中有 n 个顶点,用于初始化的第一个循环语句执行次数为 $n-1$,第 2 个循环语句的执行次数为 $n-1$,其中修改候选距离需执行 $n-1$ 次,因此,普里姆算法的时间复杂度为 $O(n^2)$,与网的边数无关。该算法适用于稠密网。

【算法讨论】　用普里姆算法构造最小生成树,当有权值相等的边时,最小生成树是不唯一的。利用上述算法求得的最小生成树唯一吗?

2. 克鲁斯卡尔[①]算法

克鲁斯卡尔(Kruskal)算法是另一种求最小生成树的算法。

微课视频

【算法思想】　按照网中边的权值递增的顺序构造最小生成树。具体如下。

Step 1. 初态为 $T=(V,\{\})$,即 n 个顶点没有边,图中的顶点各自为一个连通分量。

Step 2. 重复下列操作,直至 T 中的连通分量个数为 1。

 2.1　在 E 中选择权值最小的边,如果该边依附的顶点 v 落在 T 中不同的连通分量上,则将此边加入 T 中。

 2.2　否则含去此边而选择下一条权值最小的边。

【例 6-11】　对于图 6-21 所示无向网 $G21$,按照克鲁斯卡尔算法构造最小生成树。

【解】　根据克鲁斯卡尔构造最小生成树的方法,构造过程如图 6-21 所示。

【算法设计】

(1) 存储设计。在对边的权值排过序后,克鲁斯卡尔算法依边的权值由小到大依次选取,计算过程中不涉及其他数据的访问。因此,算法本身对存储方式没有偏好。

---

① Joseph Bernard Kruskal(1928—2010)是美国的数学家、统计学家、计算机科学家、心理测量学专家,他在研究生二年级时发明了 Kruskal 算法。

218　数据结构原理与应用（第2版）

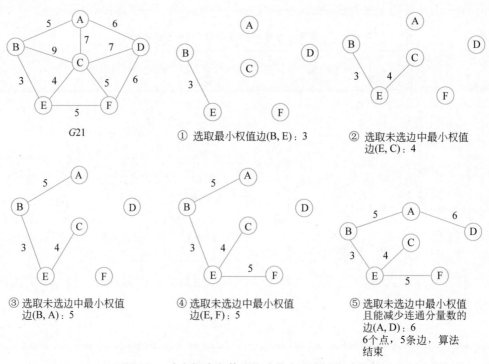

图 6-21　克鲁斯卡尔算法构造最小生成树的过程

（2）辅助工作变量设置。

① 设置一个数组 edge[]非降序存储网中所有的边，数组元素是一个三元组（边的两顶点，边值）。数组元素定义如下。

```
struct Edge
{
    int u;                      //边的顶点
    int v;                      //边的顶点
    int cost;                   //边上的权值
};
Edge edge[MAX_ENUM];            //边信息
```

② 设置一维数组 parent[n]，元素 parent[i]表示顶点所在的连通分量，初值为顶点的序号。如果 parent[i]≠parent[j]，则表示两个顶点位于两个不同的连通分量。用 connect(parent[i], parent[j])实现两个连通分量的合并。

（3）算法描述。算法描述与算法步骤如算法 6.19 所示。

算法 6.19　【算法描述】　　　　　　　　　　　　　【算法步骤】

```
0  template<class DT>
1  void Kruskal_MST(MGraph<DT>G)        //构造最小生成树
2  {
3      Sort(edge);                      //1.边排序
```

```
4      for(i=0;i<G.vexnum;i++)                    //2.连通分量标志初始化
5        parent[i]=i;                             //顶点自成一个连通分量
6      for(num=0,i=0;i<G.arcnum;i++)              //3.从小到大选取 n-1 条边
7      {                                          //3.1 获取边起点、终点所在的
8        vx1=(parent(edge[i].u);                  //连通分量标志 vx1,vx2
9        vx2=(parent(edge[i],v);
10       if(vx1!=vx2)                             //3.2 如果不属于同一个连通
11       {                                        //分量
12         cout<<edge[i].u<<Edge[i].v             //3.3 输出新增的边
13         connect(parent[i],parent[j];           //3.4 合并两个连通分量
14         num++;
15         if(num==n-1)   break;                  //3.5 边数增 1
16       }                                        //3.6 已有 n-1 条边,结束
17     }
18   }
19   if(num!=G.vexnum-1)                          //4. 如果边数小于 n-1,非连通图
20     return false;                              //无最小生成树,返回 false
21   else                                         //否则
22     return ture;                               //返回 true
23 }
```

【算法分析】 假设网有 e 条边,边排序 Sort(edge)耗费的最少时间是 $O(e\log_2 e)$,语句 4、5 与语句 6~18 两个并列循环时间复杂度分别为 $O(n)$、$O(e)$。一般 $e \ll n$,克鲁斯卡尔算法构造最小生成树的时间复杂度为 $O(e\log_2 e)$,它与网中边的数目有关。因此它更适合稀疏图的最小生成树。

6.4.2 最短路径

在网图和非网图中,最短路径(shortest path)的含义有所不同。对于网图来说,两点之间经过的边上权值之和最小的路径称为最短路径。对于非网图来说,两点之间经过的边数最少的路径称为最短路径。如图 6-22(a)中,顶点 v_0 到 v_4 的最短路径是 $v_0 v_4$,路径长度为 1。顶点 v_0 到 v_2 的最短路径是 $v_0 v_1 v_2$ 或 $v_0 v_3 v_2$,路径长度为 2。在图 6-22(b)中,顶点 v_0 到 v_4 的最短路径是 $v_0 v_3 v_2 v_4$,路径长度为 60。

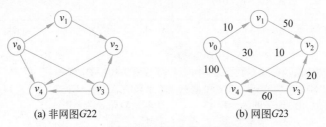

(a) 非网图 $G22$ (b) 网图 $G23$

图 6-22 非网图和网图中最短路径的定义

本节讨论网图的两种常见的求解最短路径的方法:一是求单源点最短路径的 Dijkstra(迪杰斯特拉)算法;二是求多源点最短路径的 Floyd(弗洛伊德)算法。

1. 单源点最短路径问题

单源点最短路径问题是指求图中某个点 v 到其余各点的最短路径。为求得这些最

微课视频

短路径,迪杰斯特拉①提出了按路径长度递增次序逐步产生最短路径的算法。首先求出长度最短的一条路径,然后参照它求出长度次短的一条最短路径。以此类推,直到从顶点 v 到其他各顶点的最短路径全部求出。

【算法思想】

(1) 把网中所有的顶点分成两个集合:S 和 T。

S:已经确定了最短路径的顶点,初态 $S=\{v_s\}$,只包括源点 v_s。

T:$T=V-S$,为尚未确定最短路径的顶点。

(2) 按各顶点与源点最短路径长度递增的次序逐个把集合 T 中的点加到 S 集合中去,直至 $S=V$。

源点到目标点的最短路径有两种可能:一种是直达;另一种是经过已求的最短路径到达。第一条最短路径一定是直达路径中最短的那条。之后加入的点可能是直达也可能是经过已求出的最短路径到达。例如,图 $G24$(如图 6-23(a)所示)中顶点 A 到 B、C、D、E 的最短距离如图 6-23(b)所示。

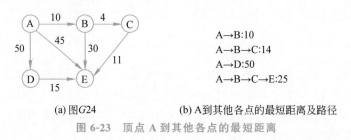

(a) 图$G24$　　　　　　(b) A到其他各点的最短距离及路径

图 6-23　顶点 A 到其他各点的最短距离

用 Dijkstra 算法求图 $G24$ 顶点 A 到 B、C、D、E 的最短距离的过程如表 6-6 所示。

表 6-6　求图 $G24$ 顶点 A 到其他各点最短距离的过程

步态	1	2	3	4	5
集合 S	A	A,B	A,B,C	A,B,C,E	A,B,C,E,D
v_0 到未求点距离	A→B:10 A→C:∞ A→D:50 A→E:45	A→B→C:14 A→D:50 A→B→E:40	A→D:50 A→B→C→E:25	A→D:50	
求得距离	A→B:10	A→B→C:14	A→B→C→E:25	A→D:50	
说明	第 1 条路径是直达路径中最短的那条	① A→B→C,距离为 10+4=14 ② A→B→E:40 替换原来的 A→E:45 ③ 取最短路径 A→B→C:14	① A→B→C→E:25 替换原来的 A→B→E:40 ② 取最短路径 A→B→C→E:25	E 到不了 D,D 加入后,没有新的 A→D 的更短的路径	$S=V$,算法结束

---

① 迪杰斯特拉(1930—2002),荷兰科学家,1972 年图灵奖获得者。他最早提出程序中的"goto 是有害的"并首创结构化程序设计而闻名于世;在算法和算法理论、编译器、操作系统等诸多方面有许多创造;1956 年发明了求单源点最短距离算法;解决了运动路径规划问题,至今仍被广泛使用。

【算法设计】

（1）存储设计。求解过程中，需要经常读取任意两个顶点间的距离权值，采用邻接矩阵较方便。图 $G24$ 的存储示意图如下。

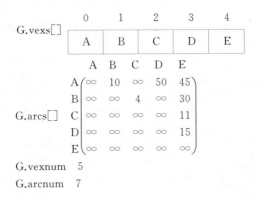

（2）辅助工作变量。

① 一维数组 S[G.vexnum]用于记载 S 集合中的顶点。$S[v]$ 为 true 表示 v 属于 S 集合，否则不属于 S 集合。初始化时，除源点外其余顶点均为 false。

② 一维数组 D[G.vexnuvm]记载源点到其他各点的距离，用下标隐射目标点，即 $D[v]$ 表示 v_s 至 v 的距离。初态取源点 v_s 在邻接矩阵中的所在行，即

```
for(v=0; v<G.vexnum;++v)
    D[v]=G.arcs[vs][v];
    D[vs]=0;                    //vs 为源点
```

③ 一维数组 int P[G.vexnum]记载源点 v_s 到其余各点最短距离的路径信息。$P[v]$ 表示源点到 v 点最短路径上 v 的前驱顶点序号。对于初值，如果源点 v_s 到顶点 v 有直达路径，$P[v]$ 记为 v_s，否则记为 -1，即

```
if(D[v]< INFINITY)
    P[v]=vs;                    //vs 为源点
```

（3）距离修改。每求出一条最短路径，就可能改变 v_s 到其余未求顶点的距离。设 $D[v]$ 为新求出的 $v_s \rightarrow v$ 的距离。如果 v 到顶点 w（未求顶点）的距离 $(v,w)+D[v]$（v_s 到 v 的最短距离）$<D[w]$，则用更短距离 $(v,w)+D[v]$ 置换原来的 $D[w]$，即

```
for(w=0;w<G.vexnum;++w)
    if(!S[w] && min+G.arcs[v][w]<D[w])
        D[w]=min+G.arcs[v][w]
```

（4）修改路径矩阵 P[]。$D[w]$ 的改变表示 w 的前驱变为 v。因此

```
P[w]=v;
```

（5）算法描述。用 Dijkstra 算法求解单源点最短路径的算法描述与算法步骤如算法 6.20 所示。

算法 6.20　【算法描述】　　　　　　　　　　【算法步骤】

```
0   template<class DT>
1   void ShortestPath_DIJ (MGraph<DT>G,        //求 v0 到其余顶点 v 的最短路径
                          int v0)
2   {                                          //1.初始化
3     for(v=0;v<G.vexnum;++v)
4     {                                        //1.1 初始化 S[]
5       s[v]=false;                            //1.2 初始化 D[]
6       D[v]=G.arcs[v0][v];                    //1.3 初始化 P[]与 v0 之间有边
7       if(D[v]<INFINITY)                      //的,取 v0,无边的,取-1
8         P[v]=v0;
9       else P[v]=-1;
10    }
11    s[v0]=ture;
12    D[v0]=0;                                 //2.求 n-1 条最短路径
13    for(i=1;i<G.vexnum;++i)
14    {
15      min=INFINITY;
16      for(w=0;w<G.vexnum;++w)                //2.1 对尚未求取的顶点 w,
17        if(!s[w] && D[w]<min)                //求 v0→w 最小权值路径
18          {v=w; min=D[w];}                   //2.2 新加入点 v
19      s[v]=true;                             //2.3 更新最短路径及长度
20      for(w=0;w<G.vexnum;++w)
21        if(!s[w]&&(D[v]+G.arcs[v][w]<D[w]))
22        {
23          D[w]=D[v]+G.arcs[v][w];            //2.4 更改 w 的前驱为 v
24          P[w]=v;
25        }
26    }
27  }
```

【算法分析】　初始化 for 循环的时间复杂度为 $O(n)$。求各条最短路径的语句中嵌套了两个并列 for 循环,每一个的时间复杂度为 $O(n)$,因此总的时间复杂度为 $O(n^2)$。

对于图 $G24$ 用上述算法求解 A 到其余各点的最短距离,D[]和 P[]的变化如图 6-24 所示。

由 P[]的最终状态可解析出各条路径。

- P[1]=0 表示 A→B。
- P[2]=1、P[1]=0 表示 A→B→C。
- P[3]=0 表示 A→D。
- P[4]=2、P[2]=1、P[1]=0 表示 A→B→C→E。

2. 每对顶点之间的最短路径

每对顶点之间的最短路径问题指求解图中任意两点之间的最短路径和最短距离。解

步态	D[]					P[]					最短路径与距离
S1	0	10	∞	50	45	-1	0	-1	0	0	A→B:10
S2	0	10	14	50	40	-1	0	1	0	0	A→B→C: 14
S3	0	10	14	50	25	-1	0	1	0	2	A→B→C→E:25
S4	0	10	14	50	25	-1	0	1	0	2	A→D:50

图 6-24 用 Dijkstra 算法构造单源点最短路径的过程

决该问题的一种方法是以每个顶点作为源点,多次调用 Dijkstra 算法,分别求出各顶点到其余顶点的最短距离,从而得到每对顶点之间的最短路径。另一种方法是用弗洛伊德(Floyd)算法[1],它更加简单。

【算法思想】 如果 $<v_i,v_j>$ 是网的一条弧,则从 v_i 到 v_j 存在着一条长度为 G.arcs[i][j] 的路径,但不一定是最短路径,尚须进行 $n(n=G.vexnum)$ 次测试,具体为

- 依次将 $v_0,v_1,\cdots,v_{n-1}$ 作中间顶点 $v_k\{k=0,1,2,\cdots,n-1\}$ 并测试路径 $<v_i,\cdots,v_k,\cdots,v_j>$(即 $<v_i,\cdots,v_k>$,$<v_k,\cdots,v_j>$)是否存在。
- 若存在,则比较已经取得的从 v_i 到 v_j 的最短路径 $<v_i,\cdots,v_j>$ 与以 v_k 为中间顶点的路径 $<v_i,\cdots,v_k,\cdots,v_j>$ 的路径长度,取其短者并称之为从 v_i 到 v_j 的中间顶点序号不大于 k 的最短路径。
- 经过 n 次比较后最后求得的必是从 v_i 到 v_j 的最短路径。

【算法设计】

(1) 距离矩阵 **D**。用系列矩阵 $\mathbf{D}^{-1},\mathbf{D}^0,\mathbf{D}^1,\cdots,\mathbf{D}^{n-1}$ 记录分别以 $v_0,v_1,\cdots,v_{n-1}$ 为跳转点时图中任意两个顶点之间的距离。初态 $\mathbf{D}^{-1}$ 等于图的邻接矩阵 G.arcs,即

```
for(i=0;i<G.vexnum;i++)
  for(j=0;j<G.vexnum;j++)
    D[i][j]=G.arcs[i][j];
```

(2) 路径矩阵 **P**。用二维矩阵 $\mathbf{P}[n][n]$ 记载最短距离路径信息,$\mathbf{P}[u][v]=w$ 表示 u 到 v 最短路径上 v 的前驱是 w。

如果 G.arcs[v][w] 不为 0 或 ∞,必有 $\mathbf{P}[v][w]=v$。因此,**P** 矩阵的初始化方法如下。

```
for(i=0; i<G.vexnum; i++)
  for(j=0;j<G.vexnum;j++)
    if(D[i][j]<INFINTY & i!=j)          //存在(vᵢ,vⱼ)路径
```

---

[1] 该算法发明者罗伯特·弗洛伊德是 1978 年图灵奖得主,1953 年获芝加哥大学文学学士学位。他在 1958 年获得理科学士学位,而且在计算机科学的算法、程序设计语言的逻辑和语义、自动程序综合、自动程序验证、编译器的理论和实现等方面都做出创造性的贡献,其中包括 1962 年完成了世界上最早的 Algol 60 编译器之一并成功投入使用。

```
            P[i][j]=i;                    //v₁→vⱼ,v₁ 是 vⱼ 的前驱
       else P[i][j]=-1;
}
```

(3) 修改 D[ ][ ]。以 v_k 为跳转点,当且仅当 D[i][k]+D[k][j]<D[i][j]时更新 D[i][j],即

```
if(D[i][k]+D[k][j]<D[i][j])
    D[i][j]=D[i][k]+D[k][j]
```

(4) 修改 P[ ][ ]。D[i][j]被修改成表示 k 为 j 的新前驱点,因此,矩阵 **P** 的修正方法为

```
P[i][j]=P[k][j]
```

(5) 算法描述。用 Floyd 算法求最短路径的算法描述与算法步骤如算法 6.21 所示。

算法 6.21　【算法描述】　　　　　　　　　　　　【算法步骤】

```
0   template<class DT>
1   void Floyd(MGraph<DT>G)                  //Floyd算法求最短路径
2   {
3     int D[MAX_VEXNUM][MAX_VEXNUM];
4     int P[MAX_VEXNUM][MAX_VEXNUM];
5     for(i=0;i<G.vexnum;i++)                //1.初始化
6       for(j=0;j<G.vexnum;j++)              //1.1 初始化 D[][]
7       {
8         D[i][j]=G.arcs[i][j];
9         if(D[i][j]<INFINITY&&i!=j)         //1.2 初始化 P[][]
10          P[i][j]=i;
11        else P[i][j]=-1;
12      }
13    for(k=0;k<G.vexnum;++k)                //2.以 k 为中间点对所有顶点对{i,j}
14      for(i=0;i<G.vexnum;++i)              //进行检测
15        for(j=0;j<G.vexnum;++j)
16          if(D[i][j]>D[i][k]+D[k][j])      //2.1 如果满足修改条件
17          {
18            D[i][j]=D[i][k]+D[k][j];       //2.2 D[i][j]改成 D[i][k]+D[k][j]
19            P[i][j]=P[k][j];}              //2.3 修改 v₁ 到 vⱼ 的路径上 vⱼ 的
20          }                                //前驱为 k
21  }
```

【算法分析】　Floyd 算法的主要部分是一个三重循环,执行了 n^3 次,因此时间复杂度为 $O(n^3)$。该算法对无向图和有向图求最短路径同样适用。

【例 6-12】　利用 Floyd 算法求图 $G25$(如图 6-25(a)所示)各顶点之间的最短距离及路径。

【解】　$G25$ 的邻接矩阵如图 6-25(b)所示。

每一对顶点 i,j 之间的最短距离 D[ ][ ]及路径 P[ ][ ]在求解过程中的变化如表 6-7

所示。

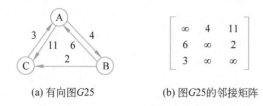

(a) 有向图G25　　　　(b) 图G25的邻接矩阵

图 6-25　有向图及邻接矩阵

表 6-7　Floyd 算法求解过程中的最短路径及其路径变化

	D^{-1}			D^0			D^1			D^2		
	0	1	2	0	1	2	0	1	2	0	1	2
0	∞	4	11	∞	4	11	∞	4	6	∞	4	**6**
1	6	∞	2	6	∞	2	6	∞	2	5	∞	2
2	3	∞	∞	3	7	∞	3	7	∞	3	7	∞

	P^{-1}			P^0			P^1			P^2		
	0	1	2	0	1	2	0	1	2	0	1	2
0	−1	0	0	−1	0	0	−1	0	1	−1	0	**1**
1	1	−1	1	1	−1	1	1	−1	1	2	−1	1
2	2	−1	−1	2	0	−1	2	0	−1	2	**0**	−1

以顶点(A,B)、(A,C)和(B,A)之间的最短距离为例进行路径解析。

- P[0][1]=0 表示 A 到 B 中 B 的前驱是 A,因此路径为 A→B。
- P[0][2]=1 和 P[0][1]=0 表示 A 到 C 中 C 的前驱是 B,B 的前驱是 A,因此路径为 A→B→C。
- P[1][0]=2 和 P[1][2]=1 表示 B 到 A 中 A 的前驱是 C,C 的前驱是 B,因此路径为 B→C→A。

6.4.3　AOV 网与拓扑排序

微课视频

有向图是描述工程进行的有效工具,大多数情况下的工程计划、施工过程、生产流程等都可以分为若干称为"活动"的子工程。接下来讨论有向图的拓扑排序。

1. AOV 网

AOV 网指用顶点表示活动的网。AOV 网的弧表示活动之间的优先关系。

例如,一个软件专业的培养方案中规定了该专业学生须学习的课程,根据课程性质和课程内容上的关联有先修和后修的约束。图 6-26 给出其中 10 门课之间的先修、后修关系,它就是一个 AOV 网。

课程编号	课程名称	先修课程
C1	计算机导论	无
C2	高等数学	无
C3	离散数学	C2
C4	数据结构	C3、C5
C5	高级语言程序设计	C1
C6	编译原理	C3、C4
C7	操作系统	C4、C9
C8	大学物理	C2
C9	计算机组成原理	C8
C10	数值分析	C1、C2

(a)

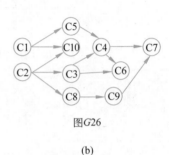

图 $G26$

(b)

图 6-26 软件专业培养方案的相关课程

2. 拓扑排序

在 AOV 网中,如果活动 v_i 必须在活动 v_j 之前进行,则存在有向边 $<v_i,v_j>$ 并称 v_i 是 v_j 的直接前驱,v_j 是 v_i 的直接后继。这样的前驱和后继关系具有传递性。按照有向图给出的活动次序关系,将网中所有顶点排成一个线性序列,此序列称为 AOV 网的拓扑序列(topological order)。构造拓扑序列的过程称为**拓扑排序**(topological sort)。拓扑排序实质上是根据图中顶点之间的偏序关系得到一个全序序列的过程。

例如,图 $G26$ 的一个拓扑序列为 C1,C2,C10,C5,C3,C4,C8,C9,C6,C7。安排每学期的课程时应该按拓扑序列顺序进行。

【算法思想】 拓扑排序的算法思想如下。

(1) 从 AOV 网中选择一个没有前驱的顶点输出。

(2) 从网中删去该顶点,并且删去从该顶点发出的全部有向边。

(3) 重复上述两步,直到剩余的网中不再存在没有前驱的顶点为止。

按此思想,图 $G27$ 的拓扑排序过程如图 6-27 所示,得到的拓扑序列为 ABCDEFG。在求解拓扑序列的某步中,如果没有前驱的顶点不止一个,那么拓扑序列就不唯一,如 ACBDFEG 也是图 $G27$ 的拓扑序列。

如果图中有环将得不到拓扑序列。因此,拓扑排序的结果有两种:一是 AOV 网中所有顶点被输出,得到一个拓扑序列,这说明网中无环;另一个是 AOV 中的顶点没有全部输出,这表示网中有环。

AOV 网通常表示的是一个工程中所有相关活动之间的次序关系。工程必有开始和结束。因此,AOV 网不能有环,否则就是不合逻辑和荒谬的。

【算法设计】

(1) 操作量化。为方便计算机实现,将上述的有些操作进行相应的量化,具体如表 6-8 所示。

第 6 章 图

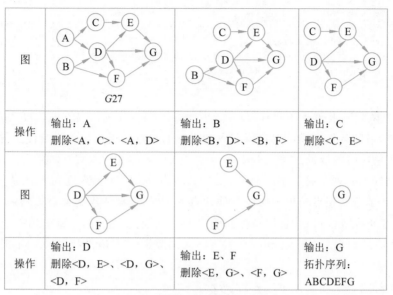

图 6-27 拓扑排序过程

表 6-8 拓扑排序中的操作及其量化

序号	操 作	操作量化
1	选择没有前驱的顶点输出	选择入度为 0 的顶点输出
2	删除以该顶点为弧尾的边	弧尾顶点的入度减 1

（2）存储设计。在拓扑序列求解过程中，每输出一个顶点就需要修改以该顶点为弧尾的弧的弧头顶点的入度。在（正）邻接表中能最方便、快速地找到弧尾邻接点，因此采用邻接表存储方式。图 $G27$ 的邻接表如图 6-28 所示。

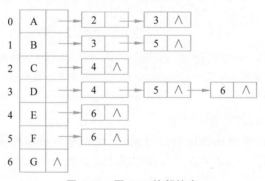

图 6-28 图 $G27$ 的邻接表

（3）辅助工作变量。在算法中，需要设计以下 3 个辅助工作变量。

① 一维数组 indegree[G.vexnum]。该数组用于存储各顶点的入度。初始化时，通过遍历邻接表得到各顶点的入度。该操作的时间复杂度为 $O(n+e)$。具体为

```
template<class DT>
void FindInDegree(ALGraph G)
{for(int i=0;i<G.vexnum;i++)
    for(DT p=G.vertices[i].firstarc;p;p=p->nextarc)
        indegree[p->adjvex]++;
}
```

② 栈或队列。求拓扑序列时,只有入度为 0 的顶点才可输出。但入度为 0 的顶点可能多于 1 个,借助队列或栈可保存所有入度为 0 的顶点。通过出队或出栈获得输出顶点,以避免每次输出时需要通过遍历 indegree[G.vexnum]查找入度为 0 的顶点。

初始化栈或队列是通过遍历 indegree[G.vexnum]一次将入度为 0 的顶点入栈或入队列。之后,随着某顶点输出而修改其他顶点入度时,只要入度为 0 就入栈或入队列。

③ 顶点计数器 count。它用来存储输出的顶点数,初值为 0。每输出一个顶点,计数器增 1。算法结束时,如果 count＝G.Vexnum,得到一个拓扑序列;否则,因图有环而无解。

算法描述与算法步骤如算法 6.22 所示。

算法 6.22　**【算法描述】**　　　　　　　　　　　　**【算法步骤】**

```
 0  template<class DT>
 1  bool Toposort(ALGraph<DT>G)           //求图 G 的拓扑序列
 2  {                                     //1.初始化
 3    SqStack S;                          //1.1 创建一个栈
 4    count=0;                            //1.2 顶点计数器置 0
 5    FindInDegree(G,indegree);           //2.计算各顶点的入度
 6    for(i=0;i<G.vexnum;i++){            //3.入度为 0 的点入栈
 7      if(!indegree[i])
 8        S.Push(i);
 9    while(!S.StackEmpty())              //4.只要栈不空,重复下列操作
10    {
11      Pop(S,i);                         //4.1 出栈入度为 0 的顶点
12      cout<<G.vertices[i].data;         //4.2 输出
13      count++;                          //4.3 输出点计数
14      for(p=G.vertices[i].firstarc;     //4.4 修改顶点入度
15      p;p=p->nextarc)                   //4.4.1 取 i 的直接后继 k
16      {
17        k=p->adjvex;
18        if(!(--indegree[k]))            //4.4.2 第 k 个顶点入度-1
19          S.Push(k);                    //若为 0,入栈
20      }
21    }
22    }
23    if(count<G.vexnum)                  //5.输出点小于顶点个数
24      return false;                     //无拓扑序列
25    else return true;
26  }
```

【算法分析】

(1) 假设有向网中有 n 个顶点和 e 条边,求所有顶点入度的时间复杂度为 $O(n+e)$。

(2) while 循环,处理的次数不会超过图的边数 e。

因此,整个拓扑排序算法的时间复杂度为 $O(n+e)$。

表 6-9 给出了求图 $G27$ 拓扑序列过程中顶点的度和栈的变化及相应的输出,得到拓扑序列为 BADFCEG。

表 6-9　求拓扑序列过程中辅助变量的变化

步	图	indegree[]	栈 S	输出
1	图 $G27$	A B C D E F G 0 0 1 2 2 2 3	A B	
2		A B C D E F G 0 0 1 1 2 1 3	A	B
3		A B C D E F G 0 0 0 0 2 1 3	C D	A
4		A B C D E F G 0 0 0 0 1 0 2	C F	D
5		A B C D E F G 0 0 0 0 1 0 1	C	F
6		A B C D E F G 0 0 0 0 0 0 1	E	C
7		A B C D E F G 0 0 0 0 0 0 0	G	E
8			G	G

【算法讨论】 如果将栈换为队列,如何修改上述算法?对于上例,输出怎样的拓扑序列?

微课视频

6.4.4 AOE 网与关键路径

在一些表示工程的有向图中,通常用有向边表示活动,边上赋权值来表示活动持续进行的时间,接下来讨论有向网和工程中的关键路径。

1. AOE 网

AOE 网(即活动在边上的网)是一个带权有向无环图(directed acycline graph, DAG)。其中用顶点表示事件(event),弧表示活动(activity),弧上的权值表示活动的持续时间。AOE 网只有一个入度为 0 的点,称为源点;只有一个出度为 0 的点,称为汇点。AOE 网通常用来表示一个工程所含的活动与事件,源点事件的发生表示工程的开始,汇点事件的发生表示工程的结束。图 6-29(a)为一个有 11 个事件和 15 个活动的 AOE 网,其中顶点 v_1 为源点,顶点 v_{11} 为汇点。

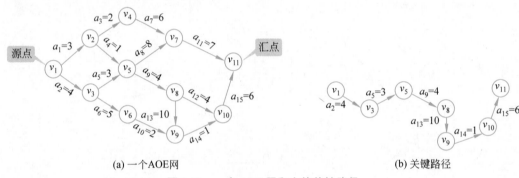

(a) 一个AOE网　　　　　　　　　　(b) 关键路径

图 6-29　一个 AOE 网和它的关键路径

AOE 网具有两个性质。
- 只有在进入某顶点的各活动都结束时,该顶点所代表的事件才能发生。
- 只有在某顶点所代表的事件发生后,从该顶点出发的各活动才能开始。

例如在图 6-29(a)所示的 AOE 网中,顶点事件 v_7 只有在活动 a_7、a_8 都结束后才能发生;仅当事件 v_5 发生后,活动 a_8、a_9 才能开始。

表示工程的 AOE 网主要用来研究以下两个问题:①工期问题,即完成整个工程至少需要多少时间?②哪些活动是影响工程进度的关键活动?

AOE 网的源点到汇点的最长路径称为关键路径。关键路径的长度称为工程的最短工期。关键路径上的活动称为关键活动,关键活动是可能影响工期的活动。图 6-29(b)为图 6-29(a)的一条关键路径,由此可知工期为 28,活动 a_2、a_5、a_9、a_{13}、a_{14}、a_{15} 为关键活动。

2. 工期的计算

工期为关键路径的长度,关键路径由关键活动构成。为找到关键活动,须定义以下几个变量。

(1) 事件的最早发生时间 ve(k)。ve(k)是指从源点到顶点 v_k 的最大路径长度。源

点事件 v_1 的最早发生时间定义为 0。

根据 AOE 网性质可知：只有进入事件 v_k 的每个活动都结束时 v_k 才能开始，因此 ve(k) 是从源点到 v_k 的最长路径长度，示意图见图 6-30(a)。ve(k) 的计算方法为

$$\text{ve}(k) = \begin{cases} 0, & k=1 \\ \text{Max}\{\text{ve}[j] + \text{dut}(<v_j, v_k>)\}, & \text{其他} \end{cases}$$

其中，dut($<v_j, v_k>$) 为弧 $<v_j, v_k>$ 的权值，即对应活动的持续时间。

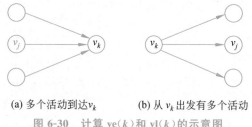

(a) 多个活动到达 v_k　　　(b) 从 v_k 出发有多个活动

图 6-30　计算 ve(k) 和 vl(k) 的示意图

(2) 事件 v_k 的最迟发生时间 vl(k)。vl(k) 是指在不推迟整个工期的前提下事件 v_k 允许的最晚发生时间。$<v_k, v_j>$ 代表从 v_k 出发的活动，如图 6-30(b) 所示。v_k 的最迟发生时间不得迟于其后继事件 v_j 的最迟发生时间减去活动 $<v_k, v_j>$ 的持续时间。vl(k) 的计算方法为

$$\text{vl}(k) = \begin{cases} \text{vl}(n) = \text{ve}(n) \\ \text{vl}(k) = \text{Min}\{\text{vl}[j] - \text{dut}(<v_k - v_j>)\} \end{cases}$$

(3) 活动 $a_i = <v_k, v_j>$ 的最早开始时间 ae(i)。只有事件 v_k 发生了活动 a_i 才能开始。因此，活动 a_i 的最早开始时间等于事件 v_k 的最早发生时间 ve(k)，即

$$\text{ae}(i) = \text{ve}(k)$$

(4) 活动 $a_i = <v_k, v_j>$ 的最晚开始时间 al(i)。活动 a_i 的最晚开始时间需要保证不延误事件 v_j，因此活动 a_i 的最晚开始时间 al(i) 等于事件 v_j 的最迟发生时间 vl(j) 减去活动 a_i 的持续时间，即

$$\text{al}(i) = \text{vl}(j) - \text{dut}(<v_k, v_j>)$$

最早开始时间与最晚开始时间相等的活动为关键活动。关键活动构成的路径为关键路径，其长度为最短工期。

【算法思想】　求工期的算法思想如下。

(1) 从源点开始，按照拓扑序列求出每个事件的最早发生时间 ve(k)。如果拓扑序列结点个数小于图的顶点个数，算法终止。

(2) 按逆拓扑序列求出每个事件的最迟发生时间 vl(k)。

(3) 求出每个活动 a_i 的最早开始时间 ae(i)。

(4) 求出每个活动 a_i 的最晚开始时间 al(i)。

(5) 找出 ae(i) 与 al(i) 相等的活动，即为关键活动。由关键活动形成的从源点到汇点的路径就是关键路径。关键路径有可能不唯一。

【例 6-13】　对图 6-29(a) 所示的 AOE 网计算关键路径。

【解】　按上述求解步骤及方法计算如下。

(1) 求 ve(k):

ve(1)=0
ve(2)=3
ve(3)=4
ve(4)=ve(2)+2=5
ve(5)=Max{ve(2)+1,ve(3)+3}=7
ve(6)=ve(3)+5=9
ve(7)=Max{ve(4)+6,ve(5)+8}=15
ve(8)=ve(5)+4=11
ve(9)=Max{ve(8)+10,ve(6)+2}=21
ve(10)=Max{ve(8)+4,ve(9)+1}=22
ve(11)=Max{ve(7)+7,ve(10)+6}=28

(2) 求 vl(k):

vl(11)=ve(11)=28
vl(10)=vl(11)−6=22
vl(9)=vl(10)−1=21
vl(8)=Min{vl(10)−4,vl(9)−10}=11
vl(7)=vl(11)−7=21
vl(6)=vl(9)−2=19
vl(5)=Min{vl(7)−8,vl(8)−4}=7
vl(4)=vl(7)−6=15
vl(3)=Min{vl(5)−3,vl(6)−5}=4
vl(2)=Min{vl(4)−2,vl(5)−1}=6
vl(1)=Min{vl(2)−3,vl(3)−4}=0

(3) 计算 ae(i):

ae(1)=ve(1)=0
ae(2)=ve(1)=0
ae(3)=ve(2)=3
ae(4)=ve(2)=3
ae(5)=ve(3)=4
ae(6)=ve(3)=4
ae(7)=ve(4)=5
ae(8)=ve(5)=7
ae(9)=ve(5)=7
ae(10)=ve(6)=9
ae(11)=ve(7)=15
ae(12)=ve(8)=11
ae(13)=ve(8)=11
ae(14)=ve(9)=21
ae(15)=ve(10)=22

(4) 计算 al(i):

al(1)=vl(2)−3=3
al(2)=vl(3)−4=0
al(3)=vl(4)−2=13
al(4)=vl(5)−1=6
al(5)=vl(5)−3=4
al(6)=vl(6)−5=14
al(7)=vl(7)−6=15
al(8)=vl(7)−8=13
al(9)=vl(8)−4=7
al(10)=vl(9)−2=19
al(11)=vl(11)−7=21
al(12)=vl(10)−4=18
al(13)=vl(9)−10=11
al(14)=vl(10)−1=21
al(15)=vl(11)−6=22

最后,比较 ae(i) 与 al(i) 的值,可以得到 a_2、a_5、a_9、a_{13}、a_{14}、a_{15} 是关键活动,关键路径如图 6-29(b) 所示。

算法描述与算法步骤如算法 6.23 所示。

算法 6.23 【算法描述】　　　　　　　　　　　　　　【算法步骤】

```
0  template<class DT>
1  void CriticalPath(ALGraph<DT>G)         //关键路径算法
2  {
3      if(!TopoSort(G))                    //1.调用拓扑算法
```

```
4        return 0;                              //如果有环,算法结束
5      n=G.vexnum;
6      for(i=0;i<n;i++)                         //2.初始化各事件的最早发生时间
7        ve[i]=0;
8      for(i=0;i<n;i++)                         //3.按拓扑序列计算各事件的最早
9      {                                        //发生时间
10       k=topo[i];                             //3.1 获取拓扑序列中的顶点序号 k
11       p=G.vertices[k].firstarc;              //3.2 p指针指向 k 的每个邻接点
12       while(p!=null)
13       {
14         j=p->adjvex;
15         if(ve[j]<ve[k]+p->weight)            //3.3 计算顶点 j 的最早发生时间
16           ve[j]=ve[k]+p->weight;             //ve(j)
17         p=p->next arc;
18       }
19     }
20     for(i=0;i<n;i++)                         //4.将各事件的最迟发生时间初始
21       vl[i]=ve[n-1];                         //化为汇点的最早发生时间
22     for(i=n-1;i>=0;i--)                      //5.根据拓扑逆序列,计算事件
23     {                                        //最迟发生时间
24       k=topo[i];                             //5.1 获取拓扑序列顶点序号 k
25       p=G.vertices[k].firstarc;              //5.2 p指向 k 的邻接点
26       while(p!=null)                         //5.3 计算顶点 k 的最晚发生
27       {                                      //时间 vl(k)
28         j=p->adjvex;
29         if(vl[k]>vl[j]-p->weight)
30           vl[k]=vl[j]-p->weight;
31         p=p->nextarc;
32       }
33     }
34     for(i=0;i<n;i++)
35     {
36       p=G.vertices[i].firstarc;
37       while(p!=null)
38       {j=p->adjvex;
39         ae=ve[i];                            //6.计算活动的最早开始时间
40         al=vl[j]-p->weight;                  //7.计算活动的最晚开始时间
41         if(ae==al)                           //8.如果最早开始和最晚开始时间
42           cout<<'('<<i<<','<<')'<<p->weight; //相等,为关键活动,输出
43         p=p->nextarc;
44       }
45 }
```

【算法分析】 在关键路径算法中,求每个事件的最早发生时间和最晚发生时间以及活动的最早发生时间和最晚发生时间时,都要对图中的每个顶点和每个顶点边表中所有的边结点进行扫描。因此,求关键路径算法的时间复杂度是 $O(n+e)$。

用 AOE 网来估算工程的工期时,因网中的各项活动的互相牵制,影响关键路径的因

素是多方面的。任何一项活动持续时间的改变都可能影响关键路径的改变。因此,当子工程进行过程中所需时间有所调整时,就需要重新计算关键路径。

6.5 图结构在现代技术中的应用举例

图结构以表现多对多关系的能力捕捉实体间的复杂关系,成为现代技术挑战中的有效解决方案。随着技术进步,图的应用已经不仅限于传统的路径搜索和网络流问题,而是扩展到了社交网络分析、网络安全、推荐系统、生物信息学、交通物流、图像处理等多个现代技术领域。本节以图结构在社交网络分析、交通规划和互联网链接分析中的应用为案例,深入探讨图在现代技术中的应用和作为,展示图如何解决实际问题。

6.5.1 社交网络分析

1. 社区检测

在社交网络分析中,图结构能够将网络建模为由结点(代表个体或实体)和边(代表关系或交互)组成的图。社区检测的目的是发现网络中那些内部连接密集而与外部连接相对稀疏的结点集合。这样的集合揭示了网络的模块化特征,有助于我们理解网络的局部结构和全局属性。

图的表示给社区检测提供了许多途径。①基于边介数的方法(如 Girvan-Newman 方法)利用边的介数来识别社区边界。该方法适用于需要识别社区边界的网络,尤其是在社区结构不是非常明显的情况下。②基于标签传播的方法(如 label propagation algorithm,LPA)通过结点间的标签传播来形成社区。该方法适用于社区结构不明显或社区数量未知的网络。③基于团的方法(如 clique percolation method,CPM)通过识别网络中的团(完全子图)来发现社区。该方法适用于社区结构不明显或社区数量未知的网络。④基于信息流的方法(如 Infomap)模拟信息传播过程,以最小化描述信息流所需的编码长度,适用于社区内部结点高度互连的网络。该方法适用于需要考虑信息传播效率的网络,如互联网或交通网络。⑤谱聚类方法利用图的谱特性进行社区划分。⑥基于图同构的方法通过比较图的结构相似性来识别社区。⑦基于图神经网络的方法(如 Graph Neural Networks,GNNs)利用深度学习技术来学习结点的嵌入表示,并基于此进行社区检测。该方法适用于社区结构可以通过图的谱特性有效区分的网络。⑧基于图论的方法(如 Kernighan-Lin Algorithm)通过迭代地优化结点的社区归属来提高社区的模块度。该方法适用于需要识别结构相似的子图作为社区的网络。

社区检测为识别网络中的社区结构,理解网络的动态变化和功能提供了重要视角。社区检测广泛应用于社交网络分析、生物信息学、推荐系统等领域。

2. 影响力传播

在影响力传播分析中,图被用来表示信息或行为在网络中的传播过程。其中结点代表网络中的个体或实体,如社交媒体用户或新闻媒体。结点可以拥有多种属性,如用户的兴趣偏好或活跃度,边则表示个体间的社交联系或交互,这些边可以拥有权重,以反映关系的强度或信息传播的可能性。

基于图结构建立的传播模型有多样。①独立级联模型（IC Model）。在这个模型中，如果一个结点被激活（即接收到了信息），它会在下一个时间步尝试激活其邻居结点。每个结点有一个固定的激活概率，如果邻居结点还没有被激活，则按照这个概率尝试激活邻居。一旦一个结点被激活，它就会永久处于激活状态。②线性阈值模型（LT Model）。在这个模型中，每个结点有一个随机分配的阈值，当邻居结点对它的影响总和超过了这个阈值时，结点会被激活。每个边都有一个权重，表示信息从一个结点传递到另一个结点的概率或影响力。

影响力传播的分析在多个领域有着广泛的应用。①市场营销：识别意见领袖和关键传播者，以便更有效地传播营销信息。②预测传播：预测信息传播的速度和范围，为营销策略制定提供依据。③公共政策：评估政策宣传的有效性，确定有效的信息传播渠道。④人物识别：识别社区中的关键人物，以促进政策的接受和支持。⑤网络安全：识别网络中的潜在威胁源，以阻止恶意软件或谣言的传播。评估安全措施的有效性，以防止网络攻击的扩散。

图结构作为分析工具能够深入理解信息或行为在网络中的传播模式，并识别对传播过程有重大影响的关键节点。通过图分析，可以优化信息传播策略，提高信息传播的效率和效果。

3. 用户行为分析

用户行为分析专注于收集、处理和分析用户在不同平台上的行为数据，目的在于揭示用户的行为模式、偏好和趋势。在这一领域，图结构能够表示用户间的社交联系、用户与内容的交互以及用户行为的序列模式。

在用户-内容交互的图模型中，结点不仅包括用户，也涵盖内容实体，如文章、视频等；边表示用户与内容之间的交互行为，如点赞、评论或分享。而在用户行为序列图中，结点代表用户的具体行为，如浏览、购买或搜索；边则描绘了行为之间的先后顺序或逻辑关联。

利用图算法，可以识别和分析用户行为模式。①社区检测：揭示用户群体的内在结构，从而理解用户间的相似性和聚集性。②中心性度量：运用度中心性、介数中心性、接近中心性等中心性度量方法，识别网络中的关键用户，这些用户往往是信息传播的枢纽。③影响力传播：通过 IC 模型、LT 模型等传播模型，模拟信息在网络中的扩散过程，识别并分析最具影响力的用户或内容。④路径分析：研究用户行为路径，如用户在网站中的导航行为，以识别行为模式并预测用户可能的下一步行动。⑤图卷积网络（GCN）：应用图卷积操作提取结点特征，用于分类、回归等任务，预测用户行为倾向。⑥图注意力网络（GAT）：利用注意力机制对邻居结点赋予不同权重，聚焦于重要的连接，适用于用户行为预测和个性化推荐。

用户行为分析的应用案例广泛。①电子商务：分析用户购物行为，优化产品推荐系统，预测购买行为。②在线广告：识别广告的最佳位置，预测广告点击率，提升广告效果。③内容推荐：根据用户兴趣，提供个性化的内容推荐列表。

基于图结构的用户行为分析，能够深入理解用户行为的复杂模式和偏好，揭示用户行为背后的复杂结构，为市场营销、产品设计、用户体验等方面的决策提供数据支持。

6.5.2 交通规划

1. 路线规划

在交通规划领域,图结构提供了一种直观且强大的方法来表示复杂的路网并进行路线规划。在这种表示中,结点象征路网的交叉口、重要地标、目的地或起点等关键位置,它们可以附带地理位置坐标、重要性等级等属性。边(Edges)则代表实际的道路或路径,可以是无向的或有向的,以适应不同的交通流向。边的权重可以表示多种属性,如距离、所需时间或通行费用,为路线的选择提供了量化的基础。

不同类型的图可表示不同的道路。无向图适用于双向通行的道路,其中边没有方向性,允许从任一端点到达另一端点。有向图则适用于单向通行的道路或具有特定流向的路线,边的方向性反映了从起点到终点的通行限制。

利用了图结构模型,就可以应用经典的算法来规划路线。例如,用 Dijkstra 算法寻找单源最短路径,它可以在权重为非负的情况下,计算从一个顶点到所有其他顶点的最短路径;用 Floyd 算法计算图中所有顶点对之间最短路径的算法,适用于密集图,并能够处理负权重边,但不适用于有负权重循环的图。这些算法不仅帮助我们找到最短的路径,还可以根据实际需求,规划出运行时间最短或运行成本最低的路径,为用户提供最优路线,减少时间和成本,提高交通系统的效率,为交通规划和导航系统提供决策支持。

2. 交通流量管理

交通流量管理是交通规划中的一项关键任务,它依赖于图算法来分析和优化交通网络中的流量分布。在图模型中,结点代表交通网络的关键要素,如交叉口、公交站台、停车场等,它们可以附带地理位置坐标、重要性等级等属性。边代表道路连接,可以是无向的或有向的,以适应实际的交通流向。边的权重可以反映距离、所需时间、通行费用、拥堵程度等关键信息。

利用基于图的交通流量模型,可以解决以下流量管理问题。①流量分析:通过分析流量模式,预测交通拥堵的热点区域,识别高峰时段或节假日等特殊时期的流量变化。②社区检测:通过识别图中的社区结构,理解不同区域的交通特性,为区域化交通管理提供依据。③流量预测:结合历史数据和统计方法,或者机器学习技术,预测未来时间段内的交通流量,提高预测精度。④动态路由:整合实时数据,如 GPS 轨迹、交通摄像头等,为驾驶者提供调整路线的建议,优化信号灯控制和路口管理,减少交通拥堵。⑤交通仿真:模拟交通流量的变化,评估不同的交通管理策略,如车道增减、信号灯配时调整等。⑥评估策略效果:通过仿真技术,可以评估交通管理策略的效果,如增加或减少车道、改变信号灯配时等,以确定其对交通流量的具体影响。

基于图结构的交通流量管理方法,不仅提高了交通效率和安全性,而且通过实时数据的整合和历史数据的分析,实现了智能交通管理。综合运用机器学习预测、动态路由算法和交通仿真技术,可以有效地管理和优化城市交通流量,改善城市交通状况。

6.5.3 互联网链接分析

图结构在互联网链接分析中提供了一个强大的框架来理解和分析网页间的链接结

构。在这种图表示中,结点代表网页,并且可以附加诸如网页主题、关键词等属性;而边则代表网页之间的超链接,是有向的,指示信息流动的方向。例如,图 6-31 所示为一个简单的网页链接图。

图 6-31 网页链接示意图

图 6-31 中,A、B、C、D、E、F 和 G 代表不同的网页;箭头表示超链接,即从一个网页指向另一个网页的链接。

- A 链接到 B,B 链接到 C,形成一个链。
- A 链接到 D,D 链接到 E,E 链接到 F,形成另一个链。
- G 是一个孤立结点,没有链接到其他网页。

网页链接图直观地展示网页间的链接关系,包括单向链接、双向链接和循环链接。通过分析网页链接图有助于理解网页如何相互引用和链接,进而获取有用的信息。①重要网页发现。通过分析结点的度(即结点的连接边数)和中心性指标(如度中心性、介数中心性、接近中心性),可以识别网络中的重要网页,如权威网页或枢纽网页。②社区结构识别。应用社区检测算法(如 Louvain 方法、Girvan-Newman 方法)发现网络中的社区结构,从而理解网页的分类和主题。③网页排名优化。在搜索引擎优化(SEO)中,图分析有助于确定网页的相对重要性,优化其在搜索引擎中的排名。PageRank 算法就是基于图的随机游走模型来计算网页重要性的一个例子。④访问模式预测。分析图的路径和路径长度分布,可以预测用户在网络中的浏览路径和访问模式,对个性化推荐和用户体验优化至关重要。⑤异常行为检测。图分析有助于识别网络中的异常行为,如垃圾链接、恶意链接或网络攻击,提高网络的安全性和可靠性。⑥信息传播理解。图模型可以模拟信息在网络中的传播过程,如独立级联模型和线性阈值模型,帮助我们理解信息如何在网页间传播和扩散。⑦决策制定支持。图分析提供的数据和见解可以支持网站设计、内容发布策略和广告投放策略等决策制定。

通过链接分析,能够深入理解网页链接的结构、动态和影响,为各种应用提供有力的支持。

6.6 小结

1. 本章知识要点

本章知识要点如图 6-32 所示。

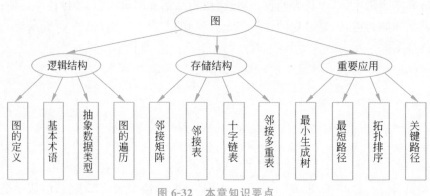

图 6-32 本章知识要点

2. 本章相关算法

本章相关算法如图 6-33 所示。

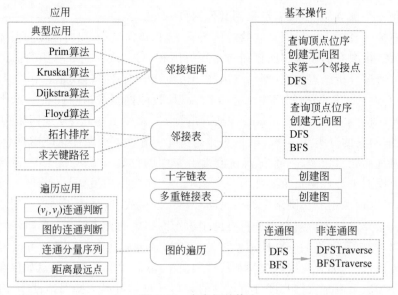

图 6-33 本章相关算法

习题 6

一、填空题

1. 一个图中的所有顶点的度数之和等于边数的_____倍。
2. 有向图的所有顶点的入度之和_____所有顶点的出度之和。
3. n 个顶点的无向图最多有_____条边。
4. 7 条边的无向连通图,至少_____个顶点。
5. 7 条边的无向非连通图,至少_____个顶点。
6. n 个顶点 e 条边的图若采用邻接矩阵存储,则空间复杂度为_____。n 个顶点 e

条边的图若采用邻接表存储,则空间复杂度为_____。

7. 稀疏图 G 采用_____存储较省空间。

8. 有 28 条边的非连通无向图 G,至少需要_____个顶点。

9. 在有 n 个顶点的有向图中,每个顶点的度最大可为_____。

10. 对有 n 个顶点 e 条边且使用邻接表存储的有向图进行广度优先遍历,其算法时间复杂度是_____。

11. 邻接表表示的图进行广度优先遍历时,通常借助_____来实现算法。

12. 采用邻接表存储的图的深度优先遍历算法类似于二叉树的_____。采用邻接表存储的图的广度优先遍历算法类似于二叉树的_____。

13. 图的深度优先遍历序列_____唯一的。

14. 一个图中包含 k 个联通分量,若按深度优先搜索方法访问所有结点,则必须调用_____次深度优先遍历算法。

15. 用普里姆算法求具有 n 个顶点 e 条边的图的最小生成树的时间复杂度为_____;用克鲁斯卡尔算法求取相同问题,时间复杂度是_____。因此,如果是稀疏图,_____算法更适合。

16. 用 Dijkstra 算法求某一顶点到其余各顶点间的最短路径是按_____次序得到最短路径的。

17. 判定一个有向图是否存在回路除了利用拓扑排序外,还可以用_____。

18. 如果 n 个顶点的图是一个环,则它有_____棵生成树。

19. n 个顶点 e 条边的图采用邻接矩阵存储,深度优先遍历算法的时间复杂度为_____;若采用邻接表存储,该算法的时间复杂度为_____。

20. 关键路径是_____。

二、简答题

1. 简述对于稠密图和稀疏图采用邻接矩阵和邻接表哪个更好些。

2. n 个顶点的无向连通图至少有多少条边?n 个顶点的有向强连通图至少有多少条边?最多有多少条边?试举例说明。

3. 对于有 n 个顶点的无向图采用邻接矩阵表示,如何判断以下问题:图中有多少条边?任意两个顶点 i 和 j 之间是否有边相连?任意一个顶点的度是多少?

4. 画出 1 个顶点、2 个顶点、3 个顶点、4 个顶点和 5 个顶点的无向完全图。试证明在 n 个顶点的无向完全图中,边的条数为 $n(n-1)/2$。

5. 一个带权无向图的最小生成树可能不唯一,在什么情况下构造出的最小生成数可能不唯一?

6. 解释 Dijkstra、Prim、Floyd 和 Kruskal 算法的作用。

三、应用题

1. 对如图 6-34 所示的有向图,给出该图中每个顶点的入度和出度。

2. 对如图 6-35 所示的无向带权图,写出它的邻接矩阵;按普里姆算法求出其最小生成树,按顺序写出各条边;用克鲁斯卡尔算法求出其最小生成树,按顺序写出各条边。

3. 对图 6-36 所示的带权有向图,用迪杰斯特拉算法求出源点 1 到其他顶点的最短路径并写出计算过程;用弗洛伊德算法求出每一对顶点之间的最短路径并写出计算过程。

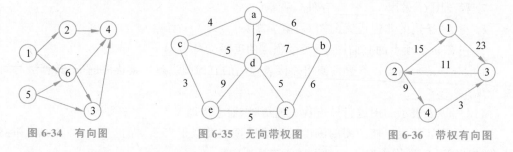

图 6-34　有向图　　　图 6-35　无向带权图　　　图 6-36　带权有向图

4. 已知有向图有 6 个顶点,边的输入序列为<1,2>,<1,3>,<3,2>,<3,0>,<4,5>,<5,3>,<0,1>。求:①该图的邻接表;②强连通分量的个数。

5. 已知二维数组表示的图的邻接矩阵如图 6-37 所示。试分别画出自顶点 1 出发进行遍历所得的深度优先生成树和广度优先生成树。

	1	2	3	4	5	6	7	8	9	10
1	0	0	0	0	0	0	1	0	1	0
2	0	0	1	0	0	0	1	0	0	0
3	0	0	0	1	0	0	0	1	0	0
4	0	0	0	0	1	0	0	0	1	0
5	0	0	0	0	0	1	0	0	0	1
6	1	1	0	0	0	0	0	0	0	0
7	0	0	1	0	0	0	0	0	0	1
8	1	0	0	1	0	0	0	0	1	0
9	0	0	0	0	1	0	1	0	0	1
10	1	0	0	0	0	1	0	0	0	0

图 6-37　应用题 5 的图

6. 写出图 6-38 中全部可能的拓扑排序序列。

7. AOE 网如图 6-39 所示。求:①关键路径;②工期是多少(要求标明每个顶点的最早发生时间和最迟发生时间并画出关键路径)。

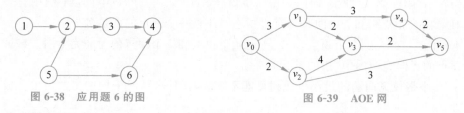

图 6-38　应用题 6 的图　　　　　图 6-39　AOE 网

四、算法设计题

1. 已知无向图用邻接矩阵存储,给出删除一个顶点的操作步骤。
2. 已知无向图用邻接矩阵存储,给出广度优先遍历算法。
3. 已知有向图用邻接矩阵存储,给出求顶点 v 的入度和出度的算法。
4. 已知有向图采用邻接表存储,给出增加一个顶点和相关边的操作步骤。
5. 已知有向图采用邻接表存储,给出判断顶点 v、w 是否连通的算法。

五、上机练习题

1. 创建一个无向图的邻接矩阵存储,在其上实现深度优先遍历和广度优先遍历。
2. 创建一个有向图的邻接表存储,在其上实现深度优先遍历和广度优先遍历。

六、AI 辅助题

基于大模型等 AI 工具求解下列各题。

1. 分别给出利用下列算法求解问题的 5 个应用。

(1)图的遍历;(2)最小生成树;(3)Dijkstra;(4)Floyd;(5)拓扑排序。

2. 解释图神经网络(GNN)的基本思想,并给出一个应用场景。
3. 借助 AI 得到本章内容的思维导图。

七、思政思考题

1. 图的遍历算法如何体现社会主义核心价值观中的"敬业"?
2. 图的遍历算法(如深度优先搜索和广度优先搜索)如何启示我们在面对复杂问题时的策略选择?
3. 图结构在信息传播模型中的应用如何体现了信息时代下的舆论引导和信息管理?
4. 图结构在交通网络规划中有着重要的应用。从社会责任感的角度出发,思考如何利用图结构优化交通网络,以减少拥堵、降低能耗,促进可持续发展。

第 7 章 查 找

查找即在数据集合中寻找满足某种条件的数据元素。在互联网时代，查找更是一种被频繁使用的操作，出行规划、购物选择、信息检索等都不可避免地用到查找。查找是数据处理中最常见的一种运算。

本章讨论不同存储结构下的基本查找技术，如线性表查找、字符串匹配、树表查找、散列查找等。

信息爆炸使高性能的查找方法变得尤其重要。每一种查找技术有其适用范围、技术特性和性能。

本章主要知识点

- 查找的基本概念与术语。
- 线性表查找技术（顺序查找和折半查找）。
- 字符串匹配方法（BF 算法和 KMP 算法）。
- 树表查找技术（二叉排序树和平衡二叉树）。
- 散列查找技术。

本章教学目标

- 掌握各种查找技术的思想、算法及性能。
- 掌握查找算法的性能分析方法。
- 对于查找问题，能设计合适的存储结构和查找算法。

7.1 查找的基本概念

在日常生活中，人们几乎离不开查找操作。例如，在网上查找所需要的资料，在图书馆找某本书籍等。本节介绍在查找过程中涉及的有关基本概念。

7.1.1 术语

1. 关键码

关键字/关键码(key)是数据元素(或记录)中某个数据项的值，用它可

微课视频

以标识(或识别)一个数据元素(或记录)。关键码的值称为**键值**(keyword)。能唯一标识一个记录的关键字称为**主关键码**(primary key);反之,称为**次关键码**(second key)。主关键码通常为一个,次关键码可能为多个。

2. 查找表

查找表(search table)是用来查找的具有同一类型的数据元素(记录)的集合。其上与查找相关的操作主要有:①查询,查询某个特定的记录是否在表中;②检索,某个特定的记录的属性信息;③插入,如果不存在某记录,则在查找表中插入一条新记录;④删除,删除表中某个特定的记录。

集合中的数据元素没有约束关系,如果其操作是以"查找"的相关操作为核心的,则可根据查找需求设计其存储结构。本章涉及的结构有线性表(线性结构)、树表(二叉链表结构)和散列表(散列结构)。

为突出主题,在后续讨论中,假定记录中只有一个整型数据项,且为主关键码。

3. 查找

广义地讲,**查找**(search)是在查找表中查找满足给定条件的记录。给定的查找条件可能是多种多样的,为便于讨论,把查找条件限制为"匹配",即查找关键码等于给定值的记录。

根据查找相关操作对表是否产生影响,可将查找分为两类:静态查找和动态查找。对查找表结构不产生影响的查找称为"**静态查找**",会产生影响的查找称为"**动态查找**"。能对查找表产生影响的操作是"插入"和"删除",因此不涉及插入和删除操作的查找属于"静态查找"(static search),而涉及插入和删除操作的查找属于"动态查找"(dynamic search)。

不同的查找表结构适用于不同的查找方法。
- 线性表:适用于静态查找,如顺序查找、折半查找等。
- 树表:适用于动态查找,如二叉排序树、平衡二叉树等。
- 散列表:静态查找和动态查找均适用。

4. 查找结果

通过查找,若找到匹配的记录称为"**查找成功**"。此时查找结果可给出整个记录信息、指示该记录在集合中的位置或一个表示存在的标志值。

通过查找,若未找到匹配的记录称为"**查找不成功**"。此时查找结果可给出一个"空"记录或"空"指针或者一个表示不存在的标志值。

7.1.2 查找性能

查找算法的基本操作是比较,即记录的关键码与给定值的比较。在算法分析中,以关键码的比较次数来度量查找算法的时间性能。与比较次数相关的因素有查找策略、问题规模和被找记录在查找表中的位置等。同一策略下,被找记录位置不同,比较的次数也不同。算法分析中将查找算法进行的关键码比较次数的数学期望值定义为**平均查找长度**(average search length, ASL),并且用它衡量算法的时间复杂度。一般而言,它是问题规模的函数。

对于含有 n 个记录的查找表,平均查找长度 ASL 的计算公式为

$$\text{ASL} = \sum_{i=1}^{n} p_i c_i \tag{7-1}$$

式中,p_i 为查找第 i 个记录的概率,取决于具体问题;c_i 为查找第 i 个记录所需的关键码的比较次数,与算法有关。

如果 c_i 为查找成功时的比较次数,则 ASL 称为查找成功的平均查找长度;如果 c_i 为查找不成功时的比较次数,则 ASL 称为查找不成功的平均查找长度。

7.2 线性表查找技术

线性表的顺序存储结构和链式存储结构在实现查找的时候是有区别的,其中,顺序查找既适用于顺序存储结构,也适用于链式存储结构;而折半查找只适用于顺序存储结构。

7.2.1 顺序查找

顺序查找(sequential search)是一种算法简单的查找方法。它的查找过程是从表的一端开始依次将表中数据和待查找关键字 key 进行比较。如果比较结果相等,则说明查找成功,返回该数据在表中的位置;如果比较到表的另一端还没有找到相等的结果,则返回查找失败。

为简化表述且突出问题本质,设查找表为 int R[n],即查找表采用顺序存储结构。

【算法思想】 假设顺序表中的 n 个元素依次存入数组下标为 $1 \sim n$ 的位置,从表尾向表头方向进行查找值为 key 的数组元素。若找到,则返回此时的数组下标,表明查找成功;若找到下标为 1 处还未找到,则返回 0,表明查找失败。

算法描述与算法步骤如算法 7.1(a)所示。

算法 7.1(a) 【算法描述】 【算法步骤】

```
0  int search_sqa(int R[],int n,int key)    //在顺序表 R[n+1]中查找关键字为
1  {                                         //key 的数据元素
2     for(i=n;i>=1;i--)                      //1.从表尾向表头方向查找
3        if(R[i]==key)   return i;           //2.若找到则返回数组下标
4     return 0;                              //3.到达表头仍未找到,返回 0
5  }
```

【算法分析与改进】 在算法 7.1(a)中每次查找都需要判定是否到达表头,若没有到达表头,则将数组元素与查找关键字进行比较,否则返回查找失败。如果把关键字先放入单元 0 中,当从表尾开始向表头进行比较时,无须进行是否到达表头的判定,最坏情况一定有 R[0]==key。此处,0 单元称为"监视哨"。

算法描述与算法步骤如算法 7.1(b)所示。

算法 7.1(b) 　【算法描述】　　　　　　　　　　　　【算法步骤】

```
0   int search_sqb(int R[],int n,int key)   //在顺序表 R[n+1]中查找关键
1   {                                        //字为 key 的数据元素
2       R[0]=key;                            //1.设置监视哨
3       for(i=n;R[i]!=key;i--);              //2.从表尾向表头方向查找
4       return i;                            //3.返回找到的位置,若为 0
5   }                                        //则表明未找到
```

【算法分析】　对于算法 7.1(a)和算法 7.1(b)的时间复杂度进行分析,比较的次数与数据在表中存放的位置有关。假设每个位置查找的概率是一样的,则查找成功的平均查找长度为

$$\text{ASL} = \sum_{i=1}^{n} p_i c_i = \frac{1}{n}\sum_{i=1}^{n}(n-i+1) = \frac{n+1}{2} \tag{7-2}$$

因此,算法的时间复杂度为 $O(n)$。查找不成功时的比较次数总是 n(算法 7.1(a))或 $n+1$(算法 7.1(b))次,因此查找失败的时间复杂度也为 $O(n)$。

【算法讨论】　顺序查找既可以用顺序表实现,也可以用链表实现。链表顺序查找参见第 2 章。

顺序查找算法的优点是算法简单,对表中的数据是否有序没有要求,适用性广;缺点是当表中元素个数很多时,平均查找长度比较大,查找效率比较低。

微课视频

7.2.2 折半查找①

若查找表是顺序存储的有序表,为提高查找效率,可以采用折半查找(binary search)来实现,折半查找也称二分查找。

【算法思想】　在有序表中,取中间元素作为比较对象,若查找值 key 与中间元素相等,则查找成功,返回中间元素的数组下标;若 key 小于中间元素,则在中间元素的左半区间继续查找;若 key 大于中间元素,则在中间元素的右半区间继续查找。不断重复上述查找过程,直到查找成功,或者所查找的区域无数据元素,则查找失败。

【例 7-1】　给定一个有序表(3,12,23,29,33,39,46,55,70,83,96),用折半查找算法分别查找 29 和 44。

【解】　设表长为 n,查找区间下界为 low,上界为 high,中间点为 mid,即 mid=(low+high)/2。查找 29 的过程如图 7-1(a)所示,查找 44 的过程如图 7-1(b)所示。

算法描述与算法步骤如算法 7.2 所示。

算法 7.2　【算法描述】　　　　　　　　　　　　【算法步骤】

```
0   int search_bin(int R[],int n,int key)    //折半查找
1   {                                         //1.low、high 分别存放的是查
2       low=1;                                //找区间的下界、上界
```

---

① 第一个折半查找算法出现在 1946 年,但是第一个正确的、无 bug 的折半查找出现于 1962 年。

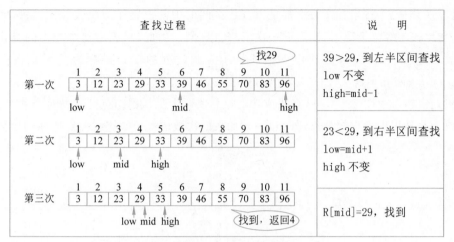

(a) 查找29(查找成功)的过程

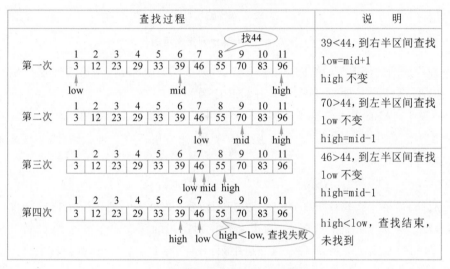

(b) 查找44(查找不成功)的过程

图 7-1 折半查找

```
3      high=n;
4      while(low<=high)
5      {                                       //2.在查找区间中进行查找
6        mid=(low+high)/2;                     //2.1 计算中间位置
7        if(key<R[mid])                        //2.2 key<中间位置元素值
8          high=mid-1;                         //到左半区间继续查找
9        else if(key>R[mid])                   //2.3 key>中间位置元素值
10         low=mid+1;                          //则在右半区间继续查找
11       else                                  //2.4 key=中间位置元素值
12         return mid;                         //返回找到的元素下标
13     }
14     return 0;                               //3.查找失败,返回
15 }
```

【算法分析】 折半查找每次都是以查找区间的中间位置作为比较对象,将区间一分为二,在比较不等的情况下,确定下一次的查找区间。由此,对表中每个数据的查找过程可以表示为一个二叉树,这棵用于描述折半查找过程的二叉树称为**折半查找判定树**(bisearch decision tree)。图 7-2 即为有序表(3,12,23,29,33,39,46,55,70,83,96)的折半查找判定树。由图 7-2 可见,查找成功的过程实际上是从根结点开始到被查找结点,查找不成功是从根走到虚线结点(外结点)。比较的次数取决于被查找结点所在的层数。

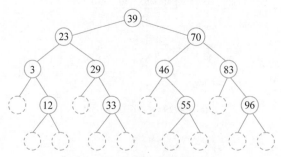

图 7-2 折半查找判定树示例

在查找成功的情况下,第 1 层有 1 个结点,第 2 层有 2 个结点,第 3、4 层分别有 4 个结点。因此,等概率条件假设下,平均比较长度为

$$ASL_{succ} = (1 \times 1 + 2 \times 2 + 4 \times 3 + 4 \times 4)/11 = 33/11 = 3$$

查找不成功共有 12 种情况,第 4 层上有 4 种,第 5 层上有 8 种。因此,等概率条件假设下,平均比较长度为

$$ASL_{unsucc} = (4 \times 3 + 8 \times 4)/12 = 3.67$$

一般而言,折半查找算法在查找成功时的比较次数最多不超过判定树的深度。为方便讨论,对于有 n 个元素的有序表,其折半查找判定树的深度等于 n 个结点满二叉树的深度 h,即 n 与 h 满足关系 $n = 2^h - 1$。树中第 i 层上有 2^{i-1} 个结点,查找该层结点需比较 i 次,等概率情况下查找成功的平均查找长度为

$$ASL_{succ} = \sum_{i=1}^{n} p_i c_i = \frac{1}{n} \sum_{j=1}^{h} j \cdot 2^{j-1} = \frac{n+1}{n} \log_2(n+1) - 1 \qquad (7-3)$$

当 n 值较大时,

$$ASL \approx \log_2(n+1) - 1 \qquad (7-4)$$

当查找失败时,查找到某一结点为空,则其查找的比较次数不会超过折半查找判定树的深度,其时间复杂度仍为 $O(\log_2 n)$。

因此,折半查找的效率通常比顺序查找要高,但折半查找只适合于顺序存储的有序表。

7.2.3 串的模式匹配

对于计算机用户来说,文本编辑是一种常见的操作,在编辑过程中有时需要知道某个词语在文本中的位置。这里就涉及字符串(string)的模式匹配。

设 S 和 T 是两个给定的串,在串 S 中找等于 T 的子串(substring)的过程称为**模式**

匹配(pattern matching)。其中,S 称为**主串**(primary string),T 称为**模式**(pattern)。如果找到,则匹配成功;否则匹配失败。串的模式匹配是一种重要的串运算。字符串的模式匹配应用非常广泛,如在分子生物学上从 DNA 序列中提取信息、在海量网络中搜索特定关键词等。

常见的模式匹配算法有 BF 算法和 KMP 算法。

1. BF 算法

BF 算法的全称是 Brute Force 算法,是普通的模式匹配算法。

【**算法思想**】 将主串 S 的第一个字符与模式串 T 的第一个字符进行匹配,若相等,则继续比较 S 的第二个字符和 T 的第二个字符;若不相等,则比较 S 的第二个字符和 T 的第一个字符。按此方法比较下去,若 T 中的所有字符均比较完,说明匹配成功,返回此时 T 的第一个字符在 S 中的位置;否则匹配失败,返回 0。

【**例 7-2**】 设主串 S = "ababcabcacbab",模式 T = "abcac",给出 BF 匹配过程。

【**解**】 BF 算法的匹配过程如图 7-3 所示。

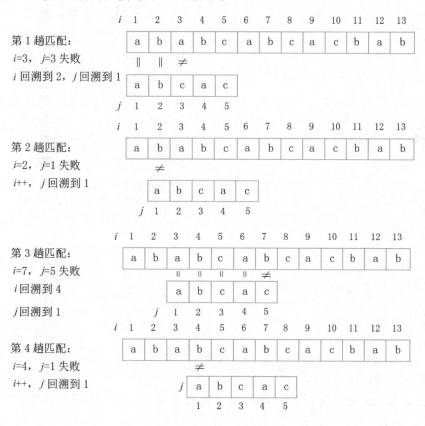

图 7-3 BF 算法的匹配过程

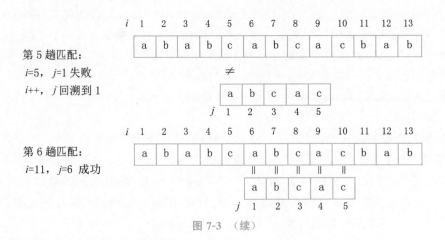

图 7-3 （续）

算法描述与算法步骤如算法 7.3 所示。

算法 7.3　【算法描述】　　　　　　　　　　　　【算法步骤】

```
0    int IndexBF(char s[],char t[],int pos)   //在主串 S 的 pos 位置开始
1    {                                         //查找模式串 T
2      i=pos;                                  //1.设置比较的起始下标
3      j=1;
4      n=strlen(s-1);                          //2.求主串长,串下标从 1 开始
5      m=strlen(t-1);                          //求模式串长
6      while(i<=n && j<=m)                     //3.对主串和模式串对应
7      {                                       //位置的字符进行比较
8        if(s[i]==t[j])                        //3.1 相等,将主串和模式
9        {++i;++j;}                            //串的指针均后移
10       else                                  //3.2 若不等
11       {i=i-j+2;j=1;}                        //i 和 j 分别回溯
12     }
13     if(j>m)                                 //4.1 匹配成功,返回本趟
14       return i-m;                           //匹配的主串的起始下标
15     else
16       return 0;                             //4.2 匹配失败,返回 0
17   }
```

【算法分析】　BF 算法是一种简单直观的匹配算法。在匹配成功的情况下,可以分别从最好情况和最坏情况进行分析。设主串 S 的长度为 n,模式串 T 的长度为 m。

匹配成功的最好情况是每次不成功发生在模式串 T 的第一个字符。例如

$S=$"aaaaaaaaabaa", $T=$"baa"

设匹配成功发生在位置 i 处,则在前 $i-1$ 趟不成功中比较了 $i-1$ 次,第 i 趟成功的匹配共比较了 m 次。因此,共比较了 $i-1+m$ 次。匹配成功的可能位置共有 $n-m+1$ 个,设每个位置匹配的成功概率 p_i 相等,则平均比较次数为

$$\sum_{i=1}^{n-m+1} p_i \times (i-1+m) = \sum_{i=1}^{n-m+1} \frac{1}{n-m+1} \times (i-1+m) = \frac{n+m}{2} \quad (7\text{-}5)$$

因此,匹配成功最好情况下的时间复杂度是 $O(n+m)$。

匹配成功的最坏情况是每趟不成功的匹配都发生在串 T 的最后一个字符。例如

$S=$"aaaaaaaaaaaaab", $T=$"aaab"

设匹配成功发生在位置 i 处,则在前 $i-1$ 趟不成功中比较了 $(i-1) \times m$ 次,第 i 趟成功的匹配共比较了 m 次。因此,共比较了 $i \times m$ 次。所有匹配成功的可能位置共有 $n-m+1$ 种,设每个位置匹配的成功概率 p_i 相等,则平均比较次数为

$$\begin{aligned}\sum_{i=1}^{n-m+1} p_i \times (i \times m) &= \sum_{i=1}^{n-m+1} \frac{1}{n-m+1} \times (i \times m) \\ &= \frac{m(n-m+2)}{2}\end{aligned} \quad (7\text{-}6)$$

因此,匹配成功最坏情况下的时间复杂度为 $O(nm)$。

2. KMP 算法

微课视频

KMP 算法是由 D. E. Knuth、J. H. Morris 和 V. R. Pratt 在 BF 算法的基础上同时提出的模式匹配的改进算法,因此称为 KMP 算法。

在 BF 算法中,如果某趟匹配不成功,主串的比较位置需要回溯到开始比较位置的后一个字符处,开始下一轮比较。因此 BF 算法是一种带回溯的匹配算法。回溯使 BF 算法效率低下。避免主串回溯和提高匹配效率正是 KMP 算法对 BF 算法的改进之处。

在 BF 算法中,如因 $s_i \neq t_j$ 匹配失败,则主串回溯 $i=i-j+2$,而模式串的每一趟比较均从首元素开始(即 $j=1$)。如果主串不回溯,模式串应该从哪里开始匹配比较呢?设上一趟比较在模式串的第 j 个字符处失配,记下一趟模式串的比较起始位置为 $\text{next}[j]$($\text{next}[j]$ 是利用前趟匹配比较结果计算出来的)。计算原理与方法如下。

设主串 $S=$"ababcdabbabababad" 和模式串 $T=$"abababa",匹配过程从 S 和 T 的第一个字符开始。在 $s[5]$ 和 $t[5]$ 不等时,匹配失败,如图 7-4(a)所示。从模式串中可知 $t_1 t_2 == t_3 t_4$,而从前一趟比较可知 $t_3 t_4 == s_3 s_4$,因此 $t_1 t_2 == s_3 s_4$,下一次的匹配从 t_3 和 i 位置的 s_5 开始(记 $\text{next}[5]=3$),即 j 向右移动了 2 位,如图 7-4(b)所示。

由此可得,当匹配失败时,要确定 s_i 和模式中的第几个字符作匹配,这个位置的确定只和模式串有关。一般情况下,设主串 $S=$"$s_1, s_2, \cdots, s_i, \cdots, s_n$",模式串 $T=$"$t_1, t_2, \cdots, t_m$",当 $s_i \neq t_j$ 时,主串 S 的 i 指针不回溯,而将模式串 T 的 j 指针移动到第 $k(k<j)$ 个位置进行下一趟匹配,如图 7-5 所示。

由图 7-5 可见,当 $s_i \neq t_j$ 时,下一趟匹配应该是比较 s_i 和 t_k,而 k 值的确定由 T 串的前缀子串和后缀子串的最大长度 $(k-1)$ 决定,可以通过 next 函数来确定 k 的值。计算方法如下。

$$\text{next}[j] = \begin{cases} 0, & j=1 \\ \max\{k \mid 1<k<j \text{ 且 } t_1 t_2 \cdots t_{k-1} = t_{j-k+1} t_{j-k+2} \cdots t_{j-1}\}, & \text{集合非空} \\ 1, & \text{其他} \end{cases} \quad (7\text{-}7)$$

```
                    i=5
   1  2  3  4  ↓  6  7  8  9  10 11 12 13 14 15 16 17
   a  b  a  b  c  d  a  b  b  a  b  a  b  a  b  a  d
   a  b  a  b  a  b  a  b  a
                 ↑
                j=5
```

(a) 第一次匹配过程

```
                    i=5
   1  2  3  4  ↓  6  7  8  9  10 11 12 13 14 15 16 17
   a  b  a  b  c  d  a  b  b  a  b  a  b  a  b  a  d
         a  b  a  b  a  b  a
               ↑
              j=3
```

(b) 第二次匹配过程

图 7-4 主串不回溯，模式串下趟匹配的起始位置

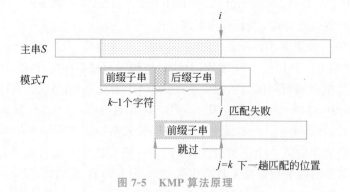

图 7-5 KMP 算法原理

【例 7-3】 设模式串 $T=$ "abcac"，求 next[]。

【解】 计算结果如表 7-1 所示。

表 7-1 T 的 next[] 计算结果

j	1	2	3	4	5
T	a	b	c	a	c
next[j]	0	1	1	1	2

求 next[] 的算法描述与算法步骤如算法 7.4 所示。

算法 7.4 　【算法描述】　　　　　　　　　　　　　　【算法步骤】

| 0 | `void get_next(char t[],int next[])` | //求模式串 T 的 next 函数值并 |
| 1 | `{` | //存入数组 next |

```
2      j=1;                           //1.设置j、k和n的初值,j代表
3      k=0;                           //字符位置,k代表相等字符串的
4      m=strlen(t);                   //长度,m代表模式串串长
5      next[j]=0;                     //2.j为1时,其next值为0
6      while(j<m)                     //3.计算其余位置的next值
7      {
8        if(k==0||t[j]==t[k])
9        {
10         j++;
11         k++;
12         next[j]=k;
13       }
14       else
15         k=next[k];
16     }
17    }
```

KMP 算法基于 next[j]。

【算法思想】 设主串为 S,模式串为 T,并且设 $i=$pos(从 S 的第 pos 个位置开始),$j=1$,比较 s_i 和 t_j。若 $s_i=t_j$,则 i 和 j 均后移一位;若 $s_i \neq t_j$,i 不变,j 退回到 next[j] 处,再比较 s_i 和 t_j,以此类推。

【例 7-4】 设主串 $S=$"ababcabcacbab",模式串 $T=$"abcac",给出 KMP 匹配过程。

【解】 首先按 next 函数的定义计算模式串 $T=$"abcac" 的 next[j],结果如表 7-1 所示。然后进行 KMP 匹配,其过程如图 7-6 所示。

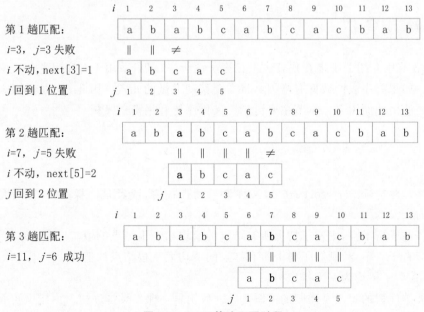

图 7-6　KMP 算法匹配过程

算法描述与算法步骤如算法 7.5 所示。

算法 7.5 【算法描述】   【算法步骤】

```
0   int IndexKMP(char s[],char t[],int next[],int pos)  //KMP算法
1   {
2     i=pos;                                             //1.赋初值
3     j=1;                                               //i 是在主串开始匹配的位置
4     n=strlen(t-1);                                     //j 是模式串中的位置
5     m=strlen(s-1);                                     //n 是主串的串长,m 是模式串的串长
6     while(i<=n && j<=m)                                //2.主串和模式串均未到串尾
7     {
8       if(j==0||s[i]==t[j])                             //2.1若主串和模式串对应位
9       {                                                //置字符相等,则继续比较后
10        i++;                                           //续字符
11        j++;
12      }
13      else                                             //2.2若不等
14        j=next[j];                                     //模式串向右移动
15    }
16    if(j>m)                                            //3.匹配结果判断
17      return i-m;                                      //3.1 匹配成功
18    return 0;                                          //3.2 匹配失败
19  }
```

【算法分析】 由于在匹配过程中 i 指针未回溯,主串 S 的串长为 n,KMP 算法匹配的时间复杂度为 $O(n)$;而模式串的串长为 m,计算 next[j] 的时间复杂度为 $O(m)$;加上计算 next 函数值,KMP 算法的时间复杂度为 $O(m+n)$。

7.3 树表查找

7.2.2 节中介绍的折半查找算法虽然算法性能好,但只适用于有序表并且表必须是顺序存储。如果有序表的数据有增、删,将需要移动大量的元素。因此,对动态查找不适合,各种树表便由此而引入。本节主要讨论二叉排序树和平衡二叉树。

7.3.1 二叉排序树

1. 二叉排序树的定义

二叉排序树(binary sort tree),又称为二叉查找树,或者是一棵空树;或者是具有下列性质的二叉树。
- 若左子树不空,则左子树上所有结点的值均小于根结点的值。
- 若右子树不空,则右子树上所有结点的值均大于根结点的值。
- 左、右子树均为二叉排序树。

二叉排序树的定义是递归的。图 7-7 所示就是一棵二叉排序树。由定义可得二叉排序树的重要性质:中序遍历一棵二叉排序树可得到一个按值递增的有序序列。例如,对图 7-7 所示的二叉排序树进行中序遍历,可得序列:8,21,24,36,40,42,48,53,71,80,99。

2. 二叉排序树的查找

由二叉排序树的定义可以看出，二叉排序树是一棵特殊的二叉树，只是增加了一些限制条件，因此可以采用二叉树的二叉链表作为二叉排序树的存储结构。

【算法思想】 给定待查找的值 key，如果二叉排序树是一棵空树，则查找失败，返回空指针。否则将 key 和二叉排序树的根结点值作比较，若相等则查找成功，返回指向根结点的指针；若 key 小于根结点的值，则说明待查数据元素可能在左子树上，因此继续在左子树上查找；若 key 值大于根结点的值，则说明待查数据元素可能在右子树上，因此继续在右子树上查找。

例如，在图 7-7 中查找值为 24 的结点，其查找过程如图 7-8 所示。第一次将 24 和根结点 40 作比较，因为比 40 小，所以继续在其左子树上查找；第二次将 24 和结点 21 作比较，因为比 21 大，所以继续在其右子树上查找；第三次将 24 和结点 36 作比较，因为比 36 小，所以继续在其左子树上查找；第四次将 24 和结点 24 作比较，因为相等，所以查找成功，返回指向结点 24 的指针。

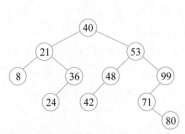

图 7-7 二叉排序树示例

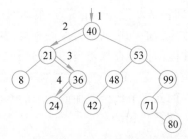

图 7-8 查找值为 24 的结点的过程示意图

如果要在图 7-7 中查找值为 50 的结点，其查找过程为依次与结点 40、53、48 作比较。当发现 50 大于结点 48 时，应该继续在结点 48 的右子树查找，但结点 48 的右子树为空，则表明查找失败，返回空指针。

算法描述与算法步骤如算法 7.6 所示。

算法 7.6 【算法描述】 【算法步骤】

```
0  BTNode SearchBST(BTNode *bt,int key)   //在二叉排序树上查找关键字
1  {                                       //值为 key 的数据元素
2      if(!bt||key==bt->data)              //1.key=根结点值
3          return true;                    //返回根结点
4      else if(key<bt->data)               //2.key<根结点值
5          return SearchBST(bt->lchild,key); //则在左子树上继续查找
6      else                                //3.key>根结点值
7          return SearchBST(bt->rchild,key); //则在右子树上继续查找
8  }
```

【算法分析】 通过在图 7-7 所示的二叉排序上查找 24 和 50 的两个例子可见，查找、比较的过程是从根结点到待查找结点的一条路径，比较的次数就是该条路径的长度，因此比较的次数不超过该二叉排序树的深度。那么有 n 个结点的二叉排序树的深度是多少呢？先来观察图 7-9 中的两棵形态不同的二叉排序树。这两棵二叉排序树的结点总数一

样,都是由 6 个结点构成,不同的是二叉排序树的深度。分析图 7-9(a),如果考虑等概率的情况,查找成功的平均查找长度为 $ASL_{succ}=(1+2\times 2+3\times 3)/6=14/6$,而图 7-9(b)的平均查找长度为 $ASL_{succ}=(1+2+3+4+5+6)/6=21/6$。

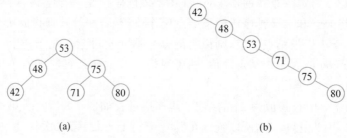

图 7-9 不同形态的二叉排序树示例

因此,n 个结点的二叉排序树的平均查找长度与该二叉树的深度有关,即与其形态有关。最好的情况是二叉排序树的形态"匀称",形似折半查找判定树,深度为$\lfloor \log_2 n \rfloor$,此时,其时间复杂度为 $O(\log_2 n)$。最坏的情况是二叉排序树的形态为单支树,深度为 n,这时二叉排序树的查找则变为顺序查找,其时间复杂度为 $O(n)$。平均情况下,二叉排序树的查找性能和折半查找相当,其时间复杂度为 $O(\log_2 n)$。折半查找不适合查找表中的元素会增减的情况,而二叉排序树对于元素的增减只需要改变结点的指针域的值即可,因此对于表中的元素个数会增加或删除的有序表,二叉排序树效率更好。

3. 二叉排序树的插入

在二叉排序树上插入一个新的结点,要使得插入之后还是一棵二叉排序树。其插入过程可结合查找来完成。

【算法思想】 假设要在二叉排序树上插入数据元素 e,生成结点 *p。若二叉排序树是一棵空树,则将 *p 作为二叉排序树的根结点;否则将 e 和二叉排序树的根结点值作比较。若相等,则不插入;若比根结点值小,则插在其左子树上;若比根结点值大,则插在其右子树上。

【例 7-5】 在图 7-7 所示的二叉排序树上插入结点 50。

【解】 从根结点开始依次与 40、53、48 作比较,因为 50 比 48 大,所以应该插在结点 48 的右子树上,而结点 48 的右子树为空,则将结点 50 作为其右子树的根,插入完成。插入过程如图 7-10 所示。

图 7-10 插入结点 50 的过程示意图

二叉排序树中插入结点的算法描述与算法步骤如算法 7.7 所示。

算法 7.7 【算法描述】　　　　　　　　　　　　　　　　【算法步骤】

5	bt->data=e;	//2.2 将 e 赋值给结点的值域
6	bt->lchild=p->rchild=NULL;	//2.3 将结点的左、右指针域赋空值
7	return true;	//2.4 插入新结点
8	}	
9	else if(e<bt->data)	//3.e<根结点的值
10	InsertBST(bt->lchild,e);	//插在左子树上
11	else if(e>bt->data)	//4.e>根结点的值
12	InsertBST(bt->rchild,e);	//插在右子树上
13	else	//5. 顶点已存在
14	return false;	//不能插入
15	}	

【算法分析】 由于二叉排序树的插入依赖于查找,故其时间复杂度与查找是一致的,平均情况下为 $O(\log_2 n)$,具体分析参见二叉排序树查找的算法分析。

构造一棵有 n 个结点的二叉排序树就是执行 n 次的插入。

【例 7-6】 结点序列为 (40,21,53,8,46),创建一棵二叉排序树。

【解】 二叉排序树的构造过程如图 7-11 所示。

(a) 空树　　(b) 插入 40　　(c) 插入 21　　(d) 插入 53

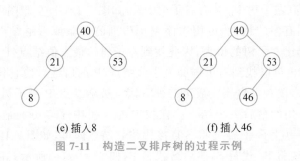

(e) 插入 8　　　　　　　(f) 插入 46

图 7-11　构造二叉排序树的过程示例

4. 二叉排序树的删除

在二叉排序树上删除一个结点,要使得删除之后还是一棵二叉排序树。其删除过程也是结合查找来完成的。

微课视频

【算法思想】 在二叉排序树上删除给定值为 e 的结点,假设为 P(即 P 为指向待删结点的指针)。设其双亲为 F,其左孩子为 P_L,其右孩子为 P_R,则待删结点 P 可分 3 种情况进行讨论(不失一般性,设 *P 是 *F 的左孩子)。

(1) P 结点为叶结点。由于删去叶结点后不影响整棵树的特性,故只需要将 P 结点的双亲左孩子域改为空指针,即 F->lchild=NULL,如图 7-12(a)所示(若 P 结点是其双亲的右孩子,则 F->rchild=NULL)。

(2) P 结点只有右子树 P_R 或只有左子树 P_L。此时,只需要将 P_R 或 P_L 替换 F 结点

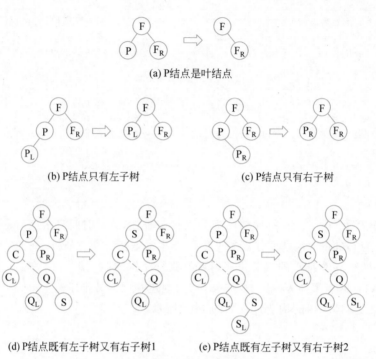

图 7-12 二叉排序树的删除

的 P 子树即可,即 F->lchild=P->lchild 或 F->lchild=P->rchild。显然,此操作能在删除 P 结点后仍然保持二叉排序树的特性,如图 7-12(b)和图 7-12(c)所示。

(3) P 结点既有左子树 P_L 又有右子树 P_R。如图 7-12(d)左侧图所示,根据二叉排序树的中序遍历序列有序的特性,可用中序遍历序列的前驱或后继结点代替被删除结点。右子树的每个值都比左子树的值大,因此找到左子树的最大值结点(P 的前驱),使它代替被删结点 P;同理,也可以找到右子树的最小值结点(P 的后继),使它代替被删结点 P。本书采用第一种方法,读者可自行完成第二种方法。被删结点 P 左子树的最大值结点其实就是该子树中序遍历的最后一个结点。在找 P 左子树中序遍历的最后一个结点时有两种情形:一种是 S 为叶子,只需要将 S 直接代替 P 结点即可,如图 7-12(d)所示;另一种是 S 有左子树 S_L,需要将 S_L 代替 S,然后 S 代替 P,如图 7-12(e)所示。注意,因为结点 S 是结点 P 左子树的中序遍历的最后一个结点,所以 S 一定没有右子树。

【例 7-7】 在图 7-13(a)所示的二叉排序树上分别删除结点 13、43 和 30。

【解】

(1) 删除结点 13。因为结点 13 是叶结点,所以只要将结点 22 的左孩子指针置空,如图 7-13(b)所示。

(2) 删除结点 43。因为结点 43 只有一棵右子树,所以只要把结点 43 的父结点指向结点 43 的右孩子,如图 7-13(c)所示。

(3) 删除结点 30,因为结点 30 既有左子树又有右子树,找到结点 30 的左子树的最大值结点 27(中序遍历的最后一个结点),用结点 27 的值覆盖结点 30 的值,同时将结点 27 的左子树代替结点 27,删除原结点 27 如图 7-13(d)所示。

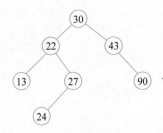

(a) 二叉排序树原图

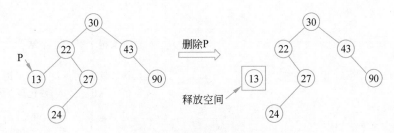

(b) 删除结点13

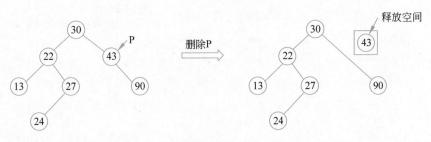

(c) 删除结点43

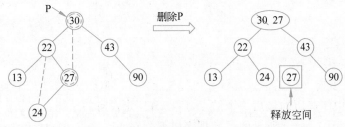

(d) 删除结点30

图 7-13 二叉排序树的删除示例

二叉排序树中删除结点的算法描述与算法步骤如算法 7.8 所示。

算法 7.8 【算法描述】   【算法步骤】

0	`bool DeleteBST(BTNode<DT> * &bt,DT key)`	//在二叉排序树中删除关键字
1	`{`	//值为 key 的结点
2	`  if(!bt)`	//1. 若二叉排序树为空
3	`    return false;`	//返回删除失败

```
4      else                                    //2.否则
5      {
6        if(T->data==key)                      //2.1若当前结点为删除结点
7          Delete(t);                          //则删除该结点
8        else if(key<t->data)                  //2.2若 key<当前结点
9          DeleteBST(t->lchild,key);           //则在左子树上删除
10       else                                  //2.3若 key>当前结点
11         DeleteBST(t->rchild,key);           //则在右子树上删除
12       return true;
13     }
14   }
```

```
0    int Delete(BTNode<DT> * &P)              //在二叉树上删除一个结点
1    {
2      if(!p->rchild)                         //1.被删除的结点没有右子树
3      {                                      //将该结点的左孩子替代该结点
4        q=p;
5        p=p->lchild;
6        delete q;
7      }
8      else if(!p->lchild)                    //2.被删除的结点没有左子树
9      {                                      //将该结点的右孩子替代该结点
10       q=p;
11       p=p->rchild;
12       delete q;
13     }
14     else                                   //3.被删结点左、右孩子均有
15     {
16       q=p;                                 //3.1辅助指针 q 指向当前结点 p
17       s=p->lchild;                         //辅助指针 s 指向 p 的左孩子
18       while(s->rchild)                     //3.2把指针 s 指向 p 所指结点的
19       {                                    //左子树最右下角的结点
20         q=s;
21         s=s->rchild;
22       }
23       p->data=s->data;                     //3.3 p 值域替换为 s 值域
24       if(q!=p)                             //3.3.1若 p 的左孩子有右孩子
25         q->rchild=s->lchild;               //把 q 的右孩子用 s 的左孩子替换
26       else                                 //3.3.2若 p 的左孩子无右孩子
27         q->lchild=s->lchild;               //把 q 的左孩子用 s 的左孩子替换
28       delete s;                            //3.4删除 s 结点
29     }
30     return true;                           //4.删除成功,返回 true
31   }
```

【算法分析】 由于二叉排序树删除的基本过程也是查找,因此其时间复杂度也是 $O(\log_2 n)$。

7.3.2 平衡二叉树

在分析二叉排序树的查找性能时可知,由值相同的 n 个关键字构造所得的不同形态的各棵二叉排序树的平均查找长度的值是不同的,甚至可能差别很大。

- 由关键字序列 1,2,3,4,5 构造而得的二叉排序树,ASL=(1+2+3+4+5)/5=3。
- 由关键字序列 3,1,2,5,4 构造而得的二叉排序树,ASL=(1+2+3+2+3)/5=2.2。

对给定序列建立二叉排序树,若左右子树均匀分布,则其查找过程类似于有序表的折半查找,查找性能是 $O(\log_2 n)$。但若给定序列原本有序,则建立的二叉排序树变成斜二叉树,此时查找表就蜕化为单链表,其查找效率与顺序查找一样,时间复杂度为 $O(n)$。因此,希望二叉排序树的左右子树能够均匀分布。本节讨论一种特殊的二叉排序树,它被称为平衡二叉树,也可称为 AVL 树①。

1. 平衡二叉树的定义

平衡二叉树(balanced binary tree)或者是一棵空树;或者是具有下列性质的二叉排序树。

- 左子树和右子树高度之差的绝对值不超过 1。
- 它的左子树和右子树都是平衡二叉树。

通常将某结点的左、右子树的高度差定义为该结点的平衡因子(balance factor)。根据平衡二叉树的定义,平衡二叉树上结点的平衡因子只能是-1,0 或 1。由图 7-14(a)中二叉树的各结点的平衡因子可知,该二叉树不是一棵平衡二叉树;而由图 7-14(b)中二叉树的各结点的平衡因子可知,该二叉树是一棵平衡二叉树。

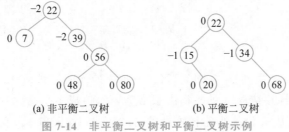

(a) 非平衡二叉树 (b) 平衡二叉树

图 7-14 非平衡二叉树和平衡二叉树示例

2. 平衡二叉树的平衡调整方法

在一棵平衡二叉树上进行插入或删除结点有可能会导致该二叉树失去平衡。这时,必须重新调整树的结构,使之恢复平衡。调整平衡过程称为平衡旋转。此处只描述插入的情况,删除的情况留给读者自行完成。每插入一个新结点,AVL 树中相关结点的平衡状态会发生改变。因此,在插入一个新结点后,需要从插入位置沿通向根的路径回溯,检查各结点的平衡因子。如果在某一结点处发现高度不平衡,停止回溯。距离插入结点最近且平衡因子的绝对值大于 1 的结点为根的子树称为最小不平衡子树(minimal

---

① 平衡二叉树由 Adelson-Velskii 和 Landis 在 1962 年发明,以他们的名字命名,故又称 AVL 树。

unbalanced subtree)。从最小不平衡子树的根结点起,沿刚才回溯的路径直接取下两层的结点。需要调整的情况有 4 种,如图 7-15 所示。如果这 3 个结点处于一条直线上,则采用单旋转进行平衡化。单旋转可按其方向分为左单旋转和右单旋转,其中一个是另一个的镜像,其方向与不平衡的形状相关。如果这 3 个结点处于一条折线上,则采用双旋转进行平衡化,双旋转分为先左后右和先右后左两类。各种情况的调整方法如下。

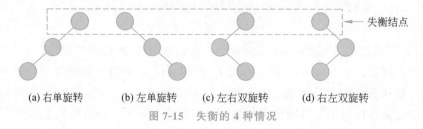

(a) 右单旋转　　(b) 左单旋转　　(c) 左右双旋转　　(d) 右左双旋转

图 7-15　失衡的 4 种情况

(1) 右单旋转(LL 型调整)。图 7-16(a)所示为插入前的状态,在左子树 B_L 上插入新结点使其高度增 1,导致结点 A 的平衡因子变为 2,造成不平衡,如图 7-16(b)所示。为使二叉树恢复平衡,从 A 沿插入路径连续取 3 个结点 A、B 和 B_L,它们处于一条方向为"/"的直线上,需要做右单旋转;即以结点 B 为旋转轴,将结点 A 顺时针旋转,将 B 作为新的根结点,B 的右子树 B_R 作为 A 的左子树,A 作为 B 的右孩子,如图 7-16(c)所示。

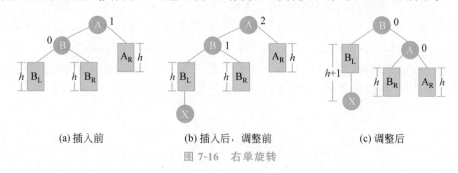

(a) 插入前　　　　　　(b) 插入后,调整前　　　　　　(c) 调整后

图 7-16　右单旋转

(2) 左单旋转(RR 型调整)。图 7-17(a)所示为插入前的状态,在右子树 B_R 上插入新结点使其高度增 1,导致结点 A 的平衡因子变为 -2,造成不平衡,如图 7-17(b)所示。为使二叉树恢复平衡,从 A 沿插入路径连续取 3 个结点 A、B 和 B_R,它们处于一条方向为"\"的直线上,需要做左单旋转;即以结点 B 为旋转轴,将结点 A 逆时针旋转,将 B 作为新的根结点,B 的左子树 B_L 作为 A 的右子树,A 作为 B 的左孩子,如图 7-17(c)所示。

(3) 左右双旋转(LR 型调整)。新结点 X 插在 B 的右子树上,使得 B 的右子树的高度增 1,从而使结点 A 的平衡因子从 1 变为 2,造成不平衡,如图 7-18(a)所示。为使二叉树恢复平衡,从 A 沿插入路径连续取 3 个结点 A、B 和 C,它们处于一条方向为"<"的折线上,需要进行先左后右双向旋转。①左旋转成 LL 型。对结点 B 为根的子树,以结点 C 为轴,向左逆时针旋转,结点 C 成为该子树的新根,如图 7-18(b)所示;②右单旋转。由于旋转后,待插入结点 X 相当于插到结点 B 为根的子树上,这样 A、C、B 三点处于"/"直线上的同一个方向,则要做右单旋转,即以结点 C 为轴顺时针旋转,如图 7-18(c)所示。

(4) 右左双旋转(RL 型调整)。新结点 X 插在 B 的左子树上,使得 B 的左子树的高

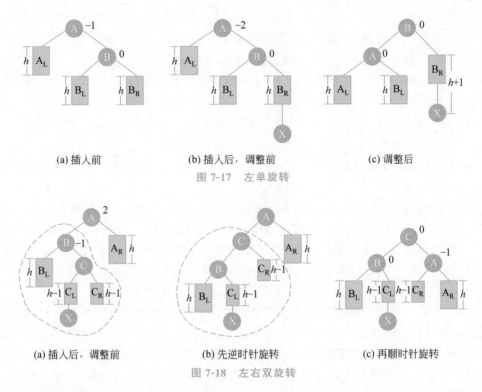

(a) 插入前   (b) 插入后，调整前   (c) 调整后

图 7-17　左单旋转

(a) 插入后，调整前   (b) 先逆时针旋转   (c) 再顺时针旋转

图 7-18　左右双旋转

度增 1，从而使结点 A 的平衡因子从 −1 变为 −2，造成不平衡，如图 7-19(a) 所示。为使二叉树恢复平衡，从 A 沿插入路径连续取 3 个结点 A、B 和 C，它们处于一条方向为"＞"的折线上，需要进行先右后左双向旋转。①右旋转成 RR 型。对结点 B 为根的子树，以结点 C 为轴，向右顺时针旋转，结点 C 成为该子树的新根，如图 7-19(b) 所示。②左单旋转。由于旋转后，待插入结点 X 相当于插到结点 B 为根的子树上，这样 A、C、B 三点处于"\"直线上的同一个方向，则要做左单旋转，即以结点 C 为轴逆时针旋转，如图 7-19(c) 所示。

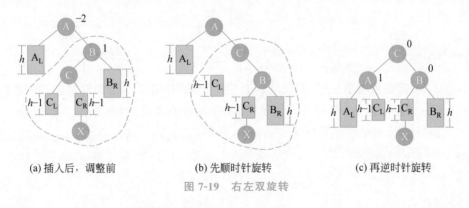

(a) 插入后，调整前   (b) 先顺时针旋转   (c) 再逆时针旋转

图 7-19　右左双旋转

3. 平衡二叉树的插入算法

总体上按二叉排序树方法构建，但在构建过程中，一旦出现不平衡，按"平衡旋转"方法进行调整。具体如下。

(1) 若 T 为空树，则插入一个数据元素为 k 的新结点作为 T 的根结点，树的深度增 1。

(2) 若 k 和 T 的根结点的关键字相等,则不进行插入。

(3) 若 k 小于 T 的根结点的关键字,而且在 T 的左子树中不存在与 k 有相同关键字的结点,则将新元素插在 T 的左子树上,并且插入之后的左子树深度增加 1 时,分别就下列情况进行处理。

- T 的根结点的平衡因子为 −1(右子树的深度大于左子树的深度),则将根结点的平衡因子更改为 0,T 的深度不变。
- T 的根结点的平衡因子为 0(左、右子树的深度相等),则将根结点的平衡因子更改为 1,T 的深度增加 1。
- T 的根结点的平衡因子为 1(左子树的深度大于右子树的深度),则若 T 的左子树根结点的平衡因子为 1,需要进行单向右旋平衡处理,并且在右旋处理之后,将根结点和其右子树根结点的平衡因子更改为 0,树的深度不变;若 T 的左子树根结点的平衡因子为 −1,需要进行先左后右双向旋转平衡处理,并且在旋转处理之后,修改根结点和其左、右子树根结点的平衡因子,树的深度不变。

(4) 若 k 大于 T 的根结点的关键字,而且在 T 的右子树中不存在与 k 有相同关键字的结点,则将新元素插在 T 的右子树上,并且当插入之后的右子树深度增加 1 时,分别就不同情况处理之。其处理操作和(3)中所述相对称,读者可自行补充整理。

【例 7-8】 设关键码序列为(16,3,7,11,9,26,18,14,15),构建一棵平衡二叉树。

【解】 平衡二叉树的构建及调整过程如图 7-20 所示。

【算法分析】 由于 AVL 树各子树的高度差不超过 1,可以证明具有 n 个结点的 AVL 树其高度和 $\log_2 n$ 同数量级,因此其查找的时间复杂度为 $O(\log_2 n)$。

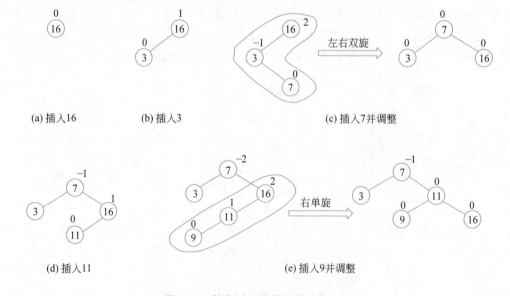

图 7-20 从空树开始的建树过程示例

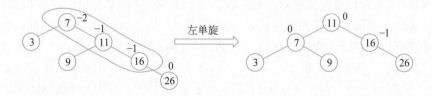

(f) 插入26并调整

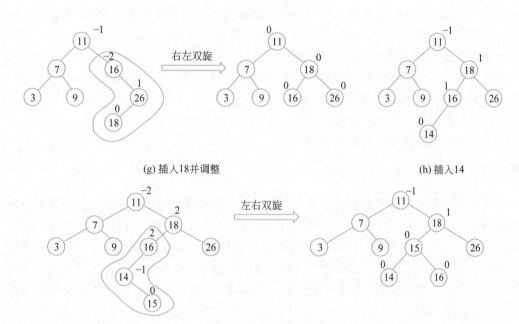

(i) 插入15并调整,完成建树

图 7-20 （续）

7.4 散列查找

动态查找表除了可以用树表实现外,还可采用散列技术来实现。"散列"既是一种存储方式,又是一种查找方法,**基于散列技术的查找方法称为散列查找**。按散列存储方式构造的存储结构称为散列表(hash table)。

前两节讨论的静态查找表和动态查找树表有一个共同点：记录在表中的位置和它的关键字之间不存在一个确定的关系,因此查找的过程为依次比较给定值和关键字集合中的各个关键字,查找的效率取决于与给定值进行比较的关键字个数。散列方法[①]是基于计算的查找,在表项存储位置与其关键码之间建立一个确定的对应函数关系 Hash( ),使每个关键码与结构中的一个唯一存储位置相对应。

$$Address = Hash(key)$$

---

① 从是否基于比较的角度可以将查找分为两类：比较型查找和计算型查找。前面讲的都属于比较型,散列查找属于计算型查找。

在查找时,先对表项的关键码进行函数计算,由函数值确定表项的存储位置,在结构中按此位置取表项比较。若关键码相等,则查找成功。在存放表项时,依相同函数计算存储位置并按此位置存放。这种方法就是散列法,又叫哈希法或杂凑法①。在散列方法中使用的转换函数称为散列函数或哈希函数(hash function)。使用散列方法进行查找不必进行多次关键码的比较,查找速度比较快,可以直接到达或逼近具有此关键码的表项的实际存放地址。理想情况下,散列函数是一个一对一映射,即每个关键码对应一个散列地址(hash address),且不同的关键码对应不同的散列地址。但在实际应用中,由于散列函数是一个压缩映像函数,关键码集合比散列表地址集合大得多。因此有可能对不同的关键码通过散列函数的计算得到同一散列地址,这就产生了冲突(collision)②。产生冲突的散列地址相同的不同关键码称为同义词(synonym)。因为关键码集合比地址集合大得多,所以冲突只能尽可能减少,但很难完全避免。因此对于散列方法,需要考虑以下两个主要问题:①如何构造一个"好"的散列函数?②产生冲突时如何解决?

下面分别就这两个问题进行讨论。

微课视频

7.4.1 散列函数的构造方法

在介绍构造散列函数的方法前先介绍什么是"好"的散列函数。一个"好"的散列函数应满足以下几点要求:第一,散列函数应是简单的,能在较短的时间内计算出结果;第二,散列函数的定义域必须包括需要存储的全部关键码,如果散列表允许有 m 个地址,其值域必须在 0 到 $m-1$ 之间;第三,散列函数计算出来的地址应能均匀分布在整个地址空间中,若 key 是从关键码集合中随机抽取的一个关键码,散列函数应能以同等概率取 0 到 $m-1$ 中的每一个值。

构造散列函数的方法很多,这里只介绍几种常见的构造方法并假定散列地址和关键码均为自然数。

1. 直接定址法

直接定址法是取关键码的某个线性函数值作为散列地址,即散列函数形式如下。

$$\text{Hash(key)} = a \times \text{key} + b \qquad (7\text{-}8)$$

其中 a,b 为常数。这类散列函数是一对一的映射,不会产生冲突。这种方法适用于关键码分布基本连续的情形。若关键码分布不连续,则空单元较多,将造成存储空间的浪费。

如关键码集合为{100,300,500,700,800,900},若选取散列函数为 Hash(key)=key/100,则存储结构(散列表)如图 7-21 所示。

2. 除留余数法

选择一个常数 p,取关键字除以 p 所得的余数作为散列地址,即

$$\text{Hash(key)} = \text{key mod } p \qquad (7\text{-}9)$$

---

① 散列的英文是 hash(本意是杂凑),因此有时也将散列称为 hash、哈希(音译)或杂凑。

② 没有冲突的散列称为完美散列。完美散列的查找效率是最好的,因为总能在散列函数计算出的位置上找到待查记录。选择一个完美函数代价很高,但在需要保证查找性能时还是值得的,如查找 CD-ROM 中的数据。

图 7-21　直接定址法构造的散列表

该方法对于 p 的选取非常重要，若散列表长度为 m，一般情况下，选 p 为小于或等于 m（最好接近 m）的最大素数或不包含小于 20 质因子的合数。除留余数法是一种最简单也是最常用的构造散列函数的方法，并且不要求事先知道关键码的分布。

如关键码集合为 $\{35,51,36,43,12,8,44,29,18\}$，散列表长度为 13，若取 $p=11$，则前 7 个元素在散列表中的位置如图 7-22 所示。

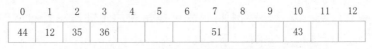

图 7-22　除留余数法构造的散列表

3. 折叠法

折叠法是将关键码自左到右分成位数相等的几部分（最后一部分位数可以短些），然后将这几部分按一定方式求和，并且按散列表表长取后几位作为散列地址。通常折叠法有两种形式：移位法和间界叠加法。移位法是将各部分的最后一位对齐相加；间界叠加法是从一端向另一端沿分割界来回折叠后，最后一位对齐相加。

例如，一个关键码为 83950261436，散列地址为 3 位，分别采用移位法和间界叠加法对其进行散列地址计算，如图 7-23 所示。首先将关键码按散列表表长分割成若干部分 839 502 614 36，然后分别用移位法和间界叠加法进行处理。

图 7-23　折叠法示例

一般来说，当关键码的位数很多且关键码每一位上的数字分布大致比较均匀时，可用这种方法得到散列地址。

4. 平方取中法

平方取中法是对关键码平方后，按散列表大小取中间的若干位作为散列地址。这是一种较为常见的散列函数构造方法，通常在选定散列函数时不一定能清楚关键码的所有情况，且取其中几位作为散列地址也不合适。平方取中可以使随机分布的关键码得到的散列地址也是随机的，其所取的地址位数则由散列表表长决定。

例如，关键码集合为 $\{3235,3423,3453,3252\}$，散列地址位数为 2，采用平方取中法得到的散列地址如表 7-2 所示。

表 7-2　平方取中法构造散列函数的示例

关　键　码	关键码平方	散　列　地　址
3235	10465225	65
3423	11716929	16
3453	11923209	23
3252	10575504	75

5. 随机数法

随机数法是指取关键码的随机函数值作散列地址,即

$$\text{Hash}(key) = \text{random}(key) \tag{7-10}$$

这种方法一般适用于关键字长度不等的情况,用它构造散列表以及查找都很方便。

6. 数字分析法

设有 n 个 d 位数,每一位可能有 r 种不同的符号。这 r 种不同的符号在各位上出现的频率不一定相同。可根据散列表的大小选取其中各种符号分布均匀的若干位作为散列地址。

例如,已知可能出现的关键码序列的一部分如图 7-24 所示。

```
    ⋮
9 4 2 1 4 8
9 4 1 2 6 9
9 4 0 5 2 7
9 4 1 6 3 0
9 4 1 8 0 5
9 4 1 5 5 8
9 4 2 0 4 7
9 4 0 0 0 1
① ② ③ ④ ⑤ ⑥
```

图 7-24 数据分析法示例

若散列表地址范围有 3 位数字,取各关键码的第④、⑤、⑥位作为记录的散列地址;也可以把第①、②、③位和第⑤位相加,舍去进位位,变成一位数,与第④、⑥位合起来作为散列地址。

数字分析法仅适用于事先明确知道表中所有关键码每一位数值的分布情况,它完全依赖于关键码集合。如果换一个关键码集合,选择哪几位要重新决定。

7.4.2 处理冲突的方法

由于关键码的复杂性与随机性,在构造散列函数时很难避免发生冲突,因此选择好的解决冲突的方法就变得十分重要。处理冲突的方法有很多种,不同的方法可以得到不同的散列表,下面介绍几种常用的处理冲突的方法。

1. 开放定址法

开放定址法(open addressing)是指当发生冲突时,使用某种方法在散列表中形成一个探查序列,沿着此探查序列逐个单元地查找,直到找到一个开放的地址(即该地址单元为空)为止;即为产生冲突的地址 $H(key)$ 求得一个地址序列。

$$H_0, H_1, \cdots, H_s \quad 1 \leqslant s \leqslant m-1$$

其中:

$$H_0 = H(key)$$
$$H_i = (H(key) + d_i) \bmod m, i = 1, 2, \cdots, s \tag{7-11}$$

H 为散列函数,m 为散列表表长,d_i 为增量序列。

下面介绍几种常用的探查方法。

(1) 线性探测再散列。线性探测(linear probing)的基本思想是将散列表看成一个循环表。若地址为 $d(d=H(key))$ 的单元发生冲突,则依次探查地址单元 $d+1, d+2, \cdots, m-1, 0, 1, \cdots, d-1$,直到找到一个空单元为止。若沿着该探查序列查找一遍之后又回到地址 d,则表示散列表的存储区已满。

【例 7-9】 设有一组关键码为{13,51,73,21,54,35,37,32,7,93,45},试用除留余数法构造散列函数用线性探查法解决冲突构造散列表。设散列表的长度为 15。

【解】 采用除留余数法构造散列函数,当散列表的长度为 15 时,显然 P 取 13 比较合理。利用散列函数 $H(key)=key \bmod 13$ 进行计算。其中,$H(13)=0$,$H(51)=12$,$H(73)=8$,$H(21)=8$,产生冲突,采用线性探测法探测下一地址,即 $8+1=9$,此时 9 号单元为空,因此把 21 存储在 9 号单元;$H(54)=2$,$H(35)=9$,产生冲突,探测下一地址 $9+1=10$,10 号单元空,存入;$H(37)=11$,$H(32)=6$,$H(7)=7$,$H(93)=2$,产生冲突,存入 3 号单元;$H(45)=6$,冲突,依次探测 7、8、9、10、11、12 单元均冲突,最后存入 13 号单元。所得的散列表如表 7-3 所示,表中给出了每个地址冲突的次数。

表 7-3 线性探测法构造的散列表

H(key)	0	1	2	3	4	5	6	7	8	9	10	11	12	13	14
key	13		54	93			32	7	73	21	35	37	51	45	
冲突次数	0		0	1			0	0	0	1	1	0	0	7	

(2) 二次探测再散列。基本思想是当发生冲突时取增量序列 $d_i=1^2,-1^2,2^2,-2^2,\cdots,q^2,-q^2(1\leqslant q\leqslant m-1)$。依次探测直到找到一个空单元或 $q>m$ 为止。由于该方法使用的探测序列跳跃式地散列在整个散列表中,因而减少了堆积的可能性,但缺点是不容易探测到整个散列表空间。

仍以例 7-9 的数据为例,用二次探测再散列处理冲突,所得的散列表如图 7-25 所示。

0	1	2	3	4	5	6	7	8	9	10	11	12	13	14
13		54	93		45	32	7	73	21	35	37	51		

图 7-25 二次探测构造的散列表

其中,在处理 $H(45)=6$ 时,冲突,先探测 $6+1^2=7$ 号单元,仍冲突,接着探测 $6-1^2=5$,存入。

(3) 随机探测再散列。基本思想是取增量序列 d_i 为一个伪随机数,当发生冲突时,产生一个伪随机数 d_1。查看 $(d+d_1) \bmod m$ 单元是否为空,空则存入,否则重新产生一个伪随机数 d_2,查看 $(d+d_2) \bmod m$ 单元是否为空,以此类推。

2. 拉链法

拉链法(chaining)是选定一个长度为 m 的散列表,表的每一个单元对应着一个链表的头指针,将发生关键码冲突的同义词以结点的形式存放在对应的同一条链表中。插入和查找一个元素时,首先根据散列函数 $H()$ 计算关键字的散列地址 $H(key)$,得到对应链表的头指针,再在链表中进行插入和查找操作。

【例 7-10】 设有一组关键码序列{47,7,29,11,16,92,22,8,3},散列函数为 $H(key)=key \bmod 11$,用拉链法处理冲突构造散列表。

【解】 通过地址计算,相同地址的记录在一链表上。链表采用头插法构造的散列表如图 7-26 所示。

3. 公共溢出区

设散列函数产生的散列地址集为 $[0,m-1]$,则分配两个表——基本表和溢出表(通常溢出表和基本表的大小相同)。基本表每个存储单元存放一个数据元素,而将发生冲突的数据元素存储在溢出表中。查找时,对给定值通过散列函数计算散列地址,先与基本表的相应单元进行比较,若相等,则查找成功;否则,再到溢出表中进行顺序查找。

对于例 7-10 若用公共溢出区法处理冲突,则构造的散列表如图 7-27 所示。

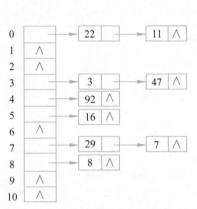

图 7-26 拉链法处理冲突的散列表

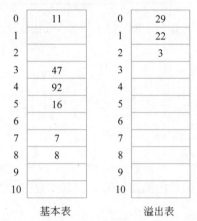

图 7-27 公共溢出区处理冲突的散列表

7.4.3 散列表的查找

微课视频

【算法思想】 散列表的查找过程和构造表的过程一致。设在散列表中查找数据元素 key,首先按散列函数计算散列地址 d,即 $d=H(\text{key})$。接着判断 $H[d]$ 存储的数据元素是否和 key 相等,若相等则查找成功,返回 d;若 $H[d]$ 为空,则查找失败,返回 -1;若 $H[d]$ 不为空并且和 key 不等,则采用线性探测再散列法计算下一个地址继续判断。最后若所有地址均已判定,还未查找成功或失败,则返回查找失败(此时表明查找表已满,且未找到 key)。

散列查找流程图如图 7-28 所示①。

【例 7-11】 计算例 7-9 和例 7-10 的查找成功与不成功的平均查找长度。

【解】

(1) 对于例 7-9,共有 $n=11$ 个元素,表长 $m=15$。由地址计算可知,7 个元素不发生冲突;3 个元素冲突 1 次;1 个元素冲突 7 次。这表示有 7 个元素只需要 1 次地址计算,比较 1 次可查找到;有 3 个元素需要计算 2 次地址,比较 2 次可查找到;有 1 个元素需要计算 8 次地址,比较 8 次可查找到。因此,查找成功的平均查找长度为

$$\text{ASL}_{\text{succ}}=(7\times 1+3\times 2+1\times 8)/11=21/11=1.91$$

散列函数 $H(\text{key})=\text{key mod }13$ 表示可能的地址值域为 $0\sim 12$,共 13 个,据此把所有不存在记录按计算地址分为 13 类。一个记录是否存在,只有计算出单元中内容是否为空时才可确定。因此,根据构造的散列表(见表 7-3)可知,各类不存在须比较的次数如

---

① 如果散列表中没有空单元,查找过程中比较了所有元素未有匹配的,也是查找失败。流程图中未包括此特殊情况。

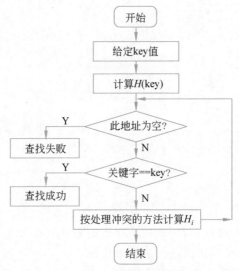

图 7-28 散列查找流程图

表 7-4 所示。

表 7-4 线性探测散列表及其查找失败记录需比较的次数

H(key)	0	1	2	3	4	5	6	7	8	9	10	11	12	13	14
key	13		54	93			32	7	73	21	35	37	51	45	
查找失败比较次数	2	1	3	2	1	1	9	8	7	6	5	4	3		

因此,查找不成功的平均查找长度为

$$ASL_{unsucc} = (2+1+3+2+1+1+9+8+7+6+5+4+3)/13 = 52/13 = 4$$

(2) 对于例 7-10,共有 $n=9$ 条记录,采用的是拉链法。由构造出的散列表(见图 7-26)可知,仅考虑查找成功时,有 6 个元素需要二次地址计算,比较 1 次可查找到;3 个元素需要二次地址计算,比较 2 次可查找到。因此,查找成功的平均查找长度为

$$ASL_{succ} = (6 \times 1 + 3 \times 2)/9 = 4/3 \approx 1.33$$

散列函数为 H(key)=key mod 11,散列地址值域为 0~10,共 11 个可能。有 3 条链表上有 2 个结点;3 条链表有 1 个结点;5 个空链表。查找不成功的平均查找长度[①]为

$$ASL_{unsucc} = (3 \times 2 + 3 \times 1 + 5 \times 0)/11 = 9/11 \approx 0.82$$

以线性探测为例并设数据元素类型为整型,散列查找的算法描述与算法步骤如算法 7.9 所示。

算法 7.9 【算法描述】   【算法步骤】

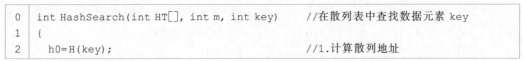

---

① 这里仅考虑了关键码与记录比较的次数。链表为空,不发生数据比较,记为 0 次。

```
3       if(HT[h0]==key) return h0;                //2.找到,返回位序
4       else if(HT[h0]==empty) return -1;         //3.单元为空,未找到
5       else                                      //4.冲突处理
6       { hi=h0;
7         for(i=0; i<m; i++)
8         {
9           hi=(hi+1)%m;                          //4.1 计算下一个可能的散列地址
10          if(HT[hi]==key) return h0;            //4.2 找到,返回位序
11          else if(HT[hi]==empty) return -1;     //4.3 未找到,返回-1
12        }
13      }
14  }
```

【算法分析】 由于冲突的存在,产生冲突后的查找仍然是给定值与关键码进行比较的过程。在查找过程中,关键码的比较次数取决于产生冲突的概率。影响冲突产生的因素有以下 3 方面:①散列函数是否均匀;②处理冲突的方法;③散列表的装填因子。

其中,装填因子 α 的定义如下。

$$\alpha = \frac{\text{散列表数据元素的个数}}{\text{散列表的长度}} \tag{7-12}$$

由于表长是定值,α 与"填入表中的元素个数"成正比,因此,α 越大,填入表中的元素较多,产生冲突的可能性就越大;α 越小,填入表中的元素较少,产生冲突的可能性就越小。表 7-5 给出了在等概率的情况下不同的处理冲突的方法在查找成功和不成功时的平均查找长度。

表 7-5 不同处理冲突方法的 ASL

处理冲突的方法	查找成功时的 ASL	查找不成功时的 ASL
线性探测法	$\frac{1}{2}\left(1+\frac{1}{(1-\alpha)^2}\right)$	$\frac{1}{2}\left(1+\frac{1}{1-\alpha^2}\right)$
二次探测法 随机探测法	$-\frac{1}{\alpha}\ln(1-\alpha)$	$\frac{1}{1-\alpha}$
拉链法	$1+\frac{\alpha}{2}$	$\alpha+e^{-\alpha}$

7.5 查找算法在搜索技术中的应用

搜索技术以其高效的数据检索能力,应用于众多领域,如文档检索、数据库查询以及互联网搜索引擎等。查找算法在搜索技术中扮演着核心的角色。

本章前面章节深入探讨一系列查找技术,包括顺序查找、折半查找、树表查找、字符串匹配算法,以及散列查找。本节通过具体案例,阐释这些查找技术在搜索中的应用。

7.5.1 文档检索

文档检索指的是在庞大的文档集中识别并提取与用户查询相匹配的文档的过程。散列查找和树表查找常被用于其中。

（1）散列查找。散列查找技术通过为文档中的关键词生成散列码，并将其存储在散列表中，提供了一种快速定位关键词的方法。当散列冲突发生时，可以通过链地址法或开放寻址法来有效解决。

（2）树表查找。树表查找技术，特别是二叉排序树和平衡二叉树，为文档检索提供了一种有序且高效的查询处理方式。通过将关键词插入树中的适当位置，保持树的有序性，并通过平衡二叉树来控制树的高度，使其接近对数级别。当用户提交查询请求时，系统从根结点开始，根据关键词的大小关系，递归地在左子树或右子树中搜索，直至找到目标关键词或确认其不存在。

散列查找确保了关键词的快速检索，而树表查找则在维持数据有序的同时，提供了高效的查询处理。这些技术的融合不仅优化了全文检索的性能，也极大提升了用户的搜索体验。

7.5.2 数据库查询

数据库查询作为数据库管理系统的核心功能之一，它允许用户根据特定条件高效地检索所需数据。在这一过程中，查找技术通过索引机制优化了数据的检索过程。

1. 主键查找

在数据库中，主键查找是依据表的主键值来定位特定记录的一种方法。主键作为唯一标识符，确保了每条记录的独一无二。数据库系统通常采用二叉排序树或平衡二叉树作为索引结构，将主键值按字典序插入。执行主键查找时，系统沿着树的路径向下搜索，直至定位到主键或确认其不存在。由于这些树结构的高度被优化至接近对数级别，查询操作的时间复杂度得以保持在 $O(\log n)$。

2. 范围查找

范围查找是指在数据库表中查找满足一定范围条件的记录的过程。这种查找通常涉及一个或多个字段，并且指定这些字段值的一个区间。范围查找在数据库查询中非常常见，特别是在需要根据数值范围或者日期范围来筛选数据的情况下。数据库系统同样使用二叉排序树或平衡二叉树来构建索引，使得键值能够有序地插入。执行范围查询时，系统首先定位到范围内的第一个键值，然后遍历子树以收集所有符合条件的键值。这种查询方式的时间复杂度接近 $O(\log(n+k))$，其中 k 表示范围内键值的数量。

3. 散列查找

查询操作中，系统利用相同的散列函数计算查询键值的散列码，并快速定位到散列表中的相应位置，实现快速的数据检索。散列查找以其接近 $O(1)$ 的时间复杂度，成为快速查找操作的理想选择。综合运用这些查找技术，数据库查询系统的性能得到了显著提升。二叉排序树和平衡二叉树为数据库提供了高效的主键和范围查询能力，而散列查找则在快速定位方面展现出其优势。

7.5.3 字符串匹配

字符串匹配在文本编辑器、搜索引擎、生物信息学等多个领域都有着广泛的应用。本节探讨几种常见的字符串匹配技术及其在不同场景下的应用。

1. 文本编辑器中的查找和替换功能

在文本编辑器中，用户利用查找功能定位特定模式。使用 BF 算法时，系统通过逐个字符比较来匹配模式和文本中的子串。而 KMP 算法则通过预构建的前缀函数表来减少不必要的比较，从而提升查找效率。在替换功能中，系统首先定位所有匹配的模式，随后执行替换操作。

2. 生物信息学中的 DNA 序列比对

在生物信息学领域，科学家们经常需要比较不同 DNA 序列的相似性。BF 算法适用于较短模式和小规模比对，通过逐个字符的比较来定位模式。KMP 算法则特别适合长模式和大规模比对任务，通过预处理模式的前缀表来避免无效比较，提高比对效率。DNA 序列比对在基因组学研究、生物医学研究等领域具有重要意义。①基因注释：确定新测序基因组中的基因位置和功能。②基因变异检测：识别单核苷酸多态性（SNPs）和插入缺失（InDels）等变异。③基因家族分析：研究不同物种基因家族的进化和功能变化。④疾病关联研究：发现与疾病相关的遗传变异。⑤个性化医疗：预测药物反应和制定个性化治疗方案。⑥基因编辑：确保目标基因序列的精确编辑。⑦身份识别：用于犯罪现场嫌疑人身份的确认。⑧亲子鉴定：确认父母与子女之间的亲缘关系。⑨物种分类：研究物种间的亲缘关系和进化历史。

3. 搜索引擎中的模式匹配

搜索引擎作为互联网上的关键工具，允许用户通过关键词查找相关内容。BF 算法和 KMP 算法能够在网页文本中高效地定位查询词的所有出现位置。

通过应用 BF 算法和 KMP 算法等字符串匹配技术，不仅可以显著提升文本编辑器中查找和替换功能的效率，还能增强生物信息学中 DNA 序列比对的准确性，以及提高搜索引擎的搜索速度和准确性。

7.5.4 Web 搜索引擎

Web 搜索引擎作为现代互联网的支柱之一，极大地便利了用户在海量网络资源中检索所需信息的能力。搜索引擎的查找技术不仅决定了搜索的速度和效率，也直接影响到搜索结果的相关性和准确性。

1. 文本索引

文本索引是存储和检索文档的关键技术，它将文档内容转换为易于查询的形式，主要有两种索引方式。①正向索引。通过构建索引，搜索引擎能够迅速在数以百万计的网页中定位与查询词相关的页面。这种索引机制避免了对整个网页集合的重复扫描，显著提升了搜索速度。②倒排索引。这种索引结构以单词为单位组织索引，记录每个单词出现的所有文档。倒排索引使得搜索引擎能快速找到包含特定词汇的文档，并且通常在空间占用上更为高效。

2. 查询解析

查询解析是搜索引擎理解并处理用户查询语句的过程。搜索引擎通过分析查询词，推断用户可能寻找的信息类型，并理解其意图。基于查询词，搜索引擎可能会扩展搜索范围，包括同义词或相关词，以提高搜索的全面性。

3. 个性化搜索

个性化搜索根据用户的搜索历史、地理位置等信息调整搜索结果，提供更加个性化且相关的信息。这种考虑用户特定背景的搜索结果，能够更好地满足用户的个性化需求。

在 Web 搜索引擎中的查找技术不仅提高了搜索的速度和效率，还增强了搜索结果的相关性和准确性。随着互联网的持续扩展和技术的不断进步，这些查找技术将持续发展和完善，以满足用户日益增长的搜索需求。

7.5.5 地理信息系统

地理信息系统（GIS）是一种集成技术，专门用于收集、存储、管理、分析和展示地理空间数据。GIS 技术广泛应用于城市规划、环境保护、自然资源管理、应急响应等。在 GIS 中，高效的查找技术提升了数据检索的效率和准确性。

1. 空间索引

GIS 中的空间索引技术包括 R 树及其变体（如 R*树、R+树）、四叉树（quadtree）、KD 树和球树（ball tree）等。这些技术使得 GIS 能够执行以下查询操作。①空间范围查询：快速检索指定矩形范围内的地理对象。②最近邻查找：确定距离给定点最近的地理对象。③点查询：判断一个点是否位于特定地理对象内。④空间关联查询：发现两个或多个地理对象集合之间的重叠部分。

2. 空间散列表

空间散列表技术，如网格散列（grid hashing）和空间散列（spatial hashing），通过散列函数快速定位到地理坐标附近的数据。在处理散列冲突时，可采用链地址法或其他策略。

3. 多尺度索引

多尺度索引技术，包括金字塔索引（pyramid indexing）和多分辨率索引（multi-resolution indexing），允许 GIS 根据查询精度要求选择适当的空间分辨率。初步筛选可以在粗粒度层次上完成，随后在细粒度层次上进行精确查询。

4. 时空数据索引

时空数据索引技术，如时空 R 树（space-time R-tree）和时空四叉树（space-time quadtree），支持如下功能。①时间序列查询。检索特定时间段内发生的事件。②动态更新。快速响应数据变化，如实时道路状况更新。

GIS 中的查找技术是实现高效空间数据检索和分析的关键。通过运用 R 树及其变体、空间散列表、多尺度索引和时空数据索引等技术，GIS 不仅支持复杂的查询操作，还能快速、准确地检索地理空间数据。这些技术提高了数据检索的速度和效率，同时增强了空间数据的分析能力。

7.6 小结

1. 本章知识要点

本章知识要点如图 7-29 所示。

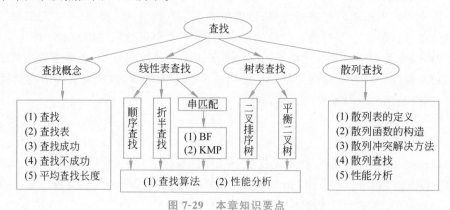

图 7-29 本章知识要点

2. 本章算法与示例

本章算法与示例如图 7-30 所示。

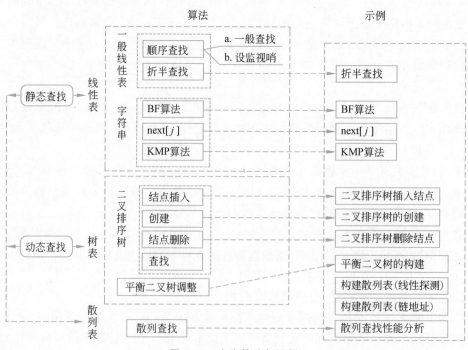

图 7-30 本章算法与示例

习题 7

一、填空题

1. 顺序查找 n 个元素的顺序表,若查找成功,则比较关键字的次数最多为_____次;当使用监视哨时,若查找失败,则比较关键字的次数为_____次。

2. 在顺序表(8,11,15,19,25,26,30,33,42,48,50)中,用折半(二分)法查找关键码值20,需要做的关键码比较次数为_____。

3. 在有序表 A[1..12]中,采用二分查找算法查等于 A[12]的元素,所比较的元素下标依次为_____。

4. 在 n 个记录的有序顺序表中进行折半查找,最大比较次数是_____。

5. 如果按关键码值递增的顺序依次将关键码值插到二叉排序树中,则对这样的二叉排序树检索时,平均比较次数为_____。

6. 散列存储与查找中的冲突指_____。

7. 动态查找表和静态查找表的重要区别在于前者包含有_____和_____运算,而后者不包含这两种运算。

8. 假定有 k 个关键字互为同义词,若用线性探测再散列法把这 k 个关键字存入散列表中,至少要进行_____次探测。

9. 已知模式匹配的 KMP 算法中模式串 $T=$"adabbadada",其 next( )函数的值为_____。

二、简答题

1. 如何衡量散列函数的优劣?简要叙述散列表技术中的冲突概念并指出 3 种解决冲突的方法。

2. 在采用线性探测法处理冲突的散列表中,所有同义词在表中是否一定相邻?为什么?

3. 设二叉排序树中关键字由 1~1000 的整数组成,现在要查找关键字为 363 的结点,下述关键字序列哪一个不可能是在二叉排序树中查到的序列?说明原因。

    (1) 51,250,501,390,320,340,382,363;

    (2) 24,877,125,342,501,623,421,363。

4. 用关键字为 1、2、3、4 的 4 个结点能构造出几种不同的二叉排序树?其中最优查找树有几种?AVL 树有几种?完全二叉树有几种?试画出这些二叉排序树。

5. 一棵具有 m 层的 AVL 树至少有多少个结点?最多有多少个结点?

6. 试画出从空树开始由字符序列(t,d,e,s,u,g,b,j,a,k,r,i)构成的平衡二叉树,并且为每一次的平衡处理指明旋转类型。

三、应用题

1. 设有有序序列 A[1..13],画出折半查找树并分析查找成功和不成功的平均查找长度。

2. 用序列(46,88,45,39,70,58,101,10,66,34)建立一个二叉排序树,画出该树并分别求出在等概率情况下查找成功、不成功的平均查找长度。

3. 设有一组关键字$\{9,1,23,14,55,20,84,27\}$,采用散列函数 $H(key)=key \bmod 7$,表长为10,用开放地址法的二次探测再散列方法 $H_i=(H(key)+d_i) \bmod 10 (d_i=1^2, 2^2, 3^2, \cdots)$ 解决冲突。要求:对该关键字序列构造散列表并计算查找成功的平均查找长度。

4. 采用散列函数 $H(k)=3k \bmod 13$ 并用线性探测开放地址法处理冲突,在地址空间$[0..12]$中对关键字序列$\{22,41,53,46,30,13,1,67,51\}$构造散列表(画示意图);计算装填因子;给出等概率下成功的和不成功的平均查找长度。

四、算法设计题

1. 从键盘上输入一串正整数,以 -1 为输入结束的标志。试设计一个算法,生成一棵二叉排序树(即依次把该序列中的结点插入二叉排序树)。

2. 试写一个判别给定二叉树是否为二叉排序树的算法。

3. 给出折半查找的递归算法并给出算法的时间复杂度分析。

4. 写出从散列表中删除关键字为 K 的一个记录的算法,设散列函数为 H,解决冲突的方法为链地址法。

五、上机练习题

1. 有一个 100×100 的稀疏矩阵,其中1%的元素为非零元素,现要求用散列表作为存储结构。

(1) 请你设计一个散列表。

(2) 请写一个对你所设计的散列表中给定行值和列值存取矩阵元素的算法;将你的算法所需时间与用一维数组(每个分量存放一个非零元素的行值、列值和元素值)作为存储结构时存取元素的算法进行比较。

2. 二叉排序树采用二叉链表存储。编写一个程序,删除结点值是 X 的结点。要求删除该结点后,此二叉树仍然是一棵二叉排序树,并且高度没有增长(注意,可不考虑被删除的结点是根的情况)。

六、AI 辅助题

基于大语言模型等 AI 工具求解下列各题。

1. 给出 5 个应用"二分查找"求解的问题。

2. 给出 5 个应用"二分排序树"求解的问题。

3. 给出 5 个应用"平衡二叉树"求解的问题。

4. B+树、B-树是怎样的树?给出 5 个应用"B 树"求解的问题。

5. 在 AI 中,如何选择合适的搜索算法来解决问题?

七、思政思考题

1. 查找技术在提高工作效率中的作用如何体现对专业精神的追求?

2. 查找技术在优化用户体验中的应用如何体现"以人民为中心"的服务理念?

3. 查找技术在大数据时代的应用如何体现对知识更新和终身学习的认识?

4. 在大数据时代,查找技术面临着数据隐私保护的挑战。从社会责任的角度,思考如何在保证查找效率的同时,保护用户的隐私。

第 8 章 排　序

排序是数据处理中经常使用的一种重要操作,日常生活中的许多问题可以通过排序解决,如升学录取、末位淘汰、数据分布采样等。排序还可以提高查找性能。

排序方法众多,D. E. Knuth 在《计算机程序设计艺术》第三卷中给出了 25 种排序方法,并且指出这只是现有排序方法的一小部分。本章仅讨论插入类、交换类、选择类、归并类及分配类中一些典型的、常用的排序方法。

每一种排序方法都有其设计原则和技巧,排序算法分析涉及较广的分析技术,因此认真研究和掌握排序算法十分重要。

本章主要知识点

- 各种排序算法的基本思想。
- 各种排序算法的算法步骤。
- 各种排序算法的算法设计。
- 各种排序算法的性能分析。

本章教学目标

- 掌握各种排序算法的方法及改进思路。
- 掌握排序算法的性能分析方法。
- 对具体问题选择合适的排序方法或改进现有方法。

8.1 排序的基本概念

微课视频

排序有着广泛的应用场景。在计算机程序设计中排序算法很常见。排序算法设计与分析有许多技巧及独特性,那么什么是排序呢?

8.1.1 排序的定义

排序(sorting)是按关键码[①]的非递减或非递增顺序对一组记录重新进

[①] 这里关键码指排序码,即排序依据。关键码通常可以唯一标识实体,因此常用关键码进行排序。在排序的上下文中,将排序码统称为关键码。

行排列的过程。例如,把下面无序序列 1 变成有序列序列 2 的过程即排序。

序列 1：{52,49,80,36,14,58,61,23,97,75}

序列 2：{14,23,36,49,52,58,61,75,80,97}

一般地,假设记录序列为 $\{R_1,R_2,\cdots,R_n\}$,相应的关键码序列为 $\{k_1,k_2,\cdots,k_n\}$。确定一种排列 $p_1,p_2,\cdots,p_n$,使其相应的关键码满足非递减 ($k_{p1} \leqslant k_{p2} \leqslant \cdots \leqslant k_{pn}$) 或非递增 ($k_{p1} \geqslant k_{p2} \geqslant \cdots \geqslant k_{pn}$) 关系;相应地,把记录顺序变为 $R_{p1},R_{p2},\cdots,R_{pn}$,此过程即排序。

例如,图 2-2(c)所示二维数组,如按 XM 列的首字母顺序非递减排序,结果如表 8-1 所示,记录顺序变为 R_3、R_4、R_1、R_2。

表 8-1 按 XM 列非递减排序

RecNo	XH	XM	XB	CJ
R_3	2003	Alice	F	90
R_4	3001	Herry	M	80
R_1	1001	John	M	87
R_2	1002	Mary	F	78

根据一个关键码进行的排序称为**单键排序**,如上述按 XM 列的首字母排序。

根据多个关键码进行的排序称为**多键排序**。如对表 8-1 所示二维表,按 XB 列非递增和 CJ 列非递减两个关键码进行排序,结果如表 8-2 所示。

表 8-2 按 XB 列非递增和 CJ 列非递减的排序结果

RecNo	XH	XM	XB	CJ
R_4	3001	Herry	M	80
R_1	1001	John	M	87
R_2	1002	Mary	F	78
R_3	2003	Alice	F	90

若待排序序列中的记录已按关键码排好序,则称此记录序列为正序(exact order)。如图 2-2(c)所示二维表,其记录顺序对于按学号的非递减排序而言就是正序。

若待排序序列中记录的排列顺序与排好序的顺序正好相反,则称此记录序列为逆序(inverse order)或反序(anti-order)。

无特殊说明情况下,本章讨论的排序问题均为非递减排序。

8.1.2 内排序与外排序

内排序是指排序时把待排序所有记录全部放置在内存中进行的排序。

外排序是指排序时把待排序记录分时分段地放在内存中进行局部排序,整个过程需要多次在内外存之间交换数据才能得到全局排序结果的排序。如果用于排序的记录很多,无法全部放入内存或为了避免排序记录占用过多内存,宜采用外排序。

本章讨论内排序的典型方法。

8.1.3 排序性能

一般从时间、空间、稳定性及算法本身的复杂程度来评价一个排序算法。

1. 时间复杂度

排序过程涉及的基本操作有两个：①比较，即关键字之间比较大小；③移动，即将记录从一个位置移动到另一个位置。排序算法的时间复杂度由完成排序所需的比较次数和移动次数共同决定。

排序过程中，将待排序记录扫描一遍称为一趟排序。完成排序通常要进行若干趟。减少一趟中的比较次数和移动次数及减少排序趟数是优化排序时间性能的着眼点。

排序算法的执行时间不仅依赖于待排序记录的个数，有的还取决于待排序序列的初始状态。因此，排序性能分析将针对最好、最坏和平均等情况进行。

2. 空间复杂度

空间复杂度指在待排序记录个数一定的情况下，执行排序算法所需要的辅助存储空间。

3. 稳定性[①]

假定在待排序的记录序列中存在多个关键码相同的记录。若经过排序，这些记录的相对次序保持不变，即在原序列中 $k_i = k_j$，且 R_i 在 R_j 之前，在排序后的序列中，R_i 仍在 R_j 之前，这种排序算法称为稳定的排序；否则称为不稳定排序。如非递减排序，对于序列 $\{49, 38, 65, 97, 76, 13, 27, 49\}$，稳定的排序结果一定是 $\{13, 27, 38, 49, 49, 65, 76, 97\}$。

对于不稳定的排序算法，只要举出一个实例，即可说明它的不稳定性。对于稳定的排序算法，必须对算法进行分析才能确定其稳定性。本书只给出结论，不进行证明。大多数情况下排序是按记录的主关键字(主关键字不会重复)进行的，排序方法是否稳定无关紧要。若排序按记录的次关键字进行，则必须采用稳定的排序方法，否则可能会影响排序结果的正确性。例如，有袁某和余某，成绩均为 95，谁是第一呢？按稳定的排序方法，袁某在前；按不稳定的排序方法，可能是余某在前。

4. 算法复杂性

简单的算法易于理解与调试。但为了提高排序性能，必须进行算法改进，算法由此变得复杂。一般记录数较少(<100)时，优先采用简单算法；记录数多时，为减少排序时间，采用改进后的复杂算法。

8.1.4 内部排序方法的分类

排序过程是无序记录序列向有序记录序列演变的过程。排序序列可分为两个区域：有序序列区和无序序列区。内部排序的过程就是一个逐步扩大有序序列长度、减少无序列长度的过程。每经过一趟排序，有序区记录的数目增加一个或几个，相应地，无序区记录数目减少一个或几个(如图 8-1 所示)，直至整个序列为有序序列，排序结束。

---

① 排序的稳定性主要取决于算法，但在某种条件下，不稳定的排序算法可能变为稳定的算法，而稳定的算法也可能变为不稳定的算法。

根据有序序列扩大方法,内部排序分为插入类、交换类、选择类和归并类等。

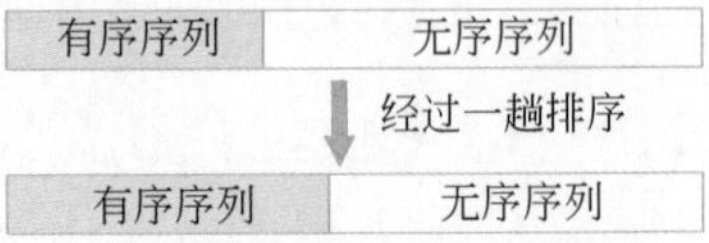

图 8-1 内部排序过程序列变化

8.1.5 待排序记录的存储方式

从操作角度看,排序是线性结构的一种操作。待排序记录可以是顺序存储、链式存储①。本章在后续讨论中除基数排序外均采用顺序存储。为不失一般性,突出排序方法的主题,无特殊说明时,均假设关键码为整型且记录只有关键码一个数据项,采用数组实现,即 int R[n]。

8.2 插入排序

插入类排序是通过"插入"操作将无序序列中的记录逐个插入有序序列中,以不断扩大有序序列,减少无序序列,最终实现排序,如图 8-2 所示。插入排序方法第一趟可把第一个记录设为初始有序序列。

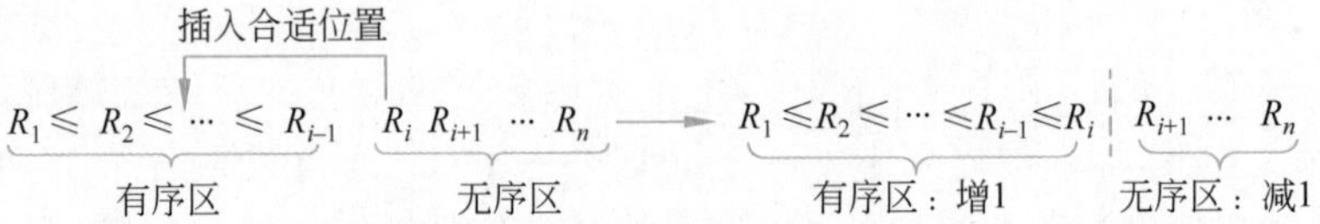

图 8-2 插入排序的基本思想

完成"插入"分三步进行(以第 i 趟为例)。①查找插入位置 k。②将记录 $R[i-1]\sim R[k]$ 依次后移一个位置。③将 $R[i]$ 复制到 $R[k]$ 的位置上。

图 8-3 为序列{58,40,65,97,87,8,17,<u>58</u>}的插入排序各趟排序结果。

位序	1	2	3	4	5	6	7	8	
初始序列	58	40	65	97	87	8	17	<u>58</u>	R[1]=58,初始有序序列
第1趟	40	58	65	97	87	8	17	<u>58</u>	R[2]=40<R[1],插到R[1]前
第2趟	40	58	65	97	87	8	17	<u>58</u>	R[3]=65>R[2],有序序列顺延
第3趟	40	58	65	97	87	8	17	<u>58</u>	R[4]=97>R[3],有序序列顺延
第4趟	40	58	65	87	97	8	17	<u>58</u>	R[5]=8<R[1],插到R[1]前
第5趟	8	40	58	65	87	97	17	<u>58</u>	R[1]<R[6]=17<R[2],插到R[2]前
第6趟	8	17	40	58	65	87	97	<u>58</u>	R[4]<=R[7]=<u>58</u><R[5],插到R[5]前
第7趟	8	17	40	<u>58</u>	58	65	87	97	

图 8-3 插入排序

查找插入位置方法不同会产生不同的插入排序算法。

---

① 排序中只是改变记录之间的次序关系,而不进行插入、删除操作,且在排序结束时无须调整记录,故可采用静态链表。

8.2.1 直接插入排序

直接插入排序(straight insertion sort)是通过顺序查找确定插入位置。

微课视频

【算法思想】 一般情况下顺序查找从首元素开始,本算法中将 0 单元作为监视哨①,查找从有序序列的尾元素开始。为了在插入点处插入记录,需要将插入点后的记录后移一个位序。在直接插入排序的方法中,将查找插入点与记录后移同步进行。以第 i 趟为例,如果 $a_{i+1} < a_i$,将 a_{i+1} 复制到 a_0 中,a_i 后移一个位序;接着,a_{i-1},a_{i-2},…,a_1 依次与 a_0 比较,如果比 a_0 大,后移一个位序,否则,a_0 复制到被比较元素后的单元中。

【例 8-1】 设待排序序列 R[ ]={58,40,65,97,87,8,17,<u>58</u>},用直接插入排序方法进行排序。

【解】 直接插入排序过程如图 8-4 所示。

```
            0   1   2   3   4   5   6   7   8
第1趟 i=2   40  58  40  65  97  87  8   17  58
第2趟 i=3   40  40  58  65  97  87  8   17  58
第3趟 i=4   40  40  58  65  97  87  8   17  58
第4趟 i=5   87  40  58  65  97  87  8   17  58
第5趟 i=6   8   40  58  65  87  97  8   17  58
第6趟 i=7   17  8   40  58  65  87  97  17  58
第7趟 i=8   58  8   17  40  58  65  87  97  58
            58  8   17  40  58  58  65  87  97
```

图 8-4 直接插入排序过程

直接插入排序的算法描述与算法步骤如算法 8.1 所示。

算法 8.1	【算法描述】	【算法步骤】
0	`void InsertSort(int R[],int n)`	//对 R[n]进行直接插入排序
1	`{`	//i 从 2~n,共 n-1 趟,每一趟排序
2	`  for(i=2; i<=n;i++)`	//工作如下
3	`    if(R[i-1]>R[i])`	//1.如果 R[i-1]>R[i]
4	`    {`	
5	`      R[0]=R[i];`	//1.1 R[i]复制为监视哨
6	`      R[i]=R[i-1];`	//1.2 R[i]后移
7	`      for(j=i-2; R[j]>R[0]; j--)`	//1.3 j 从 i-2 开始,如果 R[j]>
8	`        R[j+1]=R[j];`	//R[0], R[j]后移,j--
9	`      R[j+1]=R[0];`	//1.4 插入 R[i]
10	`    }`	//2.否则,i++,进入下一趟
11	`}`	

【算法分析】

(1) 时间复杂度。插入排序性能的最好与最坏情况如表 8-3 所示。

---

① 算法中记录 R[0] 有两个作用:一是进入查找插入位置的循环之前暂存了 R[i]的值,使得不至于因记录的后移而丢失 R[i]的内容;二是在查找插入位置的循环中充当"哨兵"。

表 8-3　插入排序性能的最好与最坏情况

最好：正序	比较次数	移动次数
初始序列 **1** 2 3 4 5		
第 1 趟 **1 2** 3 4 5	1	0
第 2 趟 **1 2 3** 4 5	1	0
第 3 趟 **1 2 3 4** 5	1	0
第 4 趟 **1 2 3 4 5**	1	0

最坏：逆序	比较次数	移动次数
初始序列 **5** 4 3 2 1		
第 1 趟 **4 5** 3 2 1	2	3
第 2 趟 **3 4 5** 2 1	3	4
第 3 趟 **2 3 4 5** 1	4	5
第 4 趟 **1 2 3 4 5**	5(=4+1)	6(=4+2)

最好情况：初始序列为正序，每一趟比较 1 次，没有记录移动；n 个数据元素共需要 $n-1$ 趟，比较 $n-1$ 次，移动 0 次。因此，时间复杂度为 $O(n)$。

最坏情况：初始序列为逆序，第 i 趟需要比较 $i+1$ 次（R[$i+1$]分别与 R[i]~R[0]比较），移动 $i+2$ 次（R[$i+1$]移动监视哨一次，R[i]~R[0]依次后移一个位序）；n 个数据元素共需要进行 $n-1$ 趟，总的比较次数为

$$\sum_{i=1}^{n-1}(i+1)=(2+3+\cdots+n)=(n^2+n-2)/2$$

总的移动次数为

$$\sum_{i=1}^{n-1}(i+2)=(3+4+\cdots+n+1)=(n^2+3n-4)/2$$

因此，算法的时间复杂度为 $O(n^2)$。

平均情况：设待排序序列中各种可能排列的概率相同，在插入第 i 个记录时平均要比较 $i/2$ 个记录。因此，总的比较次数为

$$\sum_{i=2}^{n}\frac{i}{2}=\frac{1}{2}(2+3+\cdots+n)=(n^2+n-2)/4$$

移动次数为

$$\sum_{i=2}^{n}\frac{i+1}{2}=\frac{1}{2}(3+4+\cdots+n+1)=(n^2+3n-4)/4$$

因此，平均时间复杂度为 $O(n^2)$。

(2) 空间复杂度。整个排序过程中，除循环变量外，另需要一个记录的空间用来暂存被插入记录。因此算法的空间复杂度为 $O(1)$，属原地排序。

(3) 稳定性。直接插入排序是一种稳定的排序方法。

(4) 适用性。算法更适合于初始记录基本有序(正序)[①]的情况。

【算法讨论】

(1) 下列算法 InsertSort_1 和 InsertSort_2 也实现直接插入排序,它们与 InsertSort 算法思想一样吗?描述上的区别是什么?分别分析其最好、最坏性能。

```
0  void InsertSort_1(int R[],int n)        void InsertSort_2(int R[],int n)
1  { for(i=2; i<=n;++i)                    { for(i=2; i<=n;++i)
2    if(R[i-1]>R[i])                         { R[0]=R[i];
3    { R[0]=R[i];                              for(j=i-1; R[j]>R[0]; --j)
4      for(j=i-1; R[j]>R[0]; --j)                R[j+1]=R[j];
5        R[j+1]=R[j];                          R[j+1]=R[0];
6      R[j+1]=R[0];                        }
7    }                                   }
8  }
```

(2) 直接插入算法可以用于链式存储,比较两种存储方式在实现上的优缺点。

8.2.2 折半插入排序

折半插入排序是通过折半(二分)查找方法确定插入位置。插入位置确定后进行记录移动。

算法描述与算法步骤如算法 8.2 所示。

算法 8.2 【算法描述】   【算法步骤】

```
0   void BInsertSort(int R[],int n)       //折半插入排序
1   {
2     for (i=2; i<=n;i++)                 //n 个记录,进行 n-1 趟
3     { if(R[i]<R[i-1])                   //需插入记录
4       { R[0]=R[i];                      //1.保存 R[i]
5         low=1;                          //2.用折半查找方法,找插入点
6         high=i-1;                       // 2.1 设置查找范围的下界和上界
7         while(low<=high)                // 2.2 只要 low<=high
8         {
9           m=(low+high)/2;               // 2.2.1 计算中间位置 m
10          if (R[m]>R[i]) high=m-1;      // 2.2.2 R[m]>R[0],调整查询上界
11          else low=m+1;                 //否则,调整查找下界
12        }
13        for (j=i-1; j>=high+1; --j)     //3.移动元素,插入元素
14          R.[j+1]=R[j];                 //3.1 R[i-1]~R[high+1]依次后移
15        R[high+1]=R[0];                 //3.2 R[i]复制到 R[high+1]
16      }
17    }
18  }
```

[①] 基本有序和局部有序(即部分有序)不同。基本有序是指已接近正序,如{1,2,8,4,5,6,7,3,9};局部有序只是某些部分有序,如{6,7,8,9,1,2,3,4,5}。局部有序不能提高直接插入排序算法的时间性能。

【算法分析】

(1) 时间复杂度。非正序时，折半插入排序所需比较次数与待排序序列的初始序列无关，仅依赖于记录个数。第 i 趟，其有序序列长度为 i，平均比较次数为 $\log_2(i+1)-1$。

折半插入的移动次数与直接插入一样，平均移动次数为 $(i+1)/2+2$。因此，折半插入的平均时间复杂度为

$$\sum_{i=1}^{n-1}\left(\log_2(i+1)-1+\frac{i+1}{2}+2\right)=O(n^2)$$

(2) 空间复杂度。排序工作除循环变量外，另需要一个记录的额外空间，暂存被插入记录。空间复杂度与直接插入算法一样，为 $O(1)$，属原地排序。

(3) 稳定性。折半插入排序也属于稳定的排序。

(4) 适用性。折半插入排序适合初始记录无序、n 较大时的情况，只适用于顺序存储结构。

【算法讨论】

(1) 插入点解析。折半插入排序的插入点为折半查找退出时的上界 high 之后，查找插入点的过程如图 8-5 所示。

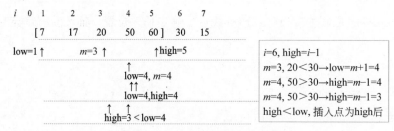

图 8-5 折半查找插入点的过程

(2) 折半插入排序与直接插入排序相比，移动元素的性能没有改善，仅减少了关键字的比较次数。但从平均性能上看，优于直接插入排序。

8.2.3 希尔排序

希尔排序[①]是对直接插入排序的一种改进。直接插入排序算法简单，在 n 值较小时效率比较高。在 n 值很大时，若序列按关键字基本有序，效率依然较高。基于此，希尔排序对直接插入排序进行了改进。

【算法思想】 最初将所有记录按增量 d 分为 d 组，每组单独进行直接插入排序，以此"降低参加排序的记录数"；然后减小 d 值，降低组数，进行第 2 趟，以此类推；最后一趟 $d=1$，即所有记录一起进行。每一趟经过排序会"增加记录的基本有序程度"，从而提高算法效率。排序的趟数取决于增量个数，k 个增量进行 k 趟。

分组方法是：给出 k 个增量值 $d_1, d_2, \cdots, d_k$，且 $d_1<n, d_1>d_2>\cdots>d_k=1$，对于某个 d，分组情况如下。

---

① 希尔排序是由唐纳德·希尔于 1959 年发明的，该算法是平均时间性能好于 $O(n)$ 的第一批算法之一。

第 1 组：R[1]　R[1+d]　R[1+2d]　…
第 2 组：R[2]　R[2+d]　R[2+2d]　…
⋮
第 d 组：R[d]　R[2d]　R[3d]　…

增量选取：到目前为止尚未求得一个最好的增量序列。希尔最早提出的方法是 $d_i = \lfloor n/2 \rfloor$，$d_{i+1} = \lfloor d_i/2 \rfloor$，且没有除 1 之外的公因子，最后一个增量必须等于 1。

【**例 8-2**】 设待排序记录 R[ ]={58,40,65,97,87,8,17,58,46,60}，按增量 $d = \{5,3,1\}$ 进行希尔排序。

【**解**】 因为有 3 个增量值，所以共进行 3 趟。每一趟里有 d 个组，每组分别进行直接插入排序后组成的序列为该趟的排序结果。排序中，通过下标加偏移量来控制一起进行插入排序的记录，无须先分组再排序。希尔排序过程如图 8-6 所示。图中每一趟同格式的数据元素为同一组。

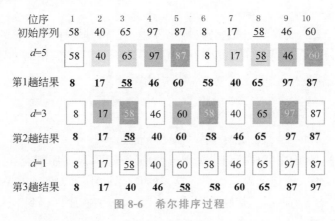

图 8-6　希尔排序过程

希尔排序的算法描述与算法步骤如算法 8.3 所示。

算法 8.3　【算法描述】　　　　　　　　　　　　　　【算法步骤】

0	`void ShellSort(int R[],int n,int d[],int t)`	//增量为 d[]的希尔排序
1	`  {`	
2	`    for(k=0; k<t;++t)`	//t 个增量
3	`      ShellInsert(R,n, d[k]);`	//进行 t 趟
4	`  }`	

0	`void ShellInsert(int R[],int n,int dk)`	//增量为 dk 的一趟希尔排序
1	`{`	
2	`  for(i=dk+1; i<=n;i++)`	//通过下标间距控制
3	`    if(R[i]<R[i-dk])`	//d 组同时进行
4	`    {`	
5	`      R[0]=R[i];`	
6	`      for(j=i-dk;j>0 && (R[0]<R[j]);j-=dk)`	
7	`        R[j+dk]=R[j];`	
8	`      R[j+dk]=R[0];`	
9	`    }`	
10	`}`	

【算法分析】

(1) 时间复杂度。希尔排序算法的时间性能是所取增量的函数,这是一个复杂的问题,其中涉及一些数学上未解的问题。有研究者在大量实验的基础上指出,希尔排序的时间性能在 $O(n^2)$ 和 $O(n\log_2 n)$ 之间;当 n 在某个特定范围时,希尔排序的时间性能约为 $O(n^{1.3})$。

(2) 空间复杂度。希尔排序算法的空间复杂度与直接插入排序一样,为 $O(1)$。

(3) 稳定性。希尔排序记录跳跃式地移动导致希尔排序是不稳定的。

(4) 适用性。希尔排序总的比较次数和移动次数都比直接插入排序要少,n 越大效果越明显。该方法适合记录无序、n 较大的情况。

希尔排序中记录分组需要用到位序,因此只适用于顺序存储。

8.3 交换排序

交换排序是基于"交换"操作进行的排序方法。在待排序序列中选择两个记录,将它们的关键码进行比较,如果逆序就交换位置。本节介绍其中的两种:冒泡排序和快速排序。

8.3.1 冒泡排序

冒泡排序(bubble sort)是交换排序中最简单的一种。

【算法思想】 对无序区相邻记录关键码两两比较,如果反序则交换。一趟排序结束后,最小的记录或最大的记录浮到无序记录区的顶或沉到底,如同水中冒泡一样,冒泡排序由此而得名。被浮到顶或沉到底的记录进入有序区,使有序区得到扩大,无序区得到减少,如图 8-7 所示。

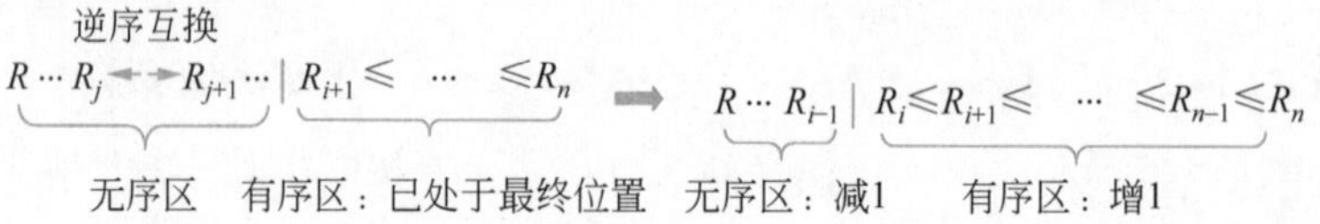

$$\underbrace{R \cdots \overset{\text{逆序互换}}{R_j \leftrightarrow R_{j+1}} \mid R_{i+1} \leqslant \cdots \leqslant R_n}_{\text{无序区}\quad\text{有序区:已处于最终位置}} \Rightarrow \underbrace{R \cdots R_{i-1}}_{\text{无序区:减1}} \mid \underbrace{R_i \leqslant R_{i+1} \leqslant \cdots \leqslant R_{n-1} \leqslant R_n}_{\text{有序区:增1}}$$

图 8-7 冒泡排序原理示意图

【例 8-3】 设待排序记录 R[ ]={58,40,65,97,87,8,17,58},用冒泡排序方法对其进行非递减排序。

【解】 冒泡排序的过程如图 8-8 所示。从首元素开始,两两比较,如果是逆序,两记录位置互换。一趟冒泡排序过程如图 8-8(a)所示。图中有箭头的表示比较后有互换;无箭头的表示只比较无互换。各趟排序结果如图 8-8(b)所示。

如果在某一趟中没有发生任何记录互换,则表示已经有序,排序结束。为此设置一个交换标志 exchange,标识一趟排序中是否发生了互换。算法描述与算法步骤如算法 8.4 所示。

```
初始序列  58 40 65 97 87 8 17 58
          40 58 65 97 87 8 17 58
          40 58 65 97 87 8 17 58
          40 58 65 97 87 8 17 58
一趟冒泡排序 40 58 65 87 97 8 17 58
          40 58 65 87 8 97 17 58
          40 58 65 87 8 17 97 58
          40 58 65 87 8 17 58 97
```

```
初始序列    58 40 65 97 87  8 17 58
二趟冒泡排序 40 58 65  8 17 58 87 97
三趟冒泡排序 40 58  8 17 58 65 87 97
四趟冒泡排序 40  8 17 58 58 65 87 97
五趟冒泡排序  8 17 40 58 58 65 87 97
六趟冒泡排序  8 17 40 58 58 65 87 97
```

(a) 一趟冒泡排序过程 (b) 各趟排序结果

图 8-8 冒泡排序过程

算法 8.4 【算法描述】   【算法步骤】

0	void Bubble_Sort(int R[],int n)	//将 R[n]非降序排列
1	{	
2	for(i=1,exchange=true;	//上一趟无交换或进行了 n-1 趟
	i<n && exchange; i++)	//操作结束。一趟排序工作如下
3	{	
4	exchange=false;	//1.设置交换标志初值为无交换
5	for(j=1; j<=n-i; j++)	//2.从表首开始两两比较
6	if(R[j]>R[j+1])	
7	{	
8	R[j]←→R[j+1];	//2.1相邻元素逆序,互换位置
9	exchange=true;	//2.2交换标志改为 true
10	}	
11	}	
12	}	

【算法分析】

(1) 时间复杂度。冒泡排序性能的最好与最坏情况如表 8-4 所示。

表 8-4 冒泡排序性能的最好与最坏情况

最好：正序					比较次数	移动次数
初始序列	1	2	3	4	5		
一趟	**1**	**2**	**3**	**4**	**5**	4	0

最坏：逆序					比较次数	移动次数
初始序列	5	4	3	2	1		
一趟	4	3	2	1	**5**	4	3×4
二趟	3	2	1	**4**	**5**	3	3×3
三趟	2	1	**3**	**4**	**5**	2	3×2
四趟	1	**2**	**3**	**4**	**5**	1	3×1

最好情况：初始序列为正序,进行一趟冒泡排序。n 个关键字比较 $n-1$ 次,没有互换,排序结束。算法的时间复杂度为 $O(n)$。

最坏情况：初始序列为逆序，n 个关键字需要进行 $n-1$ 趟比较。第 i 趟比较 $n-i$ 次，发生 $n-i$ 次互换，每一次 R[j] 与 R[$j+1$] 互换进行 3 次数据移动，即 R[0]=R[j]；R[j]=R[$j+1$]；R[$j+1$]=R[0]。数据移动总数为 $3\times(n-i)$。因此，完成整个排序的比较次数为

$$\sum_{i=1}^{n-1}(n-i)=(n-1+n-2+\cdots+1)=n(n-1)/2$$

移动次数是比较次数的 3 倍。因此，算法的时间复杂度为 $O(n^2)$。

平均情况：冒泡排序关键字的比较次数和记录移动次数分别约为 $n^2/4$ 和 $3n^2/4$，时间复杂度为 $O(n^2)$。

(2) 空间复杂度。记录互换需要一个记录的额外空间，因此算法的空间复杂度为 $O(1)$，属原地排序。

(3) 稳定性。排序中记录互换只发生在相邻的记录之间，因此，冒泡排序是一种稳定的排序方法。

(4) 适用性。冒泡排序平均与最坏的时间性能均为 $O(n^2)$，记录移动次数较多，当初始记录无序且记录数较大时不宜使用。

【算法讨论】

(1) 算法中设置了 exchange 标志，以减少排序趟数。如果不设置交换标志，冒泡排序需要多少趟？

(2) 如果记录互换只发生在最后相邻记录关键码的比较上，表明在此之前记录均已有序，并且经过此互换后，整个序列已经有序，如图 8-9 所示，则无须进行下一趟。如何修改算法实现这一点？

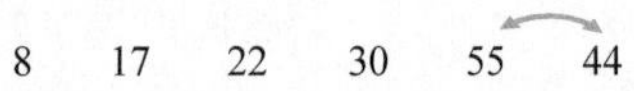

8　17　22　30　55　44

图 8-9　记录互换发生在最后

(3) 冒泡排序可以用于链式存储结构吗？

微课视频

8.3.2　快速排序

快速排序[①](quick sort)是对冒泡排序的一种改进。在冒泡排序中，只对相邻记录进行比较，一次记录互换只能消除一个逆序。如果进行的是非相邻记录的比较与互换，那一次互换就可能消除多个逆序。快速排序基于此而设计。

【算法思想】　选择一个枢轴记录，其关键字为轴值 pivot。将待排序记录划分为两个子序列，左侧记录的关键字均小于轴值，右侧记录的关键字均大于轴值，如图 8-10 所示。轴记录定位后，对得到的子序列同样进行划分。若某子序列长度为 1，停止划分。所有子序列长度均为 1，排序结束。每一次划分至少会有一个记录定位。

若以首元记录 R[1] 为枢轴记录，一次划分的方法如下。

Step 1. 初始化。

1.1　取枢轴记录的关键字为轴值，即 pivot=R[1]。

---

① 该算法由英国牛津大学计算机科学家查尔斯·霍尔于 1960 年发明。他于 1980 年获图灵奖；1981 年获得 AFIPS 的 Harry Goode 奖；1985 年获得英国 IEE 的法拉第奖章；1990 年被 IEEE 授予计算机先驱奖；2000 年获得日本稻盛财团设立的国际大奖——京都奖（尖端技术领域）。他在程序设计语言定义和设计（如发明 CASE 语句）、数据结构与算法（如发明快速排序）以及操作等许多方面有一系列的发明创造。

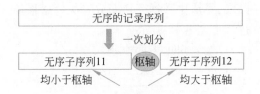

图 8-10 快速排序的基本思想

　　1.2 工作指针 low、high 分别指向表两端,即 low=1,high=n。
Step 2. 当 low<high 时,重复下列操作。
　　2.1 高端扫描,如果 low<high && R[high]>=pivot,high－－;否则,R[low]←→R[high],转至低端。
　　2.2 低端扫描,如果 low<high && R[low]<=pivot,low++;否则,R[high]←→R[low]。
Step 3. 返回枢轴位置。

【例 8-4】 设初始序列 R[]={58,35,65,97,87,8,17,58},取第一元素为枢轴,对序列进行快速排序的一次划分。

【解】 根据上述划分方法进行的首次划分过程如图 8-11 所示。

位序	1	2	3	4	5	6	7	8	
初始序列	**58**	35	65	97	87	8	17	<u>58</u>	R[high]>=pivot
高端扫描	low↑							high↑	high--
	58	35	65	97	87	8	**17**	<u>58</u>	R[high]<pivot
	low↑						high↑		R[low]←→R[high]
低端扫描	**17**	35	65	97	87	8	**58**	<u>58</u>	R[low]<=pivot
	low↑						high↑		low++
	17	**35**	65	97	87	8	**58**	<u>58</u>	
		low↑					high↑		
	17	35	65	97	87	8	**58**	<u>58</u>	R[low]>pivot
			low↑				high↑		R[low]←→R[high]
高端扫描	17	35	**58**	97	87	8	**65**	<u>58</u>	R[high]>=pivot
			low↑				high↑		high--
高端扫描			low↑				high↑		R[high]<pivot
									R[low]←→R[high]
低端扫描	17	35	**8**	97	87	**58**	65	<u>58</u>	R[low]<=pivot
			low↑			high↑			low++
	17	35	**8**	97	87	**58**	65	<u>58</u>	R[low]>pivot
				low↑		high↑			R[low]←→R[high]
	17	35	**8**	**58**	87	97	65	<u>58</u>	R[high]>=pivot
				low↑	high↑				high--
	17	35	**8**	**58**	87	97	65	<u>58</u>	low==high
				low↑ high↑					R[low]=R[0]
一趟划分	[17	35	**8**]	**58**	[87	97	65	<u>58</u>]	

图 8-11 快速排序的一次划分过程

　　一次记录互换需要 3 次记录移动。为减少记录移动,对划分操作进行改进。首先,将枢轴记录 R[low]保存于 R[0],使得 R[low]为可用空间。其后,进行高端扫描,当 R[high]<pivot 时,将 R[high]复制到 R[low],使 R[high]成为可用单元;当 R[low]>pivot 时,将 R[low]复制到 R[high]。当 low==high 时,扫描结束,将 R[0]存到 R[low]

中,枢轴记录定位。改进后的算法中数据互换变成一次数据移动。

改进后的一次划分过程如图 8-12 所示。

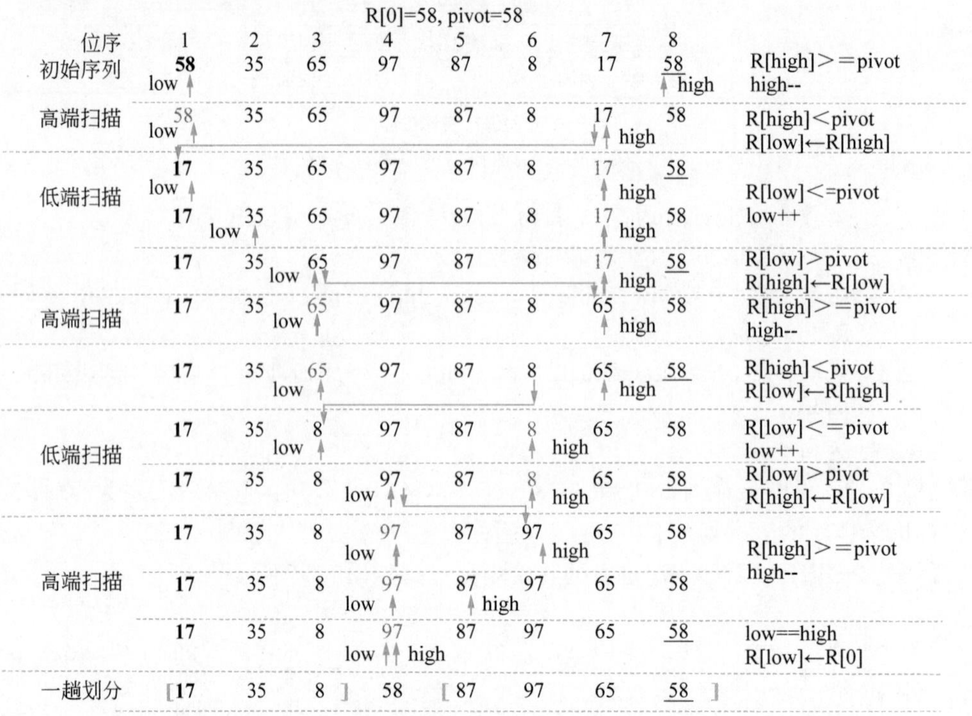

位序	1	2	3	4	5	6	7	8	
初始序列	**58** low ↑	35	65	97	87	8	17	<u>58</u> ↑ high	R[high]>=pivot high--
高端扫描	58 low ↑	35	65	97	87	8	17 ↑ high	58	R[high]<pivot R[low]←R[high]
	17 low ↑	35	65	97	87	8	17 ↑ high	<u>58</u>	R[low]<=pivot low++
低端扫描	17	35 low ↑	65	97	87	8	17	58	
	17	35	65 low ↑	97	87	8	17 ↑ high	<u>58</u>	R[low]>pivot R[high]←R[low]
高端扫描	17	35	65 low ↑	97	87	8	65 ↑ high	58	R[high]>=pivot high--
	17	35	**65** low ↑	97	87	8 ↑ high	65	<u>58</u>	R[high]<pivot R[low]←R[high]
低端扫描	17	35	**8** low ↑	97	87	8 ↑ high	65	58	R[low]<=pivot low++
	17	35	8	97 low ↑	87	8 ↑ high	65	<u>58</u>	R[low]>pivot R[high]←R[low]
高端扫描	17	35	8	97 low ↑	87	97 ↑ high	65	58	R[high]>=pivot high--
	17	35	8	97 low ↑	87	97 ↑ high	65	58	
	17	35	8	97 low ↑↑ high	87	97	65	<u>58</u>	low==high R[low]←R[0]
一趟划分	[17	35	8]	58	[87	97	65	<u>58</u>]	

图 8-12 改进后的一次划分过程

算法描述与算法步骤如算法 8.5 所示。

算法 8.5 【算法描述】   【算法步骤】

```
0   int Partition(int R[],int low,int high)   //一次划分算法
1   {
2     pivot=R[low];R[0]=R[low];              //1.第 1 个记录为枢轴
3     while(low<high)                         //2.扫描完所有记录,退出循环
4     {
5       while(low<high && R[high]>=pivot)    //2.1 从高端做起
6         --high;                             //2.1.1 比枢轴大,位置不动
7       R[low]=R[high];                       //2.1.2 比枢轴小,记录移到低端
8       while(low<high && R[low]<=pivot)     //2.2 转到低端
9         ++low;                              //2.2.1 比枢轴小,位置不动
10      R[high]=R[low];                       //2.2.2 比枢轴大,记录移到高端
11    }                                       //转至高端
12    R[high]=pivot;                          //3.扫描结束,枢轴记录定位
13    return low;                             //4 返回枢轴位置
14  }
```

对一次划分得到的两个子序列分别进行划分,得到第 2 趟排序结果,以此类推。若某子序列长度为 1,停止划分。所有子序列长度均为 1,排序结束。

【例 8-5】 设初始序列 R[ ]={58,35,65,97,87,8,17,58},取第一个元素为枢轴,给出快速排序的各趟排序结果。

【解】 各趟排序结果如图 8-13(a)所示。

```
初始序列    58   35   65   97   87   8   17   58
第1趟结果  [17   35   8]  58  [87   97   65   58]
第2趟结果  [8]  17  [35]  58  [58]  65]  87  [97]
第3趟结果  [8]  17  [35]  58   58  [65]  87   97
```

(a) 快速排序各趟排序结果　　　　　　　　(b) 快速排序递归树

图 8-13　快速排序各趟结果

整个快速排序过程可递归进行,递归树如图 8-13(b)所示。

快速排序的递归算法描述与算法步骤如算法 8.6 所示。

算法 8.6　【算法描述】　　　　　　　　　【算法步骤】

```
0   void QSort(int R[ ],int low,int high)    //对 R[n]进行快速排序
1   {
2     if(low<high)                            //序列长度大于 1
3     {                                       //进行下列操作
4       pivotloc=Partition(R,low,high);       //1.一次划分
5       QSort(R,low, pivotloc-1);             //2.对低子序列递归排序
6       QSort(R,pivotloc+1,high);             //3.对高子序列递归排序
7     }
8   }
9   QSort(R,1,n);                             //初次调用
```

【算法分析】

(1) 时间复杂度。从快速排序的递归树可知,快速排序的趟数取决于递归树的深度。

最好情况:每趟排序后都能将记录序列均匀分割成两个长度大致相等的子表。一趟排序枢轴定位所需时间为 $O(n)$。设总的排序时间为 $T(n)$,则

$$T(n) \leqslant 2T(n/2) + n$$
$$\leqslant 2(2T(n/4) + n/2) + n = 4T(n/4) + 2n$$
$$\leqslant 4(2T(n/8) + n/4) + 2n = 8T(n/8) + 3n$$
$$\cdots$$
$$\leqslant nT(1) + n\log_2 n \approx O(n\log_2 n)$$

因此,时间复杂度为 $O(n\log_2 n)$。

最坏情况:每次划分所有记录在一个子序列中,另一个子序列为空,如正序与逆序。正序与逆序时各趟排序结果与递归树如图 8-14 所示。

此时,递归树最高,n 个记录树高为 n,快速排序需要进行 $n-1$ 趟。第 i 趟划分需要经过 $n-i$ 次关键码比较才能确定枢轴记录位置。因此总的比较次数为

$$\sum_{i=1}^{n-1}(n-i) = n(n-1)/2 \approx n^2/2$$

记录的移动次数小于比较次数。因此，时间复杂度为 $O(n^2)$。

平均情况：设轴记录的关键码为第 k 小 $(1 \leqslant k \leqslant n)$，则有

$$T(n) = \frac{1}{n}\sum_{k=1}^{n}(T(n-k)+T(k-1))+n = \frac{2}{n}\sum_{k=1}^{n}T(k)+n$$

由归纳法可证，其数量级为 $O(n\log_2 n)$。快速排序的平均性能等于最好性能。

正序

```
初始序列        1  2  3  4  5
第1趟排序结果    1 [2  3  4  5]
第2趟排序结果    1  2 [3  4  5]
第3趟排序结果    1  2  3 [4  5]
第4趟排序结果    1  2  3  4 [5]
```

(a) 正序快速排序各趟划分及结果

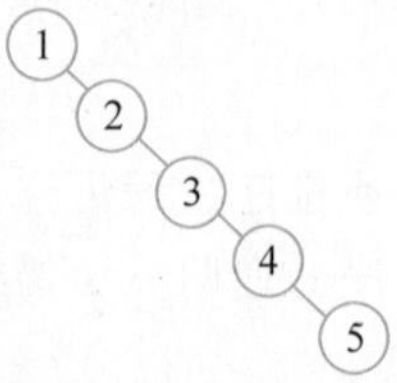

(b) 正序快速排序递归树

逆序

```
初始序列        5  4  3  2  1
第1趟排序结果   [1  4  3  2] 5
第2趟排序结果    1 [4  3  2] 5
第3趟排序结果    1 [2  3] 4  5
第4趟排序结果    1  2 [3] 4  5
```

(c) 逆序快速排序各趟划分及结果

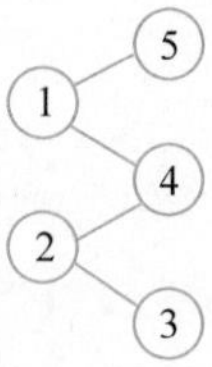

(d) 逆序快速排序递归树

图 8-14 快速排序最坏情况举例

(2) 空间复杂度。由于快速排序是递归的，因此需要一个栈来存放每一层递归调用与返回的必要信息。最大递归调用次数与递归树的深度一致，因此最好情况下的空间复杂度为 $O(\log_2 n)$，最坏情况下为 $O(n)$。

(3) 稳定性。快速排序过程中记录的跳跃式移动导致该方法是一种不稳定的排序方法。

(4) 适用性。排序过程中需要定位表的下界和上界，因此只适用于顺序结构。

快速排序的平均性能是迄今为止所有内排序算法中最好的一种，适用于记录个数较大且原始记录随机排列的情况。

8.4 选择排序

选择排序是基于"选择"操作进行排序的方法。其基本思想是：每趟从无序序列中选出关键码最小的记录，添加到有序序列中，从而不断减少无序记录，增加有序记录。本节介绍简单选择排序、树形选择排序和堆排序方法。

8.4.1 简单选择排序

简单选择排序(simple selection sort)是选择排序中最简单的一种。

【算法思想】 第 i 趟排序是从 $n-i+1$ 个待排序记录中选择关键码最小的记录,设为 R[min],将其与第 i 个记录互换位置,即 R[min]↔R[i],使得有序序列增1,无序序列减1,如图 8-15 所示。

图 8-15 简单选择排序的基本思想

【例 8-6】 设无序序列 R[]={58,35,25,97,87,8,58,17},用简单选择排序方法对其进行排序。

【解】 采用简单选择排序方法的各趟排序结果如图 8-16 所示。

位序	1	2	3	4	5	6	7	8
初始序列	58	35	25	97	87	8	58	17
第1趟	8	35	25	97	87	58	58	17
第2趟	8	17	25	97	87	58	58	35
第3趟	8	17	25	97	87	58	58	35
第4趟	8	17	25	35	87	58	58	97
第5趟	8	17	25	35	58	87	58	97
第6趟	8	17	25	35	58	58	87	97
排序结果	8	17	25	35	58	58	87	97

图 8-16 简单排序各趟的排序结果

算法描述与算法步骤如算法 8.7 所示。

算法 8.7 【算法描述】   【算法步骤】

```
0   void SelectSort(int R[],int n)      //对 R[n]进行简单选择排序
1   {
2     for(i=1; i<n;++i)                  //共需要 n-1 趟,每一趟操作如下
3     {
4       min=i;                           //1.查找最小关键码记录号 min
5       for(j=i+1;j<=n;j++);
6         if(R[j]<R[min])
7           min=j;
8       if(min!=i)                       //2.如果最小记录不是第 i 个
9         R[i]←→R[min];                  //3.R[i]←→R[min]
10    }
11  }
```

【算法分析】

(1) 时间复杂度。简单选择排序关键码的比较次数与初始序列无关。第 i 趟从无序序列中选择最小记录，需要进行的关键码的比较次数为 $n-i$ 次，共需 $n-1$ 趟，总的比较次数为

$$\sum_{i=1}^{n-1}(n-i)=n(n-1)/2 \approx n^2/2$$

排序中所需记录移动次数较少，最多每趟发生一次数据互换，共移动 $3(n-1)$ 次。因此，简单选择排序的时间复杂度为 $O(n^2)$。

(2) 空间复杂度。在简单选择排序过程中，需要一个辅助记录空间用于记录的互换，因此，空间复杂度为 $O(1)$。

(3) 稳定性。不相邻的数据互换使得简单选择排序方法为不稳定的排序方法。

【算法讨论】 如果采用链式存储结构，把无序序列中的最小记录通过结点插入方式插在有序序列后，如此实现的简单插入排序方法稳定吗？

微课视频

8.4.2 树形选择排序

简单选择排序的时间主要花在关键码的比较上，树形选择排序（tree selection sort）是对简单选择排序的改进，着眼点为减少比较次数。

树形选择排序又称为锦标赛排序（tournament sort），是一种按照锦标赛的思路进行选择排序的方法。

锦标赛冠军产生方法如下。

Step 1. n 个选手两两分组对赛，进行 $n/2$ 次，得到 $n1=\lceil n/2 \rceil$ 个优胜者。

Step 2. n_1 个选手两两分组对赛，进行 $n_1/2$ 次，得到 $n_2=\lceil n_1/2 \rceil$ 个优胜者。

以此类推，最后胜出者为冠军。

从冠军产生的过程可知，每一轮对抗赛是在前轮的基础上进行的，不需要所有选手都参赛；即利用前趟的比较结果，减少后续的比较操作。据此，产生树形排序方法，以非降序为例，设初始无序序列为 R[]={47,13,80,91,67,51,62,29,72,46,31,47,25,83,68}。

Step 1. 选出最小值。

    1.1 n 个关键码两两一组进行数据比较，小值出列形成子树根，共 $n_1=\lceil n/2 \rceil$ 个。

    1.2 对 n_1 个子树根两两一组比较，小值出列形成子树根，共 $n_2=\lceil n_1/2 \rceil$ 个。

以此类推，最后只剩两数比较，小者为最小数。

第 1 趟排序过程如图 8-17 所示。

经过第 1 轮排序后，得到一棵完全二叉树，树根为最小值。另外，除最后一层的叶结点外，其余的为中间比较结果。n 个叶结点的树高 $h=\lfloor \log_2 n \rfloor +1$。

Step 2. 把叶结点中值最小的结点置最大值 ∞，表示已选出。

Step 3. 因该叶结点值的修改，修改之前与其相关的比较结果，共 $h-1=\lfloor \log_2 n \rfloor$ 个，得到当前叶结点中的最小值。

重复 Step 2 和 Step 3，直至选出所有关键码。n 个关键码共需要 $n-1$ 趟。

第 2 趟排序过程如图 8-18 所示，图中有背景色的点为有变化的点。

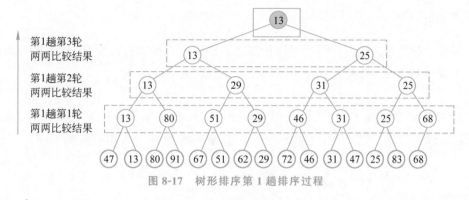

图 8-17 树形排序第 1 趟排序过程

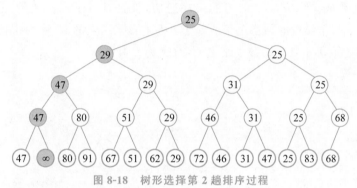

图 8-18 树形选择第 2 趟排序过程

第 3 趟排序过程如图 8-19 所示。

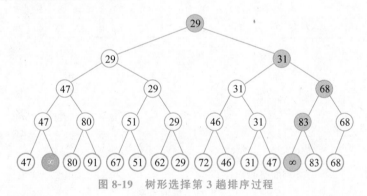

图 8-19 树形选择第 3 趟排序过程

【算法分析】

(1) 时间复杂度。在树形选择排序中,首次两两比较选出最小值,需要进行 $n-1$ 次比较。其次,每选择一个树中最小关键码,需要进行 $h-1$ 次(h 为树高,等于 $\lfloor \log_2 n \rfloor +1$)比较,即 $\lfloor \log_2 n \rfloor$ 次比较,共进行 $n-1$ 趟。因此,树形选择的时间为 $T(n)=(n-1)h+n-1=O(n\log_2 n)$。

(2) 空间复杂度。树形选择排序中需要保留中间比较结果,空间复杂度为 $O(n)$。

【算法讨论】 树形选择建立在一棵完全二叉树上,如果实现上述算法,可采用什么存储方法?

8.4.3 堆排序

树形选择排序方法减少了简单选择排序方法中的数据比较次数,但是增加空间复杂度。堆排序是在树形排序思路下对空间性能进行改进的选择排序方法。

1. 堆的定义

由 n 个元素组成的序列 $\{k_1, k_2, \cdots, k_{n-1}, k_n\}$,当且仅当满足如下关系时,称为堆 (heap)。满足关系①,称为小根堆或小顶堆;满足关系②,称为大根堆或大顶堆。

$$① \begin{cases} k_i \leqslant k_{2i} \\ k_i \leqslant k_{2i+1} \end{cases} \quad \text{或} \quad ② \begin{cases} k_i \geqslant k_{2i} \\ k_i \geqslant k_{2i+1} \end{cases} \quad 1 \leqslant i \leqslant \lfloor n/2 \rfloor$$

若将序列看成一棵完全二叉树的层序遍历,堆是具有下列性质的完全二叉树(如图 8-20 所示):每个结点的值都小于或等于其左右孩子结点的值(称为小根堆)或者每个结点的值都大于或等于其左右孩子结点的值(称为大根堆)。

图 8-20　将关键字序列看成一棵完全二叉树

图 8-21 分别为小根堆和大根堆的示例。

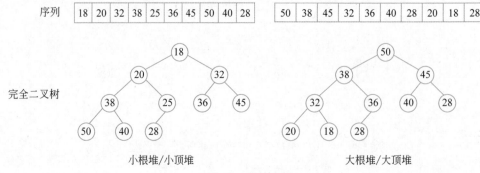

图 8-21　堆的示例

2. 堆的创建

堆排序是建立在堆的基础上的。如何将一个序列构成堆呢?下面以大根堆为例,介绍堆的创建方法。

Step 1. 把序列看成一棵完全二叉树的层序遍历,构造一棵完全二叉树。

Step 2. 从最后一个分支结点(编号为 $\lfloor n/2 \rfloor$ 的结点,从 1 开始编号)开始,依次将序号为 $\lfloor n/2 \rfloor, \lfloor n/2 \rfloor - 1, \cdots, 1$(根结点)的结点作为根的子树都调整为大根堆即可。

若调整第 i 个记录 $R[i]$,则调整的工作如下。

2.1 比较其左、右孩子,取其中大记录的关键码 max 及编号 j。

2.2 如果 R[i] 的关键码小于 max,把 R[i]←→R[j]。

2.3 如果因为 R[i] 和 R[j] 的互换影响了下层的子树,将继续用 2.1、2.2 的方法进行调整。

【例 8-7】 已知无序序列 R[ ]={38,25,16,36,18,32,28,50},将其调整为一个大根堆。

根据上述步骤,堆的创建过程如图 8-22 所示。

以某个结点作为子树根,把子树调整为堆的过程称为一次"筛选"。一次筛选的算法描述与算法步骤如算法 8.8 所示。

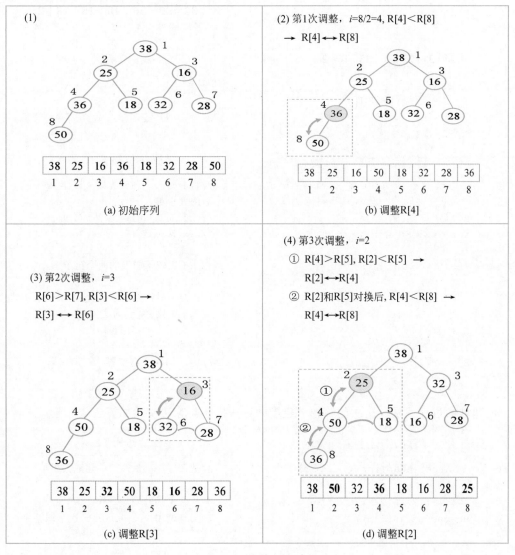

图 8-22 堆的创建过程

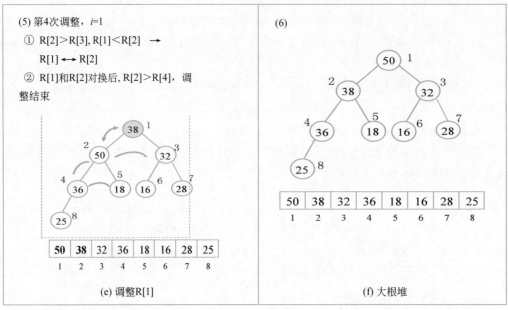

图 8-22 （续）

算法 8.8 　【算法描述】　　　　　　　　　　　　　　【算法步骤】

```
0   void HeapAdjust(int R[],int s,int n)    //将 R[s..n]调整为以 R[s]为根
1   {                                        //的大根堆
2     R[0]=R[s];                             //1.复制 R[s],让出 R[s]空间
3     for(j=2*s;j<=n;j=2*s)                  //2.一次筛选
4     {
5       if(j<n && R[j]<R[j+1])               //2.1 比较子树根的两个孩子
6         j++;                               //取较大者
7       if(R[0]<R[j]) break;                 //2.2 子树根大于较大者,无须记录移动
8       R[s]=R[j];                           //2.3 否则,R[j]为子树根
9       s=j;                                 //2.4 下一个被调整结点
10    }
11    R[s]=R[0];                             //R[s]插入合适位置
12  }
```

建堆的过程就是一次次的筛选。建堆的算法描述与算法步骤如算法 8.9 所示。

算法 8.9 　【算法描述】　　　　　　　　　　　　　　【算法步骤】

```
0   void CreateHeap(int R[],int n)           //把无序序列 R[1..n]建成大根堆
1   {
2     for(i=n/2; i>0;--i)                    //从首个非叶结点开始
3       HeapAdjust(R,i,n);                   //反复调用 HeapAdjust,逐个调整
4   }
```

【算法分析】

(1) 时间复杂度。建堆时,每个非终端结点都要自上而下进行"筛选"。第 i 层上的结点数小于或等于 2^{i-1},且第 i 层结点最大下移的深度为 h(树高)$-i$;每下移一层需要作两次比较:一次是被调子树根的左、右孩子的比较,另一次是其中较大者与子树根的比较。因此建堆时关键字总的比较次数为

$$\sum_{i=h-1}^{1} 2^{i-1} \cdot 2(h-i) = \sum_{i=h-1}^{1} 2^i \cdot (h-i) = \sum_{j=1}^{h-1} 2^{h-j} \cdot j \leqslant (2n) \sum_{j=1}^{h-1} j/2^j \leqslant 4n$$

移动次数小于比较次数。因此,建堆时间复杂度为 $O(n)$。

(2) 空间复杂度。因为有记录互换,所以需要一个记录的辅助空间,空间复杂度为 $O(1)$。

3. 堆排序算法

堆排序(heap sort)是利用堆顶记录为最大(大根堆)或最小(小根堆)的特征进行排序的方法,基本思想是将堆顶记录与无序区最后一个记录互换,扩大有序区;然后将剩余的记录再调整成堆,又找出无序区最大(或最小)的记录,以此类推,直到堆中只有一个记录为止,如图 8-23 所示。

| $R_1 R_2 \cdots R_i$ | $R_{i+1} \leqslant R_{i+2} \leqslant \cdots \leqslant R_n$ | ⇒ | $R_1 R_2 \cdots R_{i-1}$ | $R_i \leqslant R_{i+1} \leqslant \cdots \leqslant R_n$ |

无序区:一个堆　有序区:已在最终位置　　无序区:减1　　有序区:增1

图 8-23　堆排序基本思想

【例 8-8】　已知无序序列 R[]={38,25,16,36,18,32,28,50},对其用堆排序方法进行排序。

【解】　首先建立一个大根堆,然后根据堆排序步骤,前三次输出及两次调整过程如图 8-24 所示。

从初始序列开始,一次输出及一次调整为一趟,n 个记录需要 $n-1$ 趟。例 8-8 中有 8 个记录,需要 7 趟,各趟排序结果如图 8-25 所示。

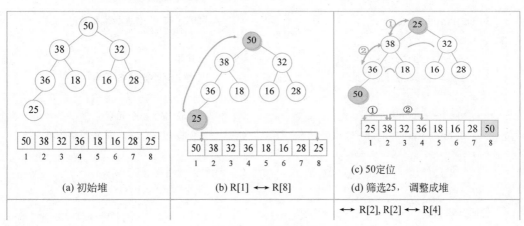

图 8-24　堆排序过程

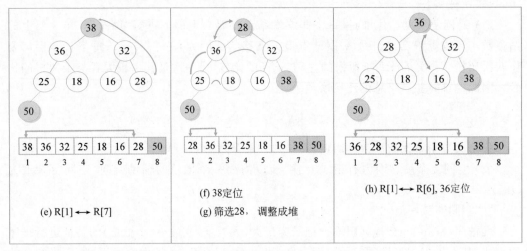

图 8-24 （续）

初始序列	序列	堆
初始序列	38 25 16 36 18 32 28 50	50 38 32 36 18 16 28 25
第 1 趟排序结果	25 38 32 36 18 16 28 **50**	38 36 32 25 18 16 28
第 2 趟排序结果	28 36 32 25 18 16 **38 50**	36 28 32 25 18 16
第 3 趟排序结果	16 28 32 25 18 **36 38 50**	32 28 16 25 18
第 4 趟排序结果	18 28 16 25 **32 36 38 50**	28 25 16 18
第 5 趟排序结果	18 25 16 **28 32 36 38 50**	25 18 16
第 6 趟排序结果	16 18 **25 28 32 36 38 50**	18 16
第 7 趟排序结果	16 **18 25 28 32 36 38 50**	16

图 8-25 堆排序各趟排序结果

堆排序算法描述与算法步骤如算法 8.10 所示。

算法 8.10 【算法描述】   【算法步骤】

```
0  void HeapSort(int R[], int n)           //对顺序表 R[n]进行堆排序
1  {
2    CreateHeap(R,n);                      //1.建堆
3    for(i=1; i<n; i++)                    //2.由大到小定位各元素
4    {
5      R[1]←→R[n-i+1];                    //2.1 输出第 i 个元素
6      HeapAdjust(R,1,n-i);                //2.2 将 R[1..i-1]重新调整为堆
7    }
8  }
```

【算法分析】

（1）时间复杂度。堆排序的运行时间主要消耗在建堆和重建堆时进行的筛选上。初建堆的时间为 $O(n)$。调整新建堆时要做 $n-1$ 次筛选，每次筛选都要将根结点下移到合

适的位置。第 i 次筛选,树中有 $n-i$ 个结点,树高 $h_i=\lfloor \log_2(n-i) \rfloor+1$,结点最多下降 $h_i-1=\lfloor \log_2(n-i) \rfloor$ 层。每下移一层需比较 2 次,最多交换记录为 1 次(少于比较次数)。因此,重建堆时关键码总的比较次数不超过

$$2(\lfloor \log_2(n-1) \rfloor + \lfloor \log_2(n-2) \rfloor + \cdots + \lfloor \log_2 2 \rfloor) < 2n\log_2 n$$

因此,堆排序最坏情况下的时间复杂度也为 $O(n\log_2 n)$。实验研究表明,平均性能接近于最坏性能。

(2) 空间复杂度。在堆排序中,只需要一个记录单元空间用于记录交换,因此它的空间复杂度为 $O(1)$。

(3) 稳定性。由于记录的比较和交换是跳跃式进行的,因此堆排序是一种不稳定的排序方法。

(4) 适用性。算法中采用数组存储完全二叉树,孩子双亲关系隐含在下标中,因此不适用于链式存储。

堆排序算法较复杂,且初建堆所需比较次数较多,因此记录较少时不宜采用。

【算法讨论】 本节以大根堆进行了非降序排序。如果进行非升序排序,该如何做?

8.5 归并排序

归并排序(merge sort)是借助"归并"操作进行排序的方法。所谓归并,指将两个或两个以上的有序序列归并为一个有序序列的过程。本节介绍 2-路归并排序(2-way merge sort)方法,它是归并排序中最简单的一种。其基本思想是将若干有序序列两两归并,直至所有记录在一个有序序列中。具体方法如下。①将 n 个待排序的记录序列看成 n 个长度为 1 的有序序列,然后相邻的两两归并,得到 $\lceil n/2 \rceil$ 个长度为 2(最后一个有序序列可能长度为 1)的有序序列。②对①得到的有序序列两两合并,得到 $\lceil n/4 \rceil$ 个长度为 4(最后一个有序序列可能长度小于 4)的有序序列。

以此类推,共需要进行 $\lceil \log_2 n \rceil$ 趟,直至得到一个长度为 n 的有序序列。

【例 8-9】 已知初始序列 R[]={58,40,25,87,8,58,17},进行 2-路归并排序。

按上述步骤,2-路归并排序过程如图 8-26 所示。

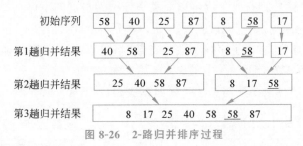

图 8-26 2-路归并排序过程

2-路归并排序的核心是两个有序序列的合并。为了使归并过程中不破坏原来的有序序列,将归并结果存入另一个数组中。

两个有序序列 R[$s..m$]、R[$m+1..t$]合并为一个有序序列 R1[$s..t$],其算法描述与算法步骤如算法 8.11 所示。

算法 8.11 【算法描述】   【算法步骤】

```
0   void Merge(int R[],int s,int m,int t)    //合并有序序列 R[s..m]和 R[m+1..t]
1   {
2     n= t+1;                                 //1. 初始化
3     R1=new int[n];                          //1.1辅助数组临存归并结果
4     i=s;                                    //1.2 设 3 个工作指针 i,j、
5     j=m+1;                                  //k 分别指向 R[s]、R[m+1]、R1[]首元处
6     k=s;
7     while(i<=m && j<=t)                     //2.两个序列合并
8     {                                       //2.1两个序列均不空
9       if(R[i]<=R[j]) R1[k++]=R[i++];
10      else R1[k++]=R[j++];
11    }
12    while(i<=m)                             //2.2若第 1 个子序列未处
13      R1[k++]=R[i++];                       //理完,R[m+1..t]为剩余记录
14    while(j<=t)                             //2.3若第 2 个子序列未处理完,
15      R1[k++]=R[j++];                       //将其剩余部分复制到 R1
16    for(k=s,i=s; i<=t;k++,i++)              //3.将 R1 复制到 R[s..t]中
17      R[i]=R1[k];
18    delete R1;                              //释放 R1
19  }
```

在 2-路归并排序中,被合并的两个序列有以下 3 种情况,如图 8-27 所示。

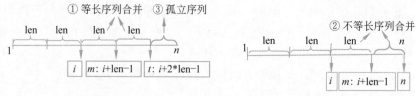

图 8-27 2-路归并排序合并子序列的可能情况

① 两个等长的序列合并。设长度为 len,此时,若 $s=i$,则有
$$m=i+\text{len}-1, \quad t=i+2*\text{len}-1$$

② 两个不等长的序列合并。这种情况只会发生在最后两个序列合并中,且最后一个序列小于 len。因为序列总长为 n,所以 $t=n$,且当 $s=i$ 时,$m=i+\text{len}-1$。

③ 一个孤立的序列。在子序列个数为奇数时,最后一个序列为孤立序列,没有可合并的序列。此时,不需要合并。

一趟归并排序的算法描述与算法步骤如算法 8.12 所示。

算法 8.12 【算法描述】   【算法步骤】

```
0   void MergePass(int R[],int n,int len)    //一趟归并排序,序列长度为 len
1   {
2     i=1;                                    //序列下标从 1 开始
3     while(i+2*len-1<=n)                     //等长子序列合并
4     {
```

```
5        Merge(R, i, i+len-1,i+2*len-1);
6        i+=2*len;
7    }
8    if(i+len-1<n)                           //不等长子序列合并
9        Merge(R, i, i+len-1,n);
10  }
```

2-路归并排序的算法描述与算法步骤如算法 8.13 所示。

算法 8.13　【算法描述】　　　　　　　　　　【算法步骤】

```
0   void MergeSort(int R[],int n)            //一趟归并排序,序列长度为 len
1   {
2       for(len=1; len<n; len=len*2)         //初始子序列长度为 1
3           MergePass(R,n,len);              //子序列合并
4   }
```

2-路归并排序也可以利用递归的形式描述,即首先将待排序序列划分为两个等长的子序列,然后分别对这两个子序列进行归并排序。归并排序的递归执行过程如图 8-28 所示。

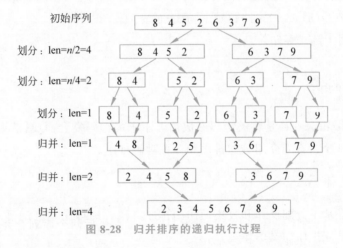

图 8-28　归并排序的递归执行过程

2-路归并排序的递归算法描述与算法步骤如算法 8.14 所示。

算法 8.14　【算法描述】　　　　　　　　　　【算法步骤】

```
0   void MSort(int R[],int s,int t)          //2-路归并排序递归算法
1   {
2       if(s<t)                              //1.待排序记录只有 1 个,递归结束
3           m=(s+t)/2;                       //2.序列对半分
4       MSrot(R,s, m);                       //3.递归归并前半个子序列
5       MSrot(R,m+1,t);                      //4.递归归并后半个子序列
6       Merge(R,s, m,t);                     //5.左、右两个子序列归并
7   }
```

```
 8  void MergeSort(int R[],int n)
 9  {
10      MSort(R,1,n);                        //初次调用
11  }
```

【算法分析】

(1) 时间复杂度。一趟归并排序需要将待排序记录扫描一遍,时间性能为 $O(n)$。整个归并排序需要进行 $\lceil \log_2 n \rceil$ 趟。因此,总的时间代价为 $O(n\log_2 n)$。

(2) 空间复杂度。2-路归并排序在归并过程中需要与待排序记录同样数量的存储空间,用于存放归并结果。因此,空间复杂度为 $O(n)$。

(3) 稳定性。两个有序表归并不会改变相同关键码在原序列中的顺序。因此,2-路归并排序是一种稳定的排序方法。

【算法讨论】

(1) 归并排序的非递归算法实际为至底向上的方法,算法效率高,但可读性差;归并排序的递归算法是一种自顶向下的分治法,形式简洁,但效率相对较差。

(2) 归并排序可以是多路的,如 3-路归并等,路数越多,归并的趟数越少。3-路归并时,归并的趟数为 $\lceil \log_3 n \rceil$,对应的执行时间为 $O(n\log_3 n)$,但 $\log_3 n = \log_2 n / \log_2 3$。因此,时间复杂度仍为 $O(n\log_2 n)$。路数越多,算法越复杂。

(3) 可以用于链式存储。

8.6 基数排序

基数排序(radix sort)是将关键码看成由若干子关键码复合而成,然后借助分配和收集操作进行的排序。首先介绍分配排序和多关键码排序。

8.6.1 分配排序

分配排序是基于分配操作和收集操作的排序方法。桶排序是分配排序的一种,下面以它为例说明分配排序的基本原理。

桶排序(bucket sort)的基本思想是:根据关键码的值域设置等量的桶,按值将关键码分配到相应的桶里;分配完所有的记录后,将桶中的记录依次收回,以完成排序。

假设关键码的取值为 0~9,初始序列为 $\{4_1,6_1,1,4_2,6_2,3,6_3,8\}$,其桶排序过程如图 8-29 所示。设置 10 个桶,对应 0~9 十个关键码值;将 8 个记录按其关键码分配到相应的桶内;然后按桶的顺序把记录收集起来,完成排序。

8.6.2 多关键码排序

给定一个记录序列 $\{R_1,R_2,\cdots,R_n\}$,每个记录 R_i 含有 d 个关键码 $(k_i^1 k_i^2 \cdots k_i^d)$。多关键码排序(multiple key order)是将这些记录排列成顺序为 $\{R_{s1},R_{s2},\cdots,R_{sn}\}$ 的一个序

图 8-29 桶排序过程

列,使得对于序列中的任意两个序列 R_i 和 R_j ($1 \leqslant i < j \leqslant n$)都满足 $(k_i^1 k_i^2 \cdots k_i^d) \leqslant (k_j^1 k_j^2 \cdots k_j^d)$(非降序排序)。$k^1$ 为最高位关键码,也称为最主位关键码;k^d 为最低位关键码,也称为最次位关键码。

例如扑克牌,每张牌有两个关键码:花色和点数。设有如下次序关系。

花色:♣<♦<♥<♠,点数:2<3<4<5<6<7<8<9<10<J<Q<K<A

设 k^1 为花色,k^2 为点数,可排成如下有序序列。

♣2♣3…♣A♦2♦3…♦A♥2♥3…♥K♥A♠2♠3…♠K♠A

对多关键码进行排序,有两种基本方法。

(1) 最高/主位优先(MSD)。

Step 1. 分配。

1.1 按最高位关键码 k^1 对序列进行划分,相同 k^1 值的在一个子序列。

1.2 在每个子序列中,按 k^2 值进行相同的划分。

……

按相同思路,直至各组按 k^d 划分完组。

Step 2. 收集。按组的顺序,将所有的子序列收集在一起,得到一个有序序列。

(2) 最低/次位优先(LSD)。

Step 1. 分配。按最低位关键码 k^d 对记录进行分组,相同 k^d 的分在同一组。每组按 k^d 值有序排列。

Step 2. 收集。按组的顺序将各组收集起来,得到按 k^d 有序的序列。

按上述步骤分别对 k^{d-1},k^{d-2},…,k^1 进行分配与收集,最终得到对所有键码有序的序列。

【例 8-10】 已知扑克牌{♥J,♠6,♥4,♦4,♥8,♦8,♠4},分别进行 MSD、LSD 的非降序排序。

(1) MSD 排序。首先按花色进行第 1 次序列划分与分组;然后对每个子序列,按点数进行划分与分组;最后进行收集,得到有序序列,如图 8-30(a)所示。

（2）LSD 排序。首先按点数进行第 1 次分组；然后进行第 1 次收集，得到按点数有序的序列；再按花色第 2 次分组，第 2 次收集，得到对所有键码有序的序列，如图 8-30（b）所示。

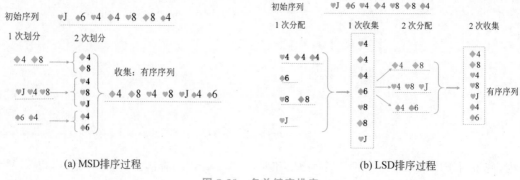

(a) MSD 排序过程　　　　　　　　　　　(b) LSD 排序过程

图 8-30　多关键字排序

8.6.3　基数排序详解

以 3 个数位的整数为例，讲解基数排序。排序采用 LSD 方法。

3 位整数可以看成由百位、十位和个位 3 个子关键码组成。在排序实现中，借用队列存放分组结果，队列的个数取决于子关键码的值域。具体方法如下。

【算法步骤】从最低位关键码 k^d 开始依次对每个关键码 $k^1, k^2, \cdots, k^{d-1}, k^d$ 进行下列工作。

Step 1. 将具有相同码值的记录分配到一个队列中，一个码值对应一个队列。

Step 2. 依次将队列首尾相连，进行收集。

如果对 k^i 进行排序，收集后将得到按 $k^i, k^{i+1}, \cdots, k^{d-1}, k^d$ 有序的序列。做完最后一趟，即完成对 k^1 的排序，将得到对所有关键子码有序的序列，排序工作结束。

【例 8-11】已知序列{769,763,63,249,243,545,281,89}，给出基数排序的过程。

关键码由百位、十位、个位组成，别按个位、十位和百位进行分组和收集，3 趟过程如图 8-31 所示。

每个关键码可能的取值为 0~9，需要 10 个队列，每个队设有队首和队尾。第 i 个队首为 $h[i]$、队尾为 $t[i]$。图中未画出空队列。

【存储设计】采用链式存储，结点结构如图 8-32 所示，定义如下。

```
struct RNode
{
    int keys[MAXD];          //MAXD 个子关键字
    struct RNode * next;     //指向下一个结点
}
```

初始序列存储如图 8-33 所示。

算法描述与算法步骤如算法 8.15 所示。

```
初始序列    769   763   63   249   243   545   281   89
```

• 按个位分配

```
h[1] ─► 281 ─► t[1]
h[3] ─► 763 ─► 63 ─► 243 ─► t[3]
h[5] ─► 545 ─► t[5]
h[9] ─► 769 ─► 249 ─► 89 ─► t[9]
```

收集：按个位排序
➡ 281 763 63 243 545 769 249 89

• 按十位分配

```
h[4] ─► 243 ─► 545 ─► 249 ─► t[4]
h[6] ─► 763 ─► 63 ─► 769 ─► t[6]
h[8] ─► 281 ─► 89 ─► t[8]
```

收集：按十位、个位排序
➡ 243 545 249 763 63 769 281 89

• 按百位分配

```
h[0] ─► 63 ─► 89 ─► t[0]
h[2] ─► 243 ─► 249 ─► 281 ─► t[2]
h[5] ─► 545 ─► t[5]
h[7] ─► 763 ─► 769 ─► t[7]
```

收集：按百位、十位、个位排序
➡ 63 89 243 249 281 545 763 769

图 8-31 基数排序过程

图 8-32 关键字结点结构示意图

```
L ─► 769 ─► 763 ─► 063 ─► 249 ─► 243 ─► 545 ─► 281 ─► 089 ∧
```

图 8-33 存储示意图

算法 8.15 【算法描述】   【算法步骤】

```
0   void RadixSort(RNode * &L,int r,int d)   //LSD 基数排序
1   {
2     RNode *h[r],*t[r];                      //r 进制数,建立 r 个队列
3     for(i=d-1; i>= 0;i--)                   //d 个数位 d 个子关键字,d 趟
4       for(j=0; j<r; j++)                    //每一趟
5         h[j]=t[j]=NULL;                     //1.队列初始化
6       while(L!=NULL)                        //2.扫描序列列表,进行分配
7       {
8         k=L->keys[i];                       //2.1 第 i 个子关键字为 k 则入第 k 个队列
9         f(h[k]==NULL;)                      //2.1.1 首元结点
10          {h[k]=L; t[k]=L;}                 //队尾指向队头
11        else                                //2.1.2 非首元结点
12          {t[k]->next=L;t[k]=L;}            //入队尾
13        L=L->next;                          //2.2 取一下待排序记录
```

```
14      }
15      L=NULL;                          //3. 收集
16      for(j=0; j<r; j++)               //3.1 r 个队列,尾-首相连
17      {
18        if(h[j]!=NULL)
19          {
20            if(L=NULL)                 //3.1.2 首元结点
21              {L=h[j]; T=t[j];}        //队尾指向队头
22            else                       //3.1.3 非首元结点
23              {T->next=h[j]; T=t[j];   //尾-首相接
24              }                        //尾结点,next 为空
25          }
26      T->next=NULL;
27      }
28    }
```

【算法分析】

（1）时间复杂度。在基数排序过程中共进行了 d 趟分配和收集。每一趟分配过程需要扫描所有结点,收集过程按队列进行。因此,一趟的执行时间为 $O(n+r)$,基数排序的时间复杂度为 $O(d(n+r))$。

（2）空间复杂度。在基数排序过程中需要建立 r 个队列。因此,空间复杂度为 $O(r)$。

（3）稳定性。在基数排序过程中使用队列,队列的先入先出特性不会改变相同值在序列中的位置。因此,这是一种稳定的排序方法。

8.7 各种排序方法的比较

本章介绍了插入类、交换类、选择类、归并类及分配类中典型的排序方法,它们只是众多排序方法的一小部分。因为每种方法性能各异,有各自的特点和适用范围,所以众多的排序方法并存。

8.7.1 性能比较

表 8-5 给出本章所介绍的排序方法的时间性能、空间性能及稳定性等。

表 8-5 各种排序方法性能比较

排序方法	平均情况	最好情况	最坏情况	辅助空间	稳定性
直接插入排序	$O(n^2)$	$O(n)$	$O(n^2)$	$O(1)$	稳定
折半插入排序	$O(n^2)$	$O(n)$	$O(n^2)$	$O(1)$	稳定
希尔排序	$O(n^{1.3})$			$O(1)$	不稳定
冒泡排序	$O(n^2)$	$O(n)$	$O(n^2)$	$O(1)$	稳定

续表

排序方法	平均情况	最好情况	最坏情况	辅助空间	稳定性
快速排序	$O(n\log_2 n)$	$O(n\log_2 n)$	$O(n^2)$	$O(\log_2 n) \sim O(n)$	不稳定
简单选择排序	$O(n^2)$	$O(n^2)$	$O(n^2)$	$O(1)$	不稳定
堆排序	$O(n\log_2 n)$	$O(n\log_2 n)$	$O(n\log_2 n)$	$O(1)$	不稳定
归并排序	$O(n\log_2 n)$	$O(n\log_2 n)$	$O(n\log_2 n)$	$O(n)$	稳定
基数排序	$O(d(n+r))$	$O(d(n+r))$	$O(d(n+r))$	$O(r)$	稳定

1. 时间复杂度

排序的平均时间性能为 $O(n\log_2 n)$(最好)~$O(n^2)$(最坏)。能达到最好平均性能的排序方法有快速排序、堆排序和归并排序。并且,除了这 3 个排序方法和希尔排序方法外,其余算法的平均性能均与最坏的排序性能一致。其中,除基数排序外,均为最坏的排序性能 $O(n^2)$。一般情况下,算法较简单的,时间性能较差,改进后的算法时间性能较好。

对于性能相同的算法,回到具体分析可知,因系数之差,实际运行时间可能会差数倍关系。例如,直接插入排序和冒泡排序,系数大约差一倍,运行速度将降低一半。

排序最好的性能是 $O(n)$,但只出现在直接插入排序和冒泡排序且是正序序列时。

最好、最坏与平均性能三者值相同的排序方法表示初始序列对排序性能影响不大,简单选择排序、堆排序、归并排序和基数排序属于此类。

2. 空间复杂度

空间复杂度的取值为 $O(1)$(最好)~$O(n)$(最差)。归并排序空间性能最差,为 $O(n)$;快速排序次之,在 $O(\log_2 n) \sim O(n)$;基数排序取决于"基数 r",即子关键字可能的值域,一般与问题规模 n 无关。除此之外,均为 $O(1)$,即原地排序。

3. 稳定性

时间复杂度为 $O(n^2)$ 的简单排序方法(直接插入排序和冒泡排序)是稳定的;而希尔排序、快速排序和堆排序等改进的排序方法一般时间性能较好,但都是不稳定的。

4. 简单性

从简单性看,算法分为两类。一类是简单算法,包括直接插入排序、简单选择排序、冒泡排序和桶排序;另一类是改进算法,包括希尔排序、堆排序、快速排序、归并排序和基数排序,这类算法属复杂算法、先进算法。

8.7.2 方法选用

实际选用应该根据具体情况而定,考虑的因素有:①时间复杂度;②空间复杂度;③稳定性;④算法简单性;⑤待排序记录个数 n 的大小;⑥记录本身信息量的大小;⑦存储结构;⑧关键码的分布情况。综合考虑这些因素,给出以下几点建议。

1. 记录本身信息量的大小

记录本身的信息量越大,占用的存储空间越大,移动记录所需花费的时间就越多,因此对移动次数多的算法不利。表 8-6 中给出各类算法的基本排序算法中记录移动次数的比较。

表 8-6 算法中记录移动次数的比较

排序方法	平均情况	最好情况	最坏情况
直接插入排序	$O(n^2)$	0	$O(n^2)$
冒泡排序	$O(n^2)$	0	$O(n^2)$
简单选择排序	$O(n)$	0	$O(n)$
归并排序	$O(n\log_2 n)$	$O(n\log_2 n)$	$O(n\log_2 n)$
基数排序	$O(dn)$	$O(dn)$	$O(dn)$

2. 待排序记录个数 n 的大小

当 n 较小时，n^2 和 $n\log_2 n$ 的差别不大，选用简单排序方法。如果记录基本有序，且要求稳定，采用直接插入排序；如果记录本身体量较大，最好采用简单选择排序方法。

当 n 较大时，应该选用改进后的复杂算法。如果关键字分布随机，稳定性不作要求，可采用快速排序；如果关键字基本有序，稳定性不作要求，可采用堆排序；如果关键字基本有序，内存允许且要求排序稳定，可采用归并排序；如果只找序列中前几个或后几个，采用堆排序或简单选择排序。

3. 关键码的分布情况

当待排序序列为正序时，直接插入排序和冒泡排序最适合，时间复杂度为 $O(n)$。此时，对于快速排序而言是最坏情况。简单选择排序、堆排序、归并排序和基数排序的时间性能不随记录序列中关键码的分布而改变。

4. 存储结构

顺序存储可以采用上述各种排序方法。链式存储可用于直接插入排序、冒泡排序、简单选择排序、归并排序和基数排序。

实际应用中可将各种不同的方法进行"混用"，以充分发挥各种方法的特长。例如，在快速排序中划分的子序列长度小于某个值时，转而调用直接插入排序；或者对待排序记录序列先逐段进行直接插入排序，然后再利用"两两归并"排序。

8.8 排序技术应用举例

排序算法作为计算机科学中一项基础技术，应用范围广泛，从基础的数据处理到复杂的系统管理无所不包。在技术迅猛发展和数据量激增的今天，排序算法对于提升数据处理的效率和优化系统性能起着重要的作用。本节内容将跨越传统数据处理的界限，探索排序技术在数据库管理系统中的索引构建、在电子商务中的个性化推荐、在生物信息学中的基因序列分析以及在操作系统调度等多个领域的应用。这些案例将揭示排序算法如何成为连接问题与解决方案的桥梁。

8.8.1 数据库管理系统

数据库管理系统(database management system,DBMS)是一套软件解决方案,专门设计用于创建、维护和管理数据库。DBMS 通过提供结构化的数据存储、组织和检索机制,极大提高数据管理的效率和访问速度。

DBMS 的核心功能涵盖了数据定义、数据操纵、数据控制、并发控制、故障恢复以及性能优化等关键方面。在这些功能中,排序算法协助构建和维护索引,还优化了查询性能,确保了事务的正确执行。①索引构建。索引是数据库中用于加速数据检索的基础设施。排序允许数据库在不必扫描整个表的情况下快速定位到所需的数据行。例如,堆排序因其时间复杂度为 $O(n\log n)$ 以及优秀的空间效率,在构建 B 树索引时被用来维护索引结点的有序性,从而有效提升数据检索效率。②查询优化。在数据库查询优化中,排序算法的应用可以显著减少磁盘 I/O 操作和 CPU 计算时间。快速排序以其平均时间复杂度 $O(n\log n)$,常用于对临时表中的数据进行排序,减少数据访问次数。在查询优化中,预先排序可以减少后续的扫描操作,从而提高查询性能。③事务处理。事务处理是数据库管理系统中的另一个关键领域,排序在其中确保事务的顺序执行,以维护数据的一致性和完整性。插入排序,尽管在大规模数据集上效率不高,但对于小规模数据集却非常有效,并且易于实现。它确保了事务日志记录的有序性,有助于保持数据的一致性。

排序算法的选择和应用直接影响数据库系统的整体性能。通过合理选择排序算法,数据库管理员可以显著提高数据库操作的效率和响应速度,满足日益增长的数据管理需求。

8.8.2 电子商务

电子商务作为现代商业交易的一种形式,涵盖了在线购物、电子支付和客户服务等活动。

在电子商务的多个环节中,排序技术贯穿在商品推荐、库存管理和订单处理等方面。通过精心选择和应用排序算法,电子商务平台能够显著提升业务流程的效率,优化用户体验,并提高业务成功率。①商品推荐。商品推荐系统是电子商务平台的核心,它依据用户的购买历史、浏览行为等信息推荐商品。快速排序算法在此过程中被用来根据销量、评分或用户点击率等指标对商品进行排序,确保用户能够看到最相关或最受欢迎的商品。快速排序的时间复杂度为 $O(n\log n)$,从而成为处理大规模数据集的理想选择,快速提供个性化推荐。②库存管理。库存管理直接影响电子商务运营的成本控制和顾客满意度。插入排序算法适用于小规模库存商品的排序,尤其是在库存变动不频繁时。尽管插入排序的时间复杂度为 $O(n^2)$,但在小规模数据集上效率较高,便于商家根据需求量对库存商品进行排序,实现库存的实时监控和调整。③订单处理。订单处理包括从接收订单到发货的整个流程。堆排序算法在此环节中用于按订单金额、下单时间等优先级对订单进行排序,确保高优先级的订单得到及时处理。堆排序的时间复杂度同样为 $O(n\log n)$,在管理大量订单时显示出其高效性,有助于提升客户满意度和忠诚度。

排序技术的正确应用可以极大地优化电子商务平台的运营效率,从商品推荐到库存管理,再到订单处理,每个环节都能通过算法的智能排序获得显著的性能提升。

8.8.3 生物信息学

生物信息学这一跨学科领域融合了计算机科学与信息技术,专注于解决生物学问题。

在生物信息学的研究中,排序算法在基因排序和蛋白质结构预测这两个关键领域扮演了重要的角色。①基因排序。基因排序的目的在于对基因序列进行排序,以便分析遗传变异和基因表达模式。鉴于基因序列的长度,基数排序算法因其高效性而成为处理此类数据的理想选择。基数排序通过将基因序列转换为整数形式,并利用其时间复杂度 $O(kn)$(其中 k 代表序列的最大长度,n 为序列数量)的优势,实现了对大规模基因序列数据的快速排序。②蛋白质结构预测。蛋白质结构预测是生物信息学中的一个前沿领域,旨在从蛋白质的氨基酸序列推断其三维结构。预测这些结构有助于理解生物功能、药物设计、酶活性改良等应用。在这一过程中,会产生大量候选结构模型,需要依据评价标准进行排序,以筛选出最接近真实结构的模型。快速排序算法凭借其时间复杂度 $O(n\log n)$,在处理此类大规模数据集时显示出其优越性。快速排序不仅能够迅速地识别出最优模型,而且提高了蛋白质结构预测的效率和准确性。

8.8.4 文件系统

文件系统作为操作系统的核心组件,承担着管理存储设备上文件和目录的重任。它不仅提供创建、删除、读取、写入文件的基本功能,还负责目录管理、磁盘碎片整理、索引结构维护以及文件分配表(file allocation table,FAT)管理等高级任务。在这些功能的实现中,排序算法贯穿其中。①目录管理。在文件系统中,目录管理是组织和检索文件及目录的关键环节。插入排序算法以其对小规模数据集的高效性,被用于对目录条目进行排序。尽管其时间复杂度为 $O(n^2)$,但对于目录这类通常不会包含大量条目的数据集来说,这种方法足以快速实现按字母顺序排序,便于用户检索。②磁盘碎片整理。磁盘碎片整理通过重新组织磁盘上的文件布局,旨在提升文件访问速度和整体磁盘性能。在此过程中,快速排序算法能够高效地对文件进行排序,优化其物理存储布局。快速排序以其时间复杂度 $O(n\log n)$,在处理大规模文件集合时展现出其优越性,有助于快速安排文件的连续存储,减少磁盘寻道时间。③索引结构。索引结构的建立和维护对于加速文件系统的搜索和访问至关重要。二叉搜索树(binary search tree,BST)提供了一种高效的索引机制,能够在 $O(\log n)$ 时间内完成查找、插入和删除操作。自平衡的二叉搜索树,如 AVL 树或红黑树,确保了操作的效率,即使在动态变化的数据集中也能保持性能。④文件分配表。文件分配表(FAT)是跟踪文件存储位置的关键数据结构。基数排序算法在此用于高效排序 FAT 中的条目,其时间复杂度为 $O(kn)$,适用于对数字或字符串进行排序。基数排序的优势在于能够快速处理大量条目,优化文件的存储和检索过程。

此外,为了高效地分配和回收磁盘空间,需对 FAT 中的空闲簇进行管理。通过希尔排序对空闲簇进行排序,可以更高效地找到连续的空闲空间,存放新文件,减少磁盘碎片,提升文件系统的整体性能。

8.8.5 操作系统调度

操作系统(operating system,OS)作为计算机系统的基础软件,为应用程序提供了一个抽象层,简化了硬件资源的使用,并为用户和开发者提供了友好的操作环境。资源管理和任务调度是操作系统的职责。在进程调度、作业调度、资源分配、磁盘调度和内存管理等方面,排序技术的参与,有效地提高操作系统的工作效率。

1. 进程调度

进程调度是操作系统按照既定策略从就绪队列中选取进程并分配 CPU 时间的过程。

简单选择排序适用于最短作业优先(shortest job first,SJF)调度策略,能够从就绪队列中选出预计运行时间最短的进程。尽管简单选择排序的时间复杂度为 $O(n^2)$,但它在小型队列中表现高效,适用于快速决策场景。

堆排序在优先级调度中,能够维护一个按优先级排序的就绪队列,确保高优先级进程得到及时处理。堆排序的时间复杂度为 $O(n\log n)$,适合处理大型队列,尽管在频繁更新时可能需要较多计算资源。

2. 作业调度

作业调度负责从作业队列中选择作业并分配资源。

插入排序适用于小型作业队列,能够保持队列的有序性,便于快速插入并定位作业。其时间复杂度为 $O(n^2)$,实现简单,但在大规模数据集中效率受限。

快速排序则适用于大型作业队列,能够快速确定下一个要运行的作业。快速排序的平均时间复杂度为 $O(n\log n)$,但在最坏情况下可能退化至 $O(n^2)$,需要谨慎应用。

3. 资源分配

资源分配是操作系统根据进程或作业的优先级分配必要资源的过程。

堆排序在此环节中构建了一个按优先级排序的资源分配队列,确保了资源的合理分配。堆排序的时间复杂度为 $O(n\log n)$,适用于处理大规模资源请求。

4. 磁盘调度

磁盘调度是指操作系统根据一定的策略选择磁盘请求并决定磁头的移动方向。使用最短寻道时间优先(shortest seek time first,SSTF)算法可以有效地管理磁盘请求。

最短寻道时间优先算法在此领域中被用来减少磁头移动距离,提高磁盘 I/O 效率。按寻道时间有序排列的磁盘访问任务,提高调度效率。

5. 内存管理

内存管理是指操作系统根据一定的策略选择空闲内存块并分配给新进程。使用简单选择排序和插入排序算法可以有效地管理内存分配。

简单选择排序在最佳适配算法中用来选择最合适的空闲内存块,其时间复杂度为 $O(n^2)$,适合小型集合。

插入排序在首次适配算法中维持空闲内存链表的有序状态,时间复杂度同样为 $O(n^2)$,适用于小型链表,但在大型数据集中效率较低。

8.9 小结

1. 本章知识要点

本章知识要点如图 8-34 所示。

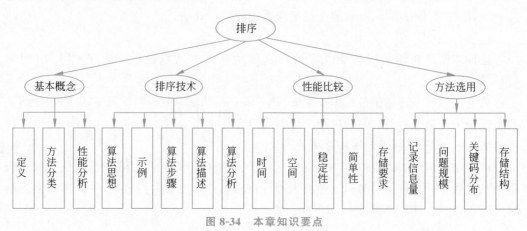

图 8-34 本章知识要点

2. 本章相关算法

本章相关排序算法如图 8-35 所示。

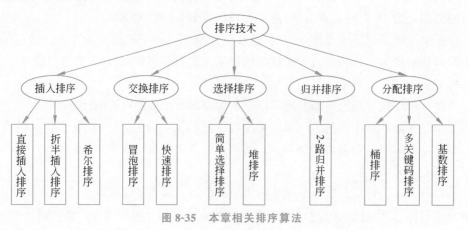

图 8-35 本章相关排序算法

习题 8

一、填空题

1. 不考虑基数排序，则在排序过程中，主要进行的两种基本操作是关键字的_____和记录的_____。

2. 设用希尔排序对数组{98,36,−9,0,47,23,1,8,10,7}进行排序，给出的步长依次是 4、2、1，则排序第一趟结束后，序列为_____。

3. 快速排序在_____的情况下最易发挥其长处。

4. 对 n 个元素的序列进行冒泡排序,在_____的情况下比较次数最少,为_____次;在_____的情况下,比较次数最多,为_____次。

5. 对一组记录(50,38,90,20,10,70,60,44,80)进行直接插入排序,当把第 7 个记录 60 插入有序表时,为寻找插入位置,需要比较_____次。

6. 对序列(50,38,90,20,10,70,60,44,80)进行快速排序,在递归调用中使用的栈所能达到的最大深度为_____。

7. 如果将序列(90,16,48,70,88,35,28)建成堆,只需要把 16 与_____交换。

8. 在 2-路归并排序中,若待排序记录的个数为 20,则共需要进行_____趟归并。在第 3 趟归并中,把长度为_____的有序表归并为长度为_____的有序表。

9. 分别采用堆排序、快速排序、冒泡排序和归并排序,当初态为有序表时,则最省时间的是_____排序,最费时间的是_____排序。

10. 不受待排序初始序列影响,时间复杂度为 $O(n^2)$ 的排序算法是_____排序;在排序算法的最后一趟开始前,所有元素都可能不在其最终位置上的排序算法是_____排序。

11. 直接插入排序用监视哨的作用是_____。

12. 对 n 个记录 R[1..n] 进行简单选择排序,所需进行的关键字间的比较次数为_____。

13. 堆排序是一种_____排序,堆实际上是一棵_____的层次遍历序列。在对含有 n 个元素的序列进行排序时,堆排序的时间复杂度为_____,空间复杂度为_____。

14. 对于关键字序列(16,15,10,18,55,25,6,20,35,88),用筛选法建堆,应从关键字为_____的元素开始。

15. 对于数据序列{28,271,360,531,187,235,56,199,18,23},采用最低位优先的基数排序进行递增排序,第 1 趟排序后的结果是_____。

二、简答题

1. 在各种排序方法中,哪些是稳定的?哪些是不稳定的?请为每一种不稳定的排序方法举出一个不稳定的实例。

2. 堆排序、快速排序和归并排序的选择。

(1) 若只从存储空间考虑,则应首先选取哪种方法,其次选取哪种方法,最后选取哪种方法?

(2) 若只从排序结果的稳定性考虑,则应选取哪种方法?

(3) 若只从平均情况下排序最快考虑,则应选择哪种方法?

(4) 若只从最坏情况下排序最快考虑,则应选择哪种方法?

3. 欲求前 k 个最大元素,用什么排序方法好?为什么?

4. 快速排序的最大递归深度是多少?最小递归深度是多少?

5. 如果只要找出一个具有 n 个元素的集合的第 $k(1 \leqslant k \leqslant n)$ 个最小元素,哪种排序方法最适合?

三、应用题

设有一组关键字$\{29,18,25,47,58,12,51,10\}$,分别写出按下列各种排序方法非降序排序的各趟排序结果。

(1) 直接插入排序。

(2) 希尔排序($d=4$、2、1)。

(3) 冒泡排序。

(4) 快速排序。

(5) 简单选择排序。

(6) 堆排序。

(7) 归并排序。

(8) 基数排序。

四、算法设计题

1. 设待排序记录序列用单链表作为存储结构,试写出直接插入排序算法。

2. 设待排序记录序列用单链表作为存储结构,试写出简单选择排序算法。

3. 设有一组整数,有正数也有负数。编写算法,重新排列整数,使负数排在非负数之前。

4. 基于快速排序的划分思路,在一组无序的记录$R[n]$中按值寻找,查找成功,返回位序。分析算法的时间复杂度。

五、上机练习题

1. 分别用顺序存储和链式存储实现算法设计题的第3题。

2. 随机生成100个整数。分别用直接插入排序、折半插入排序、简单选择排序、冒泡排序、快速排序和堆排序这些排序方法进行排序,给出每种方法的排序时间、比较次数和移动次数。

六、AI辅助题

基于大语言模型等AI工具求解下列各题。

1. 给出多个改进冒泡排序的方法。

2. 给出5个应用"插入排序"求解的问题。

3. 给出5个应用"希尔排序"求解的问题。

4. 给出5个应用"快速排序"求解的问题。

5. 给出5个应用"堆排序"求解的问题。

6. 给出5个应用"归并排序"求解的问题。

7. 给出5个应用"基排序"求解的问题。

七、思政思考题

1. 排序算法的多样性如何体现科学探索中的包容性和创新性?

2. 排序算法中的稳定性概念如何体现对公平原则的尊重?

3. 排序算法在提高数据处理效率中的作用如何体现对精益求精的追求?

4. 排序技术在维护社会秩序和公平正义中的应用如何体现社会责任?

5. 排序技术在紧急情况下的应用(如紧急任务调度)如何体现对生命安全的重视?

第 9 章 分布与并发数据结构

在信息技术迅猛发展的今天,数据处理的需求不断攀升,分布式数据结构和并发数据结构应运而生,支撑大数据存储和处理、云计算、分布式系统、并发系统、区块链技术等现代计算机系统,并在其中扮演重要角色。

本章探讨分布式数据结构和并发数据结构的基本概念及数据结构在现代计算机系统中的运用,提升读者在计算机科学领域分析和解决问题的能力。

本章主要知识点

- 分布式系统基本概念。
- 分布式数据结构。
- 分布式数据结构应用。
- 并发系统基本概念。
- 并发数据结构。
- 并发数据结构应用。

本章教学目标

- 了解分布式数据结构及其特点与应用。
- 了解并发数据结构及其特点与应用。

9.1 分布式数据结构

9.1.1 分布式系统基本概念

1. 分布式系统定义及特性

分布式系统是由多个独立的计算机(或结点)组成的系统,这些计算机通过网络连接在一起,协同工作以完成特定的任务或服务。其逻辑结构图如图 9-1 所示。

- 客户端:用户的前端设备或应用程序,向系统发送请求。

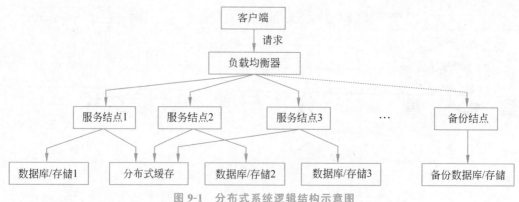

图 9-1 分布式系统逻辑结构示意图

- 负载均衡器：负责分配请求到不同的服务结点，以实现负载均衡。
- 服务结点：处理客户端请求的服务器实例，可以有多个，以提供高可用性和扩展性。
- 数据库/存储：存储数据的后端系统，每个服务结点可能连接到不同的数据库或存储资源。
- 分布式缓存：提高系统性能，减少对数据库的直接访问。
- 备份结点：备用的服务结点，用于故障转移和高可用性。
- 备份数据库/存储：存储备份数据，确保数据安全和灾难恢复。

分布式系统具有以下的关键特性。①分散性。分布式系统中的每个结点可以被视为一个单一的逻辑实体，可拥有自己的操作系统、存储资源和处理能力，并且能够独立地执行任务和处理数据。②并发性。系统能够支持多个任务同时进行。③透明性。对于终端用户而言，系统的内部结构和组件的具体位置是隐藏的。用户无须了解数据如何在网络中流动，只需与系统交互即可。④可靠性。分布式系统通过冗余和容错机制设计，确保在部分组件失败时仍能继续提供服务。⑤可扩展性。系统设计允许通过增加结点或提升现有结点性能来扩展其容量，以适应不断增长的业务需求。⑥异构性。系统能够集成使用不同硬件、操作系统和编程语言的组件，实现跨平台的互操作性。⑦自治性。每个结点在保持整体协调的同时，具有一定的独立性，能够自主管理自己的资源和任务。⑧安全性。分布式系统必须采取有效的安全措施，如加密、身份验证和访问控制，以保护数据和资源不受未授权访问和攻击。⑨动态性。系统能够适应组件的动态加入或退出，保持服务的连续性和稳定性。⑩一致性。系统必须采用适当的一致性协议和算法来确保所有结点上数据的一致性和完整性。这些特性不仅赋予了分布式系统强大的能力，也带来了设计和实现上的挑战。特别是在确保数据一致性和系统容错性方面，需要深入分析和精心设计。理解这些特性对于构建和维护高效、可靠的分布式系统至关重要。

2. 分布式系统中数据处理问题

分布式系统相比于集中式系统，在数据处理上需要解决一些独特的问题，这些问题通常与系统的分散性、并发性和网络通信有关。①数据一致性。在分布式环境中，数据可能分布在多个结点上。为了保证数据的一致性，需要处理跨结点的更新和读取操作。这意味着当一个结点上的数据发生变化时,其他结点上的副本也需要相应地更新。事务处理是另一个重要的方面,在分布式环境中,事务可能跨越多个结点,需要确保事务的原子性、一致性、隔离性和持久性(ACID 属性)。②数据复制。为了提高可靠性和可用性,数据通常会在多个结点上进行复制。由此需要解决副本之间的同步问题,确保所有副本之间的数据一致性。副本放置策略也很重要,需要决定如何以及在哪里放置副本以优化性能和可靠性。例如,可以使用散列分区或范围分区等方法来确定数据应该放在哪个结点上。③数据分区。数据会被分成多个部分,并分布到不同的结点上。为了高效地处理这些数据,需要有效的方法来划分数据,并且能够在结点间进行数据的迁移。常见的分区策略包括散列分区和范围分区,其中散列函数将数据映射到特定的结点上;范围分区,则根据数据值的范围将数据分配给特定的结点。④并发控制。为防止多个进程同时修改同一份数据,需对操作实现锁定,可以选择乐观锁或悲观锁机制,具体取决于应用场景的需求。乐观锁通常假设冲突较少,只在提交时检查冲突;悲观锁则假设冲突频繁,在操作开始时就锁定资源。⑤负载均衡。为了确保工作负载均匀地分布在各结点上,防止某些结点过载,需要采用动态负载均衡策略。这通常涉及使用特定的算法(如轮询、最少连接、基于响应时间等)来分配任务。通过合理分配负载,可以提高系统的整体性能和响应速度。⑥容错性。分布式系统需要能够检测结点故障并及时采取措施。一旦检测到故障,系统能够从故障中恢复,确保数据的完整性和一致性。容错性指通过复制数据来提高系统的容错能力。例如,如果一个结点失效,可以从其他结点上的副本恢复数据。⑦网络通信。设计高效的通信协议来减少网络延迟和带宽消耗是至关重要的。在设计分布式系统时,需要考虑如何优化消息传递,以减少网络开销,并确保即使在网络分区的情况下也能维持一定程度的服务可用性。网络分区是指由于网络问题导致系统的不同部分不能相互通信。⑧事务管理。事务管理是确保分布式系统中事务正确执行的关键。两阶段提交(2PC)是一种经典的分布式事务管理协议,用于保证事务的原子性。三阶段提交(3PC)是 2PC 的一种改进版本,减少了阻塞的风险。在某些情况下,采用最终一致性策略,允许短时间内数据不一致,但最终达到一致状态,也是一种可行的做法。⑨数据查询。优化查询计划以减少跨结点的数据传输量,提高查询性能。此外,还需要有效地管理索引,以提高查询效率。在分布式环境中,索引也需要跨多个结点进行管理,以支持快速检索和查询。⑩数据版本控制。跟踪数据的变更历史,以支持回滚和版本比较。快照技术可以用来创建数据快照以支持数据分析和备份。这有助于确保数据的准确性和可用性,同时还可以用于故障恢复。⑪数据完整性。为了保护数据的安全性,尤其是在网络传输过程中,需要使用校验和来检测数据在传输过程中的损坏。此外,数据加密也是确保数据完整性的关键手段之一,特别是在分布式环境中。

解决这些问题通常需要综合考虑系统架构设计、数据管理策略、网络通信协议以及容错和恢复机制。通过采用适当的并发控制机制和策略,可以有效地解决分布式系统中数据处理时遇到的问题,提高系统的性能、可靠性和安全性。

3. 分布式系统的数据一致性

(1) CAP 定理。CAP 定理(consistency, availability, partition tolerance theorem),又称为布鲁尔定理(Brewer's theorem),是由加州大学伯克利分校的计算机科学家埃里

克·布鲁尔(Eric Brewer)在 2000 年提出的。CAP 定理阐述了分布式系统设计中一个重要的原理,即在分布式计算系统中,以下 3 个特性最多只能同时满足其中的两个。

一致性(consistency)指的是所有结点在同一时刻看到相同的数据视图。这意味着每当一个结点更新了数据,所有其他结点都应该立即看到这个更新的结果。在分布式环境中,一致性可以被视为所有结点都拥有最新的数据状态。

可用性(availability)指的是每个请求无论成功或失败都应该得到响应。在分布式系统中,这意味着即使在部分结点发生故障的情况下,系统也应该能够继续处理请求并返回结果。换句话说,系统应该总是处于可操作状态,能够响应客户端的请求。

分区容错性(partition tolerance)指的是即使部分网络分区不可用,系统仍然能够正常运行。在分布式系统中,网络分区是常见的现象,这是因为网络连接可能出现故障,导致部分结点无法与其他结点通信。分区容错性确保即使在这种情况下,系统仍然能够继续运行并提供服务。

根据 CAP 定理可知,分布式系统在设计时必须在一致性、可用性和分区容错性之间做出权衡。例如,如果希望系统在任何时候都是可用的,并且能够处理网络分区,那么就不能保证数据的一致性。相反,如果优先考虑数据的一致性,那么在发生网络分区时,系统可能需要牺牲可用性以确保一致性。

在实践中,大多数分布式系统会根据具体的应用需求来选择适合的权衡方案。例如,对于需要强一致性的金融交易系统,可能会选择牺牲可用性以确保数据的一致性;而对于需要高可用性的在线购物系统,则可能会选择牺牲一致性以确保系统的持续可用。

(2)一致性类型。在分布式系统中,一致性涉及数据在系统中的表示是否一致。一致性可以分为强一致性、弱一致性、最终一致性、因果一致性、会话一致性等类型。

强一致性是指在分布式系统中,一旦一个更新完成,所有后续的读取操作都会返回最新的值。这意味着在分布式环境中,不管哪个结点读取数据,都会看到最新的更新结果。强一致性通常通过使用严格的同步机制来实现,如两阶段提交(2PC)或基于共识的算法(如 Paxos 和 Raft)。

弱一致性允许数据在短时间内不一致,但随着时间推移,数据会逐渐变得一致。

最终一致性则是指在分布式系统中,写入操作完成后,经过一段时间,所有结点都将看到相同的值。在这种模型下,系统允许短暂的数据不一致状态,但最终所有结点的数据都会收敛到一致的状态。最终一致性模型通常用于那些需要高可用性且可以接受一定延迟的应用场景中。

因果一致性是指在分布式系统中,如果一个进程的写操作发生在另一个进程的写操作之前,那么所有后续读取操作都应该看到第一个写操作的结果。

会话一致性保证在同一个会话内,数据在多次读取操作之间保持一致。

在选择一致性模型时,需要根据具体的应用场景和需求来权衡。例如,在金融交易系统中,可能需要强一致性以确保资金转移的安全性;而在社交媒体应用中,则可能更倾向于最终一致性以提高系统的可用性。

4. 分布式数据优势

分布存储的数据在分布式管理与控制之下,相比于集中存储的数据,具有以下优势。

①更高的可扩展性。分布式数据可以通过增加更多的结点来轻松扩展存储容量和处理能力,而集中式存储往往受限于单个系统的扩展能力。②更好的容错性。在分布式系统中,数据通常在多个结点上存储副本,即使某些结点发生故障,数据依然可以从其他结点恢复,从而提高数据的持久性和系统的稳定性。③增强的可用性。分布式系统通过多结点部署,可以确保即使部分结点不可用,数据仍然可以被访问,从而提供接近24/7的服务。④改善的访问性能。分布式数据可以通过地理分布的结点来减少数据传输的延迟,使得用户可以从最近的结点访问数据。⑤负载均衡。分布式系统可以更有效地分配数据和工作负载,避免单点过载,提高整体性能。⑥灵活的数据处理。分布式数据允许在数据产生地就近处理,减少数据传输需求,提高处理效率。⑦成本效益。通过使用普通的硬件构建分布式系统,可以降低对昂贵硬件的依赖,从而降低总体成本。⑧增强的安全性。分布式数据可以通过分散存储和访问控制来提高数据的安全性。⑨支持大数据应用。分布式数据存储和处理架构特别适合处理大数据应用,可以高效地处理和分析大规模数据集。⑩适应性。分布式系统可以更好地适应不断变化的工作负载和数据需求,动态调整资源。⑪数据局部性优化。分布式系统可以优化数据访问模式,减少网络传输,使数据访问尽可能靠近数据使用点。⑫多样化的数据存储选项。分布式系统可以根据数据的特性和访问模式选择最合适的存储技术。

这些优势使得分布式数据存储成为大规模、高可用性和高性能应用的理想选择。然而,分布式系统的设计和维护也带来了新的挑战,如数据一致性、网络通信和系统协调等。

9.1.2 分布式数据结构及其应用

分布式数据结构是传统数据结构在分布式环境下的扩展,它们旨在通过将数据分布在多个结点上来提高数据处理的效率和可靠性。下面探讨几种典型的分布式数据结构,包括分布式链表、分布式栈、分布式队列等,从中了解它们在分布式系统中的实现和应用。

1. 分布式链表

分布式链表是一种将链表的不同结点分布在网络中的多个物理结点上的数据结构。每个物理结点负责存储链表中的一个或多个结点,并且这些结点之间通过指针或其他方式相连接。这种分布式的布局使得分布式链表可以轻松地扩展到包含大量的数据项,并且可以在多个结点上并行处理数据。

分布式链表在分布式文件系统、分布式缓存、分布式队列等场景中有广泛应用。①任务队列管理。分布式链表可以作为任务队列,处理异步任务,如批处理作业或消息传递。②资源分配。在分布式系统中,链表可以用于追踪资源分配,例如,管理分布式计算资源的分配和释放。③数据流处理。在处理实时数据流的系统中,分布式链表可以作为缓冲结构,暂存流数据,然后顺序处理。④分布式服务调度。服务请求可以被添加到链表中,然后由服务结点按顺序处理,有助于实现请求的序列化和调度。⑤缓存实现。分布式链表可以作为缓存机制的一部分,管理缓存条目的生命周期和替换策略。⑥日志记录系统。在分布式系统中,链表可以用于日志信息的收集和存储,便于后续的日志分析。⑦网络请求处理。在Web服务和API网关中,分布式链表可以用于管理请求队列,提高系统的响应能力和扩展性。⑧负载均衡。分布式链表可以辅助实现负载均衡,将请求均匀分配到多个服务结点。⑨分布式算法实现。某些分布式算法可能需要链表结构来维护数据的顺序或执行特定的算法步骤。

分布式链表虽然简单,但通过合理的设计和实现,它可以有效地解决分布式系统中的一些基本问题,并且通过增加结点数量来扩展,从而提高系统的整体性能和可用性。

2. 分布式队列

分布式队列是一种在分布式系统中用于存储和传递消息的数据结构,它允许消息在不同结点间进行队列化管理和处理。这种队列通常支持先进先出(FIFO)或后进先出(LIFO)的访问模式,并且具备跨多个物理或虚拟结点的水平扩展能力。

分布式队列的应用非常广泛,以下是一些主要的应用场景。①任务分发。在微服务架构中,分布式队列用于将任务分配给不同的服务实例,实现任务的异步处理和负载均衡。②消息传递系统。作为消息传递系统的核心组件,分布式队列支持大规模的消息交换和通信,适用于实时数据管道和事件驱动架构。③异步处理。在需要异步执行的操作中,如邮件发送、文件生成等,分布式队列可以将请求排队,然后由后台服务异步处理。④系统解耦。通过使用分布式队列,不同的系统组件可以独立地开发和部署,降低了组件间的直接依赖性。⑤批处理和调度。分布式队列可以收集一段时间内的任务,然后触发批量处理,适用于定时任务和资源密集型操作。⑥流量控制。在面对突发流量时,分布式队列可以缓冲请求,防止下游服务过载,保证系统的稳定运行。⑦日志收集。分布式队列可用于收集分布式系统中不同结点的日志信息,并集中处理和分析。⑧事件驱动架构。在事件驱动的架构中,分布式队列用于捕获和传递事件,使得不同的系统组件能够响应特定的事件。⑨资源调度。在云计算和大数据处理平台中,分布式队列用于调度资源和任务,优化计算资源的使用。⑩通信中间件。分布式队列常作为通信中间件,支持应用组件之间的松耦合通信,提高系统的灵活性和可维护性。

分布式队列通过在多个结点上分布消息存储和处理,为构建高效、可靠和可扩展的分布式系统提供了关键支持。

3. 分布式栈

分布式栈将栈的元素分布存储在多个物理或逻辑结点上,以实现跨结点的后进先出(LIFO)操作的数据结构。与传统的栈相比,分布式栈提供了更高的可扩展性和容错能力,适用于需要跨多个计算资源进行数据操作的场景。

分布式栈可参与解决分布式系统中的许多问题。①函数调用堆栈管理。在分布式计算环境中,函数调用的堆栈可能需要在不同的结点上进行管理。分布式栈可以用来跟踪分布式程序的调用顺序。②请求处理。在 Web 服务和 API 网关中,分布式栈可以用来处理请求和响应的后进先出顺序,确保请求按照正确的顺序被处理和响应。③资源分配。在操作系统或资源管理系统中,分布式栈可以用于跟踪资源分配的顺序,便于资源的正确释放。④任务调度。在分布式任务调度系统中,任务可以被推送到栈中,按照 LIFO 原则进行处理,这适用于某些特定类型的任务调度策略。⑤数据流管理。在处理数据流或日志信息时,分布式栈可以用来暂存数据,确保数据按照接收的逆序进行处理。⑥错误恢复。在分布式系统中,当某个结点发生故障时,分布式栈可以用来存储故障发生前的状态,便于进行错误恢复和回滚操作。⑦状态管理。在需要跨多个结点维护状态的系统中,分布式栈可以用来管理状态变化的顺序，确保状态的一致性。⑧缓存管理。在分布式缓存系统中，栈可以用来实现 LIFO 的缓存替换策略，提高缓存的效率。⑨分布式算法实现。某些分布式算法可能需要栈结构来辅助实现，如在图算法或并行计算中。⑩日志记录。分布式栈可以用于日志记录系统，按照事件的发生顺序暂存日志信息，然后进行批量处理。

分布式栈通过在多个结点上分布数据，提供了一种灵活的方式来管理数据和任务的顺序，这有助于构建可扩展、高可用的分布式系统。

4. 分布式散列表

分布式散列表（distributed hash table，DHT）是一种分布式的键值存储系统，它允许数据在多个结点之间分布存储，每个结点都负责一部分键值对的存储。DHT 使用散列函数将键映射到一个固定范围内的数值，然后根据这个数值确定数据存储在哪个结点上。

一致性散列是一种特殊的散列算法，它解决了传统散列方法在结点加入和离开时引起的大规模数据迁移问题。一致性散列通过将散列环上的结点和键值映射到一个固定的圆形空间中，当结点加入或离开时，只会影响与其相邻的一小部分数据，而不是整个散列表。这样可以大大减少数据迁移的成本，提高系统的稳定性和效率。Chord 是一个经典的 DHT 实现，它使用一致性散列来分布数据。在 Chord 中，每个结点维护一个指向前驱结点和后继结点的指针，以及一个指向前驱结点的前驱结点的指针。这样可以快速找到负责某个键的结点。Kademlia 是另一个流行的 DHT 实现，它改进了 Chord 的一些不足之处，例如通过使用 XOR 距离来确定结点之间的距离，从而更有效地进行查找。Kademlia 还使用了一种称为 kbucket 的数据结构来存储邻居结点的信息，这样可以更快地找到负责某个键的结点。

分布式散列的应用非常广泛，以下是一些主要的应用场景。①分布式缓存系统。分布式散列用于实现分布式缓存，如 Memcached 或 Redis 集群，它们通过散列算法将数据分布到不同的缓存结点上，以提高缓存的扩展性和访问速度。②负载均衡。在分布式系统中，分布式散列可以用于负载均衡，确保请求均匀地分配到不同的服务器或服务实例。③分布式文件系统。如 HDFS（hadoop distributed file system）使用分布式散列来确定文件数据在集群中的存储位置。④分布式数据库系统。如 Cassandra 和 MongoDB，使用分布式散列来分布数据跨多个结点，以支持水平扩展。⑤内容分发网络（CDN）。CDN 利用分布式散列确保内容请求被路由到最合适的边缘结点，以减少延迟并提高内容交付速度。⑥分布式消息队列。如 Apache Kafka 等消息队列系统使用分布式散列来分配消息到不同的队列分区，以实现高吞吐量的消息处理。⑦分布式锁服务。分布式散列可以用于实现分布式锁，确保跨多个结点的资源访问同步。⑧分布式任务调度。在分布式任务调度系统中，分布式散列可以帮助分配任务到不同的工作结点，以实现并行处理。⑨分布式搜索引擎。如 Elasticsearch 使用分布式散列来分布和索引数据，支持快速搜索和查询。⑩分布式协同编辑系统。在需要多人协作编辑文档的系统中，分布式散列可以确保文档的不同部分被分布到不同的编辑结点。

分布式散列通过其一致性和均匀分布的特性，为分布式系统的构建提供一种有效的数据管理和访问机制，尤其适用于需要高可扩展性、高可用性和高性能的大规模分布式应用。

5. 分布式树结构

分布式树结构是一种将数据组织成树形结构的分布式数据结构,其中每个结点可以包含一个或多个子结点。在分布式环境中,树的不同部分可以驻留在不同的物理结点上。每个结点都可以包含一部分数据,并负责维护这部分数据的完整性和一致性。通常,根结点位于一个特定的服务器上,而其他结点则分布在其他服务器上。

分布式树结构是一种非常有用的组织方式,它可以提高数据的存储效率和查询性能,满足大规模数据处理的需求。①分布式文件系统。分布式树结构可以用来表示和管理文件系统中的文件和目录,每个结点代表一个文件或目录。②组织结构管理。在企业管理系统中,分布式树结构可以表示公司的组织结构,包括员工、部门和团队。③分布式数据库索引。在分布式数据库中,树结构,如B树或B+树可以用于索引数据,提高查询效率。④网络路由。在网络技术中,分布式树结构可以用于构建路由表,优化数据包的传输路径。⑤分布式配置管理。在分布式系统中,树结构可以用于存储和分发配置信息,确保系统配置的一致性和可管理性。⑥权限管理。在权限控制系统中,分布式树结构可以表示权限层次,管理用户和角色的访问权限。⑦分布式缓存结构。分布式树结构可以用于构建缓存结构,如分布式缓存树,优化数据的存储和访问。⑧分布式任务调度。在任务调度系统中,树结构可以用于表示任务依赖关系,管理任务的执行顺序。⑨分布式服务发现。在微服务架构中,分布式树结构可以用于服务发现,帮助客户端找到服务提供者。

分布式树结构通过在多个结点上分布数据和操作,提高了系统的可扩展性、可用性和容错性。然而,这也带来了一些挑战,如保持树结构的完整性、处理结点间通信和同步等。设计分布式树结构时,需要考虑这些因素以确保系统的有效运行。

6. 分布式图结构

分布式图结构是一种将图数据结构分布在多个结点上的方法。在分布式图中,图的顶点和边可以分布在不同的物理结点上,每个结点负责处理一部分图数据。这种分布式的布局使得大型图数据可以被有效地存储和处理。

分布式图结构的应用非常广泛,以下是一些主要的应用场景。①社交网络分析。在社交网络中,用户可以表示为顶点,社交关系可以表示为边。分布式图结构可以高效地处理和分析大规模社交网络数据。②推荐系统。推荐系统经常使用图结构来表示用户、物品和它们之间的关系。分布式图结构可以处理大规模推荐数据,提供实时推荐服务。③网络安全。在网络安全领域,图结构用于表示网络中的设备、通信和潜在的安全威胁。分布式图结构有助于分析和识别大规模网络中的安全问题。④生物信息学。在生物信息学中,图结构用于表示生物分子、基因和它们之间的相互作用。分布式图结构可以处理大规模生物数据集。⑤知识图谱。知识图谱使用图结构来组织和表示知识。分布式图结构可以存储和查询大规模的知识图谱数据。⑥交通网络分析。交通网络可以用图结构表示,其中道路表示边,交叉口和目的地表示顶点。分布式图结构可以用于交通流量分析和路线规划。⑦供应链网络。供应链中的各实体和它们之间的物流关系可以用图结构表示。分布式图结构有助于管理和优化复杂的供应链网络。⑧物联网(IoT)。物联网设备和它们之间的通信可以用图结构表示。分布式图结构可以处理大量IoT设备产生的数据。⑨网络科学。网络科学研究网络的结构和动力学。分布式图结构为分析大规模复杂网络提供了强大的工具。⑩图计算。图计算涉及在图数据上执行算法,如搜索、最短路径和社区发现。分布式图结构可以提高图计算的性能和可扩展性。

分布式图结构通过在多个结点上分布图数据的存储和处理,为大规模图数据的管理和分析提供了有效的解决方案。

7. 分布式键值存储

分布式键值存储是一种数据存储系统,它通过分布式架构来存储键值对(key-value pairs),其中每个数据项由一个唯一的键标识,并与一个值相关联。在这种系统中,数据被分割并分布在多个结点上,以实现高可扩展性、高可用性和快速访问。

分布式键值存储以其简单的设计和高性能的特点,在现代分布式计算领域发挥着重要作用。①缓存层。分布式键值存储常用作应用程序的缓存层,以减少数据库的访问压力,提高数据访问速度。②会话管理。在 Web 应用中,分布式键值存储可以存储用户会话信息,支持水平扩展和跨多个应用服务器共享会话数据。③购物车和用户偏好。电子商务平台使用分布式键值存储用户的购物车数据和用户偏好设置。④实时分析。在需要实时数据聚合和分析的应用中,分布式键值存储可以快速更新和查询统计数据。⑤消息队列。分布式键值存储可以作为消息队列的底层存储,存储消息数据并支持高并发的消息读写。⑥分布式锁。在分布式系统中,键值存储可以用来实现分布式锁,以确保跨多个结点的资源访问同步。⑦配置管理。分布式键值存储可以存储和管理分布式系统的配置信息,支持动态更新和快速检索。⑧用户画像和个性化推荐。在个性化服务中,键值存储可以用来存储用户画像数据,快速访问用户偏好以提供定制化内容。⑨物联网(IoT)数据管理。IoT 设备产生的大量数据可以通过分布式键值存储进行管理,支持设备的标识和数据检索。⑩内容分发网络(CDN)。CDN 使用分布式键值存储来缓存和快速检索内容,如网页资源和媒体文件。⑪分布式任务队列。分布式键值存储可以作为任务队列的实现基础,存储任务状态和结果,支持任务的分配和跟踪。⑫状态同步。在分布式计算中,键值存储可以用于同步不同结点的状态信息,确保系统一致性。

分布式键值存储在不同领域中的灵活性和实用性,无论是在缓存管理、分布式数据库、内容分发还是服务发现等方面,分布式键值存储都能够提供高效的数据管理和处理能力。

8. 分布式文档数据库

分布式文档数据库是一种数据库系统,通常使用文档作为数据的基本单位,每个文档可以包含多种数据类型和复杂的数据结构。它将文档以 BSON(二进制 JSON)或其他格式存储在分布式架构中,提供高可扩展性、灵活的数据模型和对大量数据的高效管理。这种数据库不仅存储文档数据,还允许对文档内部的结构化或半结构化数据进行索引和查询。

分布式文档数据库在不同领域中的灵活性和实用性,无论是在缓存管理、分布式数据库、内容分发还是服务发现等方面,都能够提供高效的数据管理和处理能力。①内容管理系统。分布式文档数据库非常适合存储和检索网页内容、博客文章和多媒体文件等,支持内容管理系统的需求。②电子商务平台。在电子商务中,分布式文档数据库可以存储产品目录、用户评论、订单信息等数据。③用户资料管理。社交网络和在线服务可以使用分布式文档数据库来存储用户的个人资料、好友列表和活动记录。④大数据应用。对于需要处理和分析大量数据的应用,分布式文档数据库提供了灵活的数据模型和高效的数据处理能力。⑤实时分析和报告。分布式文档数据库可以快速聚合和分析数据,生成实时报告和仪表板。⑥日志数据管理。在日志收集和分析系统中,分布式文档数据库可以存储和查询大量的日志数据。⑦配置和元数据存储。分布式系统和微服务架构可以使用分布式文档数据库来存储、配置信息和元数据。⑧物联网(IoT)数据处理。IoT 设备产生的数据通常是半结构化的,分布式文档数据库可以高效地存储和处理这些数据。⑨多租户应用。在多租户应用中,分布式文档数据库可以为每个租户提供独立的数据空间,实现数据隔离。⑩移动应用后端。移动应用的后端服务可以使用分布式文档数据库来存储用户生成的内容和应用数据。⑪个性化推荐系统。分布式文档数据库可以存储用户行为数据和偏好设置,支持构建个性化推荐系统。⑫快速迭代开发。由于其灵活的数据模型,分布式文档数据库支持快速迭代开发和敏捷数据处理需求。

分布式文档数据库通过其分布式架构和灵活的数据模型,为处理大规模、多样化数据提供了强大的支持。通过合理的设计和实现,可以构建出高性能、高可用性的分布式文档数据库系统。这些系统能够支持复杂的数据模型,并且提供丰富的查询能力,适用于各种应用场景。

9.2 并发数据结构

9.2.1 并发系统基本概念

1. 并发系统定义与特性

并发系统是指能够同时执行多个任务或操作的系统。在并发系统中,多个任务或操作可以交替或同时执行,而不是按顺序一个接一个地执行。这种并行执行的能力使得并发系统能够更有效地利用资源,提高系统的响应速度和吞吐量。

并发系统结构示意图如图 9-2 所示。

- 客户端/用户界面 1:系统的用户交互界面,用户通过它发送请求。
- 并发控制层:这一层负责管理任务的并发执行,实现任务调度、同步和互斥等。
- 任务/线程:这些是系统中的执行单元,可以是线程或轻量级进程,它们并发执行用户请求的任务。
- 资源/数据库:任务可能会访问的共享资源,如数据库、文件系统或其他类型的存储。
- 结果缓存/队列:处理结果可以被缓存或放入队列中,以便按顺序或优先级返回给用户。
- 响应:处理单元完成任务后,将结果发送回结果缓存或队列。
- 客户端/用户界面 2:最终,处理结果被发送回用户界面,供用户查看或进一步操作。

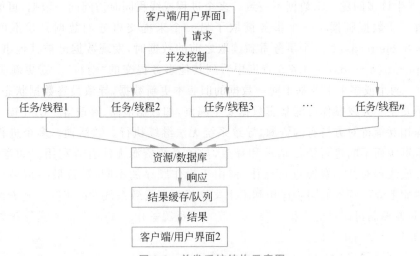

图 9-2　并发系统结构示意图

这是一个非常简化的视图，实际的并发系统可能包含更复杂的组件和连接，如负载均衡器、分布式缓存、消息队列、服务发现机制等。此外，系统可能需要考虑容错性、扩展性、安全性等其他重要方面。

并发系统具有以下几个关键特性。①多任务执行。并发系统能够同时处理多个任务或操作，这些任务可以来自不同的用户或程序。②资源共享。并发系统中的资源（如处理器、内存、磁盘等）可以被多个任务共享，以提高资源利用率。资源共享是并发系统能够高效运行的基础。③独立性。系统中的任务相对独立，一个任务的执行不会直接影响其他任务。④不确定性（non-determinism）。由于任务的执行顺序和时间间隔不是完全确定的，相同的输入在不同的运行中可能会产生不同的结果，特别是存在共享资源和竞争条件的情况下。⑤独立性（independence）。每个并发任务在逻辑上是独立的，具有自己的执行流程和目标，但它们可能会相互影响，如通过共享资源或通信。⑥调度算法。并发系统需要一种调度算法来决定哪个任务应该在何时执行，以及如何分配资源。调度算法的好坏直接影响到系统的性能和效率。⑦同步机制。为了保证数据的一致性和完整性，并发系统需要同步机制来控制对共享资源的访问。同步机制包括互斥锁、信号量、条件变量等。⑧异步性（asynchrony）。任务的执行进度和完成时间是不可预测的，一个任务可能会在另一个任务完成之前就开始或结束。⑨死锁处理。并发系统中可能会出现死锁，即两个或多个任务相互等待对方持有的资源，导致无法继续执行。系统需要死锁处理机制来检测和解决死锁问题。⑩事务管理。在处理事务时，并发系统需要确保事务的原子性、一致性、隔离性和持久性（ACID 属性）。事务管理是并发系统能够可靠地处理事务的关键。⑪安全性和隐私。并发系统需要确保在多任务环境下数据的安全性和用户隐私。

通过这些特性，并发系统能够提高资源利用率，提高系统响应速度和吞吐量，更好地满足用户需求。

2. 并发系统中数据处理面临的问题

在并发系统中，多个任务或操作在同一个系统里交替或同时执行，共享计算机系统资源,可能产生许多问题。①数据不一致。多个进程或线程同时访问同一数据,可能导致数据不一致。②数据脏读。一个事务读取了另一个未提交事务的数据。③不可重复读(nonrepeatable reads)。一个事务重新读取之前的数据时,发现数据已被其他事务修改。④幻读(phantom reads)。事务在查询中看到其他事务提交的"幻行"。⑤更新丢失(lost updates)。两个或多个事务基于同一数据的旧版本更新数据,导致最终数据状态不确定。⑥数据不安全。并发操作可能暴露数据安全漏洞,如数据泄露、篡改等。⑦死锁。多个进程或线程相互等待对方持有的资源,导致系统无法继续执行。⑧活锁。多个进程或线程因为竞争资源而不断进行资源请求和释放,导致系统资源无法有效利用。⑨竞争条件。多个进程或线程对共享资源进行操作,但由于操作顺序的不同,导致最终结果与预期不符。⑩性能下降。频繁的同步操作和上下文切换可能导致系统性能下降。随着系统规模的扩大,并发控制机制可能变得复杂和低效。⑪资源争用。多个进程或线程频繁争用同一资源,导致资源利用率低。

解决这些问题需要综合考虑系统架构、数据库设计、应用程序逻辑和硬件资源。在设计并发系统时,选择合适的并发控制机制和优化策略对于确保系统的效率和可靠性至关重要。

3. 并发控制机制

并发控制机制是确保在多任务或多用户环境中数据一致性和完整性的一系列技术。

常见的并发控制机制如下。①互斥锁(mutexes)。互斥锁是一种同步机制,用来保护共享资源不被多个任务同时访问。②读写锁(read-write locks)。读写锁允许多个读操作同时进行,但写操作是排他的,即在写操作时不允许其他读或写操作。③信号量(semaphores)。信号量是一种计数器,用来控制对一定数量的资源的访问。④监视器(monitors)。监视器是一种同步机制,它将共享资源和访问这些资源的代码封装在一起,提供了一种结构化的方法来实现互斥。⑤条件变量(condition variables)。条件变量用于在某些条件不满足时暂停任务的执行,并在条件满足时唤醒任务。⑥屏障(barriers)。屏障是一种同步机制,它强制一组任务在继续执行之前等待其他任务到达同一执行点。⑦事务(transactions)。事务是一种逻辑单元,它包含了一系列操作,这些操作要么全部成功,要么全部失败,以保证数据的一致性。⑧乐观并发控制(optimistic concurrency control, OCC)。乐观并发控制假设多个事务可以不发生冲突地执行,仅在事务提交时检查冲突。⑨悲观并发控制(pessimistic concurrency control, PCC)。悲观并发控制假设冲突很可能发生,因此在事务执行期间会锁定涉及的数据。⑩时间戳(timestamps)。时间戳用于在事务中定义操作的顺序,以避免冲突并确保一致性。⑪版本向量(version vectors)。版本向量用于跟踪系统中不同结点的状态,以检测和解决并发冲突。⑫顺序控制(ordering control)。顺序控制机制确保操作按照特定的顺序执行,以维护数据的一致性。⑬无锁编程(lock-free programming)。无锁编程使用原子操作来管理共享资源的访问,避免了锁的使用,提高了性能。⑭软件事务内存(software transactional memory, STM)。STM是一种并发控制机制,它提供了一种事务式的内存访问方法,使得并发程序更容易编写和理解。⑮数据库管理系统中的并发控制。数据库管理系统(DBMS)通常实现多种并发控制机制,如行级锁、表级锁、多版本并发控制(MVCC)等。

这些并发控制机制可以单独使用,也可以组合使用,以适应不同的应用场景和性能要求。设计并发系统时,选择合适的并发控制机制对于确保系统的效率和可靠性至关重要。

9.2.2 并发数据结构及其应用

1. 并发队列

并发队列是一种特殊的队列,它允许多个线程同时对其进行访问而不会相互干扰。这种队列通常用于多线程环境中,以协调线程间的工作。如在生产者-消费者模型中,生产者线程可以向队列中添加元素,而消费者线程则从队列中取出元素进行处理。

并发队列具有以下特性。①线程安全。确保在多线程环境下,队列的操作(如入队和出队)是安全的,不会因并发访问导致数据不一致或竞态条件。②高效率。并发队列设计时会尽量减少锁的使用,以提高性能。可以通过使用无锁编程技术、细粒度锁或锁分离等策略实现。③阻塞与非阻塞操作。并发队列可以支持阻塞操作,即当队列为空时,消费者线程可以被阻塞直到有元素可取;也可以支持非阻塞操作,即消费者在队列为空时立即返回。④容量限制。一些并发队列可能有容量限制,当达到最大容量时,生产者线程可能会被阻塞或拒绝添加新元素,直到队列中有空间。

并发队列的应用非常广泛。①任务调度。在任务调度系统中,任务可以被放入队列中,由工作线程按顺序处理。②消息传递。在分布式系统中,消息可以被放入队列中,以异步方式在不同的服务或组件间传递。③资源管理。在资源受限的系统中,如数据库连接池,连接可以作为元素放入队列中,以控制并发访问。④负载均衡。在负载均衡器中,请求可以被放入队列中,由后端服务器按顺序处理,以平衡负载。

并发队列是多线程编程中一个非常有用的工具,它帮助开发者更有效地管理和协调线程间的工作。

2. 并发栈

并发栈是一种线程安全的栈数据结构,它允许多个线程同时进行入栈和出栈操作而不会发生冲突。这种数据结构在多线程编程中非常有用,尤其是在需要同步访问共享资源的场景中。

并发栈具有以下特性。①线程安全。保证在多线程环境下,所有对栈的操作都是安全的,避免了数据竞争和不一致的问题。②同步机制。通常使用锁或其他同步机制来控制对栈的访问,确保在任何时刻只有一个线程可以修改栈。③性能优化。尽管需要同步机制,但并发栈的设计会尽量减少锁的粒度或使用无锁算法来提高性能。④阻塞与非阻塞操作。并发栈可以设计为支持阻塞操作,当栈为空时,出栈操作可以阻塞等待;也可以是非阻塞的,立即返回一个错误或特殊值。⑤容量限制。有些并发栈可能有容量限制,当达到最大容量时,入栈操作可能会被阻塞或拒绝。

并发栈的应用场景列举如下。①任务管理。在多线程的任务管理中,任务可以被推入栈中,按顺序执行,完成后从栈中弹出。②回溯算法。在需要回溯的算法中,如深度优先搜索,可以使用栈来存储状态,线程安全地进行状态的推入和弹出。③函数调用栈。在某些编程语言的运行时环境中,线程的调用栈可能需要以并发栈的形式实现,以支持多线程的函数调用。④资源管理。在资源池管理中,资源可以被推入栈中进行分配,使用完毕后再推回栈中,实现资源的循环利用。

并发栈是多线程程序设计中的一个重要组件,它通过提供线程安全的栈操作,帮助开发者更有效地管理线程间的资源共享和同步问题。

3. 并发散列表

并发散列表是一种允许多个线程同时进行读写操作的散列表数据结构,它通过提供线程安全机制来避免在并发访问时发生数据竞争或不一致的问题。

并发散列表具有以下特性。①线程安全。确保在多线程环境下,散列表的任何操作,包括插入、删除和查找,都是安全的。②扩展性。设计用于处理高并发场景,允许多个线程同时访问而不会显著降低性能。③细粒度锁。为了提高性能,很多并发散列表实现会使用细粒度锁,如分段锁或桶锁,只锁定散列表的一部分而不是整个表。④无锁设计。一些并发散列表可能采用无锁编程技术,使用原子操作来保证线程安全,减少锁的开销。⑤动态扩容。为了适应不断变化的负载,一些并发散列表可以实现动态扩容,以保持操作的效率和避免过多的散列冲突。

并发散列表的应用列举如下。①缓存实现。在分布式缓存系统中,使用并发散列表可以高效地存储和检索大量数据。②数据库索引。在数据库系统中,索引可能以并发散列表的形式实现,以支持快速的数据检索。③实时数据处理。在需要实时处理大量数据流的系统中,如日志分析或事件处理,使用并发散列表可以快速地插入和查询数据。④共享数据存储。在多线程应用程序中,需要共享访问的数据,如配置信息或状态信息,可以使用并发散列表来存储。

并发散列表是并发编程中的关键组件,它使得在多线程环境中高效、安全地管理数据成为可能。

4. 并发搜索树

并发搜索树是一种允许多个线程同时进行搜索、插入和删除操作的数据结构,它通常基于树形结构,如二叉搜索树、红黑树或 B 树等。这种数据结构在需要高效并发访问的场景下非常有用。

并发搜索树具有以下特性。①线程安全。并发搜索树设计为线程安全的,这意味着在多线程环境中,多个线程可以安全地对其进行访问而不会引发数据不一致或竞态条件。②高效性。并发搜索树通常采用锁分离、无锁算法或其他技术来减少锁竞争,从而提高并发性能。③分段锁与无锁算法。并发搜索树可以使用分段锁来减少锁的竞争,每个段有自己的锁,允许多个线程同时访问不同的段。无锁搜索树则使用原子操作来避免锁的使用。④固定容量与动态扩展。有些并发搜索树具有固定的容量限制,以避免内存过度使用。其他搜索树则可以根据需要动态扩展容量。⑤一致性保证。并发搜索树通常提供一定程度的一致性保证,确保在并发操作中数据的完整性和准确性。

并发搜索树的实际应用列举如下。①数据库索引。并发搜索树经常用于实现高性能的数据库索引,其中多个线程可以同时访问索引数据。②缓存系统。在缓存系统中,可以使用并发搜索树来管理缓存项的加载和卸载,以确保数据的一致性和完整性。③任务调度。在多线程环境中,可以使用并发搜索树来管理任务状态和元数据,确保线程安全的同时提高调度效率。④分布式系统。在分布式系统中,各个结点之间可以通过并发搜索树来协调数据管理和进行一致性保证。

并发搜索树通过提供高效的并发访问机制,使得在多线程和分布式系统中的数据管理变得更加高效和可靠。

9.3 分布与并发数据结构应用案例

本节探讨分布与并发数据结构在实际应用中的案例,旨在通过具体实例分析这些数据结构如何在不同的应用场景中发挥作用,展示这些数据结构如何解决现实世界中的技术挑战,以及它们如何帮助构建更加健壮、灵活和高效的系统。

9.3.1 大规模分布式存储系统

1. 问题背景

随着互联网技术的迅猛发展,数据量呈现出爆炸式的增长。传统的集中式存储系统在处理大规模数据时面临着诸多挑战。①存储容量的限制。单个服务器或存储设备的容量总是有限的,而数据量的增长速度远远超过了单个设备容量的扩展速度。这导致了存储空间经常不足,需要频繁地进行数据迁移和扩展,不仅增加了成本,也影响了数据访问的效率。②数据访问的延迟。在集中式存储系统中,数据访问的延迟往往随着数据量的增加而增加。当多个用户或服务同时访问同一存储资源时,这种延迟问题尤为明显。③系统的可扩展性。随着业务的增长,存储系统需要能够灵活地扩展以适应不断变化的需求。传统的集中式存储系统在扩展性上存在局限,难以满足大规模应用的需求。④数据的可靠性和安全性。集中式存储系统存在单点故障的风险,一旦存储设备出现问题,整个系统的数据安全和可用性都会受到影响。此外,随着数据泄露和网络攻击事件的增多,数据的安全性也成为必须重点考虑的问题。

为了应对这些挑战,大规模分布式存储系统采用了分布式架构,将数据分散存储在多个物理位置,不仅提高了存储容量和访问速度,还增强了系统的可靠性和安全性。

2. 数据结构的选择和应用

在大规模分布式存储系统中,数据结构的选择对于确保系统的性能、可扩展性、可靠性和效率至关重要。以下为大规模分布式存储系统中常用的数据结构。

(1) 分布式散列表(DHT)。DHT 用于存储键值对,支持数据的分布式存储和快速检索。DHT 提供了去中心化的键值存储方式,能够支持大规模的数据存储和检索。通过采用 Chord 或 Kademlia 等路由算法,这些算法允许结点快速定位存储特定键的结点。在实现 DHT 时,每个结点维护一个指向前驱结点和后继结点的指针,以及一个路由表。路由表包含了指向其他结点的指针,这些结点负责存储特定范围内的键值对。为了提高健壮性和可用性,可以在 DHT 中实施数据复制和故障恢复机制。当一个结点加入或离开网络时,其他结点会自动调整其路由表以适应网络的变化。

(2) 一致性散列。一致性散列是 DHT 中的一种特化形式,它允许在结点加入或离开系统时最小化数据迁移,从而优化了系统的动态调整能力。一致性散列解决了数据分布不均的问题,使得数据可以更均匀地分布在各个结点上。通过虚拟结点和散列环实现数据的分区。在一致性散列中,所有的结点和数据键都被映射到一个逻辑环上。每个结点可以拥有多个虚拟结点,这样可以减少结点加入或离开时的数据迁移成本。当一个新的结点加入时,只需要迁移该结点虚拟结点覆盖范围内的数据即可。同样地,当一个结点离开时,也只需要迁移其虚拟结点覆盖范围内的数据。这种方法可以显著减少数据迁移的成本。

(3) 分布式日志。分布式日志用于实现数据的持久化和副本同步,确保数据的一致性和可用性。可以使用 Raft 或 Paxos 等一致性算法来实现日志的复制。在实现分布式日志时,通常会有一个领导者结点负责接收客户端的写入请求,并将请求转换为日志条目,然后广播给其他跟随者结点。跟随者结点接收到日志条目后将其持久化存储,并向领导者反馈确认信息。当大多数跟随者结点确认后,日志条目被认为是已提交的。为了提高系统的写入性能,可以采用异步复制的方式,从而提高系统的吞吐量。

(4) B 树和 B+ 树。B 树和 B+ 树提供了高效的索引结构,支持快速的范围查询和点查询。使用 B+ 树作为主键索引,可以有效地支持范围查询。在实现 B+ 树时,每个结点包含多个键和相应的指针,其中键用于排序,指针指向子结点或数据记录。B+ 树的每个叶结点都包含相同数量的键和指针,并且所有叶结点通过指针相互连接。这种结构使得查找操作的时间复杂度为 $O(\log n)$,非常适合大规模数据的索引。为了减少磁盘 I/O 次数,可以适当增加 B 树或 B+ 树的分支因子,即每个结点可以拥有的子结点数量。

这些数据结构的合理选择和应用,使得系统能够高效地处理海量数据,同时保持高性能和高可靠性。设计者需要根据具体的应用需求和系统特点,选择最合适的数据结构,并进行相应的优化和调整。

3. 并发和分布分析

大规模分布式存储系统的设计必须考虑到并发和分布的特性,这些特性对于确保系统的高效性、可扩展性和可靠性至关重要。

① 并发访问管理。在分布式存储系统中,多个客户端可能同时请求访问或修改数据。并发访问管理的关键在于如何避免数据冲突和保证数据一致性。常见的解决方案包括乐观并发控制和悲观并发控制。乐观并发控制是假设冲突很少发生,只在提交更新时检查冲突。悲观并发控制是假设冲突很常见,通过锁定机制来预防数据竞争。② 数据一致性。分布式存储系统中的数据一致性是一个复杂的问题。系统需要在多个结点之间保持数据的一致状态,同时允许一定程度的并发访问。CAP 定理指出,在网络分区容错性、一致性和可用性之间只能选择两个。因此,设计者需要根据应用需求选择合适的一致性模型,如强一致性、最终一致性或因果一致性。③ 网络分区和容错性。分布式系统必须能够处理网络分区,即网络故障导致系统的一部分与其余部分隔离的情况。设计者需要实现容错机制,如数据复制和故障检测,以确保系统在部分结点失效时仍能继续运行。④ 数据分布策略。数据如何在系统中分布是一个关键问题。设计者需要考虑数据的物理位置,以优化访问延迟和负载均衡。常见的数据分布策略为随机分布与一致性散列。随机分布指数据随机存储在任意结点上。一致性散列指使用散列函数将数据映射到特定结点,减少结点变化时的数据迁移。⑤ 负载均衡。为了提高系统的整体性能,负载均衡是必不可少的。设计者需要确保数据和请求在所有结点之间均匀分配,避免某些结点过载而其他结点空

闲。⑥故障恢复。在分布式存储系统中,故障恢复机制是保证高可用性的关键。系统需要能够快速检测故障并恢复服务,同时保证数据不丢失。这通常涉及数据备份、故障切换和自动恢复等策略。⑦可扩展性。随着数据量的增长,系统需要能够无缝扩展以适应新的负载。设计者需要考虑如何通过增加结点来扩展存储容量和处理能力,同时最小化对现有系统的干扰。

在大规模分布式存储系统中,并发与分布工作起着至关重要的作用。有效的并发访问管理确保了数据的准确性和完整性,避免了冲突;合理的数据一致性策略满足了不同应用场景的需求;强大的网络分区和容错性保障了系统在面对故障时的稳定性;科学的数据分布策略、负载均衡以及故障恢复机制共同提升了系统的性能和可用性;而良好的可扩展性则为系统应对不断增长的数据量提供了坚实的基础。只有充分重视并发和分布工作,不断优化相关策略和机制,才能打造出高效、可靠、可扩展的大规模分布式存储系统,满足现代信息技术发展的需求。

4. 跨学科联系

大规模分布式存储系统的设计和实现涉及多个学科领域的知识和技术,这些领域包括计算机科学、网络工程、数据管理以及系统安全等。①计算机科学与算法设计。在分布式存储系统中,算法设计对于数据的高效存储、检索和同步至关重要。例如,一致性散列算法和负载均衡算法直接影响系统的性能和可扩展性。计算机科学中的算法理论为设计这些算法提供了基础。②网络工程与系统架构。分布式存储系统依赖于强大的网络基础设施来连接各结点。网络工程的知识帮助设计者构建一个稳定、高速且可扩展的网络架构,以支持大规模数据传输和通信。③数据管理与数据库理论。数据管理领域的知识对于设计高效的数据模型和索引结构至关重要。数据库理论提供了数据存储、查询优化和事务管理的基本原则,这些原则在分布式存储系统中同样适用。④系统安全与密码学。在分布式环境中,数据的安全性和隐私保护尤为重要。系统安全领域的知识帮助设计者实现数据加密、访问控制和安全审计等机制。密码学提供了确保数据传输和存储安全的工具和技术。⑤人工智能与机器学习。人工智能和机器学习技术可以应用于分布式存储系统的监控、故障预测和性能优化。例如,通过分析系统日志和性能指标,机器学习模型可以预测和诊断潜在的问题。⑥云计算与服务化架构。云计算提供了一种灵活的资源管理方式,使得分布式存储系统能够根据需求动态扩展。服务化架构(如微服务)允许系统组件以独立、可扩展的方式运行,提高了系统的灵活性和可维护性。⑦法律法规与合规性。在全球化的业务环境中,分布式存储系统的设计和运营需要遵守不同地区的法律法规,如数据保护法和隐私法。法律知识帮助设计者确保系统符合相关合规性要求。

通过这些跨学科的联系,大规模分布式存储系统能够整合多领域的技术和知识,构建出一个既高效又安全、既灵活又可靠的存储解决方案。设计者需要具备跨学科的视野,以应对分布式存储系统设计和实现中的复杂挑战。

9.3.2 分布式文件系统

1. 问题背景

在现代计算环境中,文件系统作为操作系统的核心组件,承担着数据持久化和管理的重要任务。然而,随着企业数据量的激增和计算资源的分散化,传统的单机文件系统开始面临一系列挑战,这些问题在处理大规模和分布式计算任务时尤为明显。①数据量的增长。企业和组织产生的数据量正以前所未有的速度增长,这要求文件系统能够高效地存储和管理 PB 级别的数据。②地理分布的需求。全球化的企业需要跨地域访问和管理数据。传统的文件系统通常局限于单一地理位置,这限制了数据的访问速度和可用性。③计算资源的分散化。随着云计算和边缘计算的兴起,计算资源变得更加分散。这要求文件系统能够在多个计算结点上提供统一的数据视图和访问接口。④性能和可扩展性。传统的文件系统在处理高并发访问和大规模数据集时,往往面临性能瓶颈。它们需要更高的可扩展性来适应不断增长的计算需求。⑤数据一致性和同步。在分布式环境中,保持数据的一致性和同步是一个挑战。文件系统需要确保在多个结点上对文件的更新能够及时反映,并保持数据的完整性。⑥容错和高可用性。分布式文件系统需要具备强大的容错能力,以应对结点故障、网络中断等异常情况。同时,它们需要保证服务的高可用性,确保业务连续性。

为了解决这些挑战,分布式文件系统应运而生。这类系统通过在多个物理或虚拟结点上分布文件数据和元数据,实现了数据的高可用性、可扩展性和容错性。分布式文件系统的设计需要考虑数据的切分、复制、位置感知以及跨结点的协作和通信机制。

2. 数据结构的设计与应用

在构建分布式文件系统时,数据结构的选择影响着数据管理和访问的性能。以下是几种关键数据结构及其在分布式文件系统中的典型应用。①元数据管理结构。元数据包含了文件系统中所有文件和目录的属性信息,如文件大小、权限、创建时间等。在分布式环境中,元数据需要被高效地索引和查询。因此,使用如 B 树或 B+ 树这样的平衡搜索树结构,可以快速定位文件系统中的条目,并保持数据的有序性。②文件分配表(FAT)。在某些分布式文件系统中,文件分配表用于记录文件数据在存储结点上的分布情况。与传统的 FAT 类似,分布式文件系统中的 FAT 需要能够快速更新和查询文件数据块的位置信息。③inode 结构。inode 是 UNIX 和类 UNIX 系统中用于存储文件元数据的数据结构。在分布式文件系统中,inode 可能包含文件数据的分布信息、权限信息以及文件数据块的指针。inode 结构的设计需要支持快速访问和更新操作。④分布式散列表(DHT)。DHT 在分布式文件系统中用于将文件数据均匀地分布到不同的存储结点上。DHT 通过一致性散列算法减少结点变化时的数据迁移,提高了系统的可扩展性和容错性。⑤数据块索引结构。为了支持高效的文件访问,分布式文件系统需要维护数据块的索引结构。这些结构可能包括文件数据块的映射表,以及数据块在物理存储上的分布信息。⑥复制和冗余结构。为了提高数据的可靠性和可用性,分布式文件系统通常会对关键数据进行复制。这需要一种数据复制结构来管理不同副本的一致性和同步。⑦版本控制结构。在支持文件版本控制的分布式文件系统中,版本控制结构用于管理文件的多个版本,允许用户访问历史版本或进行版本比较。⑧锁和同步结构。在多用户环境中,锁和同步结构用于管理对文件数据的并发访问,防止数据竞争和不一致。这可能包括文件锁、记录锁或其他同步机制。

选择合适的数据结构并将其应用于分布式文件系统的设计中,可以显著提高系统的性能、可扩展性和可靠性。设计者需要根据系统的具体需求和预期的工作负载,精心选择和优化这些数据结构。

3. 并发和分布分析

在分布式文件系统中,分布与并发事务的处理是确保数据一致性和系统性能的关键方面。①分布式事务协调。分布式文件系统中的事务需要跨越多个结点和组件进行协调。与单机事务相比,分布式事务面临着更多的挑战,如网络延迟、结点故障、数据不一致等。②并发控制机制。为了处理多个用户或进程同时对文件系统进行操作的情况,必须实施并发控制机制。这些机制可以是基于锁的(如文件锁、页面锁),也可以是基于更高级的无锁编程技术。③原子性保证。分布式事务需要保证操作的原子性,即事务中的所有操作要么全部完成,要么全部不发生。这通常通过日志记录、回滚机制和原子操作来实现。④一致性模型。分布式文件系统需要选择合适的一致性模型来平衡数据一致性和系统性能。强一致性模型保证数据的即时一致性,而最终一致性模型允许短暂的数据不一致,以换取更高的性能和可扩展性。⑤隔离性级别。为了处理并发事务中的潜在冲突,分布式文件系统需要提供不同的隔离级别。这些级别定义了事务之间可见性规则,以避免脏读、不可重复读和幻读等问题。⑥持久性策略。分布式文件系统中的事务需要保证操作的持久性,即一旦事务提交,其结果就是永久性的,即使系统发生故障也不会丢失。持久性通常通过持久化日志记录和数据复制来实现。⑦分布式锁管理。在分布式环境中,锁管理变得更加复杂。系统需要一个分布式锁服务来协调不同结点上的锁请求和释放,以避免死锁和活锁。⑧事务的并发调度。分布式文件系统需要一个高效的调度算法来处理并发事务,以最大化吞吐量并最小化等待时间。调度算法需要考虑事务的大小、依赖关系和冲突可能性。⑨跨结点事务协调。在分布式事务中,不同结点上的事务操作需要协调一致。这通常通过两阶段提交(2PC)或三阶段提交(3PC)协议来实现,以确保所有参与结点达成共识。⑩容错和恢复机制。分布式文件系统需要具备容错能力,以应对结点故障或网络问题。事务的恢复机制需要能够处理部分完成的事务,并确保系统能够从故障中快速恢复。

通过这些分布与并发事务的处理策略,分布式文件系统能够在保证数据一致性的同时,提供高效的并发访问和操作能力。设计者需要深入理解这些概念,并运用合适的技术和策略来构建健壮的分布式文件系统。

4. 跨学科联系

在分布式文件系统的设计和实现过程中,不仅涉及计算机科学中多个学科,还涉及数学、工程学、经济学等多个学科的知识和技术,这些跨学科联系不仅丰富了分布式文件系统的功能,还促进了相关领域的发展。①计算机科学与分布式计算。计算机科学提供了分布式文件系统的理论基础,包括分布式算法、网络通信协议和数据一致性模型。②网络工程与系统架构。网络工程关注于构建高效、可靠的通信网络,这对于分布式文件系统的数据传输和结点间协作至关重要。系统架构知识有助于设计可扩展和模块化的分布式文件系统架构。③数据库理论与数据管理。数据库理论为分布式文件系统提供了数据模型、索引机制和查询优化的概念。数据管理技术,如事务管理和并发控制,对于维护数据完整性和一致性非常重要。④操作系统与资源管理。操作系统的内存管理、进程调度和

I/O 管理机制对分布式文件系统的性能有直接影响。操作系统原理有助于实现高效的资源管理和调度策略。⑤信息安全与密码学。信息安全领域的知识对于保护分布式文件系统中的数据至关重要。密码学技术,如加密和数字签名,用于确保数据传输的安全性和完整性。⑥法律法规与合规性。法律法规知识帮助设计者确保分布式文件系统遵守数据保护法规和隐私政策,特别是在处理敏感数据或跨国数据时。⑦人工智能与机器学习。人工智能和机器学习技术可以用于优化分布式文件系统的性能,如通过预测分析来实现智能缓存和负载均衡。机器学习模型还可以用于故障检测和预测性维护。⑧云计算与虚拟化技术。云计算提供了灵活的资源管理和服务交付模式,这对于构建和部署分布式文件系统非常有用。虚拟化技术使得在虚拟环境中管理和扩展存储资源变得更加容易。⑨地理信息系统(GIS)。在地理分布的分布式文件系统中,GIS 技术有助于管理和优化数据的地理位置,实现数据的地理相关性和本地化访问。⑩概率论和统计学。在设计分布式文件系统的容错机制时,概率论和统计学用于分析系统的可靠性和性能。例如,通过对故障率和数据丢失的概率进行建模,可以设计出更有效的数据复制策略。⑪线性代数。在某些数据复制策略中,如 Erasure Coding,线性代数的概念被用于实现高效的数据冗余和修复。⑫系统工程。分布式文件系统的实现需要遵循系统工程的原则,包括需求分析、系统设计、测试验证等步骤。这些步骤确保系统能够满足预期的功能和性能指标。⑬可靠性工程。分布式文件系统的设计必须考虑到硬件故障和其他类型的系统故障。可靠性工程提供了一套方法来评估系统的可靠性,并设计出有效的故障恢复机制。

在分布式文件系统的设计和实现过程中,跨学科联系对于构建高效、可靠和可扩展的系统至关重要。通过融合不同领域的知识和技术,可以解决分布式文件系统面临的关键挑战。

9.3.3 区块链技术中的分布式数据结构

1. 问题背景

区块链技术自比特币的诞生以来,已经迅速发展成为一个革命性的基础设施,它提供了一种全新的数据存储和管理方式。区块链的核心优势在于其去中心化、不可篡改和透明性。这些特性使其在金融、供应链、智能合约等多个领域展现出广泛的应用潜力。但区块链的实现,面临一系列的技术挑战。①去中心化数据存储需求。传统中心化的数据存储方式依赖于单一的控制中心或少数几个结点,这不仅容易受到单点故障的影响,也容易受到恶意攻击的威胁。区块链技术通过分布式账本技术解决了这一问题,但同时也带来了新的技术挑战。②数据一致性与同步。在分布式账本中,保持所有结点上数据的一致性是一个关键问题。区块链技术通过共识算法,如工作量证明(Proof of Work)、权益证明(Proof of Stake)等来确保网络中所有参与者对数据的一致性认同。③扩展性问题。随着区块链网络的参与者数量增加,交易量的增长,现有区块链系统面临着扩展性问题。如何在保证安全性和去中心化特性的同时提高系统的处理能力和吞吐量,是当前区块链技术面临的一个重要问题。④安全性和隐私保护。虽然区块链本身具有较高的安全性,但随着技术的发展和应用的深入,用户隐私保护和数据安全成为了新的关注点。如何在保护用户隐私的同时确保数据的透明性和可追溯性,是一个需要解决的问题。⑤智能合约的复杂性。智能合约作为区块链技术的一个重要组成部分,它允许在没有中介的情况下执行合同条款。然而,随着智能合约的复杂性增加,如何确保其正确性和安全性,避免潜在的漏洞和攻击,也是一个技术挑战。⑥跨链互操作性。不同的区块链网络可能采用不同的技术标准和协议,这导致了网络之间的互操作性问题。实现不同区块链之间的数据和资产的无缝转移,需要创新的数据结构和交互机制。

区块链技术中的分布式数据结构是解决上述问题的要素之一。这些数据结构不仅需要支持高效的数据存储和访问,还需要适应区块链的去中心化特性,满足安全性、一致性和可扩展性的要求。

2. 数据结构的选择和应用

区块链技术中涉及多种数据结构。①区块链。由一系列区块组成的链式数据结构,每个区块包含一个时间戳、交易列表、前一区块的散列值以及一个用于共识机制的特殊值(如工作量证明的难度值)。这种结构不仅确保了数据的不可篡改性,也提供了数据的完整性和顺序性。②默克尔树。默克尔树是一种二叉树结构,是用于高效验证数据完整性的数据结构。默克尔树的叶结点包含交易记录的散列值,而内部结点则是其子结点散列值的组合。默克尔树可以快速验证交易记录的完整性,而无须获取整个区块的数据。③散列表(hash table)。散列表在区块链中用于快速检索账户余额和交易记录。它们通常用于实现区块链的索引服务,以加速区块和交易的查找。④公共账本(ledger)。公共账本是一种分布式数据库,记录了所有经过验证的交易。它通常以链表的形式存在,每个区块都是链表的一个结点。⑤智能合约的数据结构。智能合约是运行在区块链上的程序,它们需要特定的数据结构来存储状态、执行逻辑和事件。智能合约的数据结构可能包括状态机、队列和栈等。⑥分布式共识算法的数据结构。为了达成网络共识,区块链系统采用特定的数据结构来支持共识算法,如Paxos、Raft或区块链特有的共识机制。这些结构可能包括投票列表、候选列表和时间戳等。⑦分布式存储的数据结构。区块链的分布式特性要求其数据存储结构能够跨多个结点复制和同步数据。这可能涉及分布式散列表(DHT)、数据分片和冗余存储机制。⑧跨链互操作性的数据结构。为了实现不同区块链之间的互操作性,需要特定的数据结构来支持跨链交易和通信,如跨链原子交换和分布式交易所。⑨隐私保护的数据结构。在某些区块链应用中,需要保护交易的隐私性。零知识证明、同态加密和其他隐私保护技术背后的数据结构在此发挥作用。

选择和应用这些数据结构的理由在于它们能够满足区块链技术的核心需求:安全性、去中心化、不可篡改性、透明性和高效性。每种数据结构都在区块链的不同方面发挥着关键作用,共同构成了区块链技术的基础架构。

3. 并发和分布分析

区块链技术中,分布与并发是两个核心概念,它们共同定义了区块链技术的基础特性和操作方式。①分布式账本同步。区块链的分布式账本需要在所有参与结点之间同步数据。这要求一个高效的数据传播机制,以确保每个结点都能接收到最新的区块和交易信息。②并发交易处理。区块链系统必须能够处理大量并发交易,这要求系统具备高吞吐量和低延迟的特性。并发控制机制在这里发挥作用,以避免交易冲突和保证数据一致性。③分布式共识机制。共识机制是区块链的心脏,它允许网络中的结点就账本的状态达成一致。分布式共识算法（如 PoW、PoS）需要处理并发的网络条件和潜在的拜占庭将军问题。④分布式存储管理。区块链的分布式存储要求数据在多个结点上冗余存储，这涉及数据分片、复制和备份等并发操作，以确保数据的持久性和可用性。⑤智能合约并发执行。智能合约可能需要并发执行，尤其是在涉及多个账户和资产的复杂交易中。区块链平台需要确保智能合约的原子性和隔离性，防止并发执行导致的竞态条件。⑥分布式身份验证和授权。在分布式系统中，身份验证和授权机制必须能够适应并发请求。这要求系统能够快速验证用户身份并授权交易，同时保持系统的安全性。⑦跨链互操作性。跨链技术允许不同的区块链网络之间进行互操作。这涉及分布式和并发的数据交换，需要解决不同链之间的同步和共识问题。⑧分布式系统的容错性。区块链系统必须具备容错性，以应对网络分区、结点故障等并发发生的问题。这要求系统能够在分布式环境中维持稳定运行，并快速恢复服务。⑨并发的隐私保护机制。在处理并发交易时，区块链系统还需要考虑隐私保护。例如，零知识证明等隐私保护技术可以在不泄露交易内容的情况下验证交易的合法性。⑩分布式自治组织（DAO）的并发治理。DAO 等去中心化自治组织需要处理成员的并发提案和投票。这要求分布式治理机制能够支持并发操作，同时确保决策过程的透明性和公正性。

通过这些分布与并发相关的工作，区块链技术能够实现其去中心化、高可用性和安全性的目标。设计者需要深入理解这些概念，并应用合适的技术和策略来构建健壮的区块链系统。

4. 跨学科协作

区块链技术本身就是一个多学科交叉的产物。①数据结构与算法。区块链中的数据结构（如区块链本身、默克尔树等）和算法（如共识算法）是计算机科学的核心组成部分。②网络安全。区块链技术需要高度的安全性来保护数据免受恶意攻击，这涉及密码学和安全协议的设计。③经济学。区块链技术中的激励机制（如挖矿奖励、代币经济）与经济学理论密切相关；区块链技术对金融市场的影响，包括数字货币的价格波动、投资策略等。④合规性。区块链技术的发展需要考虑法律框架和监管要求。⑤知识产权。区块链可用于记录版权和专利信息，影响知识产权管理。⑥隐私与数据保护。区块链技术在保护用户数据隐私方面的作用及其潜在风险。⑦社区治理。许多区块链项目都有活跃的社区参与治理过程，这些社区的运作方式与传统的组织形式有所不同。⑧信任机制。区块链技术旨在建立一种无须中介的信任机制，这对社会信任体系有着深远的影响。⑨概率论与数理统计。区块链中的共识机制往往依赖于概率论和统计学原理来确保系统的安全性和可靠性。⑩密码学。区块链技术大量使用了现代密码学的技术，如散列函数、非对称加密等。⑪数据共享。区块链技术可以帮助实现安全、透明的数据共享机制，这对于物联网设备之间的交互非常重要。⑫自动化与智能合约。区块链上的智能合约可以与 AI 结合，自动执行复杂的业务逻辑。⑬机器学习。利用区块链技术可以构建去中心化的数据市场，促进机器学习模型训练所需的数据流通。⑭量子计算。量子计算的发展可能会威胁到现有基于公钥加密的区块链安全，同时也可能带来新的机会。⑮能量效率。区块链技术的能量消耗是一个重要议题，尤其是在工作量证明机制中，这与物理学中的能效问题紧密相关。

区块链技术是一个典型的跨学科领域,它综合了计算机科学、经济学、法律、社会学等多个领域的知识和技术。对于研究人员和开发者来说,理解这些跨学科联系有助于更好地设计和实施区块链解决方案,并解决实际应用中遇到的各种挑战。

9.4 小结

本章知识要点如图9-3所示。

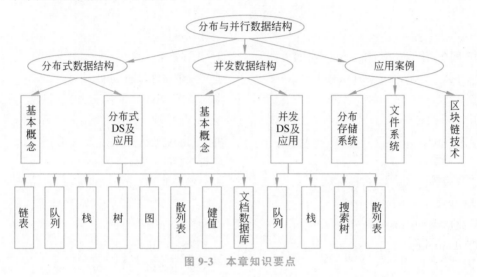

图 9-3 本章知识要点

习题 9

一、AI 辅助题

1. 分布式系统中数据处理需解决哪些问题?解决方法是什么?
2. 分布式系统如何保持数据一致性?
3. 列举分布式数据结构及其应用。
4. 并发系统中数据处理有哪些常见问题?解决方法是什么?
5. 列举并发数据结构及其应用。

二、思政思考题

1. 在开发基于分布式数据结构和并发数据结构的系统时,团队协作面临着诸多挑战。从团队合作的角度,阐述如何克服这些挑战,实现高效的开发。
2. 分布式和并发数据结构在现代技术发展中的创新如何体现了持续学习和终身教育的重要性?

附录 术语表

A
AOE 网(activity on edge network)
AOV 网(activity on vertex network)

B
遍历(traverse)
不稳定(unstable)

C
存储结构(storage structure)
存储密度(storage density)
抽象数据类型(abstract data type)
出队(dequeue)
出栈(pop)
稠密图(dense graph)
出度(out-degree)
次关键码(second key)
串(string)
层(level)
层次遍历(level traversal)
次关键字(secondary key)
查找(search)
查找表(search table)
冲突(collision)

D
单链表(single linked list)
队列(queue)
队头或队首(front)
队尾(rear)
对称矩阵(symmetric matrix)
对角矩阵(diagonal matrix)
带权路径长度(weighted path length)

顶点(vertex)
度(degree)
迪杰斯特拉算法(Dijkstra)
动态查找(dynamic search)
堆(heap)
堆积(mass)
堆排序(heap sort)
多关键码排序(multiple key order)

E
二叉树(binary tree)
二叉链表(binary linked list)
二叉排序树(binary sort tree)
2-路归并排序(2-way merge sort)

F
弗洛伊德算法(Floyd)
分支结点(branch)
反序(anti-order)

G
根(root)
广度优先遍历(breadth first traverse)
关键活动(critical activity)
关键路径(critical path)
关键码(key)
归并排序(merge sort)

H
后继元素(successor)
后进先出(last in first out)
后缀表达式(postfix expression)
后根/序遍历(postorder traversal)
孩子链表表示法(child list express)

孩子结点(child node)
孩子兄弟表示法(children brother express)
环(cycle)
回路(circuit)
哈夫曼编码(Huffman code)
活动(activity)

J

记录(record)
渐近复杂度(asymptotic complexity)
进栈(push)
进队(enqueue)
结点(node)
简单回路(simple circuit)
简单路径(simple circuit)
简单选择排序(simple selection sort)
键值(keyword)
静态查找(static search)
静态链表(static linked list)
基数排序(radix sort)

K

空间复杂度(space complexity)
克鲁斯卡尔算法(Kruskal)
开放定址法(open addressing)
快速排序(quick sort)

L

逻辑结构(logical structure)
链式存储结构(linked storage structure)
链表(linked list)
链栈(linked stack)
链队列(linked queue)
路径(path)
路径长度(path length)
连通分量(connected component)
连通图(connected graph)
邻接(adjacent)
邻接矩阵(adjacency matrix)
邻接表(adjacency list)
邻接多重表(adjacency multilist)

拉链法(chaining)

M

满二叉树(full binary tree)
模式(pattern)
模式匹配(pattern matching)
冒泡排序(bubble sort)

N

逆邻接表(inverse adjacency list)
逆序(inverse order)

P

普里姆算法(Prim)
平均查找长度(average search length)
平衡二叉树(balance binary tree)
平衡因子(balance factor)
排序(sort)

Q

前驱元素(predecessor)
前缀表达式(prefix expression)
强连通分量(strongly connected component)
强连通图(strongly connected graph)
权(weight)
前缀编码(prefix code)

R

入度(in-degree)

S

算法(algorithm)
时间复杂度(time complexity)
数据(data)
数据元素(data element)
数据项(data item)
数据对象(data object)
数据结构(data structure)
数据类型(data type)
数组(array)
双链表(double linked list)
顺序表(sequential list)
顺序访问(sequential access)
顺序查找(sequential search)

顺序栈(sequential stack)
顺序队列(sequential queue)
随机访问(random access)
三叉链表(trident linked list)
三角矩阵(triangular matrix)
三元组表(list of 3-tuples)
十字链表(orthogonal list)
树(tree)
森林(forest)
双亲(parent)
双亲表示法(parent express)
双亲孩子表示法(parent children express)
深度(depth)
深度优先遍历(depth first traverse)
生成森林(spanning forest)
生成树(spanning tree)
事件(event)
散列表(hash table)
散列地址(hash address)
散列函数(hash function)

T

头指针(head pointer)
头结点(head node)
特殊矩阵(special matrix)
图(graph)
拓扑排序(topological sort)
拓扑序列(topological order)
趟(pass)
同义词(synonym)
桶排序(bucket sort)

W

物理结构(physical structure)
伪代码(pseudo code)
尾指针(rear pointer)
问题规模(problem scope)
循环队列(circular queue)
循环链表(circular linked list)
完全二叉树(complete binary tree)

网(network)
网图(network graph)
稳定(stable)
无向图(undirected graph)
无向完全图(undirected complete graph)
无序树(unordered tree)

X

线性表(linear list)
循环链表(circular linked list)
先进先出(first in first out)
稀疏矩阵(sparse matrix)
稀疏图(sparse graph)
兄弟结点(sibling)
先根/序遍历(preorder traversal)
线索(thread)
线索二叉树(thread binary tree)
斜树(oblique tree)
希尔排序(Shell sort)
线性探测(linear probing)

Y

以行序为主序列(row major order)
以列序为主序列(column major order)
叶子(leaf)
依附(adhere)
有序树(ordered tree)
有向图(directed graph)
有向完全图(directed complete graph)
有向无环图(directed acycline graph)
叶结点(leaf)

Z

栈(stack)
栈顶(top)
栈底(bottom)
中缀表达式(infix expression)
子树(subtree)
子孙(descendant)
祖先(ancestor)
左斜树(left oblique tree)

中序/根遍历(inorder traversal)
最小生成树(minimal spanning tree)
子图(subgraph)
子串(substring)
最短路径(shortest path)
轴值(pivot)
主串(primary string)
主关键码字(primary key)
装填因子(load factor)

折半查找(binary search)
正序(exact order)
直接插入排序(straight insertion sort)
折半查找判定树(bisearch decision tree)
最小不平衡子树(minimal unbalance subtree)
最低位优先(least significant digit first)
最高位优先(most significant digit first)
最优二叉树(Huffman tree)

参 考 文 献

[1] 严蔚敏,吴伟民. 数据结构(C 语言版)[M]. 北京:清华大学出版社,2007.

[2] 王红梅,胡明,王涛. 数据结构:从概念到 C++ 实现[M]. 3 版. 北京:清华大学出版社,2019.

[3] 李春葆,尹为民,蒋晶珏,等. 数据结构教程[M]. 6 版. 北京:清华大学出版社,2017.

[4] 李春葆. 数据结构教程学习指导[M]. 5 版. 北京:清华大学出版社,2022.

[5] CORMEN T H, LEISERSON C E, RIVEST R L, et al. Introduction to Algorithms[M]. 2nd ed. 北京:机械工业出版社,2011.

[6] 严蔚敏,李冬梅,吴伟民. 数据结构(C 语言版)[M]. 2 版. 北京:人民邮电出版社,2017.

[7] 耿国华. 数据结构——用 C 语言描述[M]. 北京:高等教育出版社,2011.

[8] HOROWITZ E, et. al. Fundamentals of Data Structures in C[M]. 2nd ed. 北京:清华大学出版社,2013.

[9] 徐慧,周建美,丁卫平,等. 数据结构实践教程[M]. 北京:清华大学出版社,2010.

[10] 邓俊辉. 数据结构(C++语言版)[M]. 3 版. 北京:清华大学出版社,2013.

[11] 殷人昆,陶永雷,谢若阳,等. 数据结构(用面向对象方法与 C++ 描述)[M]. 北京:清华大学出版社,1999.

图书资源支持

感谢您一直以来对清华版图书的支持和爱护。为了配合本书的使用，本书提供配套的资源，有需求的读者请扫描下方的"书圈"微信公众号二维码，在图书专区下载，也可以拨打电话或发送电子邮件咨询。

如果您在使用本书的过程中遇到了什么问题，或者有相关图书出版计划，也请您发邮件告诉我们，以便我们更好地为您服务。

我们的联系方式：

清华大学出版社计算机与信息分社网站：https://www.shuimushuhui.com/

地　　址：北京市海淀区双清路学研大厦A座714

邮　　编：100084

电　　话：010-83470236　010-83470237

客服邮箱：2301891038@qq.com

QQ：2301891038（请写明您的单位和姓名）

资源下载：关注公众号"书圈"下载配套资源。

书　圈

清华计算机学堂

观看课程直播